YANTU GONGCHENG KANCHA JISHU

岩土工程勘察技术

主　编　穆满根
副主编　邓庆阳　王树理

中国地质大学出版社
ZHONGGUO DIZHI DAXUE CHUBANSHE

内容简介

全书共分7章,分别介绍了工程地质测绘、工程地质监测的内容与方法,常用钻探设备与施工工艺,探槽与坑探的工程目的、技术要求,常用地球物理勘探技术方法及适用条件,岩土工程勘察野外测试技术,岩土工程勘察室内测试技术,水文地质勘察方法。

本书文字简练、图文并茂,实用性强,突出应用型本科教育的人才培养理念与模式,体现应用型本科教育的实践性、技术性,注重引用规范和规程,力图反映勘察的新方法、新技术。不仅可作为本科地质工程、勘查技术与工程、地下水科学与工程、土木工程等专业的教材使用,也可供相关水利水电工程、交通工程、农业工程、环境工程等专业的工程技术人员参考使用。

图书在版编目(CIP)数据

岩土工程勘察技术/穆满根主编. —武汉:中国地质大学出版社,2016.1
ISBN 978-7-5625-3807-3

Ⅰ.①岩…
Ⅱ.①穆…
Ⅲ.①岩土工程-地质勘探-高等学校-教材
Ⅳ.①TU412

中国版本图书馆 CIP 数据核字(2016)第 013320 号

岩土工程勘察技术	穆满根	主 编
	邓庆阳 王树理	副主编

责任编辑:彭 琳　　　　　　　　　　　　　　　　　　　　　　责任校对:戴莹

出版发行:中国地质大学出版社(武汉市洪山区鲁磨路388号)	邮政编码:430074
电　话:(027)67883511　　　传　真:67883580	E-mail:cbb@cug.edu.cn
经　销:全国新华书店	http://www.cugp.cug.edu.cn
开本:787毫米×1 092毫米 1/16	字数:506千字　印张:19.75
版次:2016年1月第1版	印次:2016年1月第1次印刷
印刷:武汉市籍缘印刷厂	印数:1—2000册
ISBN 978-7-5625-3807-3	定价:48.00元

如有印装质量问题请与印刷厂联系调换

前　言

岩土工程(Geotechnical Engineering)，直译为"地质技术工程"，是欧美国家于20世纪60年代在前人土木工程实践的基础上建立起来的一个新的技术体系，它主要是研究岩体和土体工程问题的一门学科。

岩土工程勘察技术是建设工程勘察的重要手段，直接服务于地基和基础工程设计。采用合理的勘察技术手段是确保建设工程安全稳定、技术经济合理的关键。本书结合了编者及其教学团队的多年教学、科研、实践的经验，以实用技术及理论基础并重为原则，协调好基础理论与现代科技间的关系，吸收先进的生产设备和生产工艺，统筹安排各章内容，使教材内容更能贴近生产实践。

全书共分7章，系统介绍了工程地质测绘、钻探设备与工艺，探槽与坑探、常用地球物理勘探方法、岩土工程勘察野外测试技术、岩土工程勘察室内测试技术、水文地质勘察等内容。具体编写分工：山西工程技术学院穆满根教授编写了第一章、第三章、第四章，邓庆阳教授编写了第六章，中国地质大学(北京)王树理副教授编写了第二章、第七章，山西国辰建设工程勘察设计有限公司岩土公司刘杨晋工程师编写了第五章。全书由穆满根教授统稿。

限于编者的水平及认识的局限性，书中难免有不当之处，恳请广大读者批评指正。

编　者

2015年11月

目 录

第一章 工程地质测绘 ··· (1)
    第一节 准备工作 ·· (1)
    第二节 工程地质测绘内容 ·· (3)
    第三节 工程地质监测 ·· (12)
    第四节 工程地质测绘资料的整理 ··· (15)

第二章 钻探设备与工艺 ··· (17)
    第一节 钻探方法的选择 ·· (17)
    第二节 钻探设备 ·· (19)
    第三节 钻探工艺 ·· (29)

第三章 探槽与坑探 ·· (66)
    第一节 探槽工程 ·· (66)
    第二节 坑探工程 ·· (68)

第四章 地球物理勘探 ··· (73)
    第一节 电法勘探 ·· (73)
    第二节 电磁法勘探 ··· (101)
    第三节 地震勘探 ·· (114)
    第四节 声波探测 ·· (147)
    第五节 层析成像 ·· (155)
    第六节 综合测井 ·· (165)
    第七节 物探方法的综合应用 ··· (177)

第五章 岩土工程勘察野外测试技术 ··· (188)
    第一节 圆锥动力触探试验 ·· (188)
    第二节 标准贯入试验 ··· (194)
    第三节 静力触探 ·· (197)
    第四节 载荷试验 ·· (206)
    第五节 现场剪切试验 ··· (214)
    第六节 钻孔旁压试验 ··· (224)
    第七节 扁铲侧胀试验 ··· (228)
    第八节 岩体原位测试 ··· (231)

第九节　地基土动力参数测试……………………………………………(233)
　　第十节　土壤氡测试………………………………………………………(237)

第六章　岩土工程勘察室内试验技术………………………………………(240)
　　第一节　岩土样采取技术…………………………………………………(240)
　　第二节　岩土样的鉴别……………………………………………………(247)
　　第三节　室内制样…………………………………………………………(255)
　　第四节　土工试验的方法…………………………………………………(257)

第七章　水文地质勘察………………………………………………………(291)
　　第一节　地下水流向流速测定……………………………………………(291)
　　第二节　抽水试验…………………………………………………………(293)
　　第三节　压水试验…………………………………………………………(301)
　　第四节　注水试验…………………………………………………………(301)
　　第五节　渗水试验…………………………………………………………(302)
　　第六节　土、水腐蚀性测试………………………………………………(303)

主要参考文献…………………………………………………………………(308)

第一章 工程地质测绘

　　工程地质测绘是工程地质勘察中一项最重要、最基本的勘察方法，也是诸勘察工作中走在前面的一项勘察工作。它是运用地质、工程地质理论对与工程建设有关的各种地质现象，进行详细观察和描述，以查明拟定工作区内工程地质条件的空间分布和各要素之间的内在联系，并按照精度要求将它们如实地反映在一定比例尺的地形地图上，配合工程地质勘探编制成工程地质图，作为工程地质勘察的重要成果提供给建筑物设计和施工部门考虑。在基岩裸露山区，进行工程地质测绘，就能较全面地阐明该区的工程地质条件，得到岩土工程地质性质的形成和空间信息的初步概念，判明物理地质现象和工程地质现象的空间分布、形成条件和发育规律，即使在第四系覆盖的平原区，工程地质测绘也仍然有着不可忽视的作用，只不过测绘工作的重点应放在研究地貌和松软土上。由于工程地质测绘能够在较短时间内查明地区的工程地质条件，而且费用又少，在区域性预测和对比评价中发挥了重要的作用，在其他工作配合下顺利地解决了工作区的选择和建筑物的原理配置问题，所以在规划设计阶段，它往往是工程地质勘察的主要手段。

　　工程地质测绘可以分为综合性测绘和专门性测绘两种。综合性工程地质测绘是对工作区内工程地质条件的各要素进行全面综合，为编制综合工程地质图提供资料。专门性工程地质测绘是为某一特定建筑物服务的，或者是对工程地质条件的某一要素进行专门研究以掌握其编号规律，为编制专用工程地质图或工程地质分析图提供依据。无论哪种工程地质测绘都是为建筑物的规划、设计和施工服务的，都有特定的研究项目。例如，在沉积岩分布区应着重研究软弱岩层和次生泥化夹层的分布、层位、厚度、性状、接触关系，可溶岩类的岩溶发育特征等；在岩浆岩分布区，侵入岩的边缘接触带、平缓的原生节理、岩脉及风化壳的发育特征等，凝灰岩及其泥化情况，玄武岩中的气孔等则是主要的研究内容；在变质岩分布区其主要的研究对象则是软弱变质岩带和夹层等。

　　工程地质测绘对各种有关地质现象的研究除要阐明其成因和性质外，还要注意定量指标的取得，如断裂带的宽度和构造岩的性状、软弱夹层的厚度和性状、地下水位标高、裂隙发育程度、物理地质现象的规模、基岩埋藏深度，以作为分析工程地质问题的依据。

第一节 准备工作

一、资料搜集与研究

　　在室内查阅已有的资料，如区域地质资料（区域地质图、地貌图、构造地质图、地质剖面图及其文字说明）、遥感资料、气象资料、水文资料、地震资料、水文地质资料、工程地质资料及建筑经验,并依据研究成果,制订测绘计划。

工程地质测绘和调查,包括下列内容。

(1)查明地形、地貌特征及其与地层、构造、不良地质作用的关系,划分地貌单元。

(2)岩土的年代、成因、性质、厚度和分布;对岩层应鉴定其风化程度,对土层应区分新近沉积土、各种特殊性土。

(3)查明岩体结构类型,各类结构面(尤其是软弱结构面)的产状和性质,岩、土接触面和软弱夹层的特性等;新构造活动的形迹及其与地震活动的关系。

(4)查明地下水的类型、补给来源、排泄条件,井泉位置,含水层的岩性特征、埋藏深度、水位变化、污染情况及其与地表水体的关系。

(5)搜集气象、水文、植被、土的标准冻结深度等资料,调查最高洪水位及其发生时间、淹没范围。

(6)查明岩溶、土洞、滑坡、崩塌、泥石流、冲沟、地面沉降、断裂、地震灾害、地裂缝、岸边冲刷等不良地质作用的形成、分布、形态、规模、发育程度及其对工程建设的影响。

(7)调查人类活动对场地稳定性的影响,包括人工洞穴、地下采空、大挖大填、抽水排水和水库诱发地震等。

(8)建筑物的变形和工程经验。

二、现场踏勘

现场踏勘是在搜集研究资料的基础上进行的,其目的在于了解测绘区地质情况和问题,以便合理布置观察点和观察路线,正确选择实测地质剖面位置,拟定野外工作方法。

踏勘的方法和内容如下。

(1)根据地形图,在工作区范围内按固定路线进行踏勘,一般采用"Z"字形,曲折迂回而不重复的路线,穿越地形地貌、地层、构造、不良地质现象等有代表性的地段。

(2)为了了解全区的岩层情况,在踏勘时选择露头良好且岩层完整有代表性的地段做出野外地质剖面,以便熟悉地质情况和掌握地区岩层的分布特征。

(3)寻找地形控制点的位置,并抄录坐标、标高资料。

(4)询问和搜集洪水及其淹没范围等情况。

(5)了解工作区的供应、经济、气候、住宿及交通运输条件。

三、编制测绘纲要

测绘纲要一般包括在勘察纲要内,其内容包括以下几个方面。

(1)工作任务情况(目的、要求、测绘面积及比例尺)。

(2)工作区自然地理条件(位置、交通、水文、气象、地形、地貌特征)。

(3)工作区地质概况(地层、岩性、构造、地下水、不良地质现象)。

(4)工作量、工作方法及精度要求。

(5)人员组织及经济预算。

(6)与材料物资器材的相关计划。

(7)工作计划及工作步骤。

(8)要求提出的各种资料、图件。

第二节 工程地质测绘内容

一、测绘范围和比例尺

(一)工程地质测绘范围的确定

工程地质测绘一般不像普通地质测绘那样按照图幅逐步完成,而是根据规划和设计建筑物的要求在与该工程活动有关的范围内进行。测绘范围大一些就能观察到更多的露头和剖面,有利于了解区域观察地质条件,但是增大了测绘工作量;如果测绘范围过小则不能查明工程地质条件以满足建筑物的要求。选择测绘范围的根据一方面是拟建建筑物的类型及规模和设计阶段;另一方面是区域工程地质的复杂程度和研究程度。

建筑物类型不同,规模大小不同,则它与自然环境相互作用影响的范围、规模和强度也不同。选择测绘范围时,首先要考虑到这一点。例如,大型水工建筑物的兴建,将引起极大范围内的自然条件产生变化,这些变化会引起各种作用于建筑物的工程地质问题,因此,测绘的范围必须扩展到足够大,才能查清工程地质条件,解决有关的工程地质问题。如果建筑物为一般的房屋建筑,区域内没有对建筑物安全有危害的地质作用,则测绘的范围就不需很大。

在建筑物规划和设计的开始阶段为了选择建筑地区或建筑地,可能方案往往很多,相互之间又有一定的距离,测绘的范围应把这些方案的有关地区都包括在内,因而测绘范围很大。但到了具体建筑物场地选定后,特别是建筑物的后期设计阶段,就只需要在已选工作区的较小范围内进行大比例尺的工程地质测绘。可见,工程地质测绘的范围是随着建筑物设计阶段的提高而减小的。

工程地质条件复杂,研究程度差,工程地质测绘范围就大。分析工程地质条件的复杂程度必须分清两种情况:一种是工作区内工程地质条件非常复杂,如构造变化剧烈,断裂很发育或者岩溶、滑坡、泥石流等物理地质作用很强烈;另一种是工作区内的地质结构并不复杂,但在邻近地区有可能产生威胁建筑物安全的物理地质作用的资源地,如泥石流的形成区、强烈地震的发展断裂等。这两种情况都直接影响到建筑物的安全,若仅在工作区内进行工程地质测绘则后者是不能被查明的,因此必须根据具体情况适当扩大工程地质测绘的范围。

在工作区或邻近地区内如已有其他地质研究所得的资料,则应搜集和运用它们;如果工作区及其周围较大范围内的地质构造已经查明,那么只要分析、验证它们,必要时补充主题研究它们就行了;如果区域地质研究程度很差,则大范围的工程地质测绘工作就必须提到日程上来。

(二)工程地质测绘比例尺的确定

工程地质测绘的比例尺主要取决于设计要求,在工程设计的初期阶段属于规划选点性质,往往有若干个比较方案,测绘范围较大,而对工程地质条件研究的详细程度要求不高,所以工程地质测绘所采用的比例尺一般较小。随着建筑物设计阶段的提高,建筑物的位置会更具体,研究范围随之缩小,对工程地质条件研究的详细程度要求亦随之提高,工程地质测绘的比例尺也就会逐渐加大。而在同一设计阶段内,比例尺的选择又取决于建筑物的类型、规模和工程地质条件的复杂程度。建筑物的规模大,工程地质条件复杂,所采用的比例尺就大。正确选择工程地质测绘比例尺的原则是:测绘所得到的成果既要满足工程建设的要求,又要尽量地节省测绘工作量。

工程地质测绘采用的比例尺有以下几种。

(1)踏勘及路线测绘。比例尺1:20万～1:10万,在各种工程的最初勘察阶段多采用这种比例尺进行地质测绘,以了解区域工程地质条件概况,初步估计其对建筑物的影响,为进一步勘察工作的设计提供依据。

(2)小比例尺面积测绘。比例尺1:10万～1:5万,主要用于各类建筑物的初期设计阶段,以查明规划区的工作地质条件,初步分析区域稳定性等主要工程地质问题,为合理选择工作区提供工程地质资料。

(3)中比例尺面积测绘。比例尺1:2.5万～1:1万,主要用于建筑物初步设计阶段的工程地质勘察,以查明工作区的工程地质条件,为合理选择建筑物并初步确定建筑物的类型和结构提供地质资料。

(4)大比例尺面积测绘。比例尺1:5 000～1:1 000或更大,一般在建筑场地选定以后才进行大比例尺的工程地质测绘,以便能详细查明场地的工程地质条件。

二、测绘的精度要求

工程地质测绘的精度指在工程地质测绘中对地质现象观察描述的详细程度,以及工程地质条件各因素在工程地质图上反映的详细程度。为了保证工程地质图的质量,工程地质测绘的精度必须与工程地质图的比例尺相适应。

观察描述的详细程度是以各单位测绘面积上观察点的数量和观察线的长度来控制的。通常不论比例尺多大,一般都以图上的距离为2～5cm时有一个观察点来控制,比例尺增大,实际面积的观察点数就增大。当天然露头不足时,必须采用人工露头来补充,所以在大比例尺测绘时,常需配有剥土、探槽、试坑等坑探工程。观察点的分布一般不是均匀的,工程地质条件复杂的地段多一些,简单的地段少一些,应布置在工程地质条件的关键位置。综合性工程地质测绘每平方千米内观察点数及观察路线平均长度如表1-1所示。

表1-1 综合性工程地质测绘每平方千米内观察点数及观察路线平均长度表

比例尺	地区工程地质条件复杂程度					
	简单		中等		复杂	
	观察点数	路线长度(km)	观察点数	路线长度(km)	观察点数	路线长度(km)
1:20万	0.49	0.5	0.61	0.60	1.10	0.70
1:10万	0.96	1.0	1.44	1.20	2.16	1.40
1:5万	1.91	2.0	2.94	2.40	5.29	2.80
1:2.5万	3.96	4.0	7.50	4.80	10.0	5.60
1:1万	13.80	6.0	26.0	8.0	34.60	10.0

布置观察点的同时,还要采取一定数量的原位测试和扰动的岩土样及水样进行控制,以提供岩土工程参数。表1-2给出了地矿行业1∶2.5万～1∶5万比例尺工程地质调查与测绘的取样控制数,其他比例尺测绘可参考有关规范执行。

表1-2 工程地质测绘取样要求

工程地质条件复杂程度	比例尺	原位测试(孔组)	岩、土样(个)	水样(个)
简单	1∶5万	0.5～1	30～150	2～5
	1∶2.5万	1～2	75～250	4～8
中等	1∶5万	1～2	60～200	4～7
	1∶2.5万	2～3	150～380	6～10
复杂	1∶5万	1.5～2	90～250	6～8
	1∶2.5万	3～4	220～500	8～12

为了保证工程地质图的详细程度,还要求工程地质条件各因素的单元划分与图的比例尺相适应,一般规定岩层厚度在图上的最小投影宽度大于2mm者应按比例尺反映在图上。厚度或宽度小于2mm的重要工程地质单元(如软弱夹层、能反映构造特征的标志层)、重要的物理地质现象等,则应采用比例尺或符号的办法在图上标示出来。

为了保证图的精度,还必须保证图上的各种界线准确无误,任何比例尺的图上界线误差不得超过0.5mm,所以在大比例尺的工程地质测绘中要采用仪器定位。

三、测绘方法

(一)建立坐标系统

一个完整的坐标系统是由坐标系和基准两个方面要素所构成的。坐标系指的是描述空间位置的表达形式,而基准指的是为描述空间位置而定义的一系列点、线、面。正如前面所提及的,所谓坐标系指的是描述空间位置的表达形式,即采用什么方法来表示空间位置。人们为了描述空间位置,采用了多种方法,从而也产生了不同的坐标系,如直角坐标系、极坐标系等。在测量中,常用的坐标系有以下几种。

(1)空间直角坐标系的坐标系原点位于参考椭球的中心,Z轴指向参考椭球的北极,X轴指向起始子午面与赤道的交点,Y轴位于赤道面上,且按右手系与X轴呈90°夹角。某点在空间中的坐标,可用该点在此坐标系的各个坐标轴上的投影来表示。

(2)空间大地坐标系是采用大地经度(L)、大地纬度(B)和大地高(H)来描述空间位置的。纬度是空间的点和参考椭球面的法线与赤道面的夹角,经度是空间中的点和参考椭球的自转轴所在的面与参考椭球的起始子午面的夹角,大地高是空间点沿参考椭球的法线方向到参考椭球面的距离。

(3)平面直角坐标系是利用投影变换,将空间坐标(空间直角坐标或空间大地坐标)通过某种数学变换映射到平面上,这种变换又称为投影变换。投影变换的方法有很多,如UTM投影等,在我国采用的是高斯-克吕格投影,也称为高斯投影。

在测量中常用的坐标系统有以下 3 种,当然也可以根据实际需要建立局部的坐标系,方便在实际施工中进行操作。

WGS-84 坐标系(世界大地坐标系-84)是目前 GPS 所采用的坐标系统,GPS 所发布的星历参数就是基于此坐标系统的。WGS-84 坐标系是一个地心地固坐标系统。WGS-84 坐标系统由美国国防部制图局建立,于 1987 年取代了当时 GPS 所采用的 WGS-72 坐标系统而成为 GPS 所使用的坐标系统。WGS-84 坐标系的坐标原点位于地球的质心,Z 轴指向 BIH1984.0 定义的协议地球极方向,X 轴指向 BIH1984.0 的起始子午面和赤道的交点,Y 轴与 X 轴和 Z 轴构成右手系。

1954 年,北京坐标系成为我国目前广泛采用的大地测量坐标系。该坐标系源自于苏联采用过的 1942 年普尔科夫坐标系,在苏联专家的建议下,我国根据当时的具体情况,建立起了全国统一的 1954 年北京坐标系。该坐标系采用的参考椭球是克拉索夫斯基椭球,遗憾的是,该椭球并未依据当时我国的天文观测资料进行重新定位,而是由苏联西伯利亚地区的一等锁,经我国的东北地区传算过来的。该坐标系的高程异常是以苏联 1955 年大地水准面重新平差的结果为起算值,按我国天文水准路线推算出来的,而高程又是以 1956 年青岛验潮站的黄海平均海水面为基准。

1978 年,我国决定重新对全国天文大地网施行整体平差,并且建立新的国家大地坐标系统,整体平差在新大地坐标系统中进行,这个坐标系统就是 1980 年西安大地坐标系统。椭球的短轴平行于地球的自转轴(由地球质心指向 1968.0 JYD 地极原点方向),起始子午面平行于格林尼治平均天文子午面,椭球面类似大地水准面,它在我国境内符合的最好,高程系统以 1956 年黄海平均海水面为高程起算基准。

(二)观测点、线布置

1. 观测点的定位

为保证观测精度,需要在一定面积内满足一定数量的观测点。一般以在图上的距离为 2~5cm 加以控制。比例尺增大,同样实际面积内观测点的数量就相应增多,当天然露头不足时则必须布置人工露头补充,所以在较大比例尺测绘时,常配以剥土、探槽、坑探等轻型坑探工程。观测点的布置不应是均匀的,而是在工程地质条件复杂的地段多一些,简单的地段少一些,都应布置在工程地质条件的关键地段:①不同岩层接触处(尤其是不同时代岩层)、岩层的不整合面;②不同地貌单元分界处;③有代表性的岩石露头(人工露头或天然露头);④地质构造断裂线;⑤物理地质现象的分布地段;⑥水文地质现象点;⑦对工程地质有意义的地段。

工程地质观察点定位时所采用的方法,对成图质量影响很大。根据不同比例尺的精度要求和地质条件的复杂程度,可采用如下方法。

(1)目测法。对照地形底图寻找标志点,根据地形地物目测或步测距离。一般适用于小比例尺的工程地质测绘,在可行性研究阶段时采用。

(2)半仪器法。用简单的仪器(如罗盘、皮尺、气压计等)测定方位和高程,用徒步或测绳测量距离。一般适用于中等比例尺测绘,在初勘阶段时采用。

(3)仪器法。用经纬仪、水准仪等较精密仪器测量观察点的位置和高程。适用于大比例尺的工程地质测绘,常用于详勘阶段。对于有意义的观察点,或为解决某一特殊岩土工程地质问题时,也宜采用仪器测量。

(4)GPS定位仪。目前,各勘测单位普遍配置GPS定位仪进行测绘填图。GPS定位仪的优点是定点准确、误差小并可以将参数输入计算机进行绘图,大大减轻了劳动强度,加快了工作进度。

2. 观测线路的布置

(1)路线法。垂直穿越测绘场地地质界线,大致与地貌单元、地质构造、地层界线垂直布置观测线、点。路线法可以最少的工作量获得最多的成果。

(2)追索法。沿着地貌单元、地质构造、地层界线、不良地质现象周界进行布线追索,以查明局部地段的地质条件。

(3)布点法。在第四纪地层覆盖较厚的平原地区,天然岩石露头较少,可采用等间距均匀布点形成测绘网格,大、中比例尺的工程地质测绘也可采用此种方法。

(三)钻孔放线

钻孔放线一般分为初测(布孔)、复测和定测3个过程。初测就是根据地质勘察设计书设计的要求,将钻孔位置布置于实地,以便使用单位进行钻探施工。孔位确定后,应埋设木桩,并进行复测确认,在手簿上载明复测点到钻孔的位置。

复测是在施工单位平整机台后进行。复测时除校核钻孔位置外,应测定平整机台后的地面高程和量出在勘探线方向上钻孔位置至机台边线的距离。复测钻孔位置应根据复测点,按原布设方法及原有线位和距离以垂球投影法对孔位进行检核。复测时钻孔位置的地面高程可在布置复测点的同时,用钢尺量出复测线上钻孔位置点到地面的高差,进行复测时,再由原点同法量至平机台后的地面高差,然后计算出钻孔位置的高差。复测点的布设一般采用如下方法。

(1)十字交叉法。在钻孔位置四周选定4个复测点,使两连线的交点与钻孔位置吻合。

(2)距离相交法。在钻孔位置四周选定不在同一方向线上的3个点,分别量出与钻孔位置的距离。

(3)直线通过法。在钻孔位置前后确定2个复测点,使两点的连线通过孔位中心,量取孔位到两端点的距离。

复测、初测钻孔位置的高程亦可采用三角高程法。高差按所测的垂直角并配合理论边长计算。利用复测点高程比,采用复测点至钻孔位置的距离计算,由两个方向求得,以备检核。

钻孔位置定测的目的,在于测出其孔位的中心平面位置和高程,以满足储量计算和编制各种图件需要。钻孔定测时,以封孔标石中心或套管中心为准,高程测至标石面或套管面,并量取标石面或套管面至地面的高差。测定时,必须了解地质上量孔深的起点(一般是底木梁的顶面)与标石面或套管口是否一致,如不同应将其差数注出。在同一矿区内所有钻孔的坐标和高程系统必须一致。各种地质图件,尤其是剖面图都要用到钻孔的成果,而剖面图的比例尺往往比地形地质图大一倍,储量级别越高,图件的比例尺也越大。因此,钻孔的定测精度要满足成图的需要。在一般情况为:①钻孔(包括水文孔)时,对附近图根点的平面位置中误差不得大于基本比例尺图(即地形地质图)上0.4mm;②高程测定时,对附近水准点的高程中误差不得大于等高距的1/8,经检查后的成果才能提供使用。钻孔位置测定的方法和精度要求,详见解析图根测量部分。但水文孔的高程应用水准测量的方法测定。

在完成钻孔位置测定后应提交完整的资料,包括:钻孔设计坐标的计算资料,工程任务通知书,水平角、垂直角观测记录,内业计算资料,孔位坐标高程成果表。

(四)地质点填绘

工程地质测绘是为工程建设服务的,反映工程地质条件和预测建筑物与地质环境的相互作用,其研究内容有以下几个方面。

1. 地层岩性

地层岩性是工程地质条件的最基本要素,是产生各类地质现象的物质基础。它是工程地质测绘的主要研究对象。

工程地质测绘对地层岩性研究的内容有:①确定地层的时代和填图单位;②各类岩土层的分布、岩性、岩相及成因类型;③岩土层的正常层序、接触关系、厚度及其变化规律;④岩土的工程地质性质;等等。

目前工程地质测绘对地层岩性的研究多采用地层学的方法,划分单位与一般地质测绘基本相同,但在小面积大比例尺工程地质测绘中,可能遇到的地层常常只是一个"统""阶"甚至是一个"带",此时就必须根据岩土工程地质性质差异做出进一步划分才能满足要求。特别是砂岩中的泥岩、石灰岩中的泥灰岩、玄武岩中的凝灰岩,以及夹层对建筑物的稳定和防渗有重大的影响,常会构成坝基潜在的滑移控制面,这是构成地质测绘与其他地质测绘的一个重要区别。

工程地质测绘对地层岩性的研究还表现在既要查明不同性质岩土在地壳表层的分布、岩性变化和成因,也要测试它们的物理力学指标,并预测它们在建筑物作用下的可能变化,这就必须把地层岩性的研究建立在地质历史成因的基础上才能达到目的。在地质构造简单、岩相变化复杂的特定条件下,岩相分析法对查明岩土的空间分布是行之有效的。

工程地质测绘中对各类岩土层还应着重以下内容的研究。

(1)对沉积岩调查的主要内容是:岩性岩相变化特征,层理和层面构造特征,结核、化石及沉积韵律,岩层间的接触关系;碎屑岩的成分、结构、胶结类型、胶结程度和胶结物的成分;化学岩和生物化学岩的成分、结晶特点、溶蚀现象及特殊构造;软弱岩层和泥化夹层的岩性、层位、厚度及空间分布;等等。

(2)对岩浆岩调查的主要内容是:岩浆岩的矿物成分及其共生组合关系,岩石结构、构造、原生节理特征,岩浆活动次数及序次,岩石风化的程度;侵入体的形态、规模、产状和流面、流线构造特征,侵入体与围岩的接触关系,析离体、捕虏体及蚀变带的特征;喷出岩的气孔状、流纹状和枕状构造特点,反映喷出岩形成环境和次数的标志;凝灰岩的分布及泥化、风化特点;等等。

(3)对变质岩调查的主要内容是:变质岩的成因类型、变质程度、原岩的残留构造和变余结构特点,板理、片理、片麻理的发育特点及其与层理的关系,软弱层和岩脉的分布特点,岩石的风化程度等。

(4)对土体调查的主要内容是:确定土的工程地质特征,通过野外观察和简易试验,鉴别土的颗粒组成、矿物成分、结构构造、密实程度和含水状态,并进行初步定名。要注意观测土层的厚度、空间分布、裂隙、空洞和层理发育情况,搜集已有的勘探和试验资料,选择典型地段和土层,进行物理力学性质试验。测绘中要特别注意调查淤泥、淤泥质黏性土、盐渍土、膨胀土、红黏土、湿陷性黄土、易液化的粉细砂层、冻土、新近沉积土、人工堆填土等的岩性、层位、厚度及埋藏分布条件。确定沉积物的地质年代、成因类型。测绘中主要根据沉积物颗粒组成、土层结构和成层性、特殊矿物及矿物共生组合关系、动植物遗迹和遗体、沉积物的形态及空间分布等来确定基本成因类型。在实际工作中可视具体情况，在同一基本成因类型的基础上进一步细分（如冲积物可分河床相、漫滩相、牛轭湖相等），或对成因类型进行归并（如冲积湖积物、坡积洪积物等），通过野外观察和勘探，了解不同时代、不同成因类型和不同岩性沉积物的结构特征在剖面上的组合关系及空间分布特征。

在对岩土进行观察描述时应按如下要求进行。

(1)岩石的描述应包括地质年代、地质名称、风化程度、颜色、主要矿物、结构、构造和岩石质量指标(RQD)。对沉积岩应着重描述沉积物的颗粒大小、形状、胶结物成分和胶结程度，对岩浆岩和变质岩应着重描述矿物结晶大小及结晶程度。

(2)岩体的描述应包括结构面、结构体、岩层厚度和结构类型，并宜符合下列规定：①结构面的描述包括类型、性质、产状、组合形式、发育程度、延展情况、闭合程度、粗糙程度、充填情况和充填物性质以及充水性质等；②结构体的描述包括类型、形状、大小和结构体在围岩中的受力情况等；③岩层厚度分类应按表1-3执行。

(3)对质量较差的岩体，鉴定和描述尚应符合下列规定：①对软岩和极软岩，应注意是否具有可软化性、膨胀性、崩解性等特殊性质；②对极破碎岩体，应说明破碎的原因，如断层、全风化等；③应判定开挖后是否有进一步风化的特性。

表1-3 岩层厚度分类

层厚分类	单层厚度 h(m)	层厚分类	单层厚度 h(m)
巨厚层	$h>10$	中厚层	$0.5 \geqslant h>0.1$
厚层	$10 \geqslant h>0.5$	薄层	$h \leqslant 0.1$

(4)土的鉴定应在现场描述的基础上，结合室内试验的开土记录和试验结果综合确定。土的描述应符合下列规定。①碎石土应描述颗粒级配、颗粒形状、颗粒排列、母岩成分、风化程度、充填物的性质和充填程度、密实度等。②砂土应描述颜色、矿物组成、颗粒级配、颗粒形状、黏粒含量、湿度、密实度等。③粉土应描述颜色、包含物、湿度、密实度、摇震反应、光泽反应、干强度、韧性等。④黏性土应描述颜色、状态、包含物、光泽反应、摇震反应、干强度、韧性、土层结构等。⑤特殊性土除应描述上述相应土类规定的内容外，尚应描述其特殊成分和特殊性质，如对淤泥尚需描述嗅味，对填土尚需描述物质成分、堆积年代、密实度和厚度的均匀程度等。⑥对具有互层、夹层、夹薄层特征的土，尚应描述各层的厚度和层理特征。⑦土层划分定名时应按如下原则：对同一土层中相间呈韵律沉积，当薄层与厚层的厚度比大于1/3时，宜定为"互层"；厚度比为1/10～1/3时，宜定为"夹层"；夹层厚度比小于1/10的土层，且多次出现时，宜定为"夹薄层"；当土层厚度大于0.5m时，宜单独分层。⑧土的密实度可根据圆锥动力触探锤击数、标准贯入试验锤击数实测值 N、孔隙比 e 等进行划分。

2. 地质构造

地质构造对工程建设的区域地壳稳定性、建筑场地稳定性和工程岩土体稳定性来说，都是极其重要的因素。而且它又控制着地形地貌、水文地质条件和不良地质现象的发育及分布,所以,地质构造是工程地质测绘研究的重要内容。

工程地质测绘对地质构造的研究内容有:①岩层的产状及各种构造形式的分布、形态和规模;②软弱结构面(带)的产状及其性质,包括断层的位置、类型、产状、断距、破碎带宽度及充填胶结情况;③岩土层各种接触面及各类构造岩的工程特性;④近期构造活动的形迹、特点及与地震活动的关系;等等。

工程地质测绘中研究地质构造时,要运用地质历史分析和地质力学的原理及方法,查明各种构造结构面的历史组合和力学组合规律。既要对褶皱、断层等大的构造形迹进行研究,也要重视节理、裂隙等小构造的研究。尤其是在大比例尺工程地质测绘中,小构造研究具有重要的实际意义。因为小构造直接控制着岩土体的完整性、强度和透水性,是岩土工程评价的重要依据。

工程地质测绘应在分析已有资料的基础上,查明工作区各种构造形迹的特点、主要构造线的展布方向等,包括褶曲的形态、轴面的位置和产状、褶曲轴的延伸性、组成褶曲的地层岩性、两翼岩层的厚度及产状变化、褶曲的规模和组成形式、形成褶曲的时代及应力状态。

对断层的调查内容,主要包括:断层的位置、产状、性质和规模(长度、宽度和断距),破碎带中构造岩的特点,断层两盘的地层岩性、破碎情况及错动方向,主断裂和伴生与次生构造形迹的组合关系,断层形成的时代、应力状态及活动性。

根据不同构造单元和地层岩性,选择典型地段进行节理、裂隙的调查统计工作,其主要内容是节理、裂隙的成因类型和形态特征,节理、裂隙的产状、规模、密度和充填情况等。调查时既要注意节理、裂隙的统计优势面(密度大者),也要注意地质优势面(密度虽不大,但规模较大)的产状及发育情况。实践表明,结合工程布置和地质条件选择有代表性的地段进行详细的节理、裂隙统计,以使岩体结构定量模式化是有重要意义的。

3. 地貌

地貌是岩性、地质构造和新构造运动的组合反映,也是近期外动力地质作用的结果,所以研究地貌就有可能判明岩性(如软弱夹层的部位)、地质构造(如断裂带的位置)、新构造运动的性质和规模,以及表层沉积物的成因和结构,据此还可以了解各种外动力地质作用的发育历史、河流发育史等。相同的地貌单元不仅地形特征相似,其表层地质结构也往往相同。所以在非基岩裸露地区进行工程地质测绘要着重研究地貌,并以地貌作为工程地质分区的基础。

工程地质测绘中对地貌的研究内容有:①地貌形态特征、分布和成因;②划分地貌单元,弄清地貌单元的形成与岩性、地质构造及不良地质现象等的关系;③各种地貌形态和地貌单元的发展演化历史。上述各项主要在中、小比例尺测绘中进行。在大比例尺测绘中,则应侧重于地貌与工程建筑物布置以及岩土工程设计、施工关系等方面的研究。

在中、小比例尺工程地质测绘中研究地貌时,应以大地构造及岩性和地质结构等方面的研究为基础,并与水文地质条件和物理地质现象的研究联系起来,着重查明地貌单元的类型和形态特征,各个成因类型的分布高程及其变化,物质组成和覆盖层的厚度,以及各地貌单元在平面上的分布规律。

在大比例尺测绘中要以各种成因的微地貌调查为主,包括分水岭、山脊、山峰、斜坡悬崖、沟谷、河谷、河漫滩、阶地、剥蚀面、冲沟、洪积扇、各种岩溶现象等,调查其形态特征、规模、组成物质和分布规律。同时又要调查各种微地形的组合特征,注意不同地貌单元(如山区、丘陵、平原等)的空间分布、过渡关系及其形成的相对时代。

4. 水文地质条件

在工程地质测绘中研究水文地质条件的主要目的在于研究地下水的赋存与活动情况,为评价由此导致的工程地质问题提供资料。例如,研究水文地质条件是为论证和评价坝址以及水库的渗漏问题提供依据;结合工业与民用建筑的修建来研究地下水的埋深和侵蚀等,是为判明其对基础埋置深度和基坑开挖等的影响提供资料;研究孔隙水的渗透梯度和渗透速度,是为了判明产生渗透稳定问题的可能性;等等。

在工程地质测绘中水文地质调查的主要内容包括:①河流、湖沼等地表水体的分布、动态及其与水文地质条件的关系;②主要井、泉的分布位置,所属含水层类型、水位、水质、水量、动态及开发利用情况;③区域含水层的类型、空间分布、富水性和地下水水化学特征及环境水的侵蚀性;④相对隔水层和透水层的岩性、透水性、厚度和空间分布;⑤地下水的流速、流向、补给、径流和排泄条件,以及地下水活动与环境的关系,如土地盐碱化、冷浸现象等。

对水文地质条件的研究要从地层岩性、地质构造、地貌特征和地下水露头的分布、性质、水质、水量等入手,查明含水、透水层和相对隔水层的数目、层位、地下水的埋藏条件,各含水层的富水程度和它们之间的水力联系,各相对隔水层的可靠性。要通过泉、井等地下水的天然和人工露头以及地表水体的研究,查明工作区的水文地质条件,故在工程地质测绘中除应对这些水点进行普查外,对其中有代表性的和对工程有密切关系的水点,还应进行详细研究,必要时应取水样进行水质分析,并布置适当的长期观察点以了解其动态变化。

5. 不良地质现象

对不良地质现象的研究一方面为了阐明工作区是否会受到现代物理地质作用的威胁,另一方面有助于预测工程地质作用。研究物理地质现象要以岩性、地质构造、地貌和水文地质条件的研究为基础,着重查明各种物理地质现象的分布规律和发育特征,鉴别其发育历史和发展演变的趋势,以判明其目前所处的状态及其对建筑物和地质环境的影响。

研究不良地质现象要以地层岩性、地质构造、地貌和水文地质条件的研究为基础,并收集气象、水文等自然地理因素资料。研究内容有:①各种不良地质现象的分布、形态、规模、类型和发育程度;②分析它们的形成机制、影响因素和发展演化趋势;③预测其对工程建设的影响,提出进一步研究的重点及防治措施。

6. 已有建筑物的调查

工作区内及其附近已有建筑物与地质环境关系的调查研究,是工程地质测绘中特殊的研究内容。因为某一地质环境内已兴建的任何建筑物对拟建建筑物来说,应看作是一项重要的原型试验,往往可以获得很多在理论和实际两个方面上都极有价值的资料。研究内容有:①选择不同地质环境中的不同类型和结构的建筑物,调查其有无变形、破坏的标志,并详细分析其原因,以判明建筑物对地质环境的适应性;②具体评价建筑场地的工程地质条件,对拟建建筑物可能的变形、破坏情况做出正确的预测,并提出相应的防治对策和措施;③在不良地质环境或特殊性岩土的建筑场地,应充分调查、了解当地的建筑经验,以及在建筑结构、基础方案、地基处理和场地整治等方面的经验。

7. 人类活动对场地稳定性的影响

工作区及其附近人类的某些工程活动,往往影响建筑场地的稳定性。例如:地下开采,大挖大填,强烈抽排地下水,以及水库蓄水引起的地面沉降、地表塌陷、诱发地震、斜坡失稳等现象,都会对场地的稳定性带来不利的影响,对它们的调查应予以重视。此外,场地内如有古文化遗迹和文物,应妥善地保护发掘,并向有关部门报告。

第三节 工程地质监测

某些工程地质条件具有随时间而变化的特性,例如地下水的水位及地下水化学成分,岩土体中的孔隙水压力,季节冻结层和多年陈结层的温度、物理状态和含水率都随季节而有明显的变化。短时间内完成的测绘和勘探工作,显然不能查明它们随时间而变化的规律。尤其重要的是,对人类工程活动有重大影响的各种自然产生的地质作用,都有一个较长时间的发生、发展和消亡过程,在此过程中逐步显露出了它和周围自然因素间的相互关联和相互制约的关系,以及其随时间而变化的动态。只有掌握了这类变化的全过程,才能确切地查清其形成的原因和发展趋势,正确评价它对人类工程活动的危害性,也才能进一步将这种规律性的认识,用于预测其他未经详细研究的区域内同一类作用的发生、发展趋势,及其对人类工程活动的可能危害。例如,斜坡上岩土体的变形和滑坡、崩塌等作用的产生,就是一个长期的地质过程。由于地表水对斜坡外形的改造,地下水和其他风化形成斜坡土石物理力学性质的改变,以及地震在斜坡岩土体中引起的附加荷载等,部分岩土体中有不稳定因素积累、滑动,稳定因素积累及活动停止等阶段,所以,其当前所处的阶段及与周围因素的关系,是预测其发展趋势和评价其危害性的根据。

各种地质作用的动态观测必须在查清地质条件的基础上进行,这样才能根据观测资料判明其发育条件和影响发育的主要因素,也才能根据观测资料预测工程地质条件类似区的同类地质作用的动态。

一、岩土体性质与状态的监测

岩土体性质和状态的现场监测,可以归纳为岩土体变形观测和岩土体内部应力的观测两大方面。如果工程需要进行岩土体的监测,则岩土体的监测内容应包括以下3个方面:①洞室或岩石边坡的收敛量测;②深基坑开挖的回弹量测;③土压力或岩体应力量测。

岩土体性状监测主要应用于滑坡、崩塌变形监测,洞室围岩变形监测,地面沉降、采空区塌陷监测以及各类建筑工程在施工、运营期间的监测和对环境的监测等。

(一)岩土体的变形监测

岩土体的变形监测分为地面位移变形监测、洞壁位移变形监测和岩土体内部位移变形监测几种。

(1)地面位移变形监测。主要采用的方法是:①用经纬仪、水准仪或光电测距仪重复观测各测点的方向和水平、铅直距离的变化,以此来判定地面位移矢量随时间变化的情况,测点可根据具体的条件和要求布置成不同形式的观测线、网,一般在条件比较复杂和位移较大的部位应适当加密;②对规模较大的地面变形还可采用航空摄影或全球卫星定位系统来进行监测;③采用伸缩仪和倾斜计等简易方法进行监测;④采用钢尺或皮尺观测测点的变化,或用贴纸条的方法了解裂缝的张开情况。监测结果应整理成位移随时间变化的关系曲线,以此来分析位移的变化和趋势。

(2)洞壁位移变形监测。洞壁岩体表面两点间的距离改变量的量测是通过收敛量测来实现的,它被用于了解洞壁间的相对变形和边坡上张裂缝的发展变化,据此对工程稳定性趋势做出评价并对破坏的时间做出预报。测量的方法可采用专门的收敛计进行,简易的可用钢卷尺直接量测。收敛计可分为垂直方向、水平方向及倾斜方向等几种,分别用于测量垂直、水平及倾斜方向的变形。

(3)岩土体内部位移变形监测。准确地测定岩土体内部位移变化,目前常用的方法有管式应变计、倾斜计和位移计等,它们皆要借助于钻孔进行监测。管式应变计是在聚氯乙烯管上隔一定距离贴上电阻应变片,随后将其埋植于钻孔中,用于测量由于岩土体内部位移而引起的管子变形。倾斜计是一种量测钻孔弯曲的装置,它是把传感器固定在钻孔不同的位置上,用以测量预定程度的变形,从而了解不同深度岩土体的变形情况。位移计是一种靠测量金属线伸长来确定岩土体变形的装置,一般采用多层位移计量测,将金属线固定于不同层位的岩土体上,末端固定于深部不动体上,用以测量不同深度岩土体随时间的位移变形。

(二)岩土体内部的应力监测

岩土体内部的应力监测是借助于压力传感器装置来实现的,一般将压力传感器埋设在结构物与岩土体的接触面上或预埋在岩土体中。目前,国内外采用的压力传感器多为压力盒,有液压式、气压式、钢弦式和电阻应变式等不同形式和规格的产品,以后两种较为常用。由于压力观测是在施工和运营期间进行的,互有干扰,所以务必防止量测装置被破坏。为了保证量测数据的可靠性,压力盒应有足够的强度和耐久性,加压、减压线形良好,能适应温度和环境变化而保持稳定。埋设时应避免对岩土体的扰动,回填土的性状应与周围土体一致。通过定时监测,便可获得岩土压力随时间的变化资料。

(三)不良地质作用和地质灾害的监测

工程建设过程中,由于受到各种内、外因素的影响,如滑坡、崩塌、泥石流、岩溶等,这些不良地质作用及其所带来的地质灾害都会直接影响到工程的安全乃至人民生命财产的安全。因此,在现阶段的工程建设中对上述不良地质作用和地质灾害的监测已经是不可缺少的工作。

不良地质作用和地质灾害监测的目的:一是正确判定、评价已有不良地质作用和地质灾害的危害性,监视其对环境、建筑物和对人民财产的影响,对灾害的发生进行预报;二是为防治灾害提供科学依据;三是预测灾害发生及发展趋势和检验整治后的效果,为今后的防治、预测提供经验教训。

根据不同的不良地质作用和地质灾害的情况,开展的地质灾害监测内容应包括以下几个方面。

(1)应进行不良地质作用和地质灾害监测的情况是:①场地及其附近有不良地质作用或地质灾害,并可能危及工程的安全或正常使用时;②工程建设和运行,可能加速不良地质作用的发展或引发地质灾害时;③工程建设和运行,对附近环境可能产生显著不良影响时。

(2)岩溶土洞发育区应着重监测的内容是:①地面变形;②地下水位的动态变化;③场区及

其附近的抽水情况;④地下水位变化对土洞发育和塌陷发生的影响。

(3)滑坡监测应包括下列内容:①滑坡体的位移;②滑面位置及错动;③滑坡裂缝的发生和发展;④滑坡体内外地下水位、流向、泉水流量和滑带孔隙水压力;⑤支挡结构及其他工程设施的位移、变形、裂缝的发生和发展。

(4)当需判定崩塌剥离体或危岩的稳定性时,应对张裂缝进行监测。对可能造成较大危害的崩塌,应进行系统监测,并根据监测结果,对可能发生崩塌的时间、规模、塌落方向和途径、影响范围等做出预报。

(5)对现采空区,应进行地表移动和建筑物变形的观测,并应符合:①观测线宜平行和垂直矿层走向布置,其长度应超过移动盆地的范围;②观测点的间距可根据开采深度确定,并大致相等;③观测周期应根据地表变形速度和开采深度确定。

(6)因城市或工业区抽水而引起区域性地面沉降,应进行区域性的地面沉降监测,监测要求和方法应按有关标准进行。

二、地下水的监测

当建筑场地内有地下水存在时,地下水的水位变化及其腐蚀性(侵蚀性)和渗流破坏等不良地质作用,对工程的稳定性、施工及正常使用都能产生严重的不利影响,必须予以重视。当地下水水位在建筑物基础底面以下压缩层范围内上升时,水浸湿和软化岩土,从而使地基土的强度降低,压缩性增大。尤其是对结构不稳定的岩土,这种现象更为严重,能导致建筑物的严重变形与破坏。当地下水在压缩层范围内下降时,则增加地基土的自重应力,引起基础的附加沉降。

在建筑工程施工中遇到地下水时,会增加施工难度。如需处理地下水,或降低地下水位,工期和造价必将受到影响。如基坑开挖时遇含水层,有可能会发生涌水涌沙事故,延长工期,直接影响经济指标。因此,在开挖基坑(槽)时,应预先做好排水工作,这样,可以减少或避免地下水的影响。

周围环境的改变,将会引起地下水位的变化,从而可能产生渗流破坏、基坑突涌、冻胀等不良地质作用,其中以渗流破坏最为常见。渗流破坏系指土(岩)体在地下水渗流的作用下其颗粒发生移动,或颗粒成分及土的结构发生改变的现象。渗流破坏的发生及形式不仅决定于渗透水流动水力的大小,同时与土的颗粒级配、密度及透水性等条件有关,而对其影响最大的是地下水的动水压力。

对于地下水监测,不同于水文地质学中的"长期观测"。因观测是针对地下水的天然水位、水质和水量的时间变化规律的观测,一般仅提供动态观测资料。而监测则不仅仅是观测,还要根据观测资料提出问题,制定处理方案和措施。

当地下水水位变化影响到建筑工程的稳定时,需对地下水进行监测。

(一)对地下水实施监测的情况

对地下水实施监测的情况有:地下水位升降影响岩土稳定时;地下水位上升产生浮托力,对地下室或地下构筑物的防潮、防水或稳定性产生较大影响时;施工降水对拟建工程或相邻工程有较大影响时;施工或环境条件改变,造成的孔隙水压力、地下水压力变化,对工程设计或施工有较大影响时;地下水位的下降造成区域性地面下沉时;地下水位的升降可能使岩土产生软化、湿陷、胀缩时；需要进行污染物运移对环境影响的评价时。

(二)监测工作的布置

应根据监测目的、场地条件、工程要求和水位地质条件决定监测工作的布置。地下水监测方法应符合下列规定。

(1)地下水位的监测，可设置专门的地下水位观测孔，或利用水井、泉等进行。

(2)孔隙水压力、地下水压力的监测，可采用孔隙水压力计、测压计进行。

(3)用化学分析法监测水质时，采样次数每年不应少于4次，并进行相关项目的分析。

(4)动态监测时间不应少于一个水文年。

(5)当孔隙水压力变化影响工程安全时，应在孔隙水压力降至安全值后方可停止监测。

(6)受地下水浮托力的工程，地下水压力监测应进行至工程荷载大于浮托力后方可停止监测。

(三)地下水的监测布置及内容

根据岩土体的性状和工程类型，对于地下水压力(水位)和水质的监测，一般顺延地下水流向布置观测线。在水位变化较大的地段、上层滞水或裂隙水变化聚集地带，都应布置观测孔。基坑开挖工程降水的监测孔应垂直基坑长边布置观测线，其深度应达到基础施工的最大降水深度以下1m处。

地下水监测的内容包括：地下水位的升降、变化幅度及其与地表水、大气降水的关系，工程降水对地质环境及建筑物的影响，深基础、地下洞室、斜坡、岸边工程施工对软土地基孔隙水压力和地下水压力的观测监控，管涌和流土现象对动水压力的监测，通过评价地下水对建筑工程侵蚀性和腐蚀性而对地下水水质的监测等。

第四节　工程地质测绘资料的整理

工程地质测绘资料的整理，从性质上可分为野外验收前的资料整理和最终成果的资料整理。

野外验收前的资料整理，是指在野外工作结束后，全面整理各项野外实际工作资料，检查核实其完备程度和质量，整理誊清野外工作手图和编制各类综合分析图、表，编写调查工作小结。一般野外资料验收应提供下列资料：①各种原始记录本、表格、卡片和统计表；②实测的地质、地貌、水文地质、工程地质和勘探剖面图；③各项原位测试、室内试验鉴定分析资料和勘探试验资料；④典型影像图、摄影和野外素描图；⑤物探解释成果图、物探测井、井深曲线及推断解释地质柱状图及剖面图、物探各种曲线、测试成果数据、物探成果报告；⑥各类图件，包括野外工程地质调查手图、地质略图、研究程度图、实际材料图、各类工程布置图、遥感图像解释地质图；等等。

最终成果资料整理，在野外验收后进行，要求内容完备，综合性强，文、图、表齐全。其主要内容是：①对各种实际资料进行整理分类、统计和数学处理，综合分析各种工程地质条件、因素及其间的关系和变化规律；②编制基础性、专门性图件和综合工程地质图；③编写工程地质测绘调查报告。

下面,专门介绍常用的工程地质图件。

(一)实际材料图

该图主要反映测绘过程中的观察点、线的布置、填绘、成果,以及测绘中的其他测绘、物探、勘探、取样、观测和地质剖面图的展布等内容,是绘制其他图件的基础图件。

(二)岩土体的工程地质分类图

该图主要反映各工程地质单元的地层时代、岩性和主要的工程地质特征(包括结构和强度特征等),以及它们的分布和变化规律。对于特殊的岩土体和软弱夹层、破碎带可夸大表示。还应附有工程地质综合柱状图或岩土体综合工程地质分类说明表、代表性的工程地质剖面图等。

(三)工程地质分区图

该图是在调查分析工作区工程地质条件的基础上,按工程地质特性的异同性进行分区评价的成果图件。工程地质分区的原则和级别要因地制宜,主要根据工作区的特点并考虑工作区的经济发展规划的需要来确定。一级区域应依据对工作区工程地质条件起主导作用的因素来划分,二级区域应依据影响动力地质作用和环境工程地质问题的主要因素来划分,三级区域应根据对工作区主要工程地质问题和环境工程地质问题的评价来划分。

(四)综合工程地质图

该图是全面反映工作区的工程地质条件、工程地质分区、工程地质评价的综合性图件。图面内容包括岩土体的工程地质分类及其主要工程地质特征,地质构造(主要是断裂)、新构造(特别是现今活动的构造和断裂)和地震,地貌与外动力地质现象和主要地质灾害,人类活动引起的环境地质工程地质问题,水文地质要素,工程地质分区及其评价等。

该图由平面图、剖面图、岩土体综合工程地质柱状图、岩土体工程地质分类说明表和图例、必要的镶图等组成,应尽可能地增加工程地质分区说明表。

思 考 题

1. 工程地质测绘的方法和程序有哪些?
2. 工程地质测绘研究描述的主要内容有哪些?
3. 如何确定工程地质测绘的范围、比例尺和精度?
4. 工程地质测绘的要求有哪些?
5. 简述工程地质监测的意义。
6. 根据某地区工程地质图分析写出读图报告,描述该地区的工程地质条件。
7. 工程地质测绘点上应该进行哪些工作?如何进行?有何要求?

第二章 钻探设备与工艺

第一节 钻探方法的选择

一、工程地质钻探

工程地质钻探是一种常见且很重要的工程地质勘察方法,又是采取岩样、土样及进行原位测试不可或缺的手段之一。钻探是勘察资料可信性和准确性的保证,特别是在碎石土、砂土较厚地层及特殊土地层中钻探更为重要。如果钻探技术不过关,便不能准确地揭露地层结构,也不能获得岩土的客观物理力学参数,甚至会导致一些不真实的参数及资料出现在勘察报告上,影响工程建设的质量,还可能产生上部拟建结构的安全隐患。

二、场地钻探条件对钻探方法选用的影响

场地钻探条件指的是在工程地质钻探时,某种钻探方法在取得地质资料准确性和提高钻探效率,以及在钻孔结构、钻孔钻进情况、回次进尺率、岩芯采取率、野外岩芯取样与鉴别等方面,所反映出的实际情况。

对于土层的钻探方法多为回转取芯钻进、冲击取芯钻进、螺旋取样钻进。在工程地质钻探过程中,不仅要求成功钻入,而且要获取充分的颗粒组成、密实度等指标。如何根据场地钻探条件选择钻探方法,让取得土样所反映的地层岩性与该土层的真实情况相符合,一直是勘察工作需要解决的问题。对于土层,在工程地质钻探过程中决定成果准确性及可靠性的条件主要表现在岩芯采取率和回次进尺率等方面。

岩芯采取率:衡量岩石钻探工程质量的一项重要指标,是钻进采得的岩芯长度与相应实际钻进尺之比。岩芯采取率用系数 δ 来量度:

$$\delta = (L_2 - L_1)(L_0 - L_3) \tag{2-1}$$

式中:L 为本回次岩芯长度(m);L_1 为上回次岩芯残留长度(m);L_0 为本回次进尺(m);L_3 为本回次岩芯残留长度(m)。

回次进尺率:回次进尺的大小表征着两重含义,即回次时间内纯钻进时间的长短。回次进尺率主要表征钻进的机械效率,用系数 η 来量度:

$$\eta = (H_2 - H_1)(H_0 - H_1) \tag{2-2}$$

式中:H_0 为本回次钻进结束钻孔深度(m);H_1 为上回次钻孔实际深度(m);H_2 为下回次下钻后钻孔实际深度(m)。

通过实际钻探工作中长期的观测和总结得出，δ值在偏离1.0较大时，回次进尺率较低，钻探效率及质量产生较大影响。相反，δ值在1.0附近区间变化时，回次进尺率η值在0.9～1.0之间。为了有效提高钻探质量及效率，钻探中对于硬塑的土层选用回转取芯钻进或锤击取芯钻进时，其δ、η值趋近于1.0；对于软塑、天然密度较小的土层，用螺旋取样钻钻进时，其值趋近于1.0。钻探条件与不同钻探方法的关系如表2-1所示。

表 2-1 优化结果分析表

底层	钻进方法	岩芯采取率	回次进尺率	钻探质量
硬塑	回转	≤0.9～1.0	≤0.9～1.0	高
	冲击	≤0.9～1.0	≤0.9～1.0	高
	螺旋	≤1.1～1.2	≤0.7～0.8	较高
软塑、流塑	回转	0.4～0.5	0.2～0.5	较低
	冲击	0.2～0.4	0.2～0.5	较低
	螺旋	≤1.1～1.2	≤0.8～0.9	较高

在工程地质钻探中，地层为碎石类土的情况较为多见，也是工程地质勘察中较为繁琐的地层之一。这种地层在力学性质上较不稳定，其基本特征是颗粒较多、无胶结，粒径不均。在这种地层上进行钻探工作时，较容易破坏地层相对稳定状态。为保证取得准确的资料及保证钻探质量，在这些地层中必须选用合理的钻进方法，采取先进的钻进技术。因此，钻探方法也多采用回转取芯钻进、锤击取芯钻进等综合钻进法。我们可以根据钻探条件来判断所选用的钻探方法，是否能有效提高钻探效率和钻探质量。首先要分析不同钻探方法在不同的密实程度、潮湿程度、粒径和充填物中的适用情况。

(1)对于松散的卵碎石类地层，颗粒自由度较大，套入条件较好，容易钻进，但是也容易坍塌，适用于跟管钻进；对于较密实的地层，其中颗粒自由度较小，钻进中孔壁坍塌程度较小，适用于裸孔钻进。

(2)对于含水量较小的卵碎石层，孔壁不容易发生坍塌，若其较密实，适用于裸孔钻进；含水量较大的容易钻进，孔壁也易坍塌，所以首先考虑护壁因素，适用于跟管钻进；当卵碎石空隙充填较多黏性土时，亦可用裸孔钻进。

(3)为取得好的钻进效果，可综合分析卵碎石粒径对钻进的影响，选择合适的钻具口径。通常正常钻进中常使用Φ127钻具或Φ146钻具，如果地层粒径大于岩芯管内径或者钻头内径，可适度增大钻具口径或使用小口径钻具，以破碎个体为目的进行钻进。

(4)对于卵砾石间多以黏性土充填的地层来说，其黏结力较强，钻探工作中孔壁坍塌程度较小，宜用裸孔钻进；对于卵砾石间多以沙类土充填的地层来说，其黏结力较差，应在钻进中主要考虑护壁问题。为防止用泥浆护壁有可能对地层进行分选，对现场鉴别增加困难，并考虑到这种方法的效益等因素，不宜采用这种方法，相比之下更常用套管护壁。

三、实际钻探工作中钻探方法的选取

在钻探工作中遇到的地层，实际情况多为以上各单一条件的复杂综合体，钻探时需依据密实度、填充、含水率等的差异,在钻探工作中根据钻探条件,及时选用适应的钻探方法,以提高钻探效率和钻探质量。

(1)遇到较为松散的地层,含水率低,填充物多为黏性土时,回转跟管钻进,增加提钻次数,以使回次进尺后起钻方便。

(2)遇到较为密实的地层,含水率低,填充物多为黏性土时,宜采用合金片钻头干钻,回次开始时钻进参数随进尺的增加应逐渐增加,同时,还应依据现场进尺的快慢程度来随时调整钻进参数。

(3)遇到较为松散的地层,含水率低且填充物中黏性土含量低时,钻探宜使用跟管钻进方法。下管前用 Φ150 钻头开孔,一般钻入地层 3～6m 较为合适,随后用压入、回转后振动的方法将套管下入。

(4)钻探中采取泥浆护壁可能使地层分选,将地层中细颗粒带走,影响野外地层鉴别的准确性。当在卵碎石地层中钻探时,应避免使用泥浆循环钻进;当在地层较为松散并且黏土含量较低的场地钻探时,可考虑选用泥浆护壁。

第二节 钻探设备

一、钻杆与套管

(一)钻杆

钻杆是连通地面钻进设备与地下破岩工具的枢纽。钻杆把钻压和扭矩传递给钻头,实现连续钻进获得进尺。钻杆不仅是为清洁孔底和冷却钻头提供输送冲洗介质的通道,还是更换钻头、提取岩芯管和进行事故打捞的工作载体。同时,在绳索取芯钻进和水力反循环连续取芯钻进中,钻杆还是提取岩芯的通道,即用孔底动力机钻进时,依靠钻杆把动力机送至孔底,输送高压液体或气体并承担反扭矩。

钻杆在孔内非常恶劣的环境下承受着复杂的交变应力,因此,往往是钻进设备与工具中最薄弱的环节。在正常生产中,钻杆滑扣、泄漏、折断是常见的孔内事故,处理不当时,常常导致孔内情况进一步复杂化。因此,研究钻杆在孔内的工作条件与工艺要求,合理地选择和使用钻杆,对于预防孔内事故,实现优质高效钻进具有重要的意义。

常规的钻杆是由不同成分的合金无缝钢管制成,工程勘察常用钻杆的钢管力学性能如表2-2所示,钻杆的钢级越高,其屈服强度越大。

为了确保钻杆质量,轧制的钢管必须经正火、回火处理或调质处理。由于钻杆柱在回转过程中,经常与孔壁摩擦,造成磨损,为了强化其表面抗磨能力,应该对钻杆表层进行高频淬火。但是为了不影响钻杆抗疲劳的破坏性能,淬火加硬的表层深度必须控制在1mm以内,即钻杆连接螺纹是钻杆柱中最薄弱的部位。为了克服该弱点,常常需把钻杆端部管壁向外或向内镦厚,成为外加厚或内加厚钻杆。但是在镦厚的过程中对钻杆会造成热损伤,所以经过镦厚的钻杆必须进行正火处理或调质处理。

根据金刚石岩芯钻探用无缝钢管(GB3423-82)执行标准,一般钻杆采用螺距4～8mm、每边倾斜5°的梯形牙螺纹,为了防止应力集中,螺纹根部有规定的圆弧角。

表 2-2　钻杆材质力学性能表

钢级	屈服点 σ_s(MPa)	抗拉强度 σ_b(MPa)	伸长率 δ_s(%)
DZ40	400	650	14
DZ50	500	700	12
DZ55	550	750	12
DZ60	600	780	12
DZ65	650	800	12
DZ75	750	900	10
DZ85	850	950	10
DZ95	950	1050	10

螺纹部分承受着交变应力,所以它既要有足够的强度,又要能在经常拧卸中耐磨。同时钻杆内腔中承受着冲洗液流的高压作用,要求在钻杆接头端部有专门的端面密封。

钻杆根据丝扣加工部位的不同,可分为外丝钻杆和内丝钻杆;按丝扣旋转的方向不同,可分为正丝钻杆和反丝钻杆;按钻杆与接头连接方式还有焊接钻杆。

(1)主动钻杆。主动钻杆(又称机上钻杆)位于钻杆柱的最上部,由钻机立轴或动力头的卡盘夹持,或由转盘内非圆形卡套带动回转,向其下端连接的孔内钻杆传递回转力矩和轴向力。主动钻杆上端连接水接头(水龙头),以便向孔内输送冲洗液。主动钻杆的断面尺寸稍大,一方面是便于卡盘夹持回转,另一方面提高了主动钻杆的刚度,不易弯曲,其断面形状常用的有圆形、四方形和六方形。主动钻杆的长度应比钻杆的定尺长度与回转器通孔长度之和略长一些,常用的长度是4.5m或6m。

(2)钻铤。在大口径钻进中常会用到钻铤。钻铤直径大于钻杆,略小于粗径钻具或钻头直径,位于钻杆柱的最下部。其主要特点是壁厚大(相当于钻杆壁厚的4~6倍),具有较大的质量、强度和刚度。

钻铤的主要作用是:①给钻头施加钻压;②保证在复杂应力条件下的必要强度;③减轻钻头的振动,使其工作稳定;④控制孔斜。

(二)套管

套管又称岩芯管,用于保护、支撑孔壁,使其不产生变形或坍塌。为了降低生产成本,应尽量少下或不下套管,但有下列情况之一者必须下套管。

(1)下孔口管,保护孔口处岩土层不被冲坏,并将冲洗液导向循环槽。孔口管的另一个重要作用是导正钻孔方向。

(2)加固很难用泥浆护壁的不稳定地层。

(3)隔离漏水层与涌水层。

(4)当设备负荷能力不足或处理孔内异常需要缩小一级孔径,而上覆地层又有坍塌块、缩径危险时。

套管柱的连接方法主要有3种:直接连接、接头连接、接箍连接。

二、钻头

钻头用于冲击或切削岩土体向下钻进,有硬质合金、钢粒、金刚石3种类型:硬质合金钻头适用于小于Ⅷ级的沉积岩及部分变质岩、岩浆岩,钢粒钻头适用于Ⅶ—Ⅻ级的坚硬地层,金刚石钻头适用于Ⅸ级以上的最坚硬岩层。金刚石钻进推荐的终孔直径为46mm或59mm;钢粒钻进为不小于91mm;硬质合金钻进常用59mm、76mm和91mm的钻头终孔,但用于煤系地层时应不小于76mm,用于无机盐勘探时应不小于91mm。用于工程地质勘察的终孔直径一般应不小于110mm,用于水井和工程施工的孔径可达300~500mm。确定了终孔直径以后,根据地层剖面找出需要加固的危险孔段,再设计对应孔段下入套管的直径和深度。

三、钻塔

(一)钻塔的功用与要求

钻塔在钻探生产中的用途是:升降钻具,起下套管柱;作为立根钻杆(把几根单根钻杆用接头连接成的钻杆)的靠架;液压钻机钻进时悬挂钻具;在塔架外可披挂塔布,为操作人员遮风避雨,提供良好的施工环境。在钻探生产中根据施工要求不同,采用不同结构和不同类型的钻塔。

对钻塔的使用要求如下。

(1)应有足够的承载能力,以保证能够起下或者悬挂一定长度的管柱(钻杆柱、套管柱)。

(2)应有足够的有效高度和空间,以安放有关设备和工具。钻塔的有效高度直接影响立根长度,因而直接影响起下钻速度。钻塔的上顶尺寸应能安装天车并考虑检修的方便,底框大小应考虑钻机及其他设备的安装、钻场的合理布置及工人的操作安全。钻塔内部空间尺寸不宜过窄,否则使游动滑车运行不便,影响钻工的视野及操作安全。

(3)应有合理的结构。钻塔的结构应尽可能地减轻自重使钻塔轻便化,便于拆装、运移和维修,尽可能地采用水平安装及整体起放等快速而安全的安装方法。

(4)尽可能地降低成本。目前钻塔有轻便化及整体起放的发展趋势。金刚石绳索取芯钻进技术的推广和应用,使钻进过程中起下钻作业比重不断下降,从而用轻便钻塔或桅杆代替笨重的四脚钻塔,可以获得较好的经济效益。在钻塔设计和制造中,针对如何提高钻塔的运移性,做到整体起放和减轻自重,受到特别的关注。

(二)钻塔的类型

钻探中使用的钻塔类型很多。通常将桅杆(独杆式、小断面桁架结构式、封闭板箱结构式)、三脚架、四脚钻塔等统称为钻塔。制造钻塔的材料,除了轻便的三脚架尚有采用木材以外,一般均用钢材(型钢、管材)。

钻塔按其结构特点分为以下4种。

1. 四脚钻塔

四脚钻塔是一种横截面为正方形或矩形的空间桁架结构。所谓桁架结构,是利用单件重量不大的杆件,组成大尺寸的刚性结构体系。这类钻塔,其内部具有较大的空间,承载能力和稳定性均较好。空间桁架结构形式的钻塔,一般能够靠自重稳定,绷绳在这里仅作为保险机构而不作为基本支承。

2. 三脚钻塔

三脚钻塔塔高9～12m,提升高度6～9m。底脚呈等边或等腰三角形放置。根据塔高不同可设置一组或两组横拉手和斜拉手以加固塔腿,构成三棱锥状空间桁架体。一般适用于深度300m以内倾角为90°～70°的钻孔。三脚钻塔结构简单,拆、迁、安装均简易。

3. A型钻塔

A型钻塔是一种结构简单、质量轻、可整体竖立和安装、运移方便的轻便钻塔,广泛应用于石油钻井设备中。现在已开始应用于地质和工程钻探中。

A型钻塔的两根塔腿有管式和桁架式两种,可用于钻进直孔和斜孔。使用中钻沿用4根钢绳对角绷住。钢绳是保持钻塔整体稳定性的关键,其固定必须牢靠。

4. 桅杆式钻塔

桅杆式钻塔的使用日益广泛,其结构形式也日渐增多。从其结构特点来看,大致可以分为3种形式:①小断面桁架式;②板式结构封闭式;③适应动力头运行的前面敞开式。桅杆式钻塔可用于钻进不同深度的倾角为90°～70°的钻孔。与同级承载能力的钻塔相比,其自重较轻,拆装零件少,可以整体竖立、折叠竖立或伸缩竖立,安装拆卸方便。

(三)钻塔的基本参数

钻塔的基本参数有钻塔高度和二层台高度、额定负荷和最大负荷、顶部尺寸和底部尺寸、自重等。

1. 钻塔高度和立根长度

钻塔高度是指塔腿支承面到天车轴轴线之间的距离。合理的塔高受以下两个因素的制约:一是尽量缩短起下钻作业的时间消耗;二是尽可能地降低制造、安装及运移的成本。钻塔高度示意图如图2-1所示。

回转钻进用钻塔高度由下列公式计算:

$$H = L + h_1 + h_2 + h_3 + h_4 + h_5 = L + \sum h \quad (2-3)$$

式中:H为钻塔高度(m);h_1为孔口装置的高度及垫叉厚度(m),根据所用的拧管装置确定;h_2为立根卸开时所必需的最小距离(m),决定于钻杆接头螺纹的长度;h_3为提引器高度,一般为0.5～0.6m;h_4为大钩和动滑车高度,一般为0.8m;h_5为过提安全高度,一般取2～4m,塔高为12m时,取3m,塔高为22～25m时,取4m;L为立根长度,一般规定如表2-3所示。

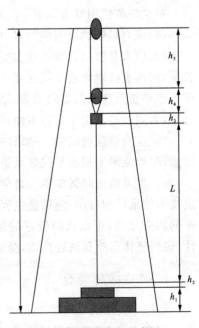

图2-1 钻塔高度示意图

表 2-3 立杆长度

孔深(m)	<100	100~300	300~500	>500
立根长度(m)	6~9	9~12	12~15	15~18

2. 钻塔大钩起重量

钻塔大钩起重量是钻塔承受钻进过程中所产生的载荷能力。有额定起重量和最大起重量两项指标。

钻塔大钩的额定起重量是相应于额定孔深和额定终孔直径时所用钻具或套管柱重量而产生于钻塔的静负荷。可用式(2-4)计算：

$$Q_n = qH_0 k_1 k_2 \tag{2-4}$$

式中：H_0 为孔深；k_1 为接头加重系数（$k_1=1.05\sim1.1$）；$k_2=1-\gamma_m/\gamma_s$，为考虑泥浆浮力的系数（$k_2\approx0.85$）；γ_m 为泥浆密度；γ_s 为钻杆钢材密度。

大钩最大起重量，除了考虑静负荷外还应考虑提升钻柱时的摩擦阻力、动载、卡钻等因素。

$$Q_{max} = qH_0 k_1 k_2 k_3 (1+a/g) \tag{2-5}$$

式中：k_3 为卡钻系数，$k_3=1.5\sim2$（浅孔取 2，深孔取 1.5，石油钻井中 $k_3=1.25$）；a 为提升钻具时大钩处的平均加速度。

（三）钻塔的天车载荷

钻塔的天车负载能力根据大钩最大载荷确定。升降系统采用两种不同的滑车系统：有死绳的滑车系统和无死绳的滑车系统。

若不计滑车系统的效率，则滑车系统中钢绳的拉力（包括动绳和死绳）均相等，即：

$$P = Q_{max}/m \tag{2-6}$$

式中：m 为滑车系统中工作钢绳数目。

则钻塔天车负载的计算如下。

(1) 有死绳的滑车系统：

$$Q_0 = Q_{max} + 2P = Q_{max}(1+2/m) \tag{2-7}$$

(2) 无死绳的滑车系统：

$$Q_0 = Q_{max} + 2P = Q_{max}(1+1/m) \tag{2-8}$$

式中忽略了快绳和死绳拉力方向与铅垂线间微小夹角的影响。

（四）钻塔的上顶尺寸、下底尺寸

钻塔上顶尺寸是指上顶大腿轴线安装天车梁底面的平面尺寸。它决定于天车的尺寸及其布置方法。考虑到对天车维修保养方便及操作安全，天车轮缘到上顶框架边的距离不应小于 0.4~0.6m。

钻塔下底尺寸应根据设备的布置、操作、维修及安全规程的要求确定，并考虑存放钻具所需钻场面积。

上、下底尺寸之间是相互关联的。其尺寸之间的合理配备，关系到钻塔的整体稳定性和经济性。

(五)工作台高度

岩芯钻探中广泛采用活动工作台,可以停留在任意高度进行必要的塔上作业。但是对钻塔而言,有两层台板的高度必须加以考虑。其一是上部搁靠立根的工作台应略低于立根长度 1~1.25m;其二是下层台板高度应适合于对机上钻杆及水龙头的操作需要,一般距离塔底 3~3.5m。

(六)大门高度

钻塔大门高度应能满足用绞车从塔外拉进标准长度的钻杆。

(七)钻塔自重

钻塔自重与钻塔的类型、结构、天车负荷及材料有关。常用钻塔自重系数来衡量钻塔设计的优劣。自重系数是一项技术经济指标。可用式(2-9)表达:

$$K = G/HQ_{max} \qquad (2-9)$$

式中:K 为自重系数;H 为塔高(m);Q_{max} 为钻塔的最大大钩起重量(kN);G 为钻塔自重(N)。

在保证钻塔有足够的强度和稳定性的前提下,降低自重系数有重大意义。它对于节约金属材料,降低制造成本,节省安装运输费用有直接作用。我国目前使用的 SG 系列管式四脚金属钻塔,与同级的角铁四脚钻塔相比,其自重系数大大降低。

在设计钻塔时,利用同级别的钻塔自重系数初步估算自重载荷,以便根据钻塔杆件所受应力确定其断面尺寸。然后,再将实际的钻塔自重与初选自重对比,如果其差值在计算的安全系数许可范围内,则无需调整。否则,需进行适当修正。

四、钻机

钻机是完成钻进施工的主机,它带动钻具钻头向地层深部钻进,并通过钻机上的升降机来完成起下钻具和套管、提取岩芯、更换钻头等辅助工作。

(一)钻机概述

岩土钻掘工程的目的与施工对象各异,因而钻机种类较多。钻机可按用途分类,如岩芯钻机、石油钻机、水文地质调查与水井钻机、工程地质勘察钻机、坑道钻机及工程施工钻机等。按钻进方法可把钻机分成 4 类。

(1)冲击式钻机。可分为钢丝绳冲击式钻机、钻杆冲击式钻机。

(2)回转式钻机。①立轴式钻机,分为手把给进式钻机、螺旋差动给进式钻机、液压给进式钻机;②转盘式钻机,分为钢绳加减压式钻机、液压缸加减压式钻机;③移动回转器式钻机,分为全液压动力头式钻机、机械动力头式钻机。

(3)振动钻机。

(4)复合式钻机。振动、冲击、回转、静压等功能以不同组合方式复合在一起的钻机。

原地质矿产部对钻机型号和类别进行了规定(表 2-4),均用汉语拼音字母标注。

表 2-4 原地质矿产部钻机型号类别标志

钻机类别	类别代号	第一特征代号 （传动结构）	第二特征代号 （装载及其他）
岩芯钻机、砂矿钻机	X(岩芯)、SZ(砂钻)	Y(液压操纵机械传动)	C(车装)
水文钻机、工程钻机	S(水文)、G(工程)	D(全液压动力头)	S(散装)
坑内钻机、浅孔钻机	K(坑内)、Q(浅钻)	P(转盘)	
地热钻机	R(地热)		

立轴式钻机应用较为广泛。原地质矿产部[①]立轴式钻机系列定名为 XY 型，原冶金工业部[②]立轴式钻机系列定名为 YL（冶立）型，中国有色金属工业总公司立轴式钻机系列定名为 CS（穿山）型，原煤炭工业部[③]立轴式钻机系列定名为 TK（探矿）型（表 2-5）。

表 2-5 立轴式钻机系列

原地质矿产部	原冶金工业部	有色金属工业总公司	原煤炭工业部
XY-1(100)、XY-2(300)	YL-3(300)	CS-1(100)	TK-1(1300)
XY-3(600)、XY-4(1000)	YL-6(600)	CS-3(600)	TK-3(1000)
XY-5(1500)、XY-6(2000)	YL-10(1000)	CS-4(1000)	TK-4(600)、TK-5(300)

注：表中括号内的数字为钻进深度，单位为 m。

（二）立轴式钻机

机械传动、液压给进的立轴式钻机，是目前国内外广泛使用的一种主要机型。现代立轴式钻机为了适应金刚石钻进工艺的需要，并兼顾硬质合金及钢粒钻进工艺的要求，提高了立轴转速（最高达 2 500r/min），扩大了调速范围，增加了速度挡数（6~8 挡，多的达 12~24 挡）。为了缩短升降和辅助工序的时间，采用上、下两卡盘，实现"不停车倒杆"、自动倒杆，以及加长立轴行程（600~800mm）等措施。由于绳索取芯金刚石钻进的广泛应用，钻机上增加了绳索绞车。有些钻机升降机的升降手柄采用液压控制，在深孔钻机中采用涡轮变矩器。并且，采用调速电机为动力，将双联齿轮泵或变量叶片泵作为液压系统的动力源，给进液压缸操纵阀改用"OH"或"OY"型滑阀，为给进液压缸下腔油路设置给进速度控制阀，从而减少功耗，并能在液压泵卸荷的情况下，实现减压钻进、自重钻进和"称重"等，这些都是钻机设备新的发展趋势。

（三）转盘式钻机

以转盘为回转器的钻机叫作转盘式钻机，如 SPJ-300 型、SPC-600R 型、GPS-15 型、红

---

① 原地质矿产部，即中华人民共和国地质矿产部（简称地质矿产部），现为中华人民共和国国土资源部。
② 原冶金工业部，1998 年更名为国家冶金工业局，2008 年分散到国资委、钢铁工业协会、工业和信息化部中。
③ 原煤炭工业部，即中华人民共和国煤炭工业部，于 1998 年被撤销。

星-400型、TSJ-1000型和GJC-40HF型等,它们多用于水井和基础工程施工,一般具有多功能性。

（四）动力头式钻机

动力头式钻机分为机械动力头式钻机(如G-1型、G-2型、G-3型、GJD-1500型等钻机)和液压动力头式钻机(如钻石-300型、JK-1型、YDC-100型等钻机)。

（五）冲击钻机与振动钻机

1. 钢丝绳冲击钻进原理

冲击钻机是利用钢丝绳冲击钻进原理工作的。钢丝绳冲击钻进是借助一定质量的钻头,在一定的高度内周期地冲击孔底,使岩石破碎而获得进尺。每次冲击之后,钻头在钢丝绳带动下回转一定的角度,从而使钻孔形成圆形断面。较破碎的岩屑与水混合形成岩粉浆,当岩粉浆达到一定浓度后,即停止冲击,利用掏砂筒将稠浆掏出,同时向孔内补充液体。由于钢丝绳冲击钻机都是装在汽车或拖车上,设备轻便、搬迁方便,操作与管理简单,钻进成本低,因此在水文水井钻、砂矿勘探和大口径工程施工项目中常用这种方法。它对于大砾石、漂石及脆性岩层特别有效。

2. 振动钻机

振动钻机适用于砂、亚黏土和亚砂土、黏土等地层,在这些软岩层和松散岩层中具有很高的钻进效率,因此广泛应用于工程地质勘察。

五、泥浆泵

（一）钻探泥浆泵

泥浆泵是地质岩芯钻探、水文水井与工程地质钻探重要的配套设备。泥浆泵通过向钻井内输送冲洗液,从而实现洗井、护壁、堵漏、润滑钻具、冷却钻头、排除井底岩屑并携带至地面等工作,可达到快速、安全、高效、优质钻井的效果。

高压泥浆泵(也称高压注浆泵)是高压喷射注浆技术的关键设备。通过高压喷射注浆,可实现软弱地基加固、不均匀沉降纠斜、水库大坝与地下建筑工程防渗帐幕、挡土围堰、井筒护壁、矿山堵漏与边坡锚固等地质灾害和灾害工程整治。

钻探用泥浆泵多是往复式单作用(或双作用)活塞(或柱塞)泵。

地质钻探中,由于孔身结构、钻孔深度、钻具级配与工艺方法不同,要求泥浆泵流量能调节;泵液力端在高压工况下,能泵送高密度、含有磨砺性颗粒的水泥浆,同时泵动力端在高压全功率下能持续运转。因而,选择泥浆泵变量方式,提高了泵液力端易损件寿命,控制了泵动力端运行温升,是泥浆泵研究开发与技术创新的关键。

1. 新型泥浆泵的探索研究

20世纪70年代初期,我国引用斜盘式轴向柱塞油泵的原理与结构,设计并成功研制了"763"型变量泥浆泵(图2-2)。该泵有7个柱塞,呈径向辐射均布,通过手动调整斜盘角度,改变柱塞工作行程,实现无级变量。

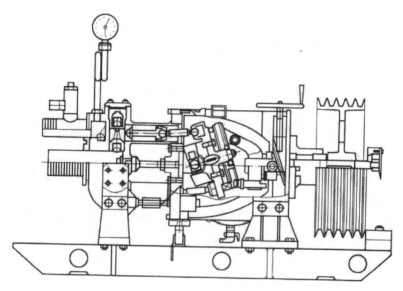

图 2-2 "763"型变量泥浆泵示意图

20世纪70年代初,我国研制并试验了往复次数超过1 000次的高频泥浆泵,试图通过提高泵的往复冲次,简化泵的结构,减轻泵的重量。

20世纪70年代初期,我国设计并成功研制了采用双曲柄轴推动双滑框往复运动的4BW-200/40型四缸单作用活塞泥浆泵(图2-3)。

由于设计原理与结构上的缺陷,以上几种泵的技术性能与运行工况均没有达到钻探施工的要求,因而没能形成产品上市。

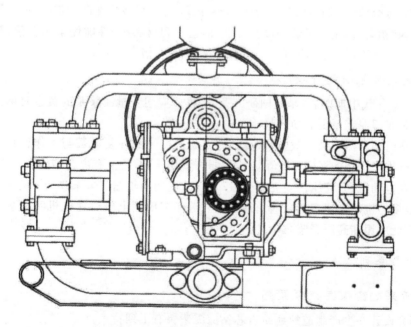

图 2-3 4BW-200型泥浆泵示意图

2. 新工艺与新材料的应用研究

1) 柱塞、缸套

柱塞、缸套是泥浆泵的主要易损件,成功应用的主要新工艺、新材料如下。

表面化学镀层:寿命可提高 5 倍以上。

金属表面热喷涂(也称熔复)合金硬化层:显著提高寿命,是目前应用较多且最成功的新工艺之一。

氮化硅(Si_3N_4)工程陶瓷:制造柱塞或缸套,显著提高寿命,是目前应用较多且效果最好的新材料之一。

氧化铝-氧化锆复合精细工程陶瓷:是国内 20 世纪 90 年代引进并开发成功的最新超硬高耐磨材料,其寿命是合金材料的 5～8 倍。

QPQ 盐浴复合处理技术、自蔓延高温合成(SHS)金属基耐磨耐热陶瓷涂层技术、W18Cr4V 钢表面激光熔覆 $TiC-Al_2O_3$ 复合陶瓷等新技术、新工艺的成功开发,都为柱塞、缸套、拉杆等泥浆泵易损件不断开辟新的提高寿命的途径。

2) 活塞、柱塞盘根

活塞与柱塞盘根是泥浆泵主要易损件,其应用的主要新材料如下。

S 型聚胺酯橡胶与丁腈橡胶:是泥浆泵中应用最广泛的高耐磨密封材料。

PFA 型-聚四氟乙烯芳纶纤维与纯芳纶纤维密封填料:具有耐高温与耐磨的显著特点。

聚四氟乙烯-石墨-碳素纤维三合一合成密封材料:是一种活塞与柱塞盘根理想的自润滑、耐高温、高耐磨性的新型材料。

3) 连杆轴瓦

连杆大小头轴瓦是泥浆泵动力箱中重要的易损件,必须有足够的比压 p 与 PV 值,才能保证持续运转时温升低、寿命长。其应用的新材料如下。

SF 型三层复合轴瓦材料:具有耐疲劳性好、承载能力强、摩擦系数低与使用寿命长等显著特点。

ZA 系列锌铝合金:是一种新型高强度、高耐磨工程材料,其性能优于锡青铜,磨损率与摩擦表面温升明显低于锡青铜,使用寿命高于锡青铜 3～5 倍。

3. 变量泥浆泵研究开发

20 世纪 70 年代中期以后,是我国研究开发、推广应用变量泥浆泵的黄金时期。推广应用变量泥浆泵是我国泥浆泵更新换代最重要的标志。

泥浆泵适时调节流量最有效、最快捷的方式是改变泵的往复次数与工作行程。我国研究开发成功并已推广应用的泥浆泵变量方式主要有下列 4 种:①配有离合器的多挡机械变速箱;②配电磁调速电动机;③液压传动无级变量;④以改变曲柄轴偏心量来改变泵的工作行程。

过去,以多挡机械变速变量泵应用最普遍。近年来应用电磁调速电机实现泵流量变换异军突起,且广泛应用在高压泥浆泵中。

(二) 产品系列

1. 地质岩芯钻探泥浆泵系列

我国研究设计并生产制造的地质岩芯钻探泥浆泵有下列特点。

(1) 卧式三缸单作用往复活塞(柱塞)式。

(2)小缸径、短行程、高冲次。
(3)流量较小、压力较高、功率不大。
(4)钢球式吸排水阀、直通式布局。
(5)配有离合器,具有多挡机械变速,流量可以调整。

地质岩芯钻探泥浆泵已形成系列产品,其流量18~400L/min,压力小于或等于10MPa。地质岩芯钻探泥浆泵生产厂家多,品种全,应用广,销量大,效益显著。

2. 水文水井钻探泥浆泵系列

水文水井钻探泥浆泵具有下列特点。
(1)多为卧式双缸双作用往复活塞式泵。
(2)大缸径、长行程、低冲次。
(3)大排量、低压力、功率较大。
(4)一般具有两挡机械变速变量,且配有两种尺寸规格的缸套与活塞组件。
(5)吸排液腔室多为"L"形布局,采用锥形吸排水阀。

3. 工程地质钻探泥浆泵系列

工程地质钻探一般钻孔直径较小,钻孔深度较浅,因而所用泥浆泵流量小、压力低。此类泵以单缸双作用型、双缸单作用型为主。其主要系列产品参数:流量80~160L/min,压力小于或等于1.3MPa。

4. 高压注浆泵系列产品

20世纪90年代以来,我国在研究开发高压注浆泵上取得了新技术的突破,形成了具有鲜明特色的系列产品,填补了我国在这一领域的空白。其系列产品参数多为:流量小于或等于120L/min,压力为20~50MPa。

高压注浆泵具有下列两大显著特点。
(1)均为卧式三缸单作用往复式柱塞泵。
(2)具有高压、小排量、可变量,多配用电磁调速电机。

高压注浆泵的变量方式主要有3种基本形式:①机械变速,如ZJB-30型高压注浆泵;②电磁调速,如XPB-90型超高压注浆泵;③液压无级变量,如YZB200-13型液压注浆泵。

第三节 钻探工艺

一、钻进效果指标及钻进规程参数间的关系

(一)钻进效果指标

1. 钻进效果指标的含义

1)钻进效果指标的定义

该指标是衡量钻进速度、钻进成本、钻进质量的经济技术指标。钻进速度、钻进成本、钻进

质量之间有着密切的联系。

2) 钻进效果指标内容

钻进效果指标包括钻速、钻孔成本/m、岩(矿)芯采取率和钻孔弯曲等。它们受多因素的影响,包括不可控因素和可控因素。不可控因素是指客观存在的因素,如所钻的地层、岩性及其埋深等;可控因素是指通过一定的设备和技术手段可进行人工调节的因素,如钻头类型、冲洗液性能、钻压、转速和泵量等。

2. 钻进速度

钻进速度是衡量钻进效果的基本指标,也是考核钻进工艺和生产管理水平的最重要依据。根据不同的技术统计需要,有以下几种钻速衡量指标。

1) 平均机械钻速

平均机械钻速表示在纯钻进时间内的平均钻进效果,即:

$$v_m = \frac{H}{t} \qquad (2-10)$$

式中:H 为钻孔进尺(m);t 为纯钻进时间(h)。

2) 回次钻速

从往孔内下放钻具—钻进—从孔内提起钻具称之为生产循环中的一个回次。虽然纯钻进是我们的主要任务,但随着钻孔加深和岩石可钻性级别的提高,在一个回次中起下钻具的作业将占去很多时间。因此必须优选钻进参数,实现钻具升降作业机械化,以提高回次钻速,即:

$$v_R = \frac{H}{t+t_1} \qquad (2-11)$$

式中:t_1 为接长钻杆、更换钻头和提取岩芯必需的起下钻具时间和其他辅助作业(冲孔、扫孔等)时间(h)。

3) 技术钻速

在生产中往往一个月计算一次考虑补充作业时间的技术钻速为:

$$v_T = \frac{H}{t+t_1+T_1} \qquad (2-12)$$

式中:T_1 为消耗在固孔、测量孔斜、地球物理测井、孔内注浆、人工造斜等工作中的补充作业时间(h)。

4) 经济钻速

经济钻速在国外也叫作商业钻速,一般按月、季计算:

$$v_B = \frac{H}{t+t_1+T_1+T_2} \qquad (2-13)$$

式中:T_2 为用于钻机安装、大修、处理孔内事故等非生产性作业的时间(h)。

5) 循环钻速

循环钻速指的是从开孔到终孔整个生产大循环的平均钻速,即:

$$v_C = \frac{H}{t+t_1+T_1+T_2+T_3} \qquad (2-14)$$

式中:T_3 为用于安装和拆卸钻塔、起拔套管、封孔等开孔准备和终孔作业的时间(h)。

(二)钻进规程

1. 钻进规程的含义

所谓钻进规程是指为提高钻进效率、降低成本、保证质量所采取的技术措施,通常指可由操作者人为改变的参数组合。

在回转钻进中主要的钻进参数有钻压(钻头上的轴向载荷)、钻具转速、冲洗介质(水、钻井液或压缩空气)的品质、单位时间内冲洗介质的流量等工艺参数。

2. 钻进规程的类型

生产中有不同的钻进规程,分别为最优规程、合理规程、专用规程。

1)最优规程

(1)最优规程是当地质技术条件和钻进方法已确定时,在保证钻孔质量指标(钻孔方向、岩矿芯采取率等)的前提下,为获取最高钻速或最低每米钻进成本而选择的钻进参数搭配。

(2)实现最优钻进规程的条件是钻机设备的功率、转速、钻杆的强度、冲洗介质的品质等因素不限制钻进参数的选择。

(3)研究最优规程的方法如下。

每米钻进总成本:

$$C = \frac{C_b + C_r(t + t_1 + T_1 + T_2)}{H} \tag{2-15}$$

式中:C_b 为钻头价格(元);C_r 为钻机单位时间作业费用(元/h);H 为钻头进尺数(m)。

经变换得:

$$C = \frac{C_b}{v_m \cdot t} + \frac{C_r(1 + k + K_1 + K_2)}{v_m} \tag{2-16}$$

式中:v_m 为机械钻速(m/h);t 为纯钻进时间,依据钻头的使用寿命确定(h);$k = t_1/t$、$K_1 = T_1/t$、$K_2 = T_2/t$。

对于一定的钻孔类型、设备和孔深,k、K_1、K_2 基本上为一经验值。依据 $C = f(v_m)$,可求出对应于最低成本 C_{min} 的最优钻速 $v_{m优}$,并由此可确定最优的钻压、转速等规程参数。

2)合理规程

在给定的技术装备条件下,当钻进规程参数的选择受到某种制约时(例如设备功率不足、钻机的转速达不到要求、钻具强度不够、冲洗液泵量不足等),在保证钻孔质量指标的同时争取最大钻速的钻进参数组合叫作合理规程。

3)专用规程

为完成特种取芯、矫正孔斜、进行定向钻进等任务所采用的参数组合称为专用规程。其与特种工艺匹配,钻速已成为从属的目标。

(三)钻进过程中各参数间的基本关系

1. 钻压对钻速的影响

钻进中钻头上的轴向压力(实际钻压)应为:给进力(钻具质量+正或负的机械施加力)减去冲洗液浮力及孔内摩擦阻力后剩余的载荷。常用的表示钻压的方法如下。

(1) 钻压 P——整个钻头上的轴向载荷,受钻头类型、口径和切削具数量影响,可比性较差。

(2) 钻头唇面比压 p——切削具与岩石接触单位面积上的轴向载荷,涵盖了钻头口径和类型的影响,可比性较好。

实践证明,在一定的钻进条件下,钻压影响钻速的典型关系曲线如图 2-4 所示。可以得出:①钻压在很大的变化范围内(ab 段)与钻速近似成线性关系;②a 点之前,钻压太低,钻速很慢;③b 点之后,钻压过大,岩屑量过多,甚至切削具完全吃入岩层,孔底冷却和排粉条件恶化,钻头磨损也加剧,使钻进效果变差。

可按图中的直线段来建立钻压 P 与钻速 v_m 的定量关系,即:

$$v_\mathrm{m} \propto (P-W) \tag{2-17}$$

式中:W 为 ab 线在钻压轴上的截距,相当于切削具开始压入地层时的钻压。它在石油钻井中称为门限钻压,主要取决于岩层性质。不同地层的门限钻压各异。

2. 转速对钻速的影响

转速是钻头旋转的速度,表示切削具运动的快慢。图 2-5 为钻进不同岩石时测得的钻速 v_m 与转速 n 的关系曲线。由图可知:①在软、塑性大且研磨性小的黏土岩层钻进时(曲线Ⅰ),钻速 v_m 与转速 n 关系基本呈线性关系;②在中等硬度、研磨性较小的岩层中钻进时(曲线Ⅱ),钻速 v_m 与转速 n 的关系开始呈直线关系,但随着 n 继续增大而逐渐变缓,转速愈高,钻速增长愈慢;③在中硬、研磨性强的岩层钻进时(曲线Ⅲ),开始时类似于曲线Ⅱ,但钻速随转速增大而增大的速率缓慢,当超过某个极限转速 n_0 后,钻速 v_m 还有下降的趋势。

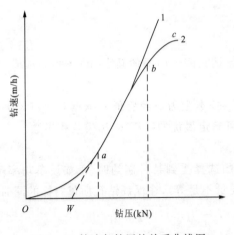

图 2-4 钻速与钻压的关系曲线图

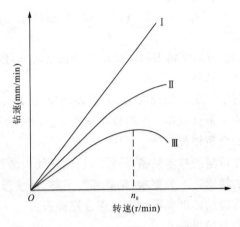

图 2-5 转速与钻速的关系曲线图

在钻压和其他钻进参数保持不变的情况下,钻速可表示为:

$$v_\mathrm{m} \propto n^\lambda \tag{2-18}$$

式中:λ 为转速指数,一般小于 1,其数值大小与岩性有关。

3. 切削具的磨损对钻速的影响

在钻进过程中随着切削具的磨钝,切削具与岩石的接触面积逐渐增大,若此时钻压值保持不变,则机械钻速 v_m 也必然逐渐下降。这一过程实质上是钻头唇面比压 p 下降引起的。

4. 水力因素对钻速的影响

钻进中,孔底岩屑的清洗是通过钻头喷嘴(或水口)形成冲洗液射流来完成的。表征钻头及射流水力特征的参数称为水力因素。

一定的钻速条件下,单位时间内钻出的岩屑总量一定,而该数量的岩屑需要一定的水功率才能完全清除,低于这个水功率值,孔底净化就不完善,则钻速降低。对于软岩,高于这个水功率值,由于水力参加破岩,使机械钻速可能升高。但此时,水力浮力的增加,对钻速的提高会造成不利影响,尤其是在硬岩层中。

对孕镶金刚石钻头和自磨式钻头,若遇到弱研磨性岩石,为保持钻头唇面切削具的自锐能力,必须在孔底保存一定的岩粉量,过大的水功率将导致钻速下降,甚至抛光钻头。

5. 冲洗液性能对钻速的影响

冲洗液性能对钻速的影响比较复杂。大量的试验表明,冲洗液的密度、黏度、失水量和固相含量及其分散性都对钻速有不同程度的影响。

(1)冲洗液密度对钻速的影响。冲洗液密度决定着孔内液柱压力与地层孔隙压力之间的压差。孔底压差对刚破碎的岩屑有压持作用,阻碍孔底岩屑及时清除,压差增大将使钻速明显下降。

(2)冲洗液黏度对钻速的影响。在其他条件一定时,冲洗液黏度的增大,将使孔底压差增大,浮力增大,并使孔底钻头获得的水功率降低,从而使钻速降低。

(3)冲洗液固相含量及其分散性对钻速的影响。实践表明,冲洗液固相含量、固相颗粒的大小和分散度对钻进速度有明显影响。一般应采用固相含量低于4%的不分散冲洗液。由图2-6可见,固相含量相同时,分散性冲洗液比不分散冲洗液的钻速低。固相含量越少,两者的差别越大。

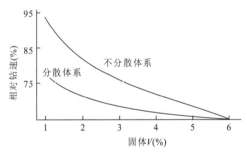

图2-6 固相体积(V)和分散性对钻速的影响

二、回转钻进工艺

(一)硬质合金钻进工艺

硬质合金钻进工艺是指钻头上的切削具在轴心压力和回转力的作用下,压入并剪切岩石,使岩石破碎,再经冲洗液将被破碎岩石的岩粉颗粒冲洗上来。切削具破碎岩石时,要同时克服岩石抗压入阻力和剪切强度。因此,每颗切削具上的压力超过岩石的抗压入阻力,才能使切削具切入岩石一定深度。切削具切入岩石的深度越大,破碎岩石的效果越好。不同的岩石,切削具切入岩石的深度是不相同的。另外,切削具剪切岩石的次数越多,破碎岩石的速度也越快。因此,在硬质合金钻进中,要有一定的钻压和转速。

硬质合金钻进的优点为以下几点。①钻进时,钻头工作平稳,震动较小。岩芯比较光滑、完整,采取率高。容易控制钻孔弯曲,提高工程质量。②根据不同的岩性,可以灵活地改变钻头结构。在软的和中硬的岩石中钻进,具有相当高的钻进效率。③操作简单方便,钻进规程、参数容易控制,孔内事故少。④钻头镶焊工艺简单,修磨方便,钻探成本低。⑤应用范围不受孔深、孔径、孔向的限制。

硬质合金钻进分磨锐式硬质合金钻头钻进和自磨式硬质合金钻头钻进,两者的钻进工艺存在异同点。

1. 磨锐式硬质合金钻头的钻进规程

1)钻压的选择

磨锐式硬质合金钻头是以切削具压入切削和剪切破碎为主,钻压的大小决定着碎岩的方式和特点。依据图 2-4 的关系,钻压的选择必须大于 a 点的钻压。但随着切削具的磨损,其碎岩方式和特点也会发生变化。

(1)初始钻压与钻速的关系。传统的观点认为:初始时,切削具锋利,所需钻压较小就可以满足比压大于岩石的压入硬度,产生体积破碎。随着切削具的磨损,切削具与岩石的接触面积增大,应逐渐加大钻压,维持比压继续大于岩石的压入硬度,以维持稳定的体积破碎。表 2-6 是初始钻压加载与钻进效果的实验数据。

表 2-6 初始钻压加载与钻进效果的实验数据

回次中钻压的变化范围 (kN)	回次进尺 (m)	钻头工作时间 (h:min)	回次平均钻速 (m/h)	回次中钻速的变化范围 (m/h)
1.8~7.5	2.563	4:20	0.570	1.08~0.36
3.6~7.5	2.295	3:42	0.618	1.38~0.42
5~7.5	1.958	3:08	0.625	2.10~0.30
7.5	2.421	2:10	1.116	3.00~0.30

可以得出:随初始钻压的提高,钻头的回次进尺略有减少,但钻进时间减少较大,因而回次钻速有较大的提高。

其原因是:一开始就以大钻压钻进有利于发挥切削具锋利的优势,产生较大的体积破碎,初始钻速很高,而切削具的磨损,随进尺的增加并未有显著的增加,回次进尺没有明显的减少。可以认为:一开始就以允许的大钻压钻进是有利的,但初始钻压并不是越大越好,而需要合理钻压。

(2)钻压与所钻岩石的关系。不同的岩石对增加钻压所表现出的钻速变化规律是不同的。

第一,中硬—硬(6~7 级)岩石最敏感,增大钻压时,钻速增长最显著。

第二,对 4~5 级的岩石,如果钻压过大,将使孔底排粉和冷却条件恶化,阻碍钻速的成比例上升。

第三,8~9 级岩石不宜用硬质合金钻进,可理解为:钻压值未达到体积破碎,钻压增加,磨损加剧,钻速下降。

在实际生产中,一般根据经验首先选择每颗切削具上的压力值 p,然后在钻进过程中根据钻速的变化情况,适时加以调整。钻头上的总压力 $P_总$ 为:

$$P_总 = pm \tag{2-19}$$

式中:p 为每颗切削具上应有的压力;m 为钻头唇面上的切削具数目。

在钻进中,根据钻速的变化情况,适时加以调整。岩石越硬、研磨性越强,p 值取上限,黏性软岩取小值,裂隙地层也应取小值。

2) 转速的确定

合金钻头转速的确定,必须考虑岩性和碎岩时间因素的影响。

(1) 软岩层钻进时的转速。钻进塑性大、研磨性小的软岩层(如黏土类岩层),可以认为切削具切下来的岩石厚度就等于切削具切入岩石的深度,且钻进中切削具的磨损很小,其机械钻速为:

$$v = h_0 mn \qquad (2-20)$$

式中:h_0 为切削具的切入深度;m 为钻头上切削一个切槽宽度的切削具的组数;n 为钻头的转速。

硬质合金钻进软岩,可以认为机械钻速 v 与转速 n 是成正比的。

(2) 中硬及硬岩层钻进时的转速。

① 岩性影响。这类岩层压入硬度较大,研磨性也较高。钻进中切削具不断地被磨钝,使其与岩石的接触面积不断地增大,从而岩石受压的应力带也增大。如果转速较高,而切削具单位面积上的压力较小,磨损加剧,会使得破碎岩石更为困难。

② 时间因素的影响。时间效应是指岩石在切削具作用下,从发生弹性变形—形成剪切体—跳跃式吃入岩石至一定深度,需要一个短暂的时间 Δt。即:承受载荷的切削具在岩石表面停留一个短暂时间 Δt,使裂隙能够沿剪切面发育至自由面,形成剪切体。如果转速超过临界值($n > n_0$),则切削具作用于岩石的时间小于 Δt,岩层中的裂隙尚未完全发育载荷便移走了,从而造成破岩深度减少,甚至使碎岩状态转化为表面破碎。由此,使用磨锐式硬合金钻头钻进较硬岩石时,不允许过高地增大转速。一些研究者认为时间因素对碎岩深度近似地存在下列关系:

$$h = h_0 - \mu \cdot n \qquad (2-21)$$
$$v = (h_0 - \mu \cdot n)mn \qquad (2-22)$$

式中:h 为转速 n 时,切削具实际的碎岩深度;h_0 为当 $n=0$ 时的切入深度;μ 为岩石的弹塑性衰减系数。

由式(2-22)可知:在中硬以上岩层中钻进时,切削具的碎岩深度随转速的增高而明显地下降。机械钻速 v_m 与转速呈抛物线关系(图 2-7)。曲线最高点是最优转速,此时的机械钻速最高。

③ 钻头转速的线速度。由于钻头的直径大小不一,切削具的运动以线速度更为科学,二者之间的关系为:

$$v = \frac{1}{60} \pi D n \qquad (2-23)$$

式中:D 为钻头平均直径(m);n 为钻头转速(r/min)。

3) 冲洗液泵量的选择

在冲洗液的排粉、冷却、润滑和护壁诸功能中,以排粉所需的泵量最大,故应以孔底岩粉量的多少为主要依据来选择泵量。同时,还必须注意到

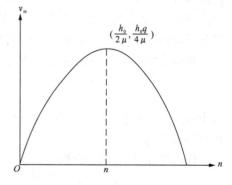

图 2-7 机械钻速 v 与转速关系图

液流的阻力与流速的平方成正比,如果泵量过大,引起的孔底脉动举离力将抵消一部分钻压,造成在岩芯管内、外环间隙中流速过高,可能冲毁岩芯或孔壁。因此,合理的泵量值应在满足及时排粉的前提下兼顾其他工艺因素。

钻进中的冲洗液量可按式(2-24)计算:

$$Q = m\frac{\pi}{4}(D^2 - d^2)v_1 \tag{2-24}$$

式中:v_1 为冲洗液在外环空间的上返速度(dm/min);D、d 分别为钻孔直径和钻杆外径(dm);m 为孔壁、孔径不规则引起的上返速度不均匀系数(m 取 $1.03\sim 1.1$)。

上返速度的推荐值:清水时取 $0.25\sim 0.6$m/s,泥浆时取 $0.20\sim 0.5$m/s。

必须兼顾的其他技术因素是:孔径大、钻速高、岩石研磨性强、钻头水口水槽宽者可取上限,反之亦然。

本章前面讨论了冲洗液性能对钻速的影响。为了提高钻速,在可能的条件下应尽量选用清水作为冲洗液;若用泥浆,其黏度和密度值宜小不宜大,并尽量采用低固相不分散泥浆。

4) 各钻进参数间的配合关系

在实际钻进过程中,钻进规程的 3 个主要参数为钻压 P、转速 n 和泵量 Q。它们都不是单独起作用的,而是存在着交互影响。如果我们只是"单打一"地追求各参数的最优值,而不考虑其交互影响,则不仅达不到高钻速、低成本的效果,甚至可能导致相反的结果。

关于 P、n、Q 参数间合理配合的一般原则可概括为:软岩石研磨性小,易切入,应重视及时排粉,延长钻头寿命,故应取高转速、低钻压、大泵量的参数配合;对研磨性较强的中硬及部分硬岩石,为保持较高的钻速并防止切削具早期磨钝,应取大钻压、较低的转速、中等泵量的参数配合;介于两者之间的中等研磨性的中软岩石,则应取两者参数配合的中间状态。

总之,定性分析的原则是:钻进Ⅳ~Ⅴ级及其以下的岩层,应以较高转速为主;钻进Ⅴ~Ⅵ级及其以上的岩层,应以较大的钻压为主。若要进行定量分析,可借助方差分析法在统计资料的基础上找出对钻速或成本影响最显著的因素。

5) 最优回次钻程时间的确定

用磨锐式钻头钻进时,在规程未改变的条件下,其钻速是随切削具的磨钝而递减的。当钻速很低时,只有起钻换钻头才能在新回次中获得较高的钻速。但在起下钻的辅助作业中将消耗许多时间。如果早一点起钻,对提高平均钻速有利,但辅助作业时间所占比例加大;如果晚一点起钻,可减少起下钻次数,但钻头是在钻速很低的状态下继续钻进。因此,必须确定一个最佳回次钻程时间。最佳回次钻程时间的标准应是该回次的回次钻速达到最大值。

根据前叙内容,钻头在 t 时间内的累计进尺为:

$$H = \frac{v_0 t}{1 + k_0 t} \tag{2-25}$$

式中:v_0 为钻进开始时的瞬时钻速;k_0 表示钻速下降特征的系数,它主要取决于岩性、钻进规程和钻头类型。

代入到计算回次钻速计算公式中再用求极大值的方法可求出最佳钻程时间:

$$t_0 = \sqrt{t_1/k_0} \tag{2-26}$$

于是,此时的最优回次转速为:

$$v_R = \frac{v_0}{1 + 2\sqrt{t_1 k_0} + k_0 t_1} \tag{2-27}$$

据瞬时钻速 v_m 与进尺 H 的关系,代入 t_0,可求出此时的瞬时钻速为:

$$v_m = \frac{dH}{dt} = \frac{v_0}{1+2\sqrt{t_1 k_0}+k_0 t_1} \qquad (2-28)$$

在 t_0 时刻,瞬时钻速与回次钻速正好相等。这便为在现场用绘图法确定最佳钻程时间提供了理论依据。如图 2-8 所示,在生产过程中随时记录并作 v_m 和 v_R 曲线,当两条曲线相交时它对应的就是最佳回次钻程时间,这时必须起钻结束回次钻程。

虽然以上分析从理论上解决了确定最佳回次钻程时间的问题,但在现场实施中仍有很多困难:①在野外条件下仅靠手工实时测算并绘制两条曲线,并非易事;②上述理论推导的基础为规程和岩性一定,但实际钻进过程中很难保证岩性不变,加之其他随机因素的干扰,实际绘出的钻速曲线不可能像图 2-8 那样有规律。因此,目前在现场仍是凭经验,根据钻头类型和孔深的不同确定最佳起钻时间。

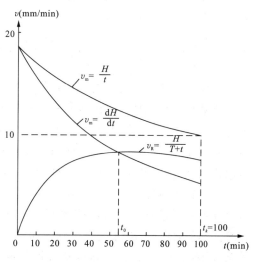

图 2-8 确定最佳回次钻程时间 t_0 的方法

必须指出,随着计算机和自动检测技术的普及,上述确定最佳钻程时间的方法已经可以在现场自动实现了。苏联于 1982 年研制成功的微机自控钻进系统,在钻进过程中定期检测进尺量,每 7s 时间由微机计算一次瞬时钻速 v_m 和回次钻速 v_R 并存储起来,同时按不等式:

$$\frac{v_R}{v_m} < C_m \quad (C_m \text{的取值是} 1.1 \sim 1.2) \qquad (2-29)$$

判断是否需要终止回次钻程。如果不等式能满足,则表明钻进过程处于图 2-8 中 t_0 点的左边或刚过 t_0 点,可继续钻进;如果不满足,说明已稳定地超过 t_0 点。当不等式不满足时,还需继续观察 5min,防止因偶然因素或规程变化造成的虚假现象。这时微机系统给钻压一个增量 ΔP,以便观察瞬时钻速 v_m 是否会继续增大而重新满足不等式,同时每秒钟测算一次 C_m 值,如果不满足的次数达 60%,则发出"起钻"的命令。

2. 自磨式硬质合金钻头的规程特点

自磨式钻头与磨锐式钻头的主要区别在于切削具与孔底接触面积恒定,要求切削具能正常自磨出刃,其破岩过程以微剪切和磨削为主,钻速比较平稳等。自磨式钻头的钻进规程特点如下。

(1) 钻压。自磨式钻头与岩石的接触面积大,总的钻压应大于磨锐式钻头。一般钻压比磨锐式钻头大 20%~25%。

(2) 转速。由破岩机理可知,自磨式钻头必须采用比磨锐式钻头更高的转速,以提高单位时间的破岩次数。

(3) 泵量。自磨式硬质合金钻进可以采用比磨锐式略小的泵量,但为了充分冷却(转速较高)和避免重复破碎,应尽量采用大的泵量。且初始泵量大,随着胎块的磨耗,过水断面减小,需及时调小泵量,以防蹩泵。

(二)金刚石钻进工艺

金刚石钻进工艺是指用金刚石作磨料制成的钻头,以回转方式破碎孔底岩石,用岩芯管取岩(矿)芯的一种钻探方法。

金刚石钻进工艺包括合理地选择金刚石钻头和确定金刚石钻进规程参数两个方面。

1. 合理地选择金刚石钻头

金刚石钻头是目前最锐利的钻岩工具,从理论上讲它应该可以顺利地钻进各类地层,但在实践中往往出现一些反常的现象:如在某些地层中,钻头金刚石耗量很大而钻头进尺很少;在另一些地层中,钻头的钻速很低,甚至出现钻头"打滑"不进尺的情况。有时某种钻头在一个矿区钻效很高,而在另一个矿区却效果很差。这些现象归纳起来说明了一个问题,金刚石钻进中所选用的钻头必须和所钻的岩性相适应,这是提高金刚石钻进技术经济指标的关键环节之一。

尤其是孕镶金刚石钻头的结构参数较为复杂,选择时应根据所钻岩层性质综合考虑到金刚石品级、胎体性能(保证钻头自锐)、唇面形状、内外径补强和水路设计等因素。

2. 确定金刚石钻进规程参数

评定金刚石钻进规程的主要依据是钻速、钻头总进尺和单位进尺的金刚石耗量3个指标。

1)钻压

钻压与钻速和金刚石耗量的关系曲线如图2-9所示,可分为3个区:Ⅰ区为表面研磨破碎区,钻速极低;Ⅱ区为疲劳破碎区,依靠多次重复使裂纹扩展才能破碎岩石;Ⅲ区为体积破碎区,钻速随钻压增长很快,但单位进尺的金刚石耗量也增长很快。图中显示,过大的钻压将使金刚石耗量急剧增大,并导致钻速有所下降,因此建议在图中的最优区内取钻压值。

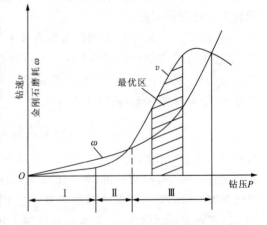

图2-9 钻压对钻速和金刚石耗量的影响

(1)表镶金刚石钻头的钻压 P。根据岩石硬度、金刚石的抗压强度确定钻压:钻压 P 应使每粒工作金刚石与岩石接触应力大于岩石的抗压入硬度 σ_C,小于金刚石的强度 σ_D。

$$\sigma_C \leqslant \frac{P}{mF} \leqslant \sigma_D \qquad (2-30)$$

式(2-30)确定钻压应以后者为基本原则,因此,表镶金刚石钻头的钻压为:

$$P = mp \qquad (2-31)$$

式中:m 为钻头上工作金刚石的粒数(一般为总粒数的 2/3~3/4);p 为单粒金刚石允许的压力(与粒度、品级有关)(N/粒);F 为单粒金刚石与岩石接触面积(mm^2)。

(2)孕镶金刚石钻头的钻压 W。孕镶钻头上的金刚石颗粒多、出刃量小,可以认为是胎体唇面与岩石全断面接触。钻压对金刚石抗压强度的影响降为次要因素,主要应根据岩石的性质确定钻压:

$$W = Fq \tag{2-32}$$

式中：F 为钻头实际工作唇面面积(mm^2)；q 为单位底唇面面积上推荐的压力。中硬岩石取 $4 \sim 5 N/mm^2$，坚硬岩石或金刚石质量高取 $6 \sim 7 N/mm^2$。

(3) 选择和施加钻压时还应注意：①岩石性质，即软岩层或破碎、非均质岩层宜选下限钻压；②金刚石，即当金刚石质量好、数量多、粒度大时宜选用上限钻压，反之则取下限钻压；③钻头类型，即钻头直径大、壁厚、岩石接触面积大时，宜选用上限钻压；④注意新钻头与孔底的磨合，在磨合阶段应使用低钻压、低转速，使钻头唇面形状与孔底及岩芯根部逐渐相吻合；⑤孔底实际钻压，钻孔弯曲、泵压的脉动和岩性不均质造成钻具振动，使孔底实际的瞬时动载可能是地表仪指示钻压的 0～3 倍，因此，对于深孔、斜孔和非均质岩层应取较小的钻压。

2) 转速

由金刚石钻进的机理可知，转速是影响金刚石钻头钻速的重要因素，在一定的条件下，转速越快，钻速也越高。转速与金刚石磨损的关系比较复杂，若其他条件不变，钻头转速存在着临界值，即在某一转速下金刚石磨损量最小。

(1) 表镶金刚石钻头的线速度。表镶金刚石钻头所用的金刚石粒度较大，出刃量也较大，允许有较大的切入量，所以转速应低于孕镶钻头。推荐的线速度为 $1 \sim 2 m/s$。

(2) 孕镶金刚石钻头的线速度。孕镶金刚石钻头的金刚石粒度很小，出刃量微小，主要靠高转速来获取钻进效率。推荐的线速度为 $1.5 \sim 3 m/s$。

在选择合理的转速时，还应考虑以下几点：①岩石性质，即当岩层较破碎、软硬不均、孔壁不稳时，宜选用下限转速；②钻孔，即当钻孔结构简单、环空间隙小、孔深不大时，应尽量选用高转速，反之亦然；③设备和钻具在实际工作中常因钻机的能力和钻杆柱的质量限制了选用高转速。

3) 冲洗液泵量

冲洗液在金刚石钻进中除了完成排粉、冷却、护壁外，还将起到润滑钻具、帮助孕镶钻头自锐的作用。

一般是根据液流上返速度来确定金刚石钻进冲洗液泵量：

$$Q = 6vF \tag{2-33}$$

式中：v 为环隙空间的上返流速，金刚石钻进要求 $v \geqslant 0.3 \sim 0.5 m/s$；$F$ 为钻孔的环空面积(cm^2)。

由于表镶、孕镶金刚石钻头钻进时钻孔环状间隙很小，冲洗液的流动阻力很大，所以金刚石钻进基本是以不大的泵量和较高的泵压来工作的。泵量过大不仅增大工作泵压，容易冲蚀孔壁和岩芯，还会过量抵消钻压，引起钻具的振荡。另外，泵压是反映孔底工况的敏感参数之一，必须密切加以注意。例如，钻进中突然钻速降低而泵压猛增时，可能是发生岩芯堵塞或"烧钻"的预兆；泵压逐渐下降则可能是出现了钻杆裂纹并正在逐渐扩大。

同时还应综合考虑下述内容。

(1) 岩层性质。钻进坚硬致密的岩层时，单位时间产生的岩粉量少，选择下限泵量；钻进强研磨性岩层时，摩擦功力较大，需要较大泵量冷却，但应合理选择，防止携带岩粉粒在高速液流中冲蚀胎体，导致金刚石颗粒过早脱落。

(2) 钻头类型。孕镶钻头出刃微小，唇面间隙小，主要靠多个水口循环，且常以高转速钻进，因此宜用较大泵量，以防止发生"烧钻"。表镶钻头的出刃较大，排粉和冷却条件较好，故可选用较小的泵量。

（3）防止"烧钻"。防止金刚石钻头（尤其是孕镶钻头）"烧钻"是生产中一项重要的工作。试验表明，用于冷却钻头所需的泵量并不大，只需泵量达每厘米钻头直径 0.2～0.3L/min 就可满足胎体迅速散热的需要。但当转速为 800r/min，钻头唇面压力为 10MPa 时，钻头每转一圈，胎体温度升高 1.73℃。所以钻进中若冲洗液停止循环 1～2min，便可能造成"烧钻"的恶性事故。

3. 金刚石钻进的临界规程

对金刚石钻进规程问题，除了前述传统的定性结论外，苏联学者通过分析钻进中的热物理过程，对钻进规程参数与胎体温度、破岩功率消耗、机械钻速、胎体磨损之间的关系进行了定量研究，并在此基础上提出了金刚石钻进的正常规程和临界规程的见解。在正常规程下，钻头胎体温升正常，功率消耗平稳，同时钻头磨损轻微；而在临界规程下，钻头胎体温升将急剧上升，功率消耗剧增，钻头磨损严重，甚至出现"烧钻"。

1）胎体温度与钻压 P 和转速 n 的关系

用人造金刚石（粒径为 200～400μm）孕镶钻头钻进花岗岩时，测得的胎体温度和 $P·n$ 之间的关系如表 2-7 所示。当钻压 P 和转速 n 达到某一值时，胎体温度由 100～200℃ 急剧升至 600～700℃ 的高温。这时的钻进规程已由正常规程转入到了临界规程。对于具体的岩石而言，$P·n$ 的临界值基本上是个常量。表 2-7 中的粗线划出了正常规程与临界规程的分界线。胎体温度和功率消耗与 $P·n$ 值的关系如图 2-10 所示。图中斜线部分为 $P·n$ 临界值的范围。

表 2-7 钻头胎体温度（℃）与轴向压力 P 和转速 n 的关系

钻头转速 n （r/min）	轴向压力 P(dN)									
	100	200	300	400	500	600	700	800	900	1 000
600						60	160	190	190	560
750					100	70	100	590		
950			70	80	80	620	650	670		
1 180			90	120	640					
1 500	50	70	120	550						

2）功耗、机械钻速与钻进规程的关系

钻进时的功率消耗、机械钻速也与临界规程有直接关系。其规律与胎体温度升高的趋势完全一致。即：与胎体温升同步进入临界状态，在同一 $P·n$ 临界值，功率消耗、机械钻速激增。

3）胎体温度与冲洗液的关系

试验表明，当钻进过程进入临界状态后，冲洗液的冷却效果是有限度的，单纯依靠增大泵量防止温升与功耗问题，是不可能的。由表 2-8 的数据可知，当泵量增大一倍时，胎体温度和功率消耗虽有某种程度的降低，但并不能使钻进过程从临界状态转化为正常规程。

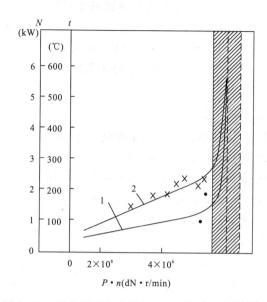

图 2-10 胎体温度和功耗与 $P \cdot n$ 值的关系示意图

表 2-8 冲洗液泵量对胎体温度和功率消耗的影响

指标	冲洗液泵量(L/min)		
	15	20	30
胎体温度(℃)	725	640	550
钻进功率消耗(kW)	5.67	5.22	5.13

4)钻头磨损与钻进规程的关系

图 2-11 是钻头胎体相对磨耗量与钻进规程 ($P \cdot n$)间的关系曲线。当由正常规程转入临界规程时,钻头磨耗都是突然急剧增大。曲线Ⅱ的磨耗量要比曲线Ⅰ高 3 倍,可能是因为生产条件下的孔内动载使金刚石强度和胎体硬度降低。

综上所述,可以得出两点结论。

(1)对金刚石钻进,每种岩石都存在着临界规程,其 $P \cdot n$ 值基本是个常数;钻压 P 和转速 n 两个参数之间存在着明显的交互影响,必须同时考虑它们的取值;进入临界规程的主要表现是胎体温度急剧升高,钻头严重磨耗,虽然此时钻速也很高,但可能导致"烧钻"。因此,必须保证钻进生产工艺处在小于临界规程的状态下。

(2)钻进中的胎体温度和钻头非正常磨耗是重要

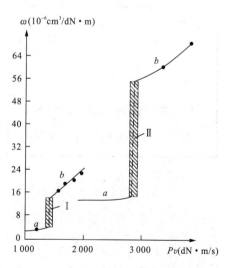

图 2-11 钻头磨耗与钻压及线速度乘积的关系示意图

Ⅰ-实验室条件下;Ⅱ-生产条件下

的孔内工况指标,但不便于测量。而功率消耗是同步进入临界规程,便于在地表检测,因此可通过测量钻进功率来判断钻进过程是否正常。

(三)钢粒钻进工艺

1. 影响钢粒钻进效果的因素

1)钢粒规格对钻进效果及质量的影响

钢粒粒度大要求钢粒钻头的壁厚加大,导致岩芯过细,孔径扩大,对取芯和防斜不利。常用直径 3mm 的切制钢粒,钻头壁厚为粒径的 3～4 倍。

2)钻头硬度和水口形状的影响

为了有效地带动钢粒在孔底翻滚破岩,要求钻头与钢粒之间有水平联系力。这种联系力靠钻头唇面的变形和摩擦。联系力应大于钢粒翻滚时的阻力。钻头底唇硬度应略低于钢粒硬度,才能带动钢粒翻滚。

钢粒钻头的水口形状如图 2-12 所示。选择钢粒钻头水口形状的原则是:具有良好的(导砂)性能,能保持较稳定的孔底过水断面;钻头磨损后唇面压砂面积变化幅度较小,水口加工方便。双斜边和双弧形水口有利于顺利导砂,在水口高度磨短后,钻头唇面面积变化相对较小,可保持轴向压力基本不变。

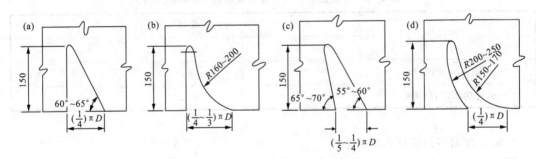

图 2-12 钢粒钻头水口形状展开图
(a)单斜边水口;(b)单弧形水口;(c)双斜边水口;(d)双弧形水口;R 为半径;D 为直径

2. 钢粒钻进的规程选择

钢粒钻进要求孔内有一定量的钢粒,规程中除 P、n、Q 外,还包括投砂方法与投砂量两个规程参数。

1)投砂方法及投砂量

(1)一次投砂法。在回次开始前,把回次进尺所需要的钢粒一次投入孔内。投砂量取决于岩性回次长短。投砂量不足将造成钻速低、钻孔缩径,挤卡钻具的事故。但投砂过多不利于排粉和孔底的钢粒分选,也影响钻速和取芯质量。一般按式(2-34)估算钻进Ⅷ～Ⅹ级岩石的一次投砂量:

$$G=KD \qquad (2-34)$$

式中:D 为钻头直径(cm);$K=0.15\sim0.3$(kg/cm),岩石可钻性级别高、研磨性强者取上限。

(2)结合投砂法。对可钻性达Ⅺ、Ⅻ级的岩石宜采用结合投砂法。结合投砂法是在回次开始前先投入所需钢粒的 50%～60%，待到确认孔底钢粒已消耗得差不多时，再从钻杆中分 1～2 次补投其余的钢粒。可钻性达Ⅺ、Ⅻ级或强研磨性岩石宜采用结合投砂法，可适当延长回次纯钻进时间。

2) 钻压的选择

钢粒钻头上钻压的大小决定着孔底的破岩方式。一般按式(2-35)计算总的钻压值：

$$P = kp \frac{\pi}{4}(D^2 - d^2) \qquad (2-35)$$

式中：k 为考虑水口使钻头唇面面积减少的系数，$k=0.7\sim0.8$；p 为钻头唇面的单位压力(Pa)；D、d 分别为钻头外径和内径(m)。

实验室研究和生产实践证明，随着单位压力 p 的增大，机械钻速几乎呈直线上升，但当 p 达一定值(p_{max})后，这一线性关系不复存在了。这时，钢粒可能被压碎或"嵌入"钻头唇面，故造成钻速明显下降。影响 p_{max} 大小的因素有：钢粒钻头的唇面硬度、钢粒的强度、岩石的可钻性和钻头的转速。岩石愈硬，钢粒的相对强度和耐磨能力愈低，则所需的 p_{max} 值也较低；在钢粒钻进中，随转速加快钢粒在孔底翻滚的脉动频率升高，对提高钻速有利，所以，当转速较快时 p_{max} 值下降。

3) 转速的选择

由于钢粒在孔底翻滚受到孔壁和岩芯限制，其速度滞后于钻头的线速度。钢粒钻进主要用于脆性岩石，破岩的时间效应不明显，钢粒可在孔底自动分选与补给，所以可采用较高转速。过去人们曾担心"高转速产生的离心力会把钢粒甩出钻头唇面"，实践证明，只要钻头外环状空间钢粒柱的高度不小于水口高度，水口又能保证及时导砂，则适当提高转速不会出现这种情况。钢粒钻进的转速参考值如表 2-9 所示。选择转速应综合考虑钻头口径、钢粒的强度、孔深和钻杆强度等因素。其中钢粒的相对抗压碎强度与岩石硬度及孔底的脉动频率有关，所以在坚硬岩石中宜采用较低的转速。

表 2-9　110mm 钢粒钻头的转速选择

岩石级别	Ⅶ～Ⅸ			>Ⅹ	
孔深(m)	0～200	200～400	>400	0～300	>300
转速(r/min)	180～250	180	140～180	180	150～180

4) 泵量的选择

在钢粒钻进规程中，泵量是个非常重要的因素，钢粒钻进泵量除了拥有排粉、冷却的功能外，还在孔底钢粒的补给、分选中起主要作用。这是硬质合金和金刚石钻进中冲洗液所不具备的特殊功能。

泵量存在着最优值。若不足则无法正常地排屑和碎钢粒，使完整钢粒的翻滚阻力增大，甚至较少接触孔底，故钻速很低。泵量过大，会把孔底完整钢粒冲上来，既破坏了钻头唇面附近钢粒的平衡，又将加剧了岩芯管的磨损，导致钻速下降甚至酿成岩芯管折断或钢粒卡钻的恶性事故。泵量的选择取决于岩性、钢粒规格、钻头直径、水口尺寸、钻压和转速的大小、冲洗液性

能及一次投砂量等因素。泵量计算公式为:
$$Q = q_0 D \tag{2-36}$$
式中:D 为钢粒钻头直径(cm);q_0 为单位钻头直径上的泵量,使用清水时 $q_0 = 3 \sim 5$L/(min·cm),使用泥浆时 $q_0 = 1.5 \sim 3$L/(min·cm)。

岩石级别较高、钻头水口较小、钻压较低、转速较高、孔底存砂量较少时取下限,反之亦然。实际生产中随进尺增加水口将逐渐被磨短,水口处的流速加快,这时孔底钢粒也被磨小,钻头处工作钢粒数量减少。因此,在整个回次钻程中应分段逐次改小泵量,称为"改水"。

3. 钻进规程合理性的判断

目前尚未建立定量分析钢粒钻进各参数最佳配合的公式。在生产中主要通过分析钻头的磨损和岩芯的形态来定性判断规程是否合理。若回次未提上来的钻头底唇面无弧形且麻痕均匀,说明规程掌握合理;若钻头底唇面光滑且没有麻痕,表明孔底没有钢粒,钻头直接与岩石接触;若钻头水口上有涡坑,说明投砂量过大,泵量过小,冲洗液从水口流出时不能悬浮和分选钢粒。当投砂量和泵量正常时,钻头上的麻痕高度基本与水口高度一致。若钻头外侧的麻痕过高或过低,则说明规程掌握不合理。若取上来的岩芯上、下粗细基本均匀,说明投砂量和泵量合理。若岩芯呈"宝塔形",说明一次投砂量过多,回次之初泵量过小,而回次之末泵量过大,应注意逐步改水或改为结合投砂法。

(四)牙轮钻进工艺

牙轮钻头用于油气钻井已有很长的历史,积累了丰富的理论研究成果和实践经验。考虑到近年来在岩土钻进施工中也越来越多地使用牙轮钻头,下面简要介绍一些与钻进工艺参数优选有关的理论分析方法及其结论。

1. 牙轮钻进的钻速方程

通过分析钻进中各参数间的基本关系,可以建立牙轮钻进钻速 v_m 与钻压、转速、牙轮磨损、压差和水力因素之间的综合关系式为:
$$v_m = K(P-W)n^\lambda \frac{1}{1+C_2 h} C_P C_H \tag{2-37}$$
式中:P 为钻压(kN);W 为门限钻压(kN);n 为转速(r/min);K 为地层可钻性系数,它与岩性、钻头类型及冲洗液性能等因素有关;λ 为转速指数,一般小于 1;C_2 为牙齿磨损系数,它与钻头齿形结构和岩性有关;C_H 为孔底水力净化系数,它是实际钻速与水力净化完善时的钻速之比,$C_H \leq 1$;C_P 为差压影响系数,它是实际钻速与零差压时的钻速之比,$C_P \leq 1$;h 为牙齿磨损量,以牙齿的相对磨损高度表示,新钻头时 $h=0$,牙齿全部磨损时 $h=1$。

式中的 W、K、λ、C,在岩性、钻头类型、冲洗液性能和水力参数一定时,都是固定不变的常量,可通过现场的钻进试验和钻头资料确定。

2. 钻头磨损方程

以下主要介绍铣齿牙轮钻头牙齿磨损的影响因素及磨损规律。

1) 钻压对牙齿磨损速度的影响

牙齿磨损速度与钻压的关系式为:
$$\frac{dh}{dt} \propto \frac{1}{D_2 - D_1 P} \tag{2-38}$$

式中：D_1 和 D_2 为钻压影响系数，其值与牙轮钻头尺寸有关。钻压 $P=D_2/D_1$ 时，牙齿的磨损速度无限大，即 D_2/D_1 是该钻头的极限钻压。

2）转速对牙齿磨损速度的影响

钻压一定时，转速增大牙齿的磨损速度也加快。转速对牙齿磨损速度的影响关系表达式为：

$$\frac{\mathrm{d}h}{\mathrm{d}t} \propto (Q_1 n + Q_2 n^3) \tag{2-39}$$

式中：Q_1 和 Q_2 为由钻头类型决定的系数。

3）牙齿磨损状态对牙齿磨损速度的影响

钻头牙齿一般都是楔形齿。牙齿的面积将随着齿高的磨损不断增大，磨损速度也随着齿高的磨损而下降。

牙齿磨损速度方程为：

$$\frac{\mathrm{d}h}{\mathrm{d}t} = \frac{A_\mathrm{f}(Q_1 n + Q_2 n^3)}{(D_2 - D_1 P)(1 + C_1 h)} \tag{2-40}$$

式中：C_1 为牙齿磨损减慢系数；A_f 为地层研磨性系数。

3. 钻进方程中有关参数的确定

描述牙轮钻进过程规律的钻速方程和钻头磨损方程中的可钻性系数 K、门限钻压 W、转速指数 λ、牙轮磨损系数 C_2 和岩石研磨性系数 A_f 都与钻进的实际情况有密切的联系，需要根据实际钻进资料分析确定。确定各参数的步骤是：首先根据新钻头开始钻进时的钻速试验资料求门限钻压、转速指数和地层可钻性系数，然后根据该钻头的工作记录确定该钻头所钻岩层的岩石研磨性系数、牙齿磨损系数等。

求取门限钻压 W 和转速指数 λ 的基本方法是五点法钻速试验，试验条件如下。

（1）试验中冲洗液性能不变，水力参数恒定，且维持在本地区通用水平上，以保证试验中 C_H 和 C_P 不变，同时避免水力破岩条件变化对 W 值的影响。

（2）在不影响试验精确性的条件下，尽可能地使试验孔段短一些，以使试验开始和结束时的牙齿磨损量相差很小。

钻头最优磨损量、最优钻压和最优转速的确定和水力参数的优选这里不做详细介绍。

（五）全面钻进工艺

从严格意义上讲，全面钻头应包括不取芯的牙轮钻头。但上一节专门讨论了牙轮钻头钻进工艺，故本节仅介绍硬质合金和金刚石全面钻头的钻进工艺规程。

1. 硬质合金全面钻头的规程选择

1）翼片（刮刀）式全面钻头的规程选择

（1）泵量：

$$Q = vF \tag{2-41}$$

式中：v 为冲洗液在环座空间的上返速度（dm/min）；F 为孔壁与钻杆环隙面积（dm²）。

（2）钻头转速：

$$n = 120 \sim 300 (\mathrm{r/min})$$

(3)轴向载荷:
$$P = q_{cm} D \tag{2-42}$$
式中:D 为钻头直径(cm);q_{cm} 为 1cm 钻头直径上的载荷(N)。

通常冲洗液在环状空间的上返速度 v 不小于 2.5~5dm/s,机械钻速越高则应取 v 值越大;口径越小,应取 n 值越大;q_{cm} 值一般为 1 000~2 500N/cm,岩石越硬则应取 q_{cm} 值越大。全面钻进时,为了防止钻杆弯曲与折断,应在钻柱的下部使用钻铤,加重钻铤的合理长度,按式(2-43)计算为:
$$h = kP/q_T \tag{2-43}$$
式中:P 为钻头载荷(N);q_T 为钻铤每米重量(N/m);k 为经验系数,$k=1.25~1.4$。

刮刀式钻头钻进时推荐的规程参数如表 2-10 所示。

表 2-10 刮刀式钻头钻进时推荐的规程参数表

钻头标号	钻头直径(mm)	钻头高度(mm)	水眼直径(mm)	轴向压力(kN)	转速(r/min)	冲洗台量(L/min)
93M 93MC	93±0.8	158 144	14 14	16~18 20~22	150~200	150~200
112M 112MC	112±1	160 150	18 18	20~22 24~27	150~200	200~250
132M 132MC	132±1	150	25 25	24~26 30~32	150~200	200~250
151M 151MC	151±1	165	28 28	27~30 33~36	150~200	200~250

2)干式螺旋钻的规程选择

螺旋钻分为长螺旋和短螺旋两类:长螺旋一般钻头部分 1~2 个螺距为双螺旋,其余部分为单螺旋。短螺旋一般为双螺旋,整个钻头取 2~3 个螺距。

(1)转速。这里仅讨论用长螺旋钻垂直孔的情况。由于在长螺旋钻进中,钻屑只有依靠钻杆旋转时产生的离心力甩到螺旋叶片外侧才能输送上来,否则只有被随后切削下来的钻屑不断推着向上走,这很容易造成钻屑挤实而堵塞。因此,钻进垂直孔的长螺旋钻的转速是个很关键的参数。

转速低,钻屑的离心力小,孔壁对钻屑的摩擦力不足,从而使钻屑与叶片之间产生相对运动,钻屑只能随叶片旋转而不上升。转速增大,孔壁对钻屑的摩擦力也增大,转速超过某一临界值后,孔壁对钻屑的摩擦力足以使钻屑与螺旋叶片之间产生相对运动,钻屑就会上升。这称为临界转速。

临界转速的计算如下。取单颗钻屑为研究对象,以临界转速 $n_k(\omega_k)$ 旋转时,颗粒随螺旋叶片旋转而不上升,钻屑颗粒处于临界平衡状态。在极限条件下作用于土颗粒上的力有受重力 mg、离心惯性力 F_1、孔壁对颗粒的法向反力(惯性力的反作用力)、孔壁对颗粒的摩擦力

$F_t\mu_t$、螺旋叶片对颗粒的全反力(用分力 F_{sz} 和 F_{sy} 表示),如图 2-13 所示。

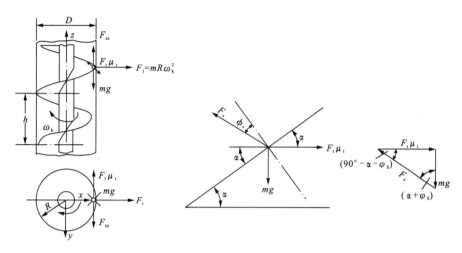

图 2-13 在极限条件下作用于土颗粒上的力

如图 2-13 所示,展开螺旋线,孔壁作用于颗粒的摩擦力 $F_t\mu_t$ 呈水平方向,重力 mg 向下,螺旋面对颗粒的全反力为 F_s,由力多边形得出:

$$\tan(90°-\alpha-\varphi_s)=\frac{mg}{F_t\mu_t}=\frac{mg}{m\omega_k^2 R\mu_t} \quad (2-44)$$

因而,以 $\omega_k=\sqrt{\frac{g}{R\mu_t}\tan(\alpha+\varphi_s)}$ 代入 $n_k=\frac{30\omega_k}{\pi}$ 得:

$$n_k=\frac{30}{\pi}\sqrt{\frac{g}{R\mu_t}\tan(\alpha+\varphi_s)} \quad (2-45)$$

式中:R 为钻孔半径(m);μ_t 为钻屑与孔壁间的摩擦系数,它大于钻屑与叶片之间的摩擦系数;α 为螺旋叶片外径的螺旋升角(°);φ_s 为钻屑与螺旋叶片之间的摩擦角,摩擦系数为 0.3~0.6。

长螺旋为了能向上输土,实际转速应大于临界转速,取 $n=Kn_k$,K 值越大,向上输送钻屑的速度越快,但所需的功率也越大。一般取 $K=1.2$~1.3,当功率允许时可选大一些。

对于短螺旋应为 $n<n_k$。

(2)钻压。根据工程地质勘察标贯试验所得的 N 值:当 $N\leqslant 50$ 时,$\sigma_C=0.012\ 2N$;当 $N>50$ 时,$\sigma_C=0.033N$。通常,取平均值为:

$$\sigma_C=0.023N \quad (2-46)$$

根据土层单轴抗压强度确定钻压:

$$P=0.262\sigma_C^{0.46}D \quad (2-47)$$

式中:D 为钻孔直径(cm);σ_C 为土层单轴抗压强度(MPa)。

长螺旋的钻杆柱较重,钻进时孔壁对钻具也有一个向下的力(像木螺钉),再加上叶片上土的重力,钻压较大。因此,长螺旋钻一般是用减压钻进,而短螺旋钻一般应取加压钻进。

(二)金刚石全面钻头的合理使用及规程选择

由于金刚石性脆,耐冲击性差,热敏感性强,故其使用条件比其他钻头严格得多。

1. 对孔底清洁的要求

在下入金刚石钻头前,必须用带取粉管的、与金刚石钻头形状相似的硬质合金钻头修井。用水力把孔底的大岩屑、碎金属等物冲上来,沉落在取粉管中。

2. 新钻头初磨

选用的新金刚石钻头直径必须小于非金刚石钻头,并进行磨合钻进。初转速宜用 $40\sim 50$ r/min,初始钻压为正常钻压的 1/8,钻进 $0.15\sim0.2$ m 后再转入正常钻进。

3. 正常钻进的参数选择

(1)钻压。确定钻压要考虑地层岩性和水力冲洗引起的孔底举离力。在软地层中,通常钻头唇面的最大比压为 6.9MPa。在硬地层中,因金刚石切深小,与岩石接触面积小,而且在硬地层中金刚石易因过载而碎裂,故推荐用较小的比压,一般为 5.1MPa。用于不同地层的不同口径的金刚石钻头的钻压值可按图 2-14 来选定。正常钻进的钻压值应当先选曲线的下限,随着金刚石的磨钝逐渐增大钻压,但不宜超过曲线的上限。通过估算或查曲线得出的钻压值还应加上孔内浮力和举离力的影响才是实际的钻压值。

(2)转速。在钻头磨合后,理想的转速应尽可能高些,才能充分发挥金刚石钻进的效益。一般认为安全的转速为 150r/min,在地层条件、钻杆质量和设备能力允许的条件下,转速增至 300r/min 钻效更好。金刚石钻头配合涡轮钻时,已成功地用于 $600\sim1\,100$ r/min 并取得了良好的效果。

(3)泵量。首先应满足环形空间最低反流速度的要求,同时又要保证清洗孔底和冷却钻头的需要。图 2-15 给出了不同直径钻头推荐采用的泵量范围,高密度泥浆选用其下限,低密度泥浆则选用其上限。

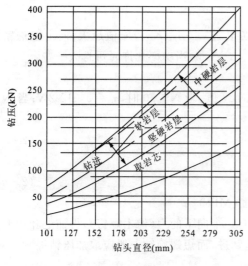

图 2-14 推荐的钻压值

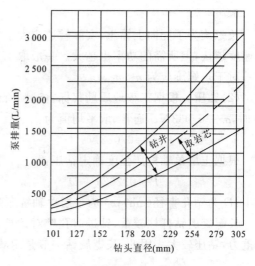

图 2-15 推荐的泵量值

三、冲击钻进工艺

(一)冲击回转钻进工艺

冲击回转钻进工艺是在钻头已承受一定静载荷的基础上,以纵向冲击力和回转切削力共同破碎岩石的钻进方法。与常规回转钻进法相比,冲击回转钻进只要用不大的冲击力,便可以达到破碎坚硬岩石的效果。

冲击回转钻进最适用于粗颗粒的不均质岩层,在可钻性Ⅵ～Ⅷ级、部分Ⅸ级的岩石中,钻进效果尤为突出。冲击回转钻进不仅应用于硬质合金钻进,还应用于金刚石钻进及牙轮钻进。冲击回转钻进不仅可提高效率和钻头寿命,而且还可解决"堵心""打滑""防斜"等问题,在岩土工程的大口径施工中也有用武之地。

冲击回转钻进的核心部件是冲击器,根据驱动介质类型可分为液动冲击器和气动冲击器。

液动冲击器以高压水或泥浆驱动,对中硬以上岩石比单纯回转钻进有明显优势,还可与绳索取芯相结合,广泛应用于地质钻探、水文水井、工程施工、石油钻井等领域。但由于自身冲击能较小,故钻进效果仍低于气动冲击器。气动冲击器(风动潜孔锤)以压缩空气驱动。由于单次冲击功大,上返岩屑风速高,钻进效率可比液动冲击器高2～3倍。近年来出现了贯通式冲击器、跟管钻进、成集束式潜孔锤,用于大口径钻进、潜孔锤解卡、起拔套管等。钻孔深度从最浅的埋线杆孔2.3m,到最深的油气井1 000m以上。

1. 冲击回转碎岩机理

冲击载荷碎岩的特点是接触应力瞬间可达极高值,应力比较集中,所以尽管岩石的动硬度要比静硬度大,但仍易产生裂纹,而且冲击速度愈大,岩石脆性增大,有利于裂隙发育。因此,用不大的冲击能(例如数十焦耳),就可以破碎极坚硬的岩石。在冲击回转碎岩过程中,钻头刃具上同时作用有轴向静压力 P_J、冲击力 P_C 和回转力矩 M。刃具除冲击碎岩外,同时还有切削碎岩的作用,所以具有冲击碎岩和回转碎岩的特征,两者互相补充,发挥各自优点。根据冲击和回转碎岩作用的主次,又将冲击回转钻进分为冲击-回转和回转-冲击两种碎岩形式。

1)冲击-回转碎岩

冲击-回转碎岩主要以冲击载荷碎岩为主,轴向静压力主要用来克服钻具的反弹力,改善冲击能的传递。回转力矩主要是使切削具沿孔底剪切两次冲击间残留的岩石脊峰。拟订最佳回转速度时,应能够将中间凸起的扇形岩脊剪碎。冲击器具有低频率、大冲击功,风动潜孔锤即属此类。利用这种冲击剪崩和回转剪切作用,可造成脆性岩石大颗粒岩体的剥离。随岩石脆性与硬度增大,碎岩效果愈显著。

2)回转-冲击碎岩

回转-冲击碎岩是把高频低冲击功,加在一般回转钻进的硬质合金钻头或金刚石钻头上。主要用于小口径钻进,液动冲击器即属此类。破岩机理:岩石受高频冲击力后,一方面在刃具接触处产生应力集中,增大了破碎体积;另一方面岩石内部分子被迫振荡而产生疲劳破坏并降低了强度,再加上轴向的静压和回转切削,增加了破岩的效果。

2. 影响冲击回转碎岩效果的因素

1) 冲击能量对碎岩效果的影响

试验表明,随着冲击能量的增大,岩石的破碎穴也越大、越深。但是,并非冲击器的冲击能量越大越好。因为评定碎岩效果的合理性,还必须考虑到单位体积破碎能(碎岩比功),它表示了碎岩的能量消耗水平。

无论单次或多次冲击钻进,A 和 a 的关系分成:$A < A_0$ 为伤痕区,冲击能小,岩石不产生破碎坑,岩粉很细,因而比功 a 很大;$A_0 \leqslant A \leqslant A_C$ 为过渡区,比功 a 变化不大;$A > A_C$ 为稳定区,比功 a 较小且变化不大。对一般岩石,冲击能量 $A_C = 10 \text{J/cm}$,认为破碎比功 a 有稳定值。

2) 冲击间隔对碎岩效果的影响

在两次冲击之间,切削刃回转一个角度,这个角度称之为冲击间隔。冲击间隔反映了转速与冲击频率之间的关系,使两次冲击间的岩脊能被全部剪崩或切削掉的最大间隔,称为最优冲击间隔,常用相邻两次冲击间的最优夹角 β 表示。最优冲击间隔与冲击器的冲击功、岩石性质、冲击齿圆弧半径 R 和切削刃角 α 等有关。随着冲击功的增加,岩石的最优角 β 增加。

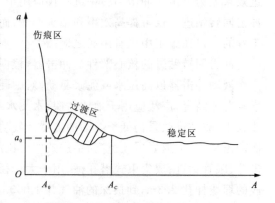

图 2-16 a-A 曲线的 3 个区域

3) 冲击应力波对碎岩效果的影响

冲击力以应力波的形式传给岩石,对碎岩效果有重要的影响。细长冲锤入射波幅值低,作用时间长;短而粗冲锤入射波幅值高,作用时间短。

入射波形对碎岩的影响:缓和入射波比陡的凿入效率高,因凿入初不需很大的力,随刃具侵深增加,所需力也增大,故缓和波形与之匹配。改变入射波形状,除调整活塞的形状和断面面积之外,还可以用调整撞击面的接触条件来达到。

3. 冲击回转钻进规程参数

1) 钻压

钻压能使岩石内部形成预加应力,同时改善冲击能量的传递条件。但是,随着钻压的增加,切削刃的单位进尺磨损量也增加,故为了减少切削刃的磨损,钻压不能过大,但又必须克服冲击器的反弹力。

在液动冲击回转钻进中,当用硬质合金钻头时,对硬度不大和研磨性弱的岩石,要充分发挥回转切削碎岩的作用,应采用较大的钻压。而对于坚硬和研磨性较大的岩石,则应充分发挥冲击碎岩的作用,钻压可相对小些。而用金刚石钻头时,由于金刚石具有高硬度,以微切削与磨削碎岩为主,以冲击为辅,故岩石超硬,其所需钻压也越大。此外,随着钻头口径的增大,其钻压也应增大。

风动潜孔锤大都是全面钻头,其冲击功都比较大,钻压对碎岩的影响较小,其钻压为液动冲击器钻进时的 1/3 就可获得较好的钻进效果。

2) 转速

风动潜孔锤钻进和液动潜孔锤钻进选择转速的方法是一样的。对于硬质合金潜孔锤钻进,回转的唯一目的仅是为了改变硬质合金切削刃碎岩的位置,若回转速度过慢时,切削刃将打入先前冲击过的坑穴中,从而引起钻头回转受阻,使钻进效率降低。若回转速度过快,尽管钻速不会增加,但会导致切削刃过早磨损。所以,转速是否合理将直接影响钻速和钻头寿命。合理的转速主要根据最优冲击间隔来确定。即:

$$n=\frac{60f}{m}=\frac{60f\delta}{\pi D} \tag{2-48}$$

式中:D 为钻头平均直径(mm);δ 为最优冲击间隔(mm);f 为冲击器冲击频率(Hz);m 为钻头的最优冲击频率(Hz);n 为转数(r/min)。

金刚石冲击回转钻进为充分发挥多刃切削研磨岩石的作用,转速应尽量提高。如 J-200 型风动潜孔锤钻进,转速一般为 15～30r/min。而孕镶金刚石冲击回转应开高转速,一般为 500～700r/min。

3)泵压和泵量

冲洗流量不仅影响洗井质量,而且直接影响冲击器的工作性能(冲击功和冲击频率),从而影响钻进效率。

在液动冲击回转钻进中,一般随泵量增加,机械钻速也增加。因此,只要岩层允许,泵的能力足够,就应采用大泵量。泵压的规律:冲击器在 0.5～0.6MPa 时开始工作,当达到 1.8～2.0 MPa 时冲击器工作稳定,平均每百米增加 0.2～0.3MPa,泵压相应增加。

风动潜孔锤钻进,因钻速快,单位时间产生的岩屑多而重,故需比空气钻进大的风量才能使井底干净。潜孔锤本身也需一定风量才能正常工作。具体风量应根据潜孔锤对风量的要求和钻孔环状上返风速计算来定,选择其大者。

潜孔锤工作风压要大于上、下配气室的压差,潜孔锤活塞才能作上、下往复运动。目前,国产潜孔锤为:低压潜孔锤,所需风压为 0.5～0.7MPa;高压潜孔锤,所需风压为 0.8～1.1MPa。钻进时还需加上随钻孔加深带来的沿程压降(0.001 5MPa/m)和克服水位以下的水柱压力。

(二)风动潜孔锤钻进工艺

风动潜孔锤钻进工艺是以压缩空气作为动力带动孔内冲击器工作,钻头以冲击-回转破碎岩石,同时利用高压气流作为携粉介质。这种方法克服了常规钻进中单一的切削破碎缺陷及泥浆携粉带来的漏失及孔壁坍塌等缺点,具有钻进效率高、成孔质量好且成本较低的优势,是破碎坚硬岩石层及松散的漂卵石地层的首选钻探工艺。然而,风动潜孔锤钻探工艺的效率,受关键设备——空压机的风量、风压制约较大,且破碎地层漏风、塌孔、返渣率低,因而必须因地制宜。

1. 岩土工程施工常用的潜孔锤钻具组合和钻进参数

1)钻具组合

钻具组合为:$\Phi50(\Phi73)$变通钻杆+$(\Phi90～\Phi110)$冲击器+$(\Phi110～\Phi130)$球齿冲击钻头。

2)钻进参数

风量:9～12m³/min;风压:0.5～0.7MPa;转速:25～30r/min;钻压:300～500N。

2. 偏心潜孔锤跟管钻进工艺

在松散破碎复杂地层钻进,尤其是锚杆土钉类水平孔钻进中,塌孔卡钻一直是造成钻效低甚至钻孔钻具报废的难题。我们通过实践研究,采用偏心潜孔锤跟管钻进工艺较好地解决了这个难题。偏心潜孔锤跟管钻进是利用偏心潜孔锤在破碎地层跟管钻进,克服了所遇到的塌孔、卡钻、漏气等问题,使返渣效率大幅度提高而空压机耗风较少,因此,钻孔质量高,钻进效率也得到了大幅度的提高。

3. 螺旋钻杆用于潜孔锤钻进工艺

潜孔锤钻探工作的效率高低,取决于关键设备——空压机的性能好坏。一般来说,钻孔深度、孔径愈大,岩土体愈破碎,则要求空压机的风量和风压愈大。然而,一般单位多数有 $6 \sim 12 m^3/min$ 高压空压机,在施工深度大于 20m 的破碎岩土体中,常出现上返气流小、大颗粒吹不上来、重复破碎、加杆困难、埋钻等事故,而利用两台或多台空压机并取送风,其管路连接复杂且不经济。螺旋钻具有自动提屑功能,当钻杆以高于某一临界转速旋转时,钻屑能自动地沿螺旋叶片上升,不断地被输送到地表。运用该原理,在潜孔锤钻进工艺中引入螺旋钻具,即用螺旋钻杆替代了普通钻杆,将高压气流提屑和螺旋钻具自动提屑有机地结合,大幅度提高了排渣效果及钻进效率,同时降低了对空压机的风量、风压要求。

4. 黏性空气泡沫液用于潜孔锤钻探工艺

将黏性空气泡沫液用于空气潜孔锤钻探工艺时,由于泡沫液由液相、气相构成,密度小,具有一定的结构内聚力,因而在空气潜孔锤钻探遇水地层中,能有效地清除孔底,携带岩粉,特别是在破碎松散孔段,护壁堵漏作用明显。

(三)振动钻进工艺

振动钻进工艺是利用振动器产生的机械振动破碎岩石的钻进方法,也是工程钻探中广泛使用的方法之一。振动钻进不使用钻杆冲洗介质,钻速在土层中可达到每分钟数米,能获得质量满意的地层样品。但振动钻进适用的地层和钻进深度有限,一般适用于松软地层的钻进,可钻孔直径通常为 73~168mm,有时可达 219mm 或更大;钻孔深度多为 15~20m,最大达到 60~70m。

振动钻进示意图如图 2-17 所示。其工作原理是借助振动器带动钻杆和钻头,使其产生周期性振动。这种振动力传到钻头周围的岩土层中时,导致岩土的强度降低,钻头在振动器和钻具自重、振动力等轴向载荷的联合作用下切入岩土层中。工程勘察中一般使用配备有振动器的多功能钻机进行振动钻进,而很少使用专门的振动钻机。常用振动器有机械式和液压式两种,其中以采用电动机或油马达驱动、借助偏心轮旋转时的离心力产生振动作用的机械振动器应用较广。机械振动器有双轴双轮式、单轴单轮式和单轴双轮式 3 种,以双轴双轮式应用最为普遍。振动器的振动频率一般为 20~42Hz。振动钻头由上端的连接钻杆用异径接头、长 1~3m 的钢管和管靴组成。除端部外,沿钢管长度方向开 1 个或数个纵向切口,钻进中储存扰动岩

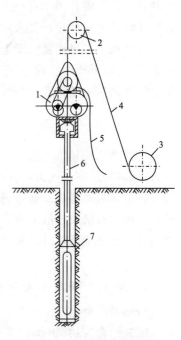

图 2-17 振动钻进示意图
1-振动器;2-桅杆天轮;3-钻机卷扬机;4-钢丝绳;5-电缆;6-钻杆;7-振动钻头

土样渣,供地质取土鉴别、描述或清土之用。此外,还有正方形或长方形断面的振动钻头。

振动钻进主要有两种方式:①纯振动钻进,振动器、钻杆和钻头是固定连接,振动器工作时钻具做往复运动而沉入岩土层;②冲击振动钻进,在振动器与钻具之间有一套锤-钻系统,振动器工作时对钻具施加高频冲击,使钻头以冲击功实现钻进。冲击振动钻进一般比纯振动钻进效率更高。

影响振动钻进的工艺因素主要有:振动器的振动频率、振幅和偏心轮的偏心力矩,回次长度,以及冲击振动钻进时的冲击部分组件自重。大多数情况下,振动钻进使用常参数振动器,通常在钻进过程中不调节参数。回次长度根据钻速和地质编录等确定。振动钻进可以作为独立的钻进方法使用,也可与回转钻进组合成为振动回转钻进,它可以比单纯振动钻进法钻进的孔更深、岩层更硬,还可与反循环连续取芯钻进(见反循环钻进)配合使用,其效果更佳。

四、钻孔弯曲与测量

(一)钻孔弯曲的原因与规律

在钻进(井)工程中,为了达到一定的地质目的或工程目的,必须根据地质、地形条件和技术条件合理设计钻孔的轨迹。但是在工程施工中,由于自然因素和技术因素的影响,实际的钻孔轨迹往往偏离设计轨迹,这种现象称为钻孔弯曲或钻孔偏斜。要完全避免钻孔弯曲是很困难的。但是,应当采用一切可能的措施,把钻孔弯曲程度控制在允许的范围之内。

由于钻孔弯曲,可能造成矿体打丢、打薄或打厚,直接影响地质资料的准确性和矿床储量的计算,或根本达不到预期的地质目的(造成钻孔报废)。所以,国家有关部门规定钻孔弯曲程度是评价钻探工程质量的重要依据之一。同时,钻孔弯曲对钻进施工的危害也很大。弯曲的钻孔将增大钻具与孔壁的摩擦阻力,造成钻具回转及升降的困难,也容易引起钻杆折断和钻进无用功率的消耗增大。在弯曲严重的孔段,常因钻杆的剧烈敲击而造成孔壁不完整岩矿层的坍塌掉块,引起卡、埋钻事故的发生。并且在弯曲钻孔中发生的事故比较复杂,不易处理。

为了研究钻孔的空间位置,一般采用三维空间坐标系。坐标系的原点为孔口,X 轴取正北方向(在矿床勘探中常取为勘探线方向),Y 轴取正东方向(在矿床勘探中取与勘探线垂直的方向),Z 轴铅垂向下(图 2-18)。借助测斜仪,可以测出钻孔各个深度 L 上(即测点)的方位角 α 和倾角 θ(或倾角 γ)。顶角 θ 是测点处钻孔轴线切线与铅垂线的夹角,顶角与倾角 γ 互为余角。通常我们把孔深、方位角和顶角叫作孔斜三要素,有了孔斜三要素便决定了钻孔轨迹。

如果钻孔是一条直线,则钻孔轴线上任一点的坐标为:

$$X_A = x_0 + L_A \sin\theta\cos\alpha$$
$$Y_A = y_0 + L_A \sin\theta\sin\alpha \quad (2-49)$$
$$Z_A = z_0 + L_A \cos\theta$$

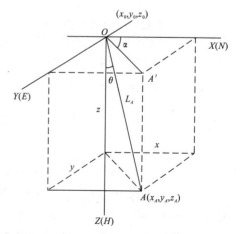

图 2-18 直线型钻孔轨迹图

式中：x_0、y_0、z_0 为孔口坐标；X_A、Y_A、Z_A 为钻孔轴线上点 A 的坐标；θ 为开孔顶角；α 为开孔方位角；L_A 为孔口至测点钻孔轴线的长度。

在实际生产中，绝大多数钻孔的轨迹并非直线而是空间曲线。这时钻孔轨迹上各点的顶角和方位角可能不相同。如钻孔轨迹只有顶角变化，而方位角不变，则该钻孔轨迹是位于垂直平面内的曲线，亦称为顶角弯曲。顶角增大时称为钻孔上漂，顶角减小时称为钻孔下垂。这种类型钻孔轨迹的水平投影是一条直线，而它的孔身剖面是一条曲线。

如果钻孔轨迹既有顶角变化，又有方位角变化，则该轨迹既可能是一条空间曲线，也可能是一条位于倾斜平面上的平面曲线。方位角变化称为方位弯曲。方位角增大时，方位弯曲为正值，否则为负值。在这种情况下，钻孔轨迹的水平投影和孔身剖面都是曲线。

如果钻孔轨迹只有方位角变化，而顶角不变，则该钻孔轨迹呈螺旋状，是一条空间曲线。

为了说明曲线型钻孔轨迹的弯曲程度，采用弯曲强度（简称弯强）的概念。单位孔身长度的顶角变化，称顶角弯强。单位孔身长度的方位角变化，称为方位角弯强。弯强与数学上曲率的概念等同。前者的单位是 °/m，后者的单位是 rad/m。如果把既有顶角变化、又有方位角变化的钻孔轨迹看成是钻进速度向量变化的轨迹，则在某一孔段这种向量方向的变化，可用钻孔全弯曲角表示。单位孔身长度的全弯曲角变化，称全弯强。全弯强值越大，表明钻孔弯曲程度越强烈。

处理钻孔弯曲问题时要注意：①及时测量钻孔弯曲，准确测知钻孔的空间位置，在处理地质资料时加以校正；②研究钻孔弯曲规律和原因，采取措施进行钻孔弯曲的防治（防斜和治斜）；③结合施工条件采用定向钻进技术。在进行防斜、治斜和定向钻进时，都必须定期测斜。

1. 钻孔弯曲的条件

造成钻孔弯曲的根本原因是粗径钻具轴线偏离钻孔轴线。粗径钻具轴线偏离钻孔轴线的方式，可能是偏倒，也可能是弯曲。因此，产生钻孔弯曲必要而充分的条件如下。

(1)存在孔隙间隙，为粗径钻具提供偏倒（或弯曲）的空间。此条件主要影响钻孔弯曲强度。

(2)具备倾倒（或弯曲）的力，为粗径钻具轴线偏离钻孔轴线提供动力。

(3)粗径钻具倾斜面方向稳定。粗径钻具倾斜面是指偏倒（或弯曲）的粗径钻具轴线与钻孔轴线所决定的平面。孔壁间隙和倾倒（或弯曲）力是实现钻孔弯曲的必要条件，而粗径钻具倾斜面方向稳定是产生钻孔弯曲的充分条件。

2. 钻孔弯曲的原因

形成钻孔弯曲条件的原因或因素大致可分为三类，即地质、技术和工艺因素。

1)地质因素

影响钻孔弯曲的地质因素主要是岩石的各向异性和软硬互层。地质因素是客观存在的，只能通过工艺技术措施来减弱甚至抵消它的促斜作用。

(1)岩石的各向异性。某些具有层理、片理等构造特征的岩石，其可钻性具有明显的各向异性。如图 2-19(a)所示，钻头沿垂直于岩层方向钻进的岩石破碎效率最高，而平行于层理的方向，效率最低，倾斜方向的破岩效率居中。因此，在倾斜岩层中钻进时，极易产生钻孔向垂直于层面的方向弯曲（俗称顶层进）。同时钻头在岩层片理和层理的作用下，产生偏离钻孔中心的旋转也是造成孔斜的重要原因。当钻头与岩层斜交时[图 2-19(b)]，钻头切削具在孔底

A、B 两点处所遇回转阻力不同。若钻头按顺时针方向旋转,则 A 点切削具逆层切削的阻力 P 大于 B 点切削具顺层切削的阻力 N,这时图中的 A 点可看作是钻头回转的瞬心,即钻孔轴线有沿 F 方向偏移的趋势。

钻孔弯曲强度与岩石各向异性强弱和钻孔遇层角的大小有关。所谓钻孔遇层角就是钻孔轴线与其在层面上的正投影的夹角。当遇层角约为 45°时,钻孔弯强最大。岩石各向异性越强,则钻孔弯强也越大。

(2)软硬互层。钻孔以锐角穿过软、硬岩层界面,从软岩进入硬岩时,由于软、硬部分抗破碎阻力的不同,使钻孔朝着垂直于层面的方向弯曲;而从硬岩进入软岩时,则钻具轴线有偏离层面法线方向的趋势。但由于上方孔壁较硬,限制了钻具偏倒,结果基本保持着原来的方向,钻孔通过硬岩进入软岩又从软岩进入硬岩时,最终还是沿层面法线方向延伸。

钻孔遇层角存在着临界值。超过此值时,钻孔顶层进;低于此值时,钻孔将沿硬岩的层面下滑(俗称顺层跑)。临界值的大小决定于硬岩的硬度和钻头的类型,通常为 10°~20°。

钻头以锐角穿过软、硬岩层界面时,孔底软、硬岩层对钻头底唇的反作用力是不同的。软岩反作用力小,硬岩反作用力大。因而产生了一个作用于钻头底唇的倾倒力矩,使粗径钻具在孔内偏倒。

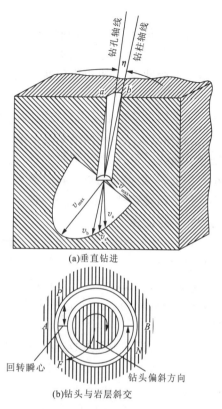

图 2-19 在各向异性岩层中钻进示意图

除上述地质因素的影响以外,钻进含有卵石、砾石或漂石的岩层时,钻孔延伸受到岩石硬块的阻碍,往往朝着容易通过的方向偏斜。此时顶角和方位角的弯曲无一定的规律。钻孔遇到大裂隙、交角又不大时,孔身往往沿裂隙面的方向延伸。斜孔穿过较厚的松散岩石或溶洞及老窿时,孔身则趋于下垂。

2)技术因素

技术因素具有人为性质,一般可以避免。属于技术因素的有设备安装、钻具的结构和尺寸等。

(1)设备安装。钻机基础不平,立轴安装不正确,未下孔口管或孔口管方向不合要求,都会使钻孔偏离设计轨迹。这些因素主要是在开始阶段起作用,但钻孔开始的弯斜会给以后的钻孔留下严重的影响。

(2)钻具结构尺寸。①粗径钻具的刚度。粗径钻具直径较小而长度过长,则刚度可能不足,因而会失稳而弯曲。钻具刚度还与有无螺纹接头有关。在钻具结构中接头越多、强度越小,则粗径钻具越容易失去直线形态。若粗径钻具弯曲,即使孔壁间隙不大也可能使钻孔产生较大的弯曲。②钻头唇部形状。当钻进各向异性岩石且遇层角为锐角时,钻头唇部形状会影响钻孔弯曲方向及弯曲强度。③粗径钻具的长度和孔壁间隙。孔壁间隙通常指的是粗径钻具外径与孔径间的间隙。若粗径钻具在钻孔中偏倒,则粗径钻具在孔内的偏倒角为:

$$\delta = \sin^{-1}\frac{2D_C - D_1 - D}{2L} \qquad (2-50)$$

式中：D_C 为孔径；D_1、D 分别为岩芯管及钻头直径；L 为粗径钻具长度。

显然，孔壁间隙增大或粗径钻具减短，都会引起倾倒角增加，从而使钻孔弯曲强度增大。如采用肋骨钻头、外出刃大的钻头、过分磨钝的钻头及不同芯的钻具，都会增大孔壁间隙。

3）工艺因素

工艺因素基本上是主观方面的因素，可以采取各种措施加以限制。

(1)钻进方法。不同的钻进方法具有不同的碎岩特点，导致不同的孔壁间隙。钢粒钻进扩壁现象最为严重，孔壁间隙很大；硬质合金钻具具有中等的孔壁间隙；金刚石钻进孔壁间隙最小。因此，一般钢粒钻进时孔斜最大，硬质合金钻进次之，金刚石钻进（在钻具刚皮足够时）最小。冲击回转钻进是以冲击和回转共同作用破碎岩石，采用较低的轴向压力和转数，因而钻孔有较小的弯曲强度。

(2)钻进规程参数。钻压过大，会引起钻杆柱甚至粗径钻具弯曲，使钻头紧靠孔壁一侧，此时偏倒角可能达最大值，并且钻具的回转摩擦阻力增加，钻具自转几率也增加，钻具倾斜面稳定，从而导致钻孔弯曲。转速过高，钻杆柱离心力增大，从而加剧了钻具的横向振动和扩壁作用，使孔壁间隙增大。冲洗液量过大，会冲刷、破坏孔壁（尤其在较软的岩层中），扩大孔壁间隙。

当然，若钻进规程参数选择不合理，使得钻速过低，钻具在孔壁上长时间研磨也会扩大间隙，增加孔斜。

3. 钻孔弯曲规津

现将钻孔弯曲的规律性归纳如下。

(1)在均质岩石中钻进时，钻孔弯曲强度小于在不均质岩石中的弯曲强度，岩石的各向异性程度越高，则钻孔弯曲强度越大。

(2)在层理、片理发育的岩石中钻进时，钻孔朝着垂直于层面的方向弯曲。钻孔遇层角大于临界值，钻孔方位垂直于层面走向时，顶角上漂而方位角稳定；钻孔方位与层面走向斜交时，既有顶角上漂又有方位角弯曲，方位变化趋向于与层面走向垂直；钻孔遇层角小于临界值，则钻孔沿层面下滑，方位角变化不定。钻孔弯曲强度的大小与遇层角大小有关。当遇层角在 45°左右时，钻孔弯曲强度最大。

(3)在软硬互层的岩石中钻进时，虽然钻孔从软岩层进入硬岩层时，弯曲强度较大，从硬岩层进入软岩层时，弯曲强度较小，但最终钻孔弯曲的趋势仍是与层面垂直。

(4)钻孔穿过松散非胶结岩石、大溶洞、老窿时，钻孔趋于下垂。钻孔碰到硬包裹体时，可能朝任意方向弯曲，包裹体越硬，弯曲越强烈。

(5)钻孔顶角大时，方位角变化小；钻孔顶角小时，方位角变化大。按一般规律，方位角弯曲往往与钻具回转的方向一致。只是在顶角接近于零的钻孔中，方位角变化才表现不定。

(6)在水平或近似水平的层状岩石中钻进垂直孔，即使岩石各向异性很强，软硬不均程度很大，钻孔也不会产生较大的弯曲，

(7)孔壁间隙大，粗径钻具短，钻具刚度差，则钻孔弯曲强度大。立轴与导向管安装不正，钻孔朝安装不正的方向偏斜。

(8)钢粒钻进斜孔时，由于钢粒多集中于孔底的左下方，所以孔身向右上方弯曲，顶角和方

位角都发生变化。此种弯曲趋势可能因地质因素的影响而加剧或减弱。

(二)钻孔弯曲的测量与数据处理

1. 测量钻孔弯曲的原理

1)顶角测量原理

(1)液面水平原理。将一个盛有液体的圆筒状容器放入钻孔(或钻具)中,容器可随孔斜而倾斜,两者的轴线方向一致,而液面却始终保持为水平状态。只要使液面在容器上留下刻痕或印痕,从钻孔中取出后便可据此测定钻孔倾角(或顶角)。

最普通、最简便的是采用氢氟酸对玻璃管的蚀痕方法测量顶角。还可以采用显影法、化学浆液固结法等利用液面水平原理来测量顶角。

(2)重锤原理。悬吊的重锤因重力作用永远处于铅垂状态,它与探管轴线(即钻孔轴线)之间的夹角即为钻孔顶角。为了测量此角度,探管内大多都设计了框架。

2. 方位角测量原理

1)地磁场定向原理

这是指利用磁针或磁敏感元件(磁通门)确定钻孔的方位角。测量时罗盘处于水平状态且0°线必须指向钻孔弯曲方向。为此,罗盘转轴应垂直于钻孔弯曲平面,并使罗盘保持水平。此外,罗盘上0°与180°连线及框架上的偏重块都与钻孔弯曲平面一致,偏重块与180°线同侧。这样0°线必定指向钻孔弯曲方向。0°线与磁针指北方向的夹角就是钻孔的磁方位角。

2)地面定向原理

这是指在地面用经纬仪,由已知坐标点导测一通过子孔口中心的方向线作为定位方向,然后将此定位方向设法传到孔内各个测点。

3. 非磁性矿体中的全测仪

全测仪指的是能同时测量钻孔顶角和方位角的仪器。在非磁性矿体中,人们习惯用磁针来测量方位角,而用重锤来测量顶角。各种测斜仪的测值、读数方法不尽相同。每下孔一次只能测一个点的顶角和方位角的仪器称为单点全测仪,而一次能测许多点的顶角和方位角的仪器称为多点全测仪。

4. 磁性矿体中的测斜仪

由于存在磁性干扰或磁屏障,在磁性矿体中或套管内无法利用地磁场定向和使用磁针式测斜仪。因此,必须采用地面定向原理来测量钻孔方位角,即根据利用重力原理测得的终点角来计算其钻孔方位角,钻孔顶角测量仍采用重锤原理。这类测斜仪同样适用在非磁性矿体中测斜。按传递地面定位方向的方法,可分为钻杆定向、环测定向和惯性定向。

5. 测斜数据处理

1)斜误差的产生与消除

测斜的目的是求得具体测点处钻孔顶角与方位角的真值。但是,由于仪器和操作者自身的原因,受孔内环境因素的影响,真值是永远测量不到的,只能以某种精度逼近真值。在实际工作中,存在一定的测量误差是允许的(一般顶角为±0.5°,方位角为±4°～±5°)。

根据测量误差理论可把测斜误差分成系统误差、随机误差、缓慢误差和疏忽误差 4 类。其中,系统误差是指服从一定规律的误差。它是由于仪器本身或测斜中使用仪器的方法不正确造成的。例如,仪器的读数出现零点漂移和温度漂移,下孔仪器的轴线与钻孔轴线不一致,磁针式测方位角的仪器用于某些磁性矿区等都可能引起系统误差。随机误差是许多因素综合影响的结果,很难分析,然而多次重复测量的随机误差服从正态分布。缓慢误差是指数值上随时间缓慢变化的误差,一般是由电子元件老化和机械零件内应力变化引起的。疏忽误差是一种显然与事实不符的误差,没有任何规律可循。主要是由操作者粗枝大叶或偶然的外界因素干扰引起的。

系统误差可用校正的办法加以消除。随机误差不能用校正的办法消除,但可以用重复测量取平均值的办法来减小随机误差的影响。在测斜之前应该用室内检验台认真对仪器进行校验,详细了解孔身结构、换径深度和孔径异常的情况,在某些孔段采取相应的措施减小测具与孔壁的间隙,增加导向器具的长度,保证仪器与测具外壳的同心度,这些措施都可能消除或减小系统误差和随机误差。缓慢误差可通过引进一个修正值加以消除,但必须经常修正。疏忽误差是不允许的,其测斜结果是无效的,必须剔除。

2)在测斜数据的基础上绘制钻孔轨迹

钻孔测斜并非连续测量,而是每隔25m左右测一个点(在弯曲异常或人工造斜的孔段须加密),即测出的钻孔轨迹是由许多定长的直线线段组成的折线。为了绘出钻孔轨迹的空间曲线,首先要根据剔除异常值以后的测斜资料计算出各测点的空间坐标。通常用均角全距法进行计算,即把每一段测斜间距的两组测斜数据的平均值作为该孔段的顶角值和方位角值。在计算机已普及的今天,可以用微机快速求出各测点的三维坐标,并借助有关软件自动绘出钻孔轨迹在沿勘探线走向的垂直平面和水平面上的投影图。

3)建立矿区(施工区)孔斜规律数学模型

业内人士一致认为,在孔斜规律明显的矿区(施工区)设计自然定向孔是解决孔斜问题的有效途径。如果已知矿区孔斜规律便可预测下一个或下一批钻孔的弯曲趋势,为优化施工设计和优选规程参数提供依据。当然,这种预测是有误差的。

必须指出,根据某矿区测斜资料建立的数学模型针对性很强(不宜盲目推广),因为如果矿区变了,则影响孔斜规律的地质因素和工艺因素都会有所差异,所以还要重新建模。关于建模的具体算法及软件请查阅其他相关课程的教材。

(三)钻孔弯曲的预防与纠正

1. 钻孔弯曲的预防

1)在设计钻孔时应考虑预防钻孔弯曲

(1)按照地层条件设计钻孔。①布置钻孔时,尽量使钻孔垂直于岩层层面及岩层走向;②对于松软、疏松、破碎地层,以及厚覆盖层、裂隙及溶洞发育地层应尽可能地设计垂直孔,因为在这些地层中,常因钻具自重而使斜孔产生铅垂方向的弯曲。

(2)按钻孔弯曲规律设计钻孔。对孔斜规律明显的地层或岩层倾角较大、钻孔轴线无法与之垂直相交的地层,应充分利用造斜地层的自然弯曲规律,辅以人工控制弯曲措施,设计"初级定向孔"。

若已知钻孔弯曲规律是方位基本稳定而顶角偏离设计值较大时,应改变顶角的设计,使之能达到预定见矿点的位置。通常采用如下几种方法。

方法一：沿勘探线平移法（图2-20）。原设计钻孔拟按 $O'a$ 方向钻至矿点 a，但按该地区钻孔弯曲规律，若由 O' 点开孔，则钻孔轴线将因顶角弯曲而使见矿点偏离至矿点 b。为了达到在 a 点见矿的要求，可在勘探线上向后移动孔位。具体方法是过 a 点引 bO' 的平行线，与地面交于 O 点，O 即为后移的孔位。

方法二：增大开孔倾角法。当移动孔位受到地形等条件的限制而按原设计又无法钻至预定见矿点时，可根据倾角弯曲规律，用增大开孔倾角的方法钻进，γ_1 是调整后的开孔倾角（图2-21）。

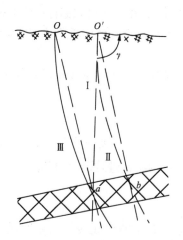

图2-20 沿线移动孔位法图

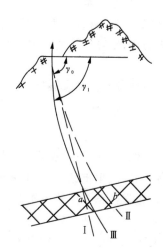

图2-21 增大开孔倾角法图

若已知钻孔弯曲规律是倾角基本稳定而方位角变化较大时，应按方位角变化规律调整钻孔设计。①离线平移法（图2-22）。根据周围钻孔的弯曲规律，钻孔实际钻穿矿体的位置 b 与设计见矿点 a 的水平偏距为 ba，然后在地表沿勘探线方向并按方位偏移的相反方向移动与 ba 相等的距离 OO'，按 Oa 方位钻进，便可以在预定见矿点钻穿矿体。②立轴扭转安装法。实质上是使开孔方位按周围钻孔的方位弯曲规律，向相反方向偏移。偏移的方法是扭动钻机立轴，右偏左移，左偏右移，使钻孔达到预定见矿点。

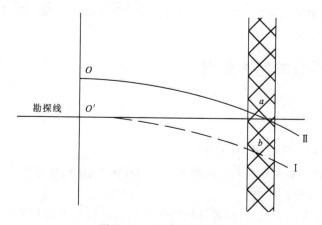

图2-22 离线平移法图

2) 保证安装质量，把好换径关

(1) 安装设备前，地基要平整、坚实，填方部分不得超过 1/3，基台木要水平、稳固。

(2) 钻机立轴倾角的方向要符合设计要求，上对塔上天车，下对设计孔位。同时，在钻进过程中还要经常检查和校正立轴方向。

(3) 要保证按设计方向开孔，粗径钻具要直，长度要逐渐加至 10m 左右。孔口管要固定牢，其方位和倾角要符合设计要求。

(4) 换径时，应采用带导向的综合式异径钻具。

3) 采用合理的钻具结构

采用合理的钻具结构，是为了保证较高的同心度，提高钻具的刚性，减小钻具与孔壁的间隙，实现孔底加压，增强钻具的稳定性和导正作用，以改善下部钻具的弯曲形态，提高钻进时的防斜能力。

钟摆钻具、偏重钻具和满眼钻具等形式的组合钻具对防止和纠正钻井弯曲有明显的效果。

2. 钻孔弯曲的纠正

1) 使顶角下垂的方法

一般在松散、溶洞地层中钻进时，钻具具有自然下垂的趋势。而在其他地层，可采用组合式钻具（如钟摆钻具、偏重钻铤等）和带双弧形水口的钢粒钻头钻进，或者采用带人工支点的悬垂钻具等方法慢慢使钻孔轨迹下垂。

2) 使顶角上漂的方法

钻具通常在钻进中具有自然上漂的倾向。因此，使钻具上漂是比较容易实现的。具体措施是采用短岩芯管（其长度约为普通岩芯管的 2/3），适当加大钻压与水量。采用钢粒钻进时，可选用大直径钢粒、增大投砂量的方法，或采用大一级直径的钻头配小一级直径的岩芯管组成塔式钻具，以扩大孔壁间隙、促使钻具上漂。

3) 方位角偏斜纠正

对方位角偏料的纠正，目前仍无有效措施，通常是在钻孔方位顺钻头回转方向偏斜时（右旋），采取左旋钻具的方法纠正。这种方法对钢粒钻进具有一定效果。

4) 对顶角和方位角均有较大损伤时的纠正

采用一般纠斜方式不能奏效时，可在弯曲异常的孔段灌注水泥，然后用导向钻具重新开孔的方法纠斜，此法适用于中硬以上岩层。此外，还可以用在孔内下偏心楔或用连续造斜器的方法纠斜。

五、钻孔冲洗液与钻孔堵漏

(一) 钻孔冲洗液

1. 钻孔冲洗液的用途及性能要求

钻孔冲洗液是钻进中在地表和孔内循环使用的液体、气体或泡沫介质，由于绝大多数情况下使用的是液体，故又称钻井液。

钻孔冲洗液的主要功用是：及时排除钻进中产生的岩粉并携带至地表，冷却钻头，润滑钻具，保护孔壁。另外，冲洗液还有平衡地层压力、辅助破碎岩石和提供所钻地层的有关信息等功能。为此,针对不同的地层条件和钻探目的,要求冲洗液具有下述性能。

(1) 良好的冷却散热能力和润滑性能。

(2) 良好的剪切稀释性能(利于排粉)。

(3) 良好的护壁、防漏和抗御外界影响(盐钙浸、黏土浸、湿度影响等)的能力。

(4) 具有自身不发酵变质和不腐蚀钻具的性能。

2. 钻孔冲洗液种类及冲洗方式

1) 冲洗液的种类

(1) 清水。在稳定岩层中钻进使用清水洗孔,钻进效率高,钻头冷却效果好,使用简便。

(2) 泥浆。泥浆是黏土分散在清水中形成的冲洗液。钻进不稳定岩层时,使用泥浆可得到良好的护壁效果。通过性能调节,泥浆还可以对付涌水、漏失等复杂情况。

(3) 乳化液及乳化泥浆。在用小口径金刚石钻进时,为了使钻具能开高转速,多采用水包油型乳化液、乳化泥浆或表面活性剂水溶液(又称为润滑冲洗液)冲洗钻孔。

(4) 空气。采用压缩空气或天然气冲洗钻孔,有利于提高机械钻速,并适宜在缺水地区及漏失地层中采用。若采用高压空气作为介质,既可作为动力,又可冲洗钻孔。

(5) 其他。盐水泥浆、泡沫冲洗液、雾化冲洗液等。

2) 钻孔冲洗方式

(1) 全孔循环。全孔正循环来自泵的冲洗液,通过钻杆柱中心进入孔底,由钻头水口处流出,经钻杆与孔壁环状间隙上返至孔口,流入地面循环槽中。由于孔底介质流动的方向与岩粉在离心力作用下的排出方向一致,故有利于排除岩粉。正循环方式在钻进施工中用得最多。

全孔反循环来自泵的冲洗液,由钻杆与孔壁环状间隙进入孔底,由钻头水口进入钻具和钻杆柱中上返至地表,经胶管返回循环系统或水源箱中。全孔反循环孔口必须密封,并允许钻杆柱能自由回转和上下移动。由于孔底介质流动的方向与岩芯进入方向一致,故它有利于提高岩矿采芯率或进行连续取芯,但钻孔漏失时则不适用。

(2) 孔底局部反循环。孔底局部反循环包括喷射式反循环、无泵钻进法和空气升液器钻进法等循环方式。

3. 钻孔冲洗液的配制与选型

1) 钻孔冲洗液用量的计算

(1) 钻孔冲洗液用量的计算。钻孔冲洗液的总量等于孔内钻孔冲洗液量、循环系统钻孔冲洗液量、钻孔冲洗液损失量和钻孔冲洗液储备量之和。

配制钻孔冲洗液所需黏土量为:

$$W = \frac{V\gamma_1(\gamma_2 - \gamma)}{\gamma_1 - \gamma} \quad (2-51)$$

式中:γ_1 为黏度相对密度,$\gamma_1 < (2.2 \sim 2.6)$;$\gamma_2$ 为所配钻孔冲洗液的相对密度;γ 为水的相对密度(淡水为1.0,海水为1.03);V 为所需钻孔冲洗液量(L)。

配制钻孔冲洗液所需水量为:

$$V_1 = V - \frac{W}{\gamma_1} \quad (2-52)$$

配制加重钻孔冲洗液所需加重剂量为:

$$W_{加} = \frac{V\gamma_3(\gamma_4 - \gamma_5)}{\gamma_3 - \gamma_4} \qquad (2-53)$$

式中:γ_3 为加重剂的相对密度;γ_4 为欲加重钻孔冲洗液的相对密度;γ_5 为原钻孔冲洗液的相对密度。

降低钻孔冲洗液相对密度所需加水量为:

$$V_1 = \frac{V(\gamma_5 - \gamma_6)}{\gamma_6 - \gamma} \qquad (2-54)$$

式中:γ_6 为加水稀释后的钻孔冲洗液的相对密度。

(2)钻孔冲洗液中所需化学处理剂的配制与用量分为 3 种。

第一,无机、有机处理剂用量的计算。无机处理剂加水量一般按干粉量计算,然后配成一定浓度的水溶液。如用纯碱或烧碱对黏土进行改性时,应按黏土质量计算其用量。例如,用 6% 的纯碱处理钙膨润土,即每 100g 钙膨润土中应加 6g 纯碱。有机处理剂的加量(如钠羧甲基纤维素、腐植酸钠、腐植酸钾、铁羟盐、聚丙烯酰胺等)是按钻孔冲洗液体积百分比计算出干粉的用量。有些处理剂(如铁铬盐、腐植酸钾、腐植酸钠等)可以将干粉直接加入或配成一定浓度的水溶液加入钻孔冲洗液中。而有些处理剂(如钠羧甲基纤维素、聚丙烯酰胺、聚丙烯酰酸钙等)应将计算出的干粉用量事先配成一定浓度的水溶液,再加入钻孔冲洗液中。有些处理剂(如丹宁碱液、煤碱剂等)应按钻孔冲洗液体积百分比计算处理剂的体积用量。

第二,聚丙烯酰胺水解的有关计算。计算烧碱用量为:

$$W_{NaOH} = W_{PAM} \times H \times 40/71 \qquad (2-55)$$

式中:W_{PAM} 为聚丙烯酰胺的干粉总量(g);H 为要求的水解度(%);71 为聚丙烯酰胺链节的分子量;40 为烧碱的分子量。

式(2-55)只适用于水解度 30% 以下的情况,超过 30% 者需加大理论数值。如果要把 7% 浓度的胶状聚丙烯酰胺配成水解度为 30%、浓度为 1% 的水溶液,可按式(2-56)进行计算:

$$PAM : NaOH : H_2O = 1 : 0.12 : 6 \qquad (2-56)$$

聚丙烯酰胺的水解方法:①高温水解法——将需要水解的聚丙烯酰胺、烧碱及配成 0.5%~1% 浓度所需的水量一并加到容器中,加温到 90~110℃,搅拌 3~4h 即可;②常温水解法——按 PAM : NaOH : H_2O = 10 : 1 : 60 的配比混合,搅匀后,放置 2~3 天即成为水解度 30%、浓度为 1% 的水解聚丙烯酰胺。

第三,聚丙烯腈水解的有关计算。一般按腈纶废丝 : 烧碱 : 水 = 10 : (0.3~0.7) : (5~10) 的配比(质量比)混合,加温到 90~100℃,不断搅拌,经 3~4h 即可。

2)钻孔冲洗液的配制

钻孔冲洗液的配制可采用分散配制或集中配制两种方式。由于多数情况是钻机分散施工,因此采用分散配制的较多。在现场最好采用优质黏土粉造浆,把黏土粉加入水力搅拌器的漏斗中,利用液流与黏土粉混合配浆,可以达到快速配浆的目的。如使用膨润土造浆,必须进行预水化,把膨润土粉用水浸泡 1 天(对钙基土要用纯碱水浸泡),然后用喷枪冲搅配浆,也能取得较好的效果。

3)钻孔冲洗液的选型

(1)不同岩性对钻孔冲洗液的要求为:①黏土层,一般黏土层都易造浆使钻孔冲洗液的密度和黏度升高,所以要求入井钻孔冲洗液的黏度尽量低些;②砂岩,即砂粒易侵入钻孔冲洗液使钻孔冲洗液的密度和黏度升高,所以要求入井钻孔冲洗液具有较低的密度、黏度和适当高的切力,并应采用一些防塌性能较好的钻孔冲洗液,严格控制钻孔冲洗液的含砂量;③砾岩,即砾岩胶结性极差,没有黏土充填,要求钻孔冲洗液有较高的黏度和切力,并且要采用防塌效果较好的钻孔冲洗液;④盐膏层,即要求钻孔冲洗液具有一定的抗盐、抗钙能力,并适当提高钻孔冲洗液的密度,增大静液压力,以保持孔壁稳定。

(2)地层物理性质对钻孔冲洗液性能的要求:①低渗透性地层要求钻孔冲洗液具有较低的滤失量,否则形成厚泥饼会使孔径缩小;②高渗透性地层要求钻孔冲洗液具有较低的密度和较高的黏度,并且防漏效果较好;③高压油气水层要求钻孔冲洗液具有低滤矢量和高密度,以提高静液压力,防止井喷。

(3)钻进工艺对钻孔冲洗液性能的要求分为喷射钻进和回转钻进对钻孔冲洗液性能的要求。

首先,喷射钻进对钻孔冲洗液性能的要求为:低密度、低含砂量和低固相含量,以减小孔底的静压持效应;低黏度、低切力和低摩擦系数,以减少循环系统中的功率损失;具有剪切稀释特性,在孔底水眼处黏度低,在环形空间里能形成平板型层流,有利于携带岩屑和提高钻速;具有良好的流变性能,即有效黏度低,动/塑比值高并具有适宜的触变性。

其次,回转钻进对钻孔冲洗液性能的要求为:低密度,减小井底压差,压差越小,钻速越快;同时要求低黏度、低含砂量和适当的切力,而且滤矢量要低,泥饼质量要高。

(二)钻孔堵漏

钻进过程中钻井液或水泥浆漏入地层的现象称为钻孔漏失。钻孔漏失会给钻进工作带来许多不利,但在石油钻进中它往往又是发现油气层的预兆。发现钻孔漏失,应先进行测试,取得漏层资料后再确定堵漏技术措施。

1. 钻孔漏失的原因及分类

(1)渗透性漏失。渗透性漏失多发生在粗颗粒的未胶结或胶结较差的、渗透性良好的砂岩和砂砾岩中,这种漏失主要是孔内压力不平衡造成的,即钻井液的当量循环密度超过了地层压力系数,使钻井液漏入地层。渗透性漏失一般漏失量较小,漏失速度较慢。这种漏失一旦发生,可一直持续到钻井液中固体颗粒被地层孔隙阻挡住,钻井液在地层孔隙中逐渐形成泥饼才会停止,否则将一直继续下去。

(2)天然裂缝、溶洞性漏失。钻进过程中遇到天然裂缝和溶洞时,尽管钻井液液柱压力很低,也会发生漏失。同样,钻进断层、不整合地层和地层破碎带也会发生不同程度的钻孔漏失。裂隙性漏失的特点是漏失钻井液数量多,漏失速度很快,通常只能用封堵剂或下入技术套管来解决。

(3)地层被压裂造成的钻孔漏失。钻孔内压力过大,地层会被压出裂缝,造成钻孔漏失。当钻孔内压力与地层压力的压差超过地层的抗张强度和钻孔周围的挤压应力时,地层就会被压出裂缝。钻进过程中多是出于钻井液流变参数不合适,钻进工艺措施或操作不当造成地层压裂而出现漏失。

2. 钻孔漏失的分析判断

(1)从岩层结构判断。在钻探中,初次漏失往往发生在孔底。发现漏失后,首先应对钻探取上的岩芯进行分析,观察接近孔底的岩芯是否有松散、裂隙、节理发育或溶蚀等情况,完整程度如何。同时,也可以联系水文地质情况,了解靠近孔底这一层位的岩性,是否为含水层、漏失层和破碎带等。

(2)从钻进过程中判断。如果在钻进过程中突然出现漏失,并伴有钻速突然加快或钻具坠落,则应考虑是否遇到了破碎带、大裂隙或大溶洞。

(3)从孔内水位判断。当在不含水地层中发生孔底漏失时,则孔内没有稳定水位,即所谓全孔漏失。当在含水的漏失层中发生孔底漏失时,稳定水位与地下水位一致。而在孔壁产生漏失时,若漏失层为非含水层,则稳定水位将在漏失层之下;若漏失层为含水层,则稳定水位可能在漏失层之上,也可能在漏失层中。根据动水位与稳定水位可以大致判断漏失量。

3. 堵漏浆液

20世纪70年代以前,现场用锯末、泥球、砖块等堵漏。20世纪80年代以后发展了多种堵漏材料,形成系列化、规格化、商品化。

1)惰性堵漏材料(桥塞剂)

惰性堵漏材料有颗粒状(如核桃壳)、纤维状(如棉籽壳)、片状(如云母片)等20余种形状的材料。在实际应用中,将不同粒径和形状的材料加工成商品,方便使用。也可用不同形状、不同粒径进行复配使用,现在已经有复合堵漏剂产品。

2)水泥

1980年研制的地勘水泥,专用于钻孔的护孔与堵漏,为硫铝酸盐型水泥,有H及R两种型号。其具有速凝、初终凝时间间隔短、早期强度高、微膨胀、水灰比范围宽等显著优点,推广应用获显著效果。

3)胶凝堵漏

聚丙烯酰胺凝胶(PAM)交联液、胶质水泥(水泥+黏土+泥浆再加水玻璃或石灰等)、柴油水泥胶塞(柴油+新土+水泥与泥浆混合)等均为胶凝堵漏。

4)化学浆液

化学浆液为脲醛改性产品,是一种粉剂,用盐酸作固化剂,固化时间可人为控制在十几秒至数小时。必须用双液灌注,即研制出各种型号的双液灌注器,在孔内固结。301聚酯:为不饱和聚酯、线性体,加交联剂组成的溶液,加入引发剂和促进剂生成体型聚合物。氰凝堵漏由于毒性太大,已不再使用。

5)高失水堵漏剂(DTR)

高失水堵漏剂是由渗滤性及纤维状材料与聚凝剂等复合而成的粉剂,配成的浆液送入漏层,在液柱压差作用下,迅速滤失(16~30s),形成有一定强度的堵塞物,将漏失通道堵住。其配合惰性材料,适合堵大漏。

6)暂堵剂

暂堵剂即单向压力封堵剂,国外称液体套管,为植物纤维处理加工而成,由钻井液携带,只需极小压差(20kPa)就能封堵漏层,压差解除,封堵解除(负压解堵),能很好地保护产层。还有酸溶件暂堵剂,可用酸溶解堵漏。

7)堵漏丸、片

树脂球:脲醛树脂胶粉加水泥、缓凝剂或促凝剂,与水配制成球状,从孔口投入,或用岩芯管输送,用钻具挤入漏层。其特点是:抗水稀释,冲散能力强,不易流失,凝结时间可人为控制。

YPS堵漏片：用聚乙烯醇（PVA）、羧甲基纤维素钠（CMC）、合成胶粉、重晶石、黏土等混合，冲压成各种规格的圆片，可从孔口投入，也可用岩芯管输送。其特点是：遇水后快速提黏、交联，瞬时形成堵塞物。

8）袋式堵漏

钻进时遇大溶洞、大裂隙、暗河等特大漏层，一般方法均难奏效。为此研制了两种袋式堵漏：一是大型尼龙袋，长3～7m，直径为0.4～1.5m，专用工具下入漏层部位，向袋内灌注速凝浆液，凝固后，钻开；二是复合堵漏袋，根据钻孔直径的需要，制成直径为50～200mm、长500～2 000mm的堵漏袋，袋内装速凝水泥、重晶石、黏土、惰性材料等。可以单袋从孔口投入，也可多袋用尼龙绳串联起来送入漏层部位。

思 考 题

1. 钻探工艺有哪些？
2. 什么是钻孔弯曲？钻孔弯曲的测量及预防方法有哪些？
3. 钻孔漏失的原因是什么？堵漏浆液有哪些？

第三章 探槽与坑探

第一节 探槽工程

探槽是矿产勘查中使用最广的探矿手段。探槽是坑探的一种类型。其特点是人员可进入工程内部,能对所揭露的地质与矿产现象进行直接观测及采样,检验钻探和物探资料或成果的可靠程度,获得比较精确的地质资料,探明精度较高的矿产储量。探槽是勘探地质构造复杂的稀有金属、放射性元素、有色金属及特种非金属矿床时常用的手段。

一、探槽施工目的及一般规格

(1)目的。揭露矿化、蚀变带,矿层(体)和物化探,重砂等异常;揭露表土不厚的矿(化)体及其他特定地质体,了解矿体地表部分的规模、产状、构造、矿石类型及其品位等情况;验证物化带异常;等等。

(2)规格。通常的深度为1~3m,较深的可达5m。槽口的宽度视地表土稳固程度和探槽深度而定,必须大于槽底的宽度,使探槽两帮的坡度保证在安息角内。探槽底部见基岩后,应再向下挖0.3~0.8m,矿体和矿化部位应适当加深,尽可能地揭露比较新鲜的露头。槽底力求平缓,底宽应为0.8~1.0m,以便采样。探槽的长度则视设计要求而定,一般应系统地揭露矿体、矿化带或含矿层,必须揭露、穿透矿化层,两端进入围岩1.0~2.0m。

二、探槽的分类

探槽按其施工目的和控制范围不同,可分为:干槽、主槽、辅助槽。

(一)干槽

干槽布设在主要剖面线上,其长度穿过所有的矿体群、矿化带和含矿层、各物化探异常带。其目的是在查明矿区地质构造的基础上,了解各矿体群、各矿化带或含矿层、各物化探异常带之间的相互关系,以利于认识矿床的成矿规律、找矿标志,探索新的成矿部位。但由于干槽动用工程量较多,过少、过短易漏矿,过长、过多又造成浪费,设计时要周密安排。通常根据矿床地质条件的复杂程度布设1~3条干槽。遇到以下情况的矿区可以不设干槽。

(1)矿区露头良好者。

(2)平行矿体、矿体群(或矿化带、含矿层)无出现可能性者。

(3)单一的单斜板状矿体,地质构造简单的矿床,或矿体构造较复杂但围岩构造简单的矿床；围岩中确实无矿化、无物化探异常，围岩地质构造通过少量短槽、探井或剥土即可查明的矿床。

对干槽及其所在的剖面，应进行详细编录，充分收集有关金矿勘查所需的矿床地质资料，包括岩矿标本、研究岩（矿）石特性的标本及原生晕样品等。

（二）主槽

主槽的施工目的是为了系统地揭露矿体、矿化带和含矿层，提供金矿勘查所必需的地质资料。主槽应按一定间距布置，其密度和数量取决于矿床地质构造的复杂程度以及不应用阶段的工作要求。在施工条件不利于探槽时，可选用井探、短坑或浅钻来代替探槽，取得应有的资料。

（三）辅助槽

辅助槽的目的是配合干槽查明矿床地表部分的地质构造及矿化带或含矿层、主矿体的情况，配合主槽进一步控制矿体的规模、产状与质量。对矿体有较大破坏的断层、火成岩体，以及与矿体评价有关的重要地质现象与地质界线地都可施工辅助槽，取得丰富、确切的资料。

三、探槽工程的布设

（一）明确施工目的

明确施工目的即要求我们要在探槽工作前，进一步细化在哪儿投入工程，投入多少，拟解决什么问题。

（二）布设原则

布设时应遵循由已知到未知、由近及远的原则。实质就是要把工程放到地质情况最清楚、最有把握的地段上，然后根据它的结果推测下一个工程的情况，依次施工。探槽一般应垂直矿脉走向（异常长轴）布置。

（三）实际工作中应注意的问题

探槽布设中应注意"V"字形法则的应用，地形地物的观察，地表出露岩石及坡积物等的变化，同时推断矿脉出露位置，力争用最小的工程量取得最大的地质效果。

四、探槽的施工指导

在施工过程中我们应及时地检查，根据实际情况，适当延长或缩短探槽，判断预取样位置，告知施工方，对预取样位置进行适当加深，让槽底尽量平缓，为以后验收、取样奠定一定的基础。

五、探槽工程的验收、编录及采样

探槽工程完工后，应及时进行验收、编录及采样，以免因天气变化等因素引起坍塌，造成工作被动。

(一)探槽素描图的展开方法

(1)坡度展开法。槽壁按地形坡度作图,槽底作平面投影。此法能比较直观地反映探槽的坡度变化及地质体的槽壁产出情况,因而被普遍采用。

通常绘"一壁一底"展开图。当探槽两壁地质现象相差较大时,则需绘制"两壁一底"展开图。在探槽素描图上,槽壁与槽底之间应留有一定间隔,以便于注记。

(2)平行展开法。在素描图上,槽壁与槽底平行展开,坡度角用数字和符号标注。使用此法者极少。

(二)探槽的素描步骤

(1)素描前,首先应对探槽中所要素描的部分进行全面观察研究,了解其总的地质情况,确定岩性、分层、预采样位置。

(2)在素描壁上,将皮尺从探槽的一端拉到另一端,并用木桩加以固定,然后用罗盘测量皮尺的方位角及坡度角。皮尺的起始端(即 0m 处)要与探槽的起点相重合。

(3)用钢卷尺,沿着皮尺所示的距离,丈量特征点(如探槽轮廓、分层界线、构造线等)至皮尺的铅直距离及各特征点在皮尺上的读数。当地质体和探槽形态比较简单时,控制测量的次数可以减少;相反,对形态比较复杂的地质体则应加密控制。

(4)根据测量的读数,在方格上按比例定出各特征点的位置,并参照地质体的实际出露形态,将相同的特征点连接成图。

(5)划分岩层,描述地质现象,确定采样位置,采集样线布设与样品,填写各类样品记录或登记表,评定探槽质量。

(6)文图现场工作:应注意前后编录有无矛盾、有无遗漏,标尺有无积累误差,划样位置是否适当,采样是否符合要求。

第二节 坑探工程

一、坑探工程的目的和作用

坑探工程也称掘进工程、井巷工程,它是用人工或机械的方法在地下开凿挖掘一定的空间,以便直接观察岩土层的天然状态及各地层之间的接触关系等地质结构,并能取出接近实际的原状结构的岩土样或进行现场原位测试。它在岩土工程勘探中占有一定的地位。与一般的钻探工程相比较,其特点是:勘察人员能直接观察到地质结构,准确可靠,且便于素描;可不受限制地从中采取原状岩土样和用作大型原位测试。尤其对研究断层破碎带、软弱泥化夹层和滑动面(带)等的空间分布特点及其工程性质等,具有重要意义。坑探工程的缺点是:使用时往往受到自然地质条件的限制,耗费资金大而勘探周期长,尤其是不可轻易采用重型坑探工程。

二、坑探工程的类型和适用条件

岩土工程勘探中常用的坑探工程有探槽、试坑、浅井、竖井(斜井)、平硐和石门(平巷)(图

3-1,表3-1)。其中前3种为轻型坑探工程,后3种为重型坑探工程。

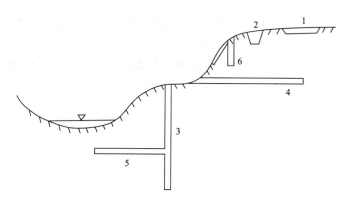

图3-1 工程地质常用的坑探类型示意图
1-探槽;2-试坑;3-竖井;4-平硐;5-石门;6-浅井

表3-1 各种坑探工程的特点和适用条件

名称	特点	适用条件
探槽	在地表深度小于3~5m的长条形槽子	剥除地表覆土,揭露基岩,划分地层岩性,研究断层破碎带;探查残坡积层的厚度和物质结构
试坑	从地表向下,铅直的、深度小于3~5m的圆形小坑或方形小坑	局部剥除覆土,揭露基岩;做载荷试验、渗水试验,取原状土样
浅井	从地表向下,铅直的、深度为5~15m的圆形井或方形井	确定覆盖层和风化层的岩性及厚度;做载荷试验,取原状土样
竖井（斜井）	形状与浅井相同,但深度大于15m,有时需支护	了解覆盖层的厚度和性质,以及风化壳分带、软弱夹层分布、断层破碎带及岩溶发育情况、滑坡体结构及滑动面等;布置在地形较平缓、岩层又较缓倾的地段
平硐	在地面有出口的水平坑道,深度较大,有时需支护	调查斜坡地质结构,查明河谷地段的地层岩性、软弱夹层、破碎带、风化岩层等;做原位岩体力学试验及地应力量测,取样;布置在地形较陡的山坡地段
石门（平巷）	不出露地面而与竖井相连的水平坑道,石门垂直岩层走向,平巷平行	了解河底地质结构、做试验等

三、坑探工程设计书的编制

坑探工程设计书是在岩土工程勘探总体布置的基础上编制的,其内容主要包括以下几点。
(1)坑探工程的目的、型号和编号。

(2)坑探工程附近的地形、地质概况。

(3)掘进深度及其论证。

(4)施工条件:岩石及其硬度等级,掘进的难易程度,采用的掘进机械与掘进方法;地下水位,可能的涌水情况,应采取的排水措施;是否需要支护及支护材料、结构等。

(5)岩土工程要求:①掘进过程中的编录要求及应解决的地质问题;②对坑壁底、顶板掘进方法的要求;③取样的地点、数量、规格和要求等;④岩土试验的项目、组数、位置及掘进时应注意的问题;⑤应提交的成果、资料及要求。

(6)施工组织、进度、经费及人员安排。

四、坑探工程的观察、描述、编录

(一)坑探工程的观察、描述

坑探工程的观察和描述,是反映坑探工程第一手地质资料的主要手段。所以在掘进过程中应认真、仔细地做好此项工作。观察、描述的内容如下。

(1)量测探井、探槽、竖井、斜井、平硐的断面形态尺寸和掘进深度。

(2)地层岩性的划分与描述。注意划分第四系堆积物的成因、岩性、时代、厚度及空间变化和相互接触关系,以及基岩的颜色、成分、结构构造、地层层序以及各层间接触关系。同时还应特别注意软弱夹层的岩性、厚度及其泥化情况。地层岩性的描述同工程地质测绘一节。

(3)岩石的风化特征及其随深度的变化,风化壳分带。

(4)岩层产状要素及其变化,以及各种构造形态;注意断层破碎带及节理、裂隙的发育;断裂的产状、形态、力学性质;破碎带的宽度、物质成分及其性质;节理裂隙的组数,产状穿切性、延展性,隙宽、间距(频度),有必要时绘制节理裂隙的素描图并统计测量。

(5)测量点、取样点、试验点的位置、编号及数据。

(6)水文地质情况。如地下水渗出点位置、涌水点及涌水量的大小等。

(二)坑探工程展视图

展视图是坑探工程编录的主要内容,也是坑探工程所需提交的主要成果资料。所谓展视图,就是沿坑探工程的壁、底面所编制的地质断面图,按一定的制图方法将三度空间的图形展开在平面上。由于它所表示的坑探工程成果一目了然,故在岩土工程勘探中被广泛应用。

不同类型的坑探工程展视图的编制方法和表示内容有所不同,其比例尺应视坑探工程的规模、形状及地质条件的复杂程度而定,一般采用1:25~1:100。下面介绍探槽、竖井(探井)和平硐展视图的编制方法。

1. 探槽展示图

探槽在追踪地裂缝、断层破碎带等地质界线的空间分布及查明剖面组合特征时使用很广泛。因此在绘制探槽展示图之前,确定探槽中心线方向及其各段变化,测量水平延伸长度、槽底坡度,绘制四壁地质素描显得尤为重要。

探槽展示图有以坡度展开法绘制的展示图和以平行展开法绘制的展示图。其中平行展示法使用广泛,更适用于坡度直立的探槽,如图3-2所示。

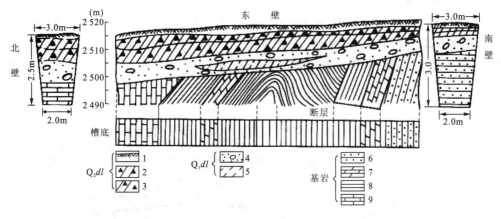

图 3-2 探槽展视图

1-表土层;2-含碎石粉土;3-含碎石粉质黏土;4-含漂石和卵石的砂土;5-粉土;6-细粒云母砂岩;7-白云岩;8-页岩;9-灰岩

2. 浅井和竖井的展示图

浅井和竖井的展示图有两种:一种是四壁辐射展开法;另一种是四壁平行展开法。四壁平行展开法使用较多,它避免了四壁辐射展开法因井较深存在的不足。图3-3为采用四壁平行展开法绘制的探井展示图,图中浅井和竖井四壁的地层岩性、结构构造特征很直观地表示了出来。

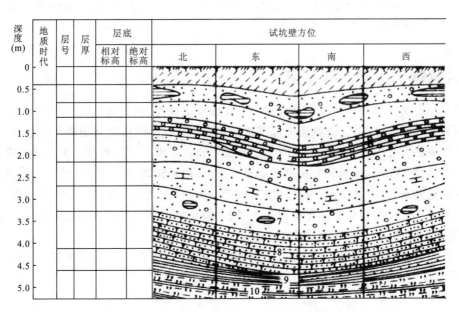

图 3-3 用四壁平行展开法绘制的浅井展示图

3. 平硐展示图

绘制平硐展示图从硐口开始,到掌子面结束。其具体绘制方法是:按实测数据先画出硐底的中线,然后依次绘制硐底—硐两侧壁—硐顶—掌子面,最后按底、壁、顶和掌子面对应的地层岩性及地质构造填充岩性图例与地质界线,并绘制硐底高程变化线,以便于分析和应用(图3-4)。

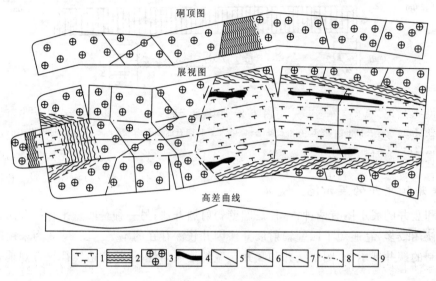

图 3-4 平硐展视图

1-凝灰岩;2-凝灰质页岩;3-斑岩;4-细粒凝灰岩夹层;5-断层;6-解理;7-硐底中线;
8-硐底壁分界线;9-岩层分界线

五、坑探工程的一般要求

(1)当钻探方法难以准确查明地下情况时,可采用探井、探槽进行勘探。在坝址、地下工程、大型边坡等勘察中,当需详细查明深部岩层性质、构造特征时,可采用竖井或平硐。

(2)探井的深度不宜超过地下水位。竖井和平硐的深度、长度、断面按工程要求确定。

(3)对探井、探槽和探硐除文字描述记录外,尚应以剖面图、展示图等反映井、槽、硐壁和底部的岩性、地层分界、构造特征、取样和原位试验位置,并辅以代表性部位的彩色照片。

(4)坑探工程的编录应紧随坑探工程掌子面,在坑探工程支护或支撑之前进行。编录时,应于现场做好编录、记录和绘制完成编录展示草图。

(5)探井、探槽完工后可用原土回填,每30cm分层夯实,夯实土干重度不小于15kN/m³。有特殊要求时可采用低标号混凝土回填。

第四章 地球物理勘探

第一节 电法勘探

电法勘探是以岩(矿)石之间的电性差异为基础,通过观测和研究与这种电性差异有关的电场分布特点及变化规律,来查明地下地质构造或寻找矿产资源的一类地球物理勘探方法。

电法勘探方法种类繁多,目前可供使用的方法已有20多种。这首先是因为岩(矿)石的电学性质表现在许多方面。例如,在电法勘探中通常利用的有岩(矿)石的导电性、电化学活动性、介电性等。

一、电阻率法

电阻率法是传导类电法勘探方法之一。它利用各种岩(矿)石之间具有导电性差异,通过观测和研究与这些差异有关的天然电场或人工电场的分布规律,达到查明地下地质构造或寻找矿产资源的目的。

(一)电阻率法的理论基础

1. 电阻率

岩(矿)石间的电阻率差异是电阻率法的物理前提。电阻率是描述物质导电性能的一个电性参数。从物理学中我们已经知道,导体电阻率公式为:

$$\rho = R \frac{S}{l} \tag{4-1}$$

式中:ρ 为导体的电阻率($\Omega \cdot m$);R 为导体电阻(Ω);S 为导体长度(m);l 为垂直于电流方向的导体横截面积(m^2)。

显然,电阻率在数值上等于电流垂立通过单位立方体截面时,该导体所呈现的电阻。岩(矿)石的电阻率值越大,其导电性就越差;反之,则导电性越好。

2. 电阻率公式及视电阻率

在电阻率法工作中,通常是在地面上任意两点用供电电极 A、B 供电,在另两点用测量电极 M、N 测定电位差,如图4-1所示。利用四极装置测定均匀、各向同性的半空间电阻率基本公式为:

$$\rho = K \frac{\Delta V_{MN}}{I} \tag{4-2}$$

式中：K 为装置系数，$K = \dfrac{2\pi}{\dfrac{1}{AM} - \dfrac{1}{AN} - \dfrac{1}{BM} - \dfrac{1}{BN}}$，其中 AM、AN、BM、BN 是各电极间的距离，在野外工作中装置形式和极距一经确定，K 值便可计算出来；ΔV_{MN} 为 MN 间测得的电位差(V)；I 为供电电流(A)。

获得岩石电阻率的方法之一，是用小极距的四极装置在岩石露头上进行测定，称为露头法。此外，通过电测井或标本测定也可以获得岩石的电阻率。

式(4-2)是在地表水平且地下介质均匀、各向同性的假设下导出的，实际工作中地下介质往往是各向异性非均匀的，且地表也不水平，因此有必要研究这种情况下的稳定电场。

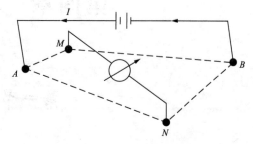

图 4-1 任意四极装置示意图
[A、B 为供电电极；M、N 为测量电极(本节其余图中含义相同)]

首先需要引入"地电断面"的概念。所谓地电断面，是指根据地下地质体电阻率的差异而划分界线的断面。这些界线可能同地质体、地质层位的界线吻合，也可能不一致。如图 4-2 所示的地电断面中分布着呈倾斜接触、电阻率分别为 ρ_1 和 ρ_2 的两种岩层，以及一个电阻率为 ρ_3 的透镜体(阴影部分)。向地下通电并进行测量，可以按式(4-2)求出一个"电阻率"值。不过，它既不是 ρ_1，也不是 ρ_2 和 ρ_3，而是与三者都有关的物理量。用符号 ρ_s 表示，并称之为视电阻率，即：

$$\rho_s = K \frac{\Delta V_{MN}}{I} \tag{4-3}$$

式中：ρ_s 为视电阻率($\Omega \cdot m$)。

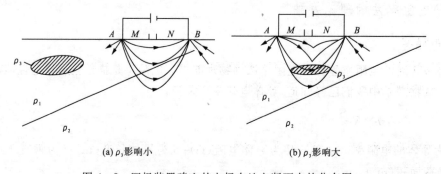

(a) ρ_3 影响小   (b) ρ_3 影响大

图 4-2 四极装置建立的电场在地电断面中的分布图

视电阻率实质上是在电场有效作用范围内各种地质体电阻率的综合影响值。虽然式(4-2)和式(4-3)等号右端的形式完全相同，但左端的 ρ 和 ρ_s 却是两个完全不同的概念。只有在地下介质均匀且各向同性的情况下，ρ 和 ρ_s 才是等同的。

由图 4-2 还可以看出，在图 4-2(a)所示的情况下，除地层 ρ_1 外，地层 ρ_2 对视电阻率 ρ_s 的值也有相当大的影响，透镜体 ρ_3 的影响很小。在图 4-2(b)所示的情况下，地层 ρ_2 的影响减小而透镜体 ρ_3 的影响相当大。因此，不难理解，影响视电阻率的因素有：电极装置的类型及电极距；测点位置；电场有效作用范围内各地质体的电阻率；各地质体的分布状况，包括它们的形状、大小、厚度、埋深和相互位置等。

3. 电阻率法的实质

在地表不平、地下岩矿石导电性分布不均匀的条件下，对于测量电极距很小的梯度装置来说，MN 范围内的电场强度和电流密度均可视为恒定不变的常量。经推导得出视电阻率的微分形式为：

$$\rho_s = \frac{j_{MN}}{j_0} \cdot \rho_{MN} \frac{1}{\cos\alpha} \qquad (4-4)$$

式中：j_{MN}、j_0 分别为 MN 处和地表水平且地下为半无限均匀岩石的电流密度（A/m^2）；ρ_{MN} 为 MN 处的电阻率（$\Omega \cdot m$）；α 为 MN 处地形坡角（°）。

式（4-4）为起伏地形条件下，视电阻率的微分表示式。其应用条件是测量电极距 MN 较小。显然，如果地面水平，只是地下赋存有导电性不均匀地质体时，式（4-4）可简化为：

$$\rho_s = \frac{j_{MN}}{j_0} \cdot \rho_{MN} \qquad (4-5)$$

在对视电阻率曲线进行定性分析时，经常用到式（4-4）和式（4-5）。

图 4-3 中给出了 3 种不同的地电断面。若采用同样极距的四极装置，分别于地表测量视电阻率 ρ_s 时，将会得到不同的观测结果。图 4-3(a)中地下为均匀、各向同性的单一岩层，其电阻率为 ρ_1。这时测得的视电阻率 ρ_s 就等于岩石的真电阻率值 ρ_1。图 4-3(b)是在电阻率等于 ρ_1 的围岩中赋存一良导电矿体（图中阴影部分），其电阻率 $\rho_2 < \rho_1$。良导电矿体的存在改变了均匀岩石中电场分布的状况，电流汇聚于导体的结果，使地表测量电极 M、N 附近岩石中的电流密度 j_{MN} 比均匀岩石情况下那里的正常电流密度 j_0 减小，于是式（4-5）中的比值 $\frac{j_{MN}}{j_0} < 1$。由于图 4-3(b)情况下的 $\rho_{MN} = \rho_1$，故由式（4-5）得知，此时的视电阻率 ρ_s 小于均匀围岩的真电阻率 ρ_1。图 4-3(c)是在电阻率等于 ρ_1 的围岩中，赋存一局部隆起的高阻基岩（图中阴影区），其电阻率 $\rho_3 > \rho_1$。高阻基岩向地表排挤电流，使测量电极 M、N 附近岩石中的电流密度比均匀岩石条件下增大，式（4-5）中的比值 $\frac{j_{MN}}{j_0} > 1$，$\rho_{MN} = \rho_1$，于是在图 4-3(c)条件下地面测得的视电阻率 $\rho_s > \rho_1$。

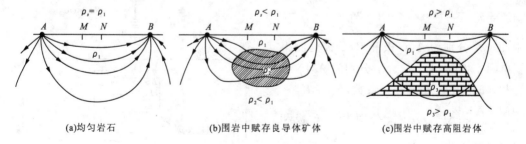

(a)均匀岩石　　(b)围岩中赋存良导体矿体　　(c)围岩中赋存高阻岩体

图 4-3　视电阻率与地电断面性质的关系图

(二)电阻率法的仪器及装备

根据式(4-3),电阻率法测量仪器的任务就是测量电位差 ΔV_{MN} 和电流 I。为适应野外条件,仪器除必须有较高的灵敏度、较好的稳定性、较强的抗干扰能力外,还必须有较高的输入阻抗,以克服测量电极打入地下而产生的"接地电阻"对测量结果的影响。

目前,国内常用的直流电法仪有 DDC-28 型电子自动补偿仪、ZWD-2 型直流数字电测仪、JD-2 型自控电位仪、C-2 型微测深仪、LZSD-C 型自动直流数字电测仪、MIR-IB 型多功能直流电测仪以及近年来出现的高密度电法仪等。

电阻率法的其他设备还有作为供电电极用的铁棒、用作测量电极用的铜棒、导线、线架,以及供电电源(45V 乙型干电池或小型发电机)等。

(三)电剖面法

电剖面法是电阻率法中的一个大类,它是采用不变的供电极距,并使整个或部分装置沿观测剖面移动,逐点测量视电阻率的值。由于供电极距不变,探测深度就可以保持在同一范围内,因此可以认为,电剖面法所了解的是沿剖面方向地下某一深度范围内不同电性物质的分布情况。

根据电极排列方式的不同,电剖面法又有许多变种。目前常用的有联合剖面法、对称剖面法和中间梯度法等。

1. 联合剖面法

联合剖面法是用两个三极装置 $AMN\infty$ 和 ∞MNB 联合进行探测的一种电剖面方法。所谓三极装置,是指一个供电电极置于无穷远的装置。如图 4-4 所示,A、M、N、B 四个电极位于同一测线上,以 M、N 之间的中点为测点,且 $AO=BO$,$MO=NO$。电极 C 是两个三极装置共同的无穷远极,一般敷设在测线的中垂线上,与测线的距离大于 AO 的 5 倍。工作中将 A、M、N、B 四个电极沿测线一起移动,并保持各电极间的距离不变。工作中可以按式(4-5)分别求视电阻率:

$$\rho_s^A = K_A \frac{\Delta V_{MN}^A}{I} (AMN\infty \text{装置})$$
$$\rho_s^B = K_B \frac{\Delta V_{MN}^B}{I} (\infty MNB \text{装置})$$
(4-6)

式中:ρ_s^A、ρ_s^B 分别为 A、C 极和 B、C 极处测得的视电阻率($\Omega\cdot m$);K_A、K_B 分别为 $AMN\infty$ 装置和 ∞MNB 装置的装置系数,$K_A = K_B = 2\pi\dfrac{AM\cdot AN}{MN}$;$\Delta V_{MN}^A$、$\Delta V_{MN}^B$ 分别为 A、C 极和 B、C 极处的电位差(V)。

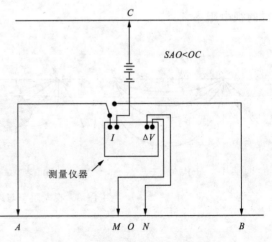

图 4-4 联合剖面法装置示意图

联合剖面法主要用于寻找产状陡倾的层状或脉状低阻体或断裂破碎带。当供电极距大于这些地质体的宽度时,可以把它们视为薄脉状良导体。因此,我们主要分析良导体薄脉的联合剖面ρ_s曲线特征。实际工作中,由于C极置于无穷远处,其电场在M、N产生的电位差可以忽略不计,因此联合剖面法的电场属于一个点电源的场。图4-5给出了直立良导体薄脉上的联合剖面法观测结果,图中M、N点为电位测量点,A_i、B_i分别为第i次$AMN\infty$装置和∞MNB装置的供电电极点。我们先对ρ_s^A曲线进行分析。

(1)当电极A、M、N在良导体薄脉左侧且与之相距较远时,薄板对电流分布影响很小,因而$j_{MN}=j_0$。由于$\rho_{MN}=\rho_1$,故有$\rho_s^A=\rho_1$(曲线上点1)。

(2)当A、M、N逐渐移近良导体薄脉时,薄脉向右吸引由A极发出的电流,使M、N间的电流密度增大,即$j_{MN}>j_0$,故$\rho_s^A>\rho_1$,ρ_s^A曲线上升(曲线上点2)。

(3)随着A、M、N继续向右移动,良导体薄脉对电流的吸引逐渐增强,致使ρ_s^A曲线继续上升,并达到极大值(曲线上点3)。

(4)当M、N靠近并越过脉顶时,薄脉向下吸引电流,使得M、N间电流密度反而减少,即$j_{MN}<j_0$,ρ_s^A开始迅速下降。当A和M、N分别在薄板两侧移动时,绝大部分电流被吸引到薄脉中去,由于薄脉的屏蔽作用,造成M、N间的电流密度更小,因而ρ_s^A曲线出现一段平缓的低值带(曲线上点4附近一小段)。

(5)当A、M、N都越过脉顶后,低阻脉向左吸引电流。随着电极向右移动,吸引作用逐渐减弱,故j_{MN}逐渐增大,ρ_s^A曲线上升(曲线上点5)。

(6)A、M、N继续右移,当远离低阻脉时,薄脉对电流的吸引十分微弱,因而对电流的畸变作用可以忽略不计,$j_{MN}\approx j_0$,故ρ_s^A曲线逐渐趋于A(曲线上点6)。

用同样的方法可以分析ρ_s^B曲线。由于A、M、N自左至右移动与M、N、B自右至左移动时视电阻率曲线的变化规律相同,因此,只需将ρ_s^A曲线绕薄脉转动180°,即可得到ρ_s^B曲线。由图4-5可见,在直立良导体薄脉顶部上方,ρ_s^A和ρ_s^B曲线相交,且在交点左侧,$\rho_s^A>\rho_s^B$;交点右侧,$\rho_s^A<\rho_s^B$。这种交点称为联合剖面曲线的"正交点"。在正交点两翼,两条曲线明显地张开,一条达到极大值,另一条达到极小值,形成横"8"字形的明显特征。

图4-6是直立高阻薄脉上方的联合剖面ρ_s曲线。可以看出,高阻薄脉上的两条ρ_s曲线也有一个交点。交点左侧$\rho_s^A<\rho_s^B$,右侧$\rho_s^A>\rho_s^B$,与低阻薄脉的情况恰好相反,所以称为"反交点"。联合剖面曲线的反交点实际上并不明显,ρ_s^A和ρ_s^B曲线近于重合,各自呈现一个高阻峰值,且交点两侧ρ_s^A和ρ_s^B曲线靠得很拢,没有明显的横"8"字形特征。这是因为对于高阻薄脉而言,无论M、N在它的哪一侧,ρ_s值都是降低的。例如,对ρ_s^A曲线而言,当A、M、N在薄脉左侧时,高阻薄脉向左"排斥"电流,故ρ_s^A值下降;当M、N位于薄脉顶部时,由于A极发出的电流被"排斥"到地表,故ρ_s^A出现极大值;当M、N达到薄脉右侧而A还在左侧时,则由于高阻体"排斥"电流(起高阻屏蔽作用)而使ρ_s^A值降至极小;A、M、N都在高阻薄脉右侧时,ρ_s^A值随电极排列的右移先稍有上升,然后下降,直至ρ_s^A趋于ρ_1为止。由此可见,虽然利用联合剖面法在直立高阻薄脉上也有异常显示,但其效果比在直立低阻薄脉上差,加之与其他对高阻薄脉同样有效的电剖面法相比,它的效率又低。因此,一般都不用联合剖面法寻找高阻地质体。

图4-7是不同倾角情况下良导体薄脉的模型实验曲线。由图可见,当倾角小于90°时,两条ρ_s曲线是不对称的。这是由于倾斜的低阻薄脉向下吸引电流时,使得倾斜方向上的ρ_s曲线普遍下降所致。由于曲线不对称,正交点也略向倾斜方向位移。

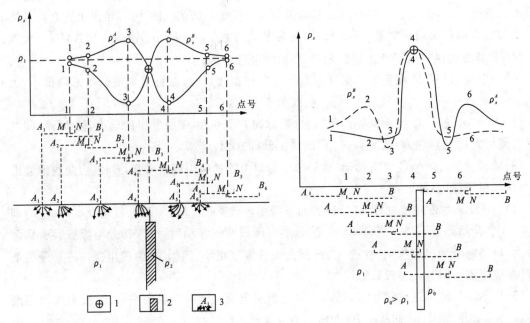

图 4-5 直立良导体薄脉上联合剖面曲线分析图　　图 4-6 直立高阻薄脉上联合剖面模型试验曲线图
1-正交点；2-良导薄脉；3-电极电流线

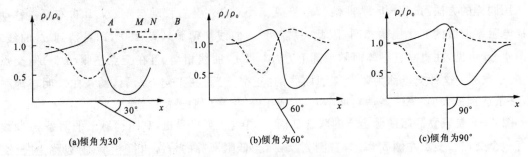

图 4-7 不同倾角良导体薄脉上的联合剖面 ρ_s 曲线图
实线为 ρ_s^A 曲线；虚线为 ρ_s^B 曲线

实际工作中，可以用不同极距的联合剖面曲线交点的位移来判断地质体的倾向。小极距反映浅部情况，大极距反映深部情况，如图 4-8 所示。若大、小极距的低阻正交点位置重合，说明地质体直立[图 4-8(b)]；若大极距相对于小极距低阻正交点有位移，说明地质体倾斜[图 4-8(a)]。

2. 中间梯度法

中间梯度法的装置示意图如图 4-9 所示。图中该装置的供电极距 AB 很大，通常选取为覆盖层厚度的 70～80 倍。测量电极距 MN 相对于 AB 要小得多，一般选用 $MN = \left(\frac{1}{50} \sim \frac{1}{30}\right) AB$。工作中保持 A 和 B 固定不动，M 和 N 在 A、B 之间的中部约 $\left(\frac{1}{3} \sim \frac{1}{2}\right) AB$ 的范围内同时移动，逐点进行测量，测点为 MN 的中点。中间梯度法的电场属于两个异性点电

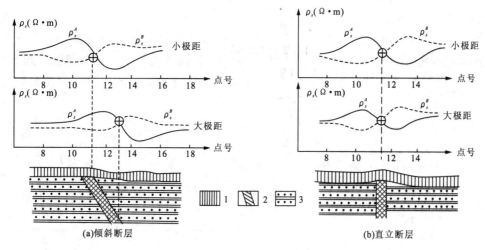

图 4-8 不同极距对比曲线同构造的关系图
1-表土层；2-断层；3-高阻石英岩

源的电场。在 AB 中部 $\left(\dfrac{1}{3}\sim\dfrac{1}{2}\right)AB$ 的范围内电场强度（即电位的负梯度）变化很小，电流基本上与地表平行，呈现出均匀场的特点。这也就是中间梯度法名称的由来。中间梯度法的电场不仅在 A、B 连线中部是均匀的，而且在 A、B 连线 $\dfrac{1}{6}AB$ 范围内的测线中部也近似地是均匀的。所以，不仅可以在 A、B 两电极所在的测线上移动 M、N 极进行测量，也可以在 A、B 连线两侧 $\dfrac{1}{6}AB$ 范围内的测线上移动 M、N 极进行测量。中间梯度法这种"一线布极，多线测量"的观测方式，比起其他电剖面方法（特别是联合剖面法），其效率要高得多。

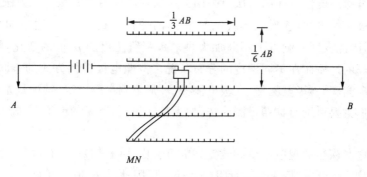

图 4-9 中间梯度法装置示意图

中间梯度法的视电阻率按式(4-3)计算，但必须指出，装置系数 K 不是恒定的，测量电极每移动一次都要计算一次 K 值。

中间梯度法主要用于寻找产状陡倾的高阻薄脉，如石英脉、伟晶岩脉等。这是因为在均匀场中，高阻薄脉的屏蔽作用比较明显，排斥电流使其汇聚于地表附近，j_{MN} 急剧增加，致使 ρ_s 曲线上升,形成突出的高峰。至于低阻薄脉,由于电流容易垂直通过,只能使 j_{MN} 发生很小的变化,因而 ρ_s 异常不明显,如图 4-10 所示。

图 4-11 是在我国东北某铅锌矿区使用中间梯度法所得的 ρ_s 剖面平面图。该区铅锌矿产在倾角接近 70°的高阻石英脉中。图中两条连续的 ρ_s 高峰值带由含矿石英脉引起。1 号矿脉是已知的,2 号矿脉是根据中间梯度法的 ρ_s 曲线形态与 1 号矿脉的 ρ_s 曲线对比而圈定的。

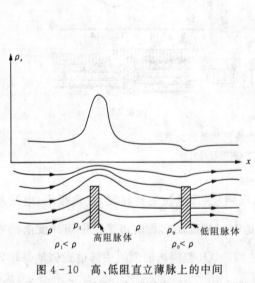

图 4-10 高、低阻直立薄脉上的中间梯度法 ρ_s 曲线图

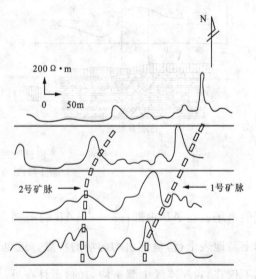

图 4-11 某铅锌矿区中间梯度法 ρ_s 剖面平面图

(四)电测深法

电测深法是探测电性不同的岩层沿垂向分布情况的电阻率方法。该方法采用在同一测点多次加大供电极距的方式,逐次测量视电阻率 ρ_s 的变化。我们知道,适当加大供电极距可以增大勘探深度,因此在同一测点上不断加大供电极距所测出的 ρ_s 值的变化,将反映出该测点下电阻率有差异的地质体在不同深度的分布状况。按照电极排列方式的不同,电测深法可以分为对称四极电测深、三极电测深、偶极电测深、环形电测深等方法,其中最常用的是对称四极电测深法。我们主要讨论对称四极测深法,如无特殊说明,所说的电测深法都是指对称四极电测深法。

对称四极电测深法的视电阻率和装置系数可以由式(4-3)进行计算。由于电测深法是在同一测点上每增大一次极距 AB,就计算一个 K 值,因此其 K 值是变化的。下面我们以两个电性层组成的地电断面为例,说明电测深法的工作原理。

设第一层电阻率为 ρ_1,厚度为 h_1;第二层电阻率为 ρ_2,且 $\rho_2 > \rho_1$,厚度 h_2 为无穷大,分界面为水平面(图 4-12)。在实际工作中,如果浮土覆盖着基岩,而基岩表面与地面都接近于水平时,就相当于这里所讨论的二层地电断面。如图 4-13 所示,当 $\frac{AB}{2}$ 很小时 $\left(\frac{AB}{2} \ll h_1\right)$,由于所能达到的探测深度很浅,$\rho_2$ 介质对电流分布无影响,可以认为全部电流(实线)都分布在第一层中。由于 $\rho_{MN}=\rho_1$、$j_{MN}=j_0$，故 $\rho_s=\rho_1$，表现为电测深曲线开始的一小段平行于坐标 $(\frac{AB}{2})$ 轴。

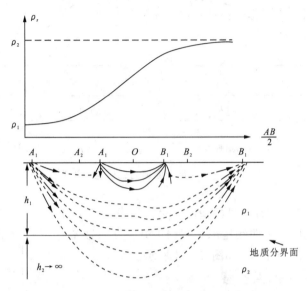

图 4-12　二层地电断面电测深曲线分析示意图

当 $\frac{AB}{2}$ 逐渐增大，电流分布的深度也相应增大。从某一 $\frac{AB}{2}$ 开始，电流（虚线）分布达到 ρ_2 介质，由于高阻介质 ρ_2 排斥电流，因而 $j_{MN}>j_0$，$\rho_s>\rho_1$，电测深曲线开始上升。随着 $\frac{AB}{2}$ 继续增大，ρ_2 介质排斥电流的作用更加明显，ρ_s 值继续增大，曲线不断上升。

当 $\frac{AB}{2} \gg h_1$，绝大部分电流（虚线）都流入第二层，ρ_1 介质对 ρ_s 的影响极小，可以认为地下充满了 ρ_2 介质，于是 $\rho_{MN} \approx \rho_2$，$j_{MN} \approx j_0$，因而 $\rho_s \to \rho_2$，曲线尾部以 ρ_2 为渐近线。

综上所述，电测深曲线的变化与地电断面中各电性层的电阻率以及厚度都有密切的关系。因此，可以通过电测深曲线推断地下电性层的电阻率和埋深，再结合地质资料进行综合对比，把电性层与地质上的岩层联系起来，就可以解决所提出的地质问题。

电测深法适宜于划分水平或倾角不大（<20°）的岩层，在电性层数目较少的情况下，可进行定量解释。

为便于分析解释电测深曲线，可以按地电断面的类型，将电测深曲线分为以下几种。

1. 二层断面的电测深曲线

如前所述，二层地电断面含 ρ_1 和 ρ_2 两个电性层。设第一层厚度为 h_1，第二层厚度 h_2 为无穷大。按 ρ_1 和 ρ_2 的组合关系，可将地电断面分为 $\rho_1>\rho_2$ 和 $\rho_1<\rho_2$ 两种类型。与二层断面相对应的电测深曲线称为二层曲线。其中对应于 $\rho_1>\rho_2$ 断面的曲线定名为 D 型曲线，对应于 $\rho_1<\rho_2$ 断面的定名为 G 型曲线，如图 4-13(a)所示。前面已经分析了 G 型曲线，对 D 型曲线[图 4-13(b)]也可以做类似的分析。

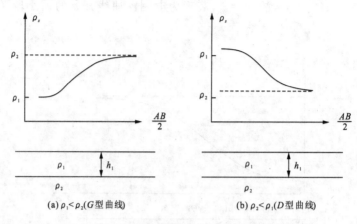

图 4-13 水平层面断面与二层电测深曲线图

在实际工作中,还有一种常见的情况是第二层电阻率 ρ_2 相对于 ρ_1 为无限大,此时二层曲线尾部呈斜线上升。在对数坐标上,其渐近线与横轴呈 $45°$ 相交,如图 4-14 所示。

2. 三层断面的电测深曲线

三层地电断面由 3 个电性层组成,各电性层的电阻率分别为 ρ_1、ρ_2 和 ρ_3。设第一、第二层厚度分别为 h_1 和 h_2,第三层厚度 h_3 为无穷大。按照 3 个电性层参数的组合关系,可将三层电测深曲线分为下述 4 种类型,如图 4-15 所示。

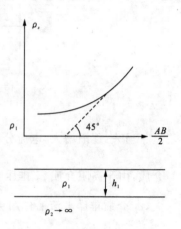

图 4-14 底层电阻率 $\rho_s \to \infty$ 的水平二层电测深曲线图

(1) H 型:对应于 $\rho_1 > \rho_2$、$\rho_2 < \rho_3$ 的地电断面。曲线前段渐近线决定于 ρ_1,尾段渐近线决定于 ρ_3,中段 ρ_s 值则决定于 3 个电性层的综合影响。H 型曲线具有极小值 ρ_{smin},一般情况下,$\rho_{smin} > \rho_2$[图 4-15(a)]。只是当 $h_2 \gg h_1$ 时 ρ_{smin} 才趋于 ρ_2,此时 ρ_s 曲线中段出现宽缓的极小值段。如果 $\rho_3 \to \infty$,则 H 型曲线尾部将呈斜线上升,其渐近线与横轴呈 $45°$ 相交。

(2) A 型:对应于 $\rho_1 < \rho_2 < \rho_3$ 的三层断面。其特点是 ρ_s 曲线由 ρ_1 值开始逐渐上升,达 ρ_2 值时形成一个转折,第二层愈厚,转折愈明显,最后趋于 ρ_3 值[图 4-15(b)]。在 $\rho_3 \to \infty$ 时,A 型曲线尾部渐近线与横轴呈 $45°$ 相交。

(3) K 型:对应于 $\rho_1 > \rho_2$、$\rho_2 > \rho_3$ 的三层断面。其特点是有 ρ_s 极大值 ρ_{smax},一般 ρ_{smax} 小于 ρ_2[图 4-15(c)]。只有当 $h_2 \gg h_1$ 时,ρ_{smax} 才趋于 ρ_2。

(4) Q 型:对应于 $\rho_1 > \rho_2 > \rho_3$ 的三层断面。其特点是 ρ_s 曲线由 ρ_1 值开始逐渐下降,达 ρ_2 值时形成一个转折,最后趋于 ρ_3 值[图 4-15(d)]。

3. 多层断面的电测深曲线

4 个电性层组成的地电断面,相邻各层电阻率之间的组合关系,其测深曲线可以有 8 种类型,如图 4-16 所示。每种类型的电测深曲线用两个字母表示。第一个字母表示断面中的前 3 层所对应的电测深曲线类型,第二个字母表示断面中后 3 层所对应的电测深曲线类型。

第四章 地球物理勘探

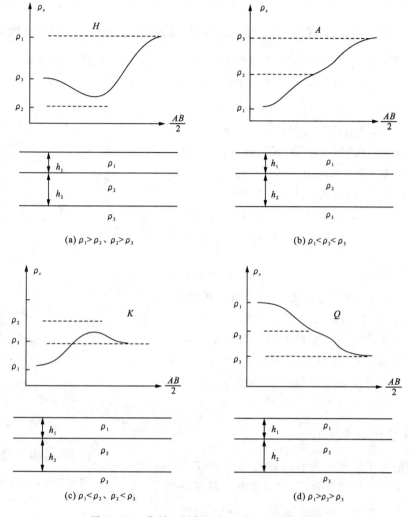

图 4-15 水平三层断面与三层电测深曲线图
(a) H 型;(b) A 型;(c) K 型;(d) Q 型

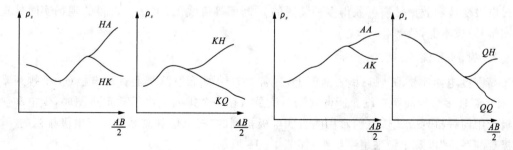

图 4-16 水平四层地电断面的电测深曲线图

为了反映一条测线的垂向断面中视电阻率的变化情况,常需用该测线上不同测深点的全部数据绘制等视电阻率断面图。从这种图件可以看出基岩起伏、构造变化,以及电性层沿断面的分布等。其做法是:以测线为横轴,标明各测深点的位置及编号,以 $\frac{AB}{2}$ 为纵轴垂直向下,采用对数坐标或算术坐标;依次将各测深点处各种极距的 ρ_s 值标在图上的相应位置,然后按一定的 ρ_s 值间隔,用内插法绘出若干条等值线。

4. 实例分析

在工作地区,燕山期花岗岩侵入三叠纪灰岩中,在花岗岩和灰岩的接触带及凹陷部位,形成了以锡为主的致密块状多金属硫化矿床,因此了解灰岩之下的花岗岩期起伏形态,对寻找矿床具有重要意义。如图 4-17 所示,本区是以表土为 ρ_1 层,灰岩为 ρ_2 层,花岗岩为 ρ_3 层的 K 型($\rho_1 > \rho_2 > \rho_3$)地电断面。本区地形高差在 200~400m,使电测深曲线发生畸变;表土厚度不均,使曲线脱节大、斜率上升过陡;喀斯特溶洞与不同电性的侧向影响,也是造成曲线畸变的因素。本区使用 $AB/2 = 2\,000 \sim 5\,000m$ 的供电极距,在区内发现两个较大的花岗岩突起异常。后经钻探验证为花岗岩的突起形态,平均相对误差为 12%。电测深结果为进一步寻找花岗岩与灰岩接触有关的矿体提供了依据。

(五)高密度电阻率法

高密度电阻率法是一种在方法技术上有较大进步的电阻率法。就其原理而言,它与常规电阻率法完全相同。由于它采用了多电极高密度一次布极,并实现了跑极和数据采集的自动化,因此相对常规电阻率法来说,它具有许多优点:由于电极的布设是一次完成的,测量过程中无需跑极,因此可防止因电极移动而引起的故障和干扰;在一条观测剖面上,通过电极变换和数据转换可获得多种装置的 ρ_s 断面等值线图;可进行资料的现场实时处理与成图解释;成本低,效率高。

1. 观测系统

高密度电阻率法在一条观测剖面上,通常要打上数十根乃至上百根电极(一个排列常用60根),而且多为等间距布设。所谓观测系统是指在一个排列上进行逐点观测时,供电和测量电极采用何种排列方式。目前常用的有四电极排列的"三电位观测系统"、三电极排列的"双边三极观测系统"以及二极采集系统等,如图 4-18 所示。

1)三电位观测系统

如图 4-19 所示,当相隔距离为 a 的 4 个电极,只需改变导线的连接方式,在同一测点上

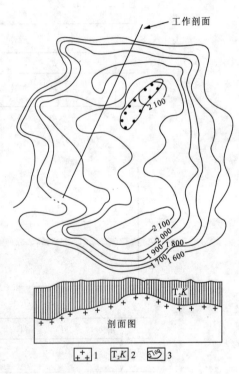

图 4-17 电测深法确定基岩面起伏示意图
1-花岗岩;2-中三叠统灰岩;3-电测深推断花岗岩顶面高程等值线(m)

便可获得 3 种装置(α、β、γ)的视电阻率(ρ_s^α、ρ_s^β、ρ_s^γ)值,故称三电位观测系统,其中 α 即温纳装置,β 即偶极装置,γ 则称双二极装置。

3 种装置的视电阻率及其相互关系表达式为:

$$\rho_s^\alpha = 2\pi a \frac{\Delta U_\alpha}{I}; \quad \rho_s^\alpha = \frac{1}{3}\rho_s^\beta + \frac{2}{3}\rho_s^\gamma$$

$$\rho_s^\beta = 6\pi a \frac{\Delta U_\beta}{I}; \quad \rho_s^\beta = 3\rho_s^\alpha + 2\rho_s^\gamma$$

$$\rho_s^\gamma = 3\pi a \frac{\Delta U_\gamma}{I}; \quad \rho_s^\gamma = \frac{1}{2}(3\rho_s^\alpha - \rho_s^\gamma) \tag{4-7}$$

式中:ρ_s^α、ρ_s^β、ρ_s^γ 为 3 种装置(α、β、γ)的视电阻率($\Omega \cdot m$);ΔU_α、ΔU_β、ΔU_γ 为 3 种装置(α、β、γ)测得的电位差(V);a 为电极间的距离,$a=nx$,x 为点距,$n=1,2,3,\cdots,m$。

图 4-18 RESECS Ⅱ 高密度电法仪

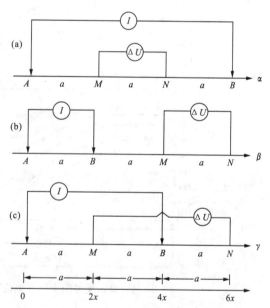

图 4-19 三电位观测系统示意图
(a)α 装置;(b)β 装置;(c)γ 装置

图 4-20 给出了一个较复杂地电断面上的数值模拟结果。由图可见,3 种装置的视电阻率断面等值线分布各异,但在当前所讨论的地电条件下,温纳装置的 ρ_s^α 和偶极装置的 ρ_s^β 对低阻凹陷中高阻体的反映较好,而双二极装置的 ρ_s^γ 则无明显反映。因此,利用三电位观测系统获得的 3 种视电阻率资料,可根据它们的不同特点,用来解决不同的地质问题。

2)双边三极观测系统

如图 4-21 所示,该系统是当供电电极 A 固定在某测点之后,在其两边各测点上沿相反方向进行逐点观测。当整条剖面测定后,在相同极距 AO(O 为 MN 中点)所对应的测点上均可获得两个三极装置的视电阻率值($\rho_s^{正}$ 和 $\rho_s^{反}$)。根据前面讨论电阻率法装置时,给出它们之间的相互关系表达式,便可换算出对称四极、温纳、偶极以及双二极等装置的视电阻率,进而可绘出它们的 ρ_s 断面等值线图。

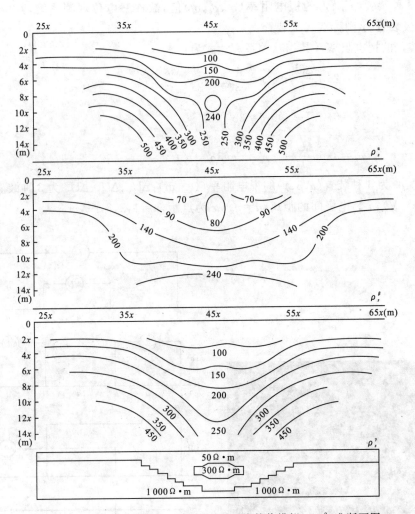

图 4-20 高密度电阻率法三电位观测系统数值模拟 ρ_s^α、ρ_s^β、ρ_s^γ 断面图

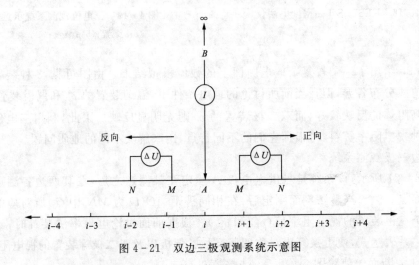

图 4-21 双边三极观测系统示意图

图4-22给出了双边三极观测系统在一个低阻球体上经换算取得的3种装置[图4-22(a)、(b)、(c)分别对应对称四极、温纳、偶极装置]ρ_s断面图的理论计算结果。由图可见,在当前所示条件下,温纳和偶极反映球体的能力较强,对称四极的反映能力则较差。

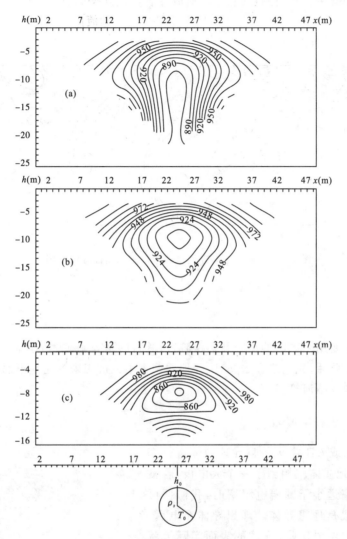

图4-22 高密度电阻率法双边三极观测系统球体理论计算ρ_S断面图

2. 高密度电阻率法的实际应用

广东省鹤山市某单位拟在新建场区寻找地下水,以供生产之用,单井涌水量要求超过$100m^3/d$。采用高密度电阻率法查找区内基岩中的含水破碎带,为钻探成井提供井位。由地质勘查资料可知,场地覆盖层由填土、淤泥质土、软塑状粉质黏土、可塑粉质黏土、粉土等组成,厚度为0～25m,下伏基岩为强—中分化细粒花岗岩。如能找到其中的断层破碎带或基岩中的局部低阻带,则成井希望较大。现场工作采用温纳装置,电极间距5m,最大AB距为240m,解释深度取$AB/3$。图4-23是其中一条测线上的电阻率等值线断面图。从图中可以看出,在厂区中间有一条明显的高低阻接触带(在其他平行测线上均有此反映),倾向东。以此带为界,两端电阻率较高,基岩埋深较浅;东部电阻率较低,基岩埋深较大。这与地质钻探资料一致。结合场地平整前的地形图可知,场地西部原为一小山头,东部低凹,中间有一条小冲沟经过,从区域构造图中也可以看出场地不远处有区域断裂构造。由此推断本场地电阻率断面图中的高低阻接触带为断层破碎带。据此提供钻井井位,成井后,出水量为 $159 m^3/d$。

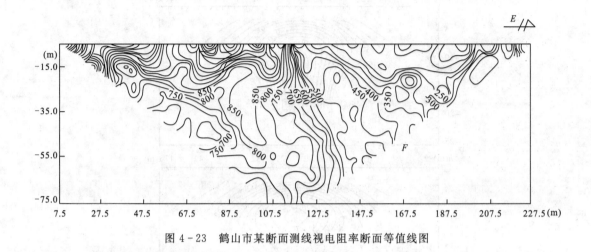

图 4-23 鹤山市某断面测线视电阻率断面等值线图

二、充电法

充电法最初主要用于矿体的详查及勘探阶段,其目的是查明矿体的产状、分布及其与相邻矿体的连接情况。此后,充电法在水文、工程地质调查中也被用来测定地下水的流速、流向,追索岩溶发育区的地下暗河等。

(一)充电法的基本原理

当对具有天然或人工露头的良导地质体进行充电时,实际上整个地质体就相当于一个大电极,若良导地质体的电阻率远小于围岩电阻率时,我们便可以近似的把它看成是理想导体。理想导体充电后,在导体内部并不产生电压降,导体的表面实际上就是一个等位面,电流垂直于导体表面流出后便形成了围岩中的充电电场。显然,当不考虑地面对电场分布的影响时,则离导体越近,等位面的形状与导体表面的形状越相似;在距导体较远的地方,等位面的形状便逐渐趋于球形。可见,理想充电电场的空间分布将主要取决于导体的形状、大小、产状及埋深,与充电点的位置是无关的。图 4-24 为充电法原理示意图。

当地质体不能被视为理想导体时,充电电场的

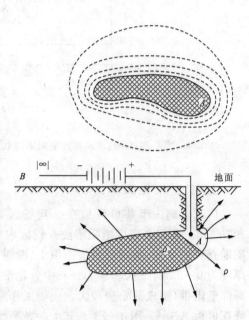

图 4-24 充电法原理示意图

空间分布将随充电点位置的不同而有较大的变化。所以,充电法也是以地质对象与围岩间导电性的差异为基础并且要求这种差异必须足够大,通过研究充电电场的空间分布来解决有关地质问题的一类电探方法。

为了观测充电电场的空间分布,充电法在野外工作中一般采用两种测量方法:一种是电位法;另一种是梯度法。电位法是把一个测量电极(N)置于无穷远处,并把该点作为电位的相对零点。另一个测量电极(M)沿测线逐点移动,从而观测各点相对于"无穷远"电极间的电位差。为了消除供电电流的变化对测量结果的影响,一般将测量结果用供电(即充电)电流进行归一,即把电位法的测量结果用U/I来表示。梯度法是使测量电极MN保持一定,沿测线移动逐点观测电极间的电位差ΔU_{MN},同时记录供电电流,其结果用$\Delta U_{MN}/I_{MN}$来表示。梯度法的测量结果一般记录在MN中点,由于电位梯度值可正可负,故野外观测中必须注意ΔU_{MN}正、负号的变化。此外,在某些情况下,充电法的野外观测还可以采用追索等位线的方法。此时,一般以充电点在地表的投影点为中心,布设夹角为$45°$的辐射状测线,然后距充电点由远至近以一定的间隔追索等位线,根据等位线的形态和分布便可了解充电体的产状特征。

我们以三轴椭球状理想导体为例来分析一下充电电场的空间分布。设椭球体的3个半轴长度分别为a、b、c,显然,当$a \gg b = c$时,可近似看成柱状体;当$a = b \gg c$时,可近似看成脉状体;当$a = b = c$时,则为球体。图4-25为充电椭球体上沿不同方位剖面所计算的电位及梯度剖面曲线。图4-25(a)表示在直立薄脉(图中阴影部分)上主横剖面充电电场的空间分布,在脉顶正上方对应着电位的极大值,电位曲线左、右对称。梯度曲线反对称于原点,在模型左侧出现极大值,右侧出现极小值,充电模型上方出现梯度曲线零值点。图4-25(b)表示在水平薄脉(图中阴影部分)上主纵剖面充电电场的空间分布,在模型上方出现平缓的电位极大值,在模型两侧电位曲线急剧下降,曲线形态依然呈左、右对称。梯度曲线在模型上方出现零值,左端为极大值,右端为极小值。图4-25(c)表示在倾斜薄脉(图中阴影部分)上主横剖面充电电场的空间分布。显然,电位及梯度曲线均不对称,电位曲线的极值点及梯度曲线的零值点均向模型倾斜方向位移。在模型倾向一侧电位曲线变缓,梯度曲线的极值幅度较小;在反倾向一侧,电位曲线变陡,梯度曲线的极值较大。

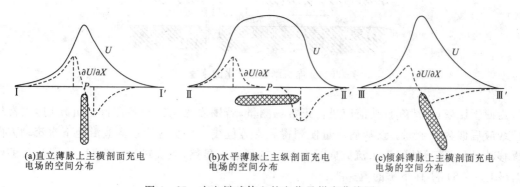

(a)直立薄脉上主横剖面充电电场的空间分布　(b)水平薄脉上主纵剖面充电电场的空间分布　(c)倾斜薄脉上主横剖面充电电场的空间分布

图4-25　充电椭球体上的电位及梯度曲线图

不难理解,当充电模型为理想充电球体时,则主剖面上的电位及梯度曲线形态将不再随剖面的方位而改变。此时,电位等值线的平面分布将为一簇同心圆。可见,球形导体的充电电场和点电源的电场极为相似,尤其当球体规模不大或埋藏较深时,单凭电位或梯度曲线的异常很难将它与点电源区分开。从这种意义上来说,充电法用来追踪或固定有明显走向的良导体更为有利。

(二)充电法的实际应用

充电法在水文工程及环境地质调查中,主要用来确定地下水的流速、流向,追索岩溶区的地下暗河分布等。

1. 测定地下水的流速、流向

应用追索等位线的方法来确定地下水的流速、流向,一般只限于含水层的埋深较小,水力坡度较大以及角岩均匀等条件下进行。具体做法是:首先把食盐作为指示剂投入井中,盐被地下水溶解后便形成一良导的并随地下水移动的盐水体;然后对良导盐水体进行充电,并在地表布设夹角为 45°的辐射状测线;最后按一定的时间间隔来追索等位线,如图 4-26 所示。

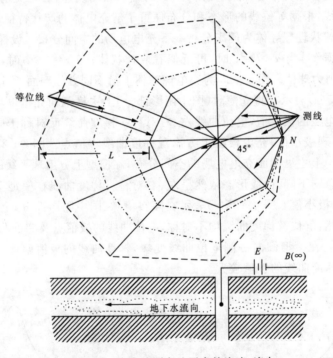

图 4-26 充电法测定地下水的流速、流向

为便于比较,一般在投盐前应进行正常场测量,若围岩为均匀和各向同性介质时,正常场等位线应近似为一个圆。投盐后测量便测得异常等位线。由于含盐水溶液沿地下水流动方向缓慢移动,因而使等位线沿水流方向具有拉长的形态。显然,当经过 Δt 溶液移动了 L 长的距离时(图 4-26),则地下水的流速为:

$$v = \frac{L}{\Delta t} \tag{4-8}$$

式中:v 为地下水的流速(m/d);L 为地下水移动的距离(m);Δt 为移动 L 所消耗的时间(d)。

另外,从正常等位线中心与异常等位线中心的连线便可确定地下水的流向。

当含水层埋深较小、地下水流速较大、围岩均匀且电阻率较高时,用该方法测定地下水的

流速、流向能得到较好的效果。

2. 追索岩溶区的地下暗河

岩溶区灰岩电阻率高达 $n\times10^3\Omega\cdot m$，而溶洞水的电阻率只有 $n\times10\Omega\cdot m$，二者电性差异明显。在地形地质条件有利的情况下，利用充电法可以追踪地下暗河的分布及其延伸情况。

图 4-27 为应用充电法追索地下暗河的应用实例。通常在进行充电法工作时，首先把充电点选在地下暗河的出露处，然后在垂直于地下暗河的可能走向方向上布设测线，并沿测线依次进行电位或梯度测量。图中给出了横穿某地下暗河剖面的电位及梯度曲线。显然，当将全部测量剖面上电位曲线的极大点及梯度曲线的零值点连接起来，这个异常轴就是地下暗河在地表的投影。

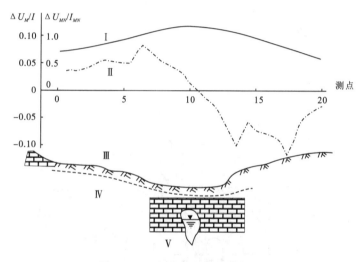

图 4-27 充电法追索地下暗河
Ⅰ-电位曲线；Ⅱ-梯度曲线；Ⅲ-地表；Ⅳ-潜水面；Ⅴ-暗河

三、自然电场法

在电法勘探中，除广泛利用各种人工电场外，在某些情况下还可以利用由各种原因所产生的天然电场。目前我们能够观测和利用的天然电场有两类。一类是在地球表面呈区域性分布的大地电流场和大地电磁场，这是一种低频电磁场，其分布特征与较深范围内的地层结构及基底起伏有关。另一类是分布范围仅限于局部地区的自然电场，这是一种直流电场，往往和地下水的运动和岩矿的电化学活动性有关。观测和研究这种电场的分布，可解决找矿勘探或水文、工程地质问题，我们把它称为自然电场法。

（一）自然电场

1. 电子导体自然电场

利用自然电场法来寻找金属矿床时，主要是基于对电子导体与围岩中离子溶液间所产生的电化学电场的观测和研究。实践表明，与金属矿有关的电化学电场通常能在地表引起几十至几百毫伏的自然电位异常。由于石墨也属于电子导体,因此在石墨矿床或石墨化岩层上也会引起较强的自然电位异常,这对利用自然电场法来寻找金属矿床或解决某些水文、工程地质问题是尤为重要的。

自然状态下的金属矿体,当其被潜水面切割时,由于潜水面以上的围岩孔隙富含氧气,因此,这里的离子溶液具有氧化性质,所产生的电极电位使矿体带正电,围岩溶液中带负电。随深度的增加,岩石孔隙中所含氧气逐渐减少,到潜水面以下时,已变成缺氧的还原环境。因此,矿体下部与围岩中离子溶液的界面上所产生的电极电位使矿体带负电,溶液中带正电。矿体上、下部位这种电极电位差随着地表水溶液中氧的不断溶入而得以长期存在,因此,自然电场通常随时间的变化很小,以至我们可以把自然电场看成是一种稳定电流场。其在矿体及围岩中的电场分布如图4-28所示。

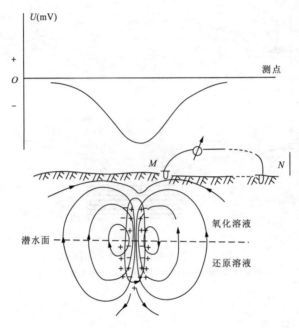

图4-28 电子导体周围的自然电场

2. 过滤电场

当地下水溶液在一定的渗透压力作用下通过多孔岩石的孔隙或裂隙时,由于岩石颗粒表面对地下水中的正、负离子具有选择性的吸附作用,使其出现了正、负离子分布的不均衡,因而形成了离子导电岩石的自然极化。一般情况下,含水岩层中的固体颗粒大多数具有吸附负离子的作用。这样,由于岩石颗粒表面吸附了负离子,结果在运动的地下水中集中了较多的正离子,形成了在水流方向为高电位、背水流方向为低电位的过滤电场(或渗透电场)。图4-29为常见的裂隙渗漏电场及上升泉电场。

在自然界中,山坡上的潜水受重力作用,从山坡向下逐渐渗透到坡底,出现了在坡顶观测到负电位,在坡底观测到正电位这样一种自然电场异常。这种条件下所产生的过滤电场也称为山地电场。图4-30为一种典型的山地电场。从图中可见,自然电位的负异常出现在山顶,强度约-30mV。

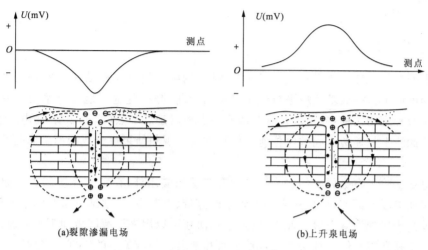

图 4-29　裂隙渗漏电场及上升泉电场

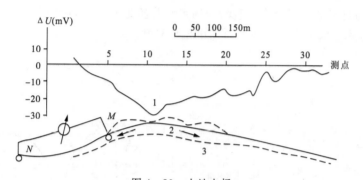

图 4-30　山地电场
1-自然电位曲线；2-地下水流动方向；3-浅水面

顺便指出，过滤电场的强度在很大程度上取决于地下水的埋藏深度以及水力坡度的大小。当地下水位较浅，而水力坡度较大时，才会出现明显的自然电位异常。

显然，从过滤电场的形成过程可见，在利用自然电场法找矿时，过滤电场便成为一种干扰。但是在解决某些水文、工程地质问题时，如研究裂隙带及岩溶地区岩溶水的渗漏以及确定地下水与地表水的补给关系等方面，过滤电场便成了主要的观测和研究对象。

3. 扩散电场

当两种岩层中溶液的浓度不同时，其中的溶质便会由浓度大的溶液移向浓度小的溶液，从而达到浓度的平衡，这便是我们经常见到的扩散现象。显然，在这一过程中，溶质小的正、负离子也将随着溶质而移动，但由于不同离子的移动速度不同，结果使两种不同浓度的溶液分别含有过量的正离子或负离子，从而形成被称为扩散电场的电动势。电场的方向将视溶液中离子的符号而定，例如当两种岩层中含 NaCl 的水溶液浓度相差较大时，扩散电场的符号将取决于 Na^+ 和 Cl^- 的迁移率，由于 Cl^- 的迁移率大于 Na^+，因而在浓度小的溶液一侧含水岩层中便会获得负电位，从而形成扩散电场。

除了电化学电场、过滤电场及扩散电场外，在地表还能观测到由其他原因所产生的自然电场,如大地电流场、雷雨放电电场等,这些均为不稳定电场,在水文及工程地质调查中尚未得到实际应用。

（二）自然电场法的应用

自然电场法的野外工作需首先布设测线测网,测网比例尺应视勘探对象的大小及研究工作的详细程度而定。一般基线应平行地质对象的走向,测线应垂直地质对象的走向。野外观测分电位法及梯度法两种:电位法是观测所有测点相对于总基点(即正常场)的电位值,而梯度法则是测量测线上相邻两点间的电位差。两种方法的观测结果可绘成平面剖面图及平面等值线图。

自然电场法除了在金属矿的普查勘探中有广泛的应用外,在水文地质调查中通过对离子导电岩石过滤电场的研究,可以用来寻找含水破碎带、上升泉,了解地下水与河水的补给关系,确定水库及河床堤坝渗漏点等。此外,自然电场法还可以用来了解区域地下水的流向等。

图 4-31 是利用自然电场法来确定地下水和地表水补给关系的实例。当地下水补给地表水时,在地面上能观测到自然电位的正异常。图 4-31(a)为灰岩和花岗岩接触带上的上升泉,观测到明显的自然电位正异常;相反,当地表水补给地下水时,则观测到自然电位负异常。图 4-31(b)为水库渗漏地点上出现的自然电位负异常。

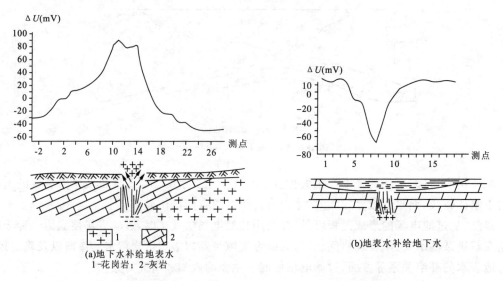

图 4-31 用自然电场法确定地下水与地表水的补给关系

四、激发极化法

在电法勘探的实际工作中我们发现,当采用某一电极排列向大地供入或切断电流的瞬间,在测量电极之间总能观测到电位差随时间的变化,在这种类似充、放电的过程中,由于电化学作用所引起的随时间缓慢变化的附加电场的现象称为激发极化效应(简称激电效应)。激发极化法就是以岩(矿)石激电效应的差异为基础从而达到找矿或解决某些水文地质问题的一类电探方法。由于采用直流电场或交流电场都可以研究地下介质的激电效应,因而激发极化法又分为直流(时间域)激发极化法和交流(频率域)激发极化法。二者在基本原理方面是一致的，只是在方法技术上有较大的差异。

激发极化法近年来无论从理论上还是方法技术上均有了很大的进展，它除了被广泛地用于金属矿的普查、勘探外，在某些地区还被广泛地用于寻找地下水。该方法由于不受地形起伏和围岩电性不均匀的影响，因此在山区找水中受到了重视。

(一)激发极化特性及测量参数

岩(矿)石的激发极化效应可以分为两类：面极化与体极化。按理来说，二者并无差别，因为从微观来看，所有的激发极化都是面极化的。下面，我们以体极化为例来讨论岩(矿)石在直流电场作用下的激发极化特性。

1. 激发极化场的时间特性

激发极化场(即二次场)的时间特性与被极化体和围岩溶液的性质有关。图4-32表示体极化岩(矿)石在充、放电过程中激发极化场的变化规律。显然，在开始供电的瞬间，只观测到一次场电位差 ΔU_1，随着供电时间的增长，激发极化电场(即二次场电位差 ΔU_2)先是迅速增大，然后变慢，经过2~3min后逐渐达到饱和。这是因为在充电过程中，极化体与围岩溶液间的超电压是随充电时间的增加而逐渐形成的。显然，在供电过程中，二次场叠加在一次场上，我们把它称为总场电位差，并用 ΔU 来表示。当断去供电电流后，一次场立即消失，二次场电位差开始衰减很快，然后逐渐变慢，数分钟后衰减到零。

2. 激发极化场的频率特性

交流激发极化法是在超低频电场作用下，根据电场随频率的变化来研究岩(矿)石的激电效应。图4-33是一块黄铁矿人工标本的激电频率特征曲线。由图可见，在超低频段(0~nHz)范围内，交放电位差(或者说由此而转换成的复电阻率)将随频率的升高而降低，我们把这种现象称为频散特性或幅频特性。由于激电效应的形成是一种物理化学过程，需要一定的时间才能完成，所以，当采用交流电场激发时，交流电的频率与单向供电持续时间的关系显然是：频率越低，单向供电时间越长，激电效应越强，因而总场幅度便越大；相反，频率越高，单向供电时间越短，激电效应越弱，总场幅度也越小。显然，如果适当地选取两种频率来观测总场的电位差后，便可从中检测出反映激电效应强弱的信息。

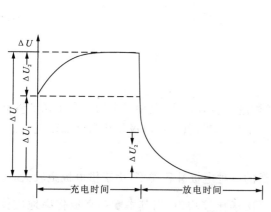

图4-32 岩(矿)石的充、放电曲线图

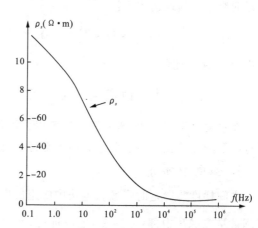

图4-33 黄铁矿人工标本的激电频率特征曲线图

3. 激发极化法的测量参数

1）视极化率（η_s）

视极化率是直流（或时域）激发极化法的一种基本测量参数。它的大小和分布反映了地下一定深度范围内极化体的存在及赋存状况。当地下岩（矿）石的极化率分布不均匀时，用某一电极装置的测量结果实际上就是各种极化体激发极化效应的综合反映。它的表达式为：

$$\eta_s = \frac{\Delta U_2}{\Delta U} \times 100\% \qquad (4-9)$$

式中：η_s 为视极化率（%）；ΔU 为极化场电位差（V）；ΔU_2 为断电后某一时刻的二次场电位差（V）。

2）视频散率（P_s）

视频散率是交流（或频率域）激发极化法的一种基本测量参数。该参数是通过选用两种不同频率的电流供电时所测总场电位差来进行计算的，其表达式为：

$$P_s = \frac{\Delta U_{t1} - \Delta U_{t2}}{\Delta U_{t2}} \qquad (4-10)$$

式中：P_s 为视频散率（%）；ΔU_{t1}、ΔU_{t2} 分别表示超低频段两种频率供电电流所形成的总场电位差（V）。

视频散率也是地下一定深度范围内各种极化体激发极化效应的综合反映。由于直流激电和低频交流激电二者在物理本质上是完全一样的，因此在极限条件下即 $\Delta U(f_1 \to 0)$ 和 $\Delta U(f_2 \to 0)$ 时，两种方法会有完全相同的测量结果。

3）衰减度（D）

衰减度是反映激发极化场（即二次场）衰减快慢的一种测量参数，用百分比表示。二次衰减越快，其衰减度就越小。衰减度的表达式为：

$$D = \frac{\Delta \overline{U}_2}{\Delta U_2} \times 100\% \qquad (4-11)$$

式中：D 为衰减度（%）；ΔU_2 为供电 30s、断电后 0.25s 时的二次场电位差（V）；$\Delta \overline{U}_2$ 为断电后 0.25s 至 5.25s 内二次电位差的平均值（V），$\Delta \overline{U}_2 = \frac{S_{0.25}^{5.25} \Delta U_2 \cdot \mathrm{d}t}{5}$。

由视极化率与衰减度组合的一个综合参数 J，称为激发比。该参数在激电找水工作中有广泛的应用。其表达式为：

$$J = \eta_s \cdot D = \frac{\Delta \overline{U}_2}{\Delta U} \times 100\% \qquad (4-12)$$

式中：J 为激发比（%）。

（二）极化球体上的激电异常曲线

在水文物探工作中，激发极化法可以采用各种电极装置形式，其中最常用的有中梯装置和对称四极测深装置。为了对它们的异常特征有一定的了解，以下仅以极化球为例加以说明。

1. 激电中梯 η_s 曲线

中间梯度装置是时间域激电法中应用最广泛的一种电极装置类型，由于供电极距较大，并且测量是在 AB 中部（$\frac{1}{3} \sim \frac{1}{2}$）地段进行，所以一次场比较均匀，当其中赋存高极化率地质体时，它将被水平均匀电场所激发，二次场的空间分布形态比较简单。下面，我们以良导极化球体为例来讨论其 η_s 曲线的空间分布规律。

均匀场中的良导极化球体所产生的二次场相当于位于球心的水平电流偶极子所产生的电场。球体在地表 X 轴上任意观测点处的二次场强的水平分量为：

$$E_{2X} = \frac{\rho_1 P}{2\pi} \cdot \frac{h_0^2 - 2X^2}{(h_0^2 + X^2)^{5/2}} \quad (4-13)$$

式中：X 为观测点的横坐标；h_0 为球心埋深（m）；P 为等效电流偶极子的偶极矩，$P = i \cdot l$，i 为激发极化二次场的等效电流强度，l 为等效偶极子两个点电源之间的距离（A·m）。

图 4-34 给出了均匀场中良导极化球体 η_s 曲线的空间分布，大家知道，视极化率是由二次场电位差 ΔV_2 及总场电位差 ΔV 按式 (4-22) 计算得到的，即：

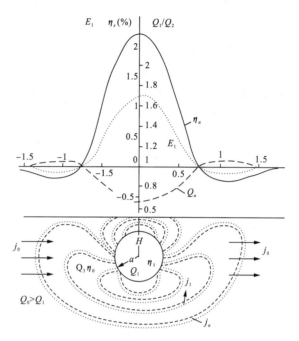

图 4-34　均匀场中良导极化球体的 η_S 曲线

$$\eta_s = \frac{\Delta V_2}{\Delta V} \times 100\% \quad (4-14)$$

式中：ΔV_2、ΔV 为二次场电位差和总场电位差，并且它们有如下计算方法：

$$\Delta V_2 = E_2 \cdot MN = j_2 \cdot \rho_1 \cdot MN$$
$$\Delta V = E \cdot MN = j \cdot \rho_1 \cdot MN, V \quad (4-15)$$

做以上简单变化后，式 (4-5) 可以写成：

$$\eta_s = \frac{E_2}{E} \times 100\%$$
$$\eta_s = \frac{j_2}{j} \times 100\% \quad (4-16)$$

式中：j_2、j 为二次场电流密度和总场电流密度（A/m²）；E_2、E 分别为二次场场强和总场场强（V/m）。

显然，对 η_s 曲线的异常特征，我们可以从激发二次场 E_2 或者进而从二次场电流密度的空间分布来加以说明。

(1) 当 $x = 0$ 时，$E_2 = \frac{\rho_1 \cdot P}{2\pi} \cdot \frac{1}{h_0^2}$，在球体上方 E_2 出现极大值。根据式 (4-15)，η_s 曲线也将出现极大值。

(2) 当 $x = \pm 1.2 h_0$ 时，E_2 取得极小值。与此相对应，在球体两侧出现 η_s 曲线的极小值。

(3) 当 $x = \pm 0.7 h_0$ 时，$E_2 = 0$；$x \to +\infty$ 时，$E_2 \to 0$。即 η_s 曲线由正极值向负极值过渡时，出现零值点。远离球体时，η_s 趋近于背景值。

讨论时应注意，总场电流密度（$j = j_0 + j_a + j_2$）实际上由 3 个部分构成，j_0 是均匀场电流密度在地表 MN 间的水平分量,j_a 及 j_2 则为良导极化球体表面积累电荷及激发极化二次场的电流密度,同时应注意只取其在地表 MN 间水平分量来讨论。

2. 激电测深 η_s 曲线

图 4-35 为良导极化球体上不同测点位置的激电测深曲线。显然,η_s 曲线形状和测深点相对于球体的位置有关。当 $x=0$ 时,即在球体的正上方,η_s 曲线相当于水平二层地电断面电阻率测深的 G 型曲线。这不难从电场分布随极距的变化来加以解释。

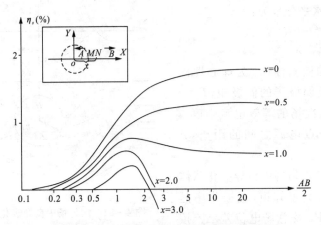

图 4-35 良导极化球体激电测深 η_s 曲线图

当极距($AB/2$)较小时,电场主要分布于地表附近,极化球体的影响十分微弱,故视极化率 η_s 接近于围岩的极化率 η_1,供电极距增大,电场分布范围加大,球体所产生的激电二次场影响加大,η_s 曲线逐渐上升;当极距很大($\frac{AB}{2h_0} \geqslant 10$)时,球体赋存地段的电场相当于均匀场,此时 η_s 测深曲线便趋近于某一稳定值。显然,此稳定值的大小恰好等于极化球体上激电中间梯度 η_s 曲线的极大值。

此外,当 $x \neq 0$ 时,即测深点位于极化球体主剖面其他测点位置时,激电测深曲线的形态将随测点位置的不同而有明显的变化。即:随测深点位置偏离球心正上方,异常幅度逐渐减小;测深点坐标等于或大于球心埋深的一半时,曲线均出现极值,其形态和水平三层断面的 K 型视电阻率测深曲线相似;当极距 $AB/2 \to \infty$ 时,曲线趋近于比极大值要小的某一渐近值。由于此时球体处于均匀场中,因此各测深点的渐近值分别等于球体上中梯装置 η_s 曲线在相应测点的视极化率值。

(三)激发极化法在水文地质调查中的应用

从上述讨论可知,不同岩(矿)石的激发极化特性主要表现在二次场的大小及其随时间的变化上。在水文地质调查中,我们更重视表征二次场衰减特性的参数,如衰减度、激发比、衰减时等。激发极化法在水文地质调查中的应用主要有两点:一是区分含碳质的岩层与含水岩层所引起的异常;二是寻找地下水,划分出富水地段。

1. 用视极化率判别水异常

激发极化法在岩溶区找水时,由于低阻碳质夹层的存在,常会引起明显的电阻率法低阻异常,这些异常与岩溶裂隙水或基岩裂隙水引起的异常特征类似,给区分水异常带来了困难。由于碳质岩层不仅能引起视电阻率的低阻异常,同时还能引起高视极化率异常,而水则无明显的视极化率异常,因此,借助于激发极化法可识别碳质岩层对水异常的干扰。图 4-36 为广东某地利用电阻率法和激发极化法在灰岩地区寻找地下水的工作结果。在剖面的 77 号点附近,有一个 ρ_s^A 和 ρ_s^B 同步下降的"V"字形低阻异常;测深曲线呈 KH 型,曲线末产生畸变;视极化率 η_s 很小,仅为 1%。可见,这是一个低阻低极化率异常。推断此异常和碳质岩层无关,为岩溶裂隙所引起。后经验证,在 27~75m 处见地下水。

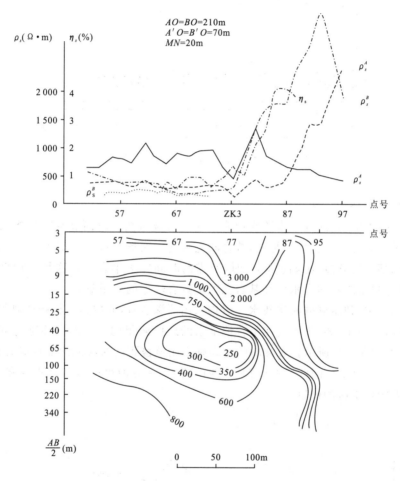

图 4-36 广东某地电法找水综合剖面图

2. 用二次场衰减特性找水

激发极化法在找水工作中的应用主要是利用了二次场的衰减特性,也就是说,当我们把停止供电后二次场随时间的衰减用某些参数表征时,借助于这些参数便可研究它与被寻找对象间的关系。图 4-37 为广东某地利用激发极化法找水的应用实例。工作之初,在预选地段只作了联合剖面,异常反映不明显。随后,沿剖面线作了激电测深曲线,通过对激电测深曲线的分析认为:在 52 号点,η_s 线虽无明显反映,但 η_s、D、J 三条曲线在 $AB/2=12~36m$ 均有明显的高值异常,初步推断为灰岩的破碎溶蚀发育地段,可能含水。后经钻探验证,在12.49～31.34m处见地下水,日出水量大于500t,满足了用水部门的要求。

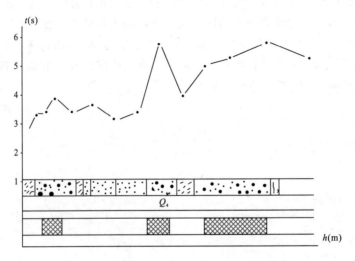

图4-37 用二次场衰减特性找水的应用实例

3. 衰减时法找水

在激电法找水中,我国近年来还成功地应用了衰减时法。所谓衰减时是指二次场衰减到某一百分比时所需的时间。也就是说,若将断电瞬间二次场的最大值记为100%的话,则当放电曲线衰减到某一百分数,比如说50%时,所需的时间即为半衰时。这是一种直接寻找地下水的方法,对寻找第四系的含水层和基岩孔隙水具有较好的应用效果。

在实际工作中,利用衰减时法找水一般均采用测深装置,并取每一极距所测得的半衰时绘成衰减时曲线,如图4-38所示。在不含地下水的地段测得的衰减时曲线称为衰减时的背景值,如图4-38中Ⅱ-17所示。衰减时的增高则表明该极距所对应的深度可能会有地下水,如图4-38中Ⅱ-29所示。因此,对衰减时曲线的研究,一方面可以区分有水区和无水区,另一方面还可以圈定含水区的位置。

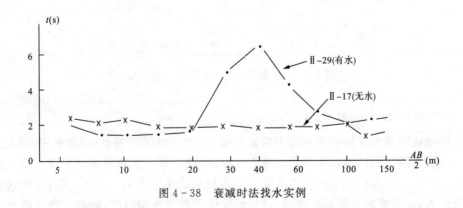

图4-38 衰减时法找水实例

第二节 电磁法勘探

一、频率电磁测深法

频率电磁测深法是电磁法中用以研究不同深度地电结构的重要分支方法,和直流电测深法不同,它是通过改变电磁场频率的方法来达到改变探测深度的目的。近年来,利用人工场源所进行的频率测深,在解决各类地质构造问题上获得了较好的地质效果。由于它具有生产效率高、分辨力强、等值影响范围小以及具有穿透高阻电性屏蔽层的能力,因而受到勘探地球物理界的普遍重视。

人工场源频率测深的激发方式有两种,其中一种是利用接地电极 AB 将交变电流送入地下,当供电偶极 AB 距离不很大时,由此而产生的电磁场就相当于水平电偶极场。另一种激发方式是采用不接地线框,其中通以交变电流后在其周围便形成了一个相当于垂直磁偶极场的电磁场。由于供电频率较低,对于地下大多数非磁性导电介质而言,可以忽略位移电流的影响,视之为似稳场,即在距场源较远的地段可以把电磁波的传播看成是以平面波的形式垂直入射到地表。通常,供电偶极(AB)距离的选择取决于勘探对象的埋藏深度,由于只有当极距 $r>0.1\lambda$ 时(λ 为电磁场在介质中的波长),地电断面的参数对电磁场的观测结果才有影响。因此,一般选择极距 r 大于 6~8 倍研究深度,即通常在所谓"远区"观测,这时才能显示出地电断面参数对被测磁场的影响。由于垂直磁偶极场远较水平电偶极场的衰减快,因此在较大深度的探测中多采用电偶极场源。但由于磁偶极场是用不接地线圈激发的,因此对某些接地条件较差的测区,或在解决某些浅层问题的探测中磁偶极源还是经常被采用的。

在人工场源的频率测深中,主要采用固定极距的赤道偶极装置。供电偶极 AB 依次向地下供入不同频率的交变电,测量偶极 MN 观测由电场的水平分量 E_X 所形成的电位差 ΔU_{E_X} 和磁场的垂直分量 B_X 所形成的感应电动势 ΔU_{B_X},然后按式(4-17)计算视电阻率:

$$\rho_{\omega(E)} = K_E \frac{\Delta U_{E_X}}{I}, K_E = \frac{\pi r^3}{AB \cdot MN} \qquad (4-17)$$

$$\rho_{\omega(B)} = K_B \frac{\Delta U_{B_Z}}{I} K_B = \frac{2\pi r^4}{3AB \cdot S \cdot N}$$

式中:$\rho_{\omega(E)}$、$\rho_{\omega(B)}$ 分别为电场和磁场视电阻率(Ω·m);K_E、K_B 分别为电场和磁场电极装置系数;ΔU_{E_X}、ΔU_{B_X} 分别为电场水平分量形成的电位差和磁场垂直分量形成的感应电动势(V);r 为场源到观测点间距离(m);N 为接收线圈的圈数;S 为面积(m^2);AB 为供电极 A、B 间的距离(m)。

此外,通过被测信号的相位与供电电流初相位的比较,还可以得到电、磁场的相位差 $\Delta\varphi_E$ 和 $\Delta\varphi_B$。实测的视电阻率曲线一般绘于以 $\sqrt{T}$ 为横坐标(T 为周期)、ρ_ω 为纵坐标的对数坐标系中。相位曲线则绘于以 $\sqrt{T}$ 为横坐标(对数)、$\Delta\varphi$ 为纵坐标(算术坐标)的单对数坐标系中。

频率测深曲线的解释与其他测深曲线的解释类似,可采用量板法及电子计算机进行。解释结果一般给出断面各层的厚度及电阻率。与直流电测深一样,其理论曲线也按层数分为二层、三层及多层曲线。图 4-39 为水平二层断面的理论曲线，纵坐标取 ρ_ω/ρ_1 表示，横坐标以 λ_1/h_1 表示，参变量为 $\mu_2=\rho_2/\rho_1$。当 $\mu_2>1$ 时，在低频段，曲线随频率的降低而升高，ρ_2 越大，ρ_ω 曲线上升越陡；当 $\lambda_1/h_1\to\infty$ 时，ρ_ω 曲线尾段趋于水平渐近线，其渐近值为 ρ_2。这是由于此时电磁波的频率低，穿透深度大，第一层的影响可以忽略不计的缘故。在 $\rho_2\to\infty$ 时，尾段不再有水平渐近线，而是与横轴成 $63°25'$ 夹角上升的直线。当在高频段工作时，若波长 $\lambda_1\ll h_1$，由于高频电磁波穿透深度浅，第二层的存在对曲线无影响，因此 ρ_ω 曲线前段趋于 ρ_1 渐近线。应当指出，由于 ρ_ω 趋于 ρ_1 的过程比较复杂，因此，曲线首段出现了波动现象。用同样的方法可以分析 $\mu_2<1$ 的曲线，如图 4-39 的下半部分所示。

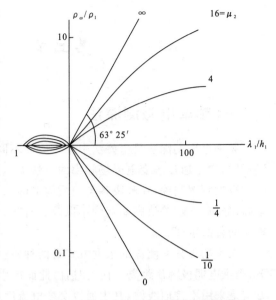

图 4-39 水平二层断面理论振幅曲线图

根据组成地电断面参数的不同，人工场源频率测深可以分成 4 种类型的三层曲线，分别把它们称为 H 型、A 型、K 型和 Q 型曲线。图 4-40 是 $\rho_3\to\infty$，$\mu_2=\dfrac{1}{4}$、$v_2=4$ 时，不同极距的 ρ_ω^{Ex} 曲线（曲线的参变量为 r/h_1）。曲线中段 ρ_ω 的减小，反映了地电断面低阻中间层的存在，随发射频率的降低高阻层（ρ_3）的影响加大，ρ_ω 曲线急剧增大，且尾部与横轴呈 $63°23'$ 的夹角而上升。工作频率继续降低，即当 $\lambda_1/h_1\to\infty$ 时，ρ_ω 曲线尾部便出现平行于横轴的水平线。当然，随着工作频率的升高，即当 $\lambda_1/h_1\to 0$ 时，ρ_ω 曲线趋于 ρ_1 渐近线。与二层曲线类似，ρ_ω 曲线趋于 ρ_1 的过程也是经过数次摆动后形成的。

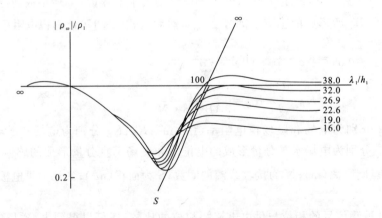

图 4-40 三层 H 型曲线断面 ρ_ω^{Ex} 振幅理论曲线图

图 4-41 是吉林省二道白河至两江剖面的频率测深视电阻率断面图，其收、发距为 2 900 m。由图可见，频率测深 ρ_ω 断面图较好地反映了该区地质构造特点。其中 13 号和 19 号测点下方视电阻率等值线密集而陡立，且其与两侧视电阻率值具有明显差别，反映了断层的存在。

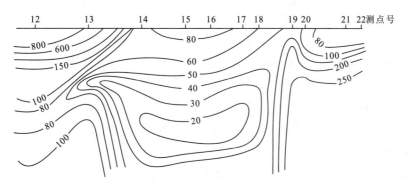

图 4-41 二道白河—两江剖面频率测深曲线图

15 号测点的 ρ_ω 曲线是一条典型的 H 型曲线,人机联作的反演解释结果为 $\rho_1=80\Omega\cdot m$,$\rho_2=25\Omega\cdot m$,$\rho_3=100\Omega\cdot m$。3 个电性层分别与土门子组地层、白垩纪地层及侏罗纪地层相对应。反演所得前两层总厚度约 750m,由于收、发距有限未能穿透中生代地层,这与附近 600m 深的钻孔未穿透白垩纪地层的实际情况相符合。

二、瞬变电磁法

(一)瞬变电磁剖面法

1. 工作装置

在瞬变电磁(TEM)法中,常用的剖面测量装置如图 4-42 所示。

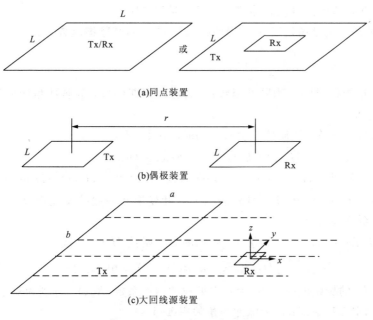

图 4-42 TEM 剖面测量装置

根据发、收排列的不同，它又分为同点、偶极和大回线源 3 种。同点装置中的重叠回线是发送回线（Tx）与接收回线（Rx）相重合敷设的装置。由于 TEM 法在供电和测量时间上是分开的，因此 Tx 与 Rx 可以共用一个回线，称之为共圈回线。同点装量是频率域方法无法实现的装置，它与地质探测对象有最佳的耦合，是勘查金属矿产常用的装置。偶极装置与频率域水平线圈法相类似，Tx 与 Rx 要求保持固定的发、收距 r。在瞬变电磁（TEM）法中，常用沿测线逐点移动观测 dB/dt 值。大回线装置的 Tx 采用边长达数百米的矩形回线，Rx 采用小型线圈（探头）沿垂直于 Tx 边长的测线逐点观测磁场 3 个分量的 dB/dt 值。

2. 观测参数

瞬变电磁仪器系统的一次场波形、测道数及其时间范围、观测参数及计算单位等，不同仪器有所差别。各种仪器绝大多数都是使用接收线圈观测发送电流脉冲间歇期间的感应电压 $V(t)$ 值，就观测读数的物理量及计量单位而言，大概可以分为以下 3 类。

（1）用发送脉冲电流归一的参数：仪器读数为 $V(t)/I$ 值，以 $\mu A/A$ 作计量单位。

（2）以一次场感应电压 V_1 归一的参数：例如加拿大 Crone 公司的 PEM 系统，观测值使用一次场刚刚将要切断时刻的感应电压 V_1 值来加以归一，并令 $V_1 = 1\,000$，计量单位量纲为 1，称之为 Crone 单位。

（3）归一到某个放大倍数的参数：例如加拿大的 EM-37 系统，野外观测值为：

$$m = V(t) \cdot G \cdot 2^N \tag{4-18}$$

式中：$V(t)$ 为接收线圈中的感应电压值（mV）；G 为前置放大器的放大倍数；2^N 为仪器公用通道的放大倍数，$N=1,2,\cdots,9$；m 为放大后的电压值（mV）。

3. 时间响应

对于任意形态的脉冲信号，可以根据傅立叶频谱分析分解成相应的频谱函数。对各个频率，地质体具有相应的频率响应。将频谱函数与其对应的地质体频率响应函数相乘，经过傅立叶反变换，就可获得地质体对该脉冲信号磁场的时间响应。

设发射脉冲的一次磁场是以 T 为周期的函数 $H_1(t)$，其频谱函数为：

$$S(\omega) = \frac{1}{T}\int_{-\frac{T}{2}}^{\frac{T}{2}} H_1(t) e^{i\omega t} dt \tag{4-19}$$

式中：$S(\omega)$ 为频谱函数；$H_1(t)$ 为脉冲函数；T 为脉冲周期（s）；ω 为脉冲角频率（rad/s）；t 为时间变量；i 为虚数单位。

由位场变化知识得知，地质体二次磁场的时间函数 $H_2(t)$ 为：

$$H_2(t) = H_1(t) * h(t) = F^{-1}[S(\omega) \cdot D(\omega)] \tag{4-20}$$

式中：$S(\omega)$、$D(\omega)$ 分别为 $H_1(t)$ 和 $h(t)$ 的频谱函数，$S(\omega) = F[H_1(t)]$；$D(\omega)$ 为地质体的频率响应函数，$D(\omega) = F[h(t)]$；F、F^{-1} 分别表示傅立叶变换和傅立叶反变换；$h(t)$ 为地质体的脉冲滤波函数，其余符号同前。

考虑到频谱函数的离散性，可将二次磁场的时间函数 $H_2(t)$ 写成：

$$H_2(t) = \sum H_{10} S_n [X_n \cos(n\omega_0 t) - Y_n \sin(n\omega_0 t)] \tag{4-21}$$

式中：H_{10} 为 $H_1(t)$ 的振幅值（m）；S_n 为 n 次谐波的频谱系数；X_n、Y_n 分别为对于 n 次谐波时地质体频率响应的实部和虚部；ω_0 为脉冲的角频率（rad/s）。

图 4-43 是导电球体的时间响应。由该图中(a)可见：若球体电导率 $\sigma = 1 s/m$，当 $t = 12 ms$

时,异常已衰减殆尽。当电导率增大时,异常衰减变缓,延时增长。若 $\sigma=80\text{s/m}$,当 $t=28\text{ms}$ 时,异常仍未衰减完,但它在初始时间的异常幅值却减小。利用这一时间特性,可在晚期观测中将干扰体的异常去除。

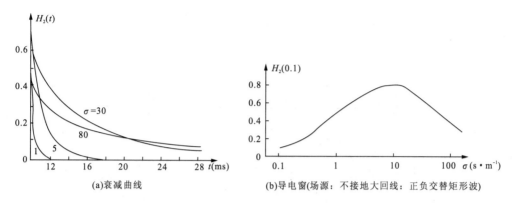

图 4-43　导电球体时间域电磁响应

为便于理解上述结果,可以从由频率域合成时间域的角度进行分析。当球体电导率很小时,球体产生的振幅和相位异常均很小,因而合成的时间域异常也很小;当球体电导率增大时,球体产生的振幅和相位异常场增大,故合成的时间域异常也增大;当球体电导率继续增大后,虽然高频成分的振幅增大了,但其相位移趋于 180°,因而对应高频成分的早期时间异常值反而减小。由于低频成分的综合参数处于最佳状态,于是与低频成分相对应的晚期时间异常幅值反而增大了。这在瞬变曲线上表现为衰减很慢。当电导率趋于无穷大时,所有谐波相位移趋于 180°,故 $H_2(t)$ 值趋于零。

如果取样时间选定,改变球体电导率时,二次异常磁场的幅值变化如图 4-43(b) 所示。由图可见,与某一取样时刻对应有一最佳电导率值,图中曲线和频率域的虚部响应规律相似,称为导电性响应"窗口"。在图 4-43 的条件下,球体的最佳导电窗口 $\sigma=10\text{s/m}$。脉冲瞬变法系观测纯二次场,故增加发射功率或提高接收灵敏度都可增大勘探深度。由于不观测一次场,该方法受地形影响较小。此外,该方法对线圈点位、方法和收、发距的要求均可放宽,因而测地工作简单。

4. 典型规则导体的剖面曲线特征

1) 球体及水平圆柱体上的异常特征

导电水平圆柱体上同测道的刻画曲线如图 4-44 所示,异常为对称于柱顶的单峰,异常随测道衰减的速度决定于时间常数 τ 值,$\tau=\mu\sigma a^2/5.82$。

球体上也是出现对称于球顶的单峰异常,球体的时间常数 $\tau=\mu\sigma a^2/\pi^2$,$\tau_柱=1.8\tau_球$。故在半径 a 相同的条件下,球体异常随时间衰减的速度要比水平圆柱体快得多,异常范围也比较小。在直立柱体上,也具有此类似的规律。

2) 薄板状导体上的异常特征

导电薄板上的异常形态及幅度与导体的倾角有关,如图 4-45 所示。当 $\alpha=90°$ 时,由于回线与导体间的耦合较差,异常响应较小,异常形态为对称于导体顶部的双峰;峰顶出现接近于背景值的极小值;不同测道的曲线(图 4-46),除了异常幅值及范围有所差别外,具有与上述

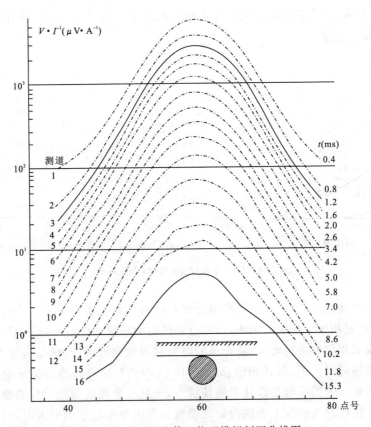

图 4-44 水平圆柱体上物理模拟剖面曲线图
铜柱:直径 8cm,长 41.7cm,h=5cm;重叠回线边长 10cm;点号间距 4cm

相同的特征。

当 $0°<\alpha<90°$ 时,随 α 的减小,回线与导体间耦合增强,异常响应随之增强,但双峰不对称,在导体倾向一侧的峰值大于另一侧。极小值随 α 的减小而稍有增大,其位置也向反倾斜侧有所移动。两峰值之比主要受 α 的影响,据物理模拟资料统计,α 与主峰和次峰值之比 α_1/α_2 的关系为:

$$\alpha = 90° - 22° \ln(\alpha_1/\alpha_2) \tag{4-22}$$

式中:α 为导体的倾角(°);α_1、α_2 分别为主峰值和次峰值。

如图 4-47 所示,在倾斜板的情况下,不同测道异常剖面曲线形态有所差别。随测道从晚期到早期,极小值随之增大,并往反倾斜侧,稍有移动,双峰变得愈来愈不明显,异常形态的这种变化反映了导体内涡流分布随延迟时间的变化。

当 $\alpha=0°$ 时,回线与导体处于最佳耦合状态,异常幅值比直立导体的异常大几十倍。异常主要呈单峰平顶状,在近导体边缘的外侧,出现不明显的次级值或挠曲。

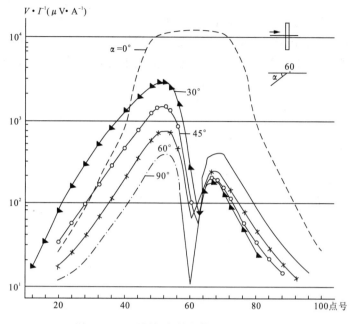

图 4-45 不同倾角板状体的异常比较图

导体模型：铝板 70cm×40cm×0.1cm，$h=5$cm；矿顶位于 60 号点；重叠回线边长 10cm，$t=1.2$ms

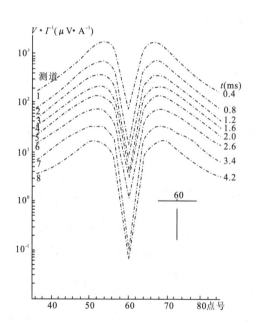

图 4-46 直立板上不同测道的异常剖面

导体模型：铝板 70cm×40cm×0.1cm，$h=5$cm；顶板位于 60 号点；$\alpha=90°$，重叠回线边长 10cm，点号间距 4cm

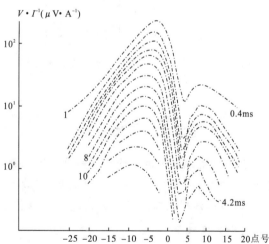

图 4-47 倾斜板上不同测道的异常剖面曲线图

导体模型：铜板 80cm×20cm×0.6cm，$h=5.5$cm；顶板布在 0 号点；重叠回线边长 5cm，$t=1.2$ms

5. 应用实例

图 4-48 是辽宁张家沟硫铁矿上脉冲瞬变电磁法的工作结果。该矿体位于前震旦纪变质岩中,围岩为白云质大理岩、白云母花岗岩等高阻岩石。矿体为磁黄铁矿,其电阻率为 $0.05\Omega\cdot m$。如图 4-48 所示,矿体上方有明显异常。根据衰减曲线求得 $t_s=7.7ms$,和理论曲线对比,求得 $\alpha=12.3s^{-1}$,α 为矿体的综合参数。利用大回线观测的垂直与水平分量,用矢量解释法求得的等效发射中心在矿体顶部附近。

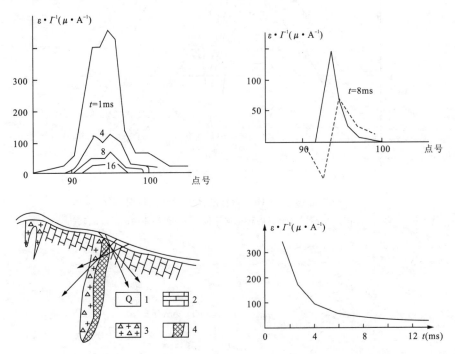

图 4-48 张家辽沟硫铁矿上脉冲瞬变电磁法的观测结果示意图(实线:垂直分量;虚线:水平分量)
1-第四系;2-白云质大理岩;3-白云质花岗岩;4-硫铁矿

(二)瞬变电磁测深法

在瞬变电磁法中常用的测深装置有电偶源、磁偶源、线源和中心回线 4 种(图 4-49)。中心回线装置是使用小型多匝线圈(或探头)放置于边长为 L 的发送回线中心观测的装置,常用于 1km 以内浅层的探测工作。其他几种则主要用于深部构造的探测。

1. 仪器装置

常用的近区瞬变电磁测深工作装置如图 4-49 所示。一般认为,探测 1km 以内目标层的最佳装置是中心回线装置,它与目标层有最佳耦合、受旁侧及层位倾斜的影响小等特点,所确定的层参数比较准确。

线源或电偶源装置是探测深部构造的常用装置,它们的优点是由于场源固定,可以使用较大功率的电源,在场源两侧进行多点观测,有较高的工作效率。这种装置所观测的信号衰变速度要比中心回线装置慢,信号电平相对较大,对保证晚期信号的观测质量有好处。缺点是前支

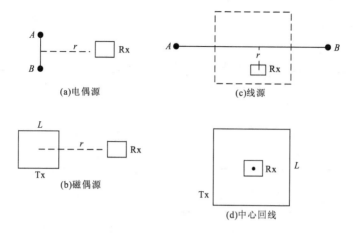

图 4-49　TEM 测深工作装置

畸变段出现的时窗要比中心回线装置往后移,并且随极距 r 的增大向后扩展,使分辨浅部地层的能力大大减小。此外,这种装置受旁侧及倾斜层位的影响也较大。

2. 时间范围

水平导电薄板上的理论推导结果为:

$$t \approx \mu_0 S[(4H/3)-h] \tag{4-23}$$

式中：t 为采样时间(s)；S 为薄层纵向电导(s)；μ_0 为真空磁导率，$\mu_0=4\pi\times10^{-7}\,\mathrm{H/m}$；$h$、$H$ 分别为目标深度和探测深度(m)。

由式(4-23)可见,对目标层的探测深度是时间的函数。所以时间范围为:

$$\begin{aligned} t_{\min} &\approx \mu_0 S_{\min}[(4H_{\min}/3)-h_{\min}] \\ t_{\max} &\approx \mu_0 S_{\max}[(4H_{\max}/3)-h_{\max}] \end{aligned} \tag{4-24}$$

式中：$t_{\min}$、$t_{\max}$ 分别为最小和最大采样时间(s)；$S_{\min}$、$S_{\max}$ 分别为最小和最大薄层纵向电导(s)；$H_{\min}$、$H_{\max}$ 分别为探测的最小深度及最大达到的深度(m)；$h_{\min}$、$h_{\max}$ 分别为目标的最小和最大埋深(m)。

一般情况下,要求起始采样时间 $t_1 \leqslant (0.5 \sim 0.7)t_{\min}$,末测道的采样时间 $t_n \approx 2t_{\max}$,在没有断面层参数时,取 $h=H/2$,得到时间范围估算公式为:

$$\begin{aligned} t_1 &= 0.6\mu_0 S_{\min} H_{\min} \\ t_n &= 1.6\mu_0 S_{\max} H_{\max} \end{aligned} \tag{4-25}$$

式中：t_1、t_n 分别为起始和末测道的采样时间(s)。

3. 应用实例

现以湖南涟邵煤田为例来说明瞬变电磁测深的试验应用效果。

测区出露地层如图 4-50 所示,由新至老为第四系(Q)、下三叠统大冶群(T_1D)、上二叠统大隆组(P_2d)、龙潭组(P_2l)、下二叠统当冲组(P_1d)、栖霞组(P_1q)。第四系由黏土、砂质黏土和砾石组成冲积、坡积残积层,厚 0~15m,其电阻率为 $n\times10\sim n\times100\,\Omega\cdot m$,呈低阻覆盖层。大冶群分布于测区中心地带,总厚度大于 500m,主要由泥灰岩、泥质灰岩及灰岩组成；大隆组由硅质灰岩、泥质灰岩、厚层砾屑灰岩及薄层硅质岩组成,底部夹有薄层钙质泥岩,全组厚度一般为 70~80m。大冶群及大隆组地层电阻率一般在 100Ω·m 以上,成为煤系地层的上覆高阻层。龙潭组为本区含煤地层,根据岩性及含煤性分为上、下两段：上段(P_2l^2)为含煤段,由

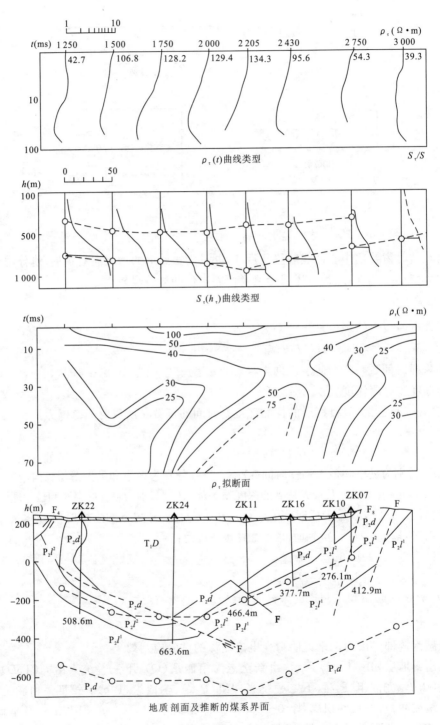

图 4-50 13线瞬变电磁测深综合剖面图
F:断层;虚线:推断的煤系上、下界面

黑色泥岩、砂页泥岩及浅灰色砂岩互层组成,厚约 100m,含煤四层;下段(P_2l^1)不含煤,由泥岩、砂质泥岩、砂岩组成,厚约 300m。整个煤系地层呈低阻层,电阻率一般为 $n \times 10\Omega \cdot m$。当冲组及栖霞组为硅质灰岩、灰岩、泥岩等,是测区的高阻基底标志层,电阻率大于 $300 \sim 500\Omega \cdot m$。

测区各地层电性存在较明显的差异,电磁法勘探方法找煤工作具备较好的物性前提。工作采用中心回线装置,回线边长 $L=250m$ 及 $400m$,发送电流 $I=17A$。测区内平均的电磁干扰电平为 $0.24nV/m^2$,属于中等受干扰的地区。少数地段也使用了电偶源装置,$AB=1000m$,$r=750 \sim 1250m$。总共完成了 3 条剖面 45 个测深点的工作量。野外观测数据经过处理绘制出了 ρ_τ 曲线类型图、ρ_τ 拟断面图,以及 $S_\tau(h_\tau)$ 曲线图。依据这些图件资料及计算机反演的结果,推断确定了煤系地层的顶、底界面。

图 4-50 为 13 线瞬变电磁测深综合剖面图。由图可见,ρ_τ 曲线大都属于 H 型,其极小值均在 $20 \sim 30\Omega \cdot m$ 范围之内;ρ_τ 拟断面图的低值等值线的分布反映了向斜构造轮廓。

煤系地层的顶、底界面是由经过校正的 $S_\tau(h_\tau)$ 曲线转折点确定的,表 4-1 给出了推断结果与钻探资料的对比数据,平均相对误差为 6.4%。因此,可以认为所推断的煤系地层顶、底界面基本上能勾画出它的分布状况。

表 4-1 推断与钻探结果对比表

位置		1322 孔	1324 孔	ZK11 孔	ZK16 孔
顶界深 (m)	钻探	390	550	440	300
	推断	380	520	420	340
误差(%)		2.6	5.6	4.9	12.5

解释人员在进行人机联作拟合解释的基础上,对该剖面上的 6 个测深点又做了自动拟合反演计算。6 个点拟合总的平均相对误差为 5.9%,推断煤系上界面的深度与用 $S_\tau(h_\tau)$ 曲线推断的结果相差不多,平均相对误差为 12.3%。

这一试验结果表明,在涟邵煤田或类似地质条件的地区应用中,功率瞬变电磁测深法能够确定出埋深在 $1 \sim 1.5km$ 的煤系地层顶、底界面。在成果图中,由 $\rho_\tau(t)$ 曲线类型图及 $\rho_\tau(t)$ 拟断面图可以大致圈定出煤系地层分布的轮廓。利用经过校正的 $S_\tau(h_\tau)$ 曲线推断确定煤系地层顶、底界面是行之有效的方法。

三、可控源音频大地电磁测深法

可控源音频大地电磁测深法(CSAMT)是在大地电磁法(MT)和音频大地电磁法(AMT)的基础上发展起来的一种人工源频率域测深方法。它是基于观测超低频天然大地电场和磁场正交分量,计算视电阻率的大地电磁法。我们知道,大地电磁场的场源,主要是与太阳辐射有关的大气高空电离层中带电离子的运动有关。其频率范围从 $n \times 10^{-4} \sim n \times 10^{-2}Hz$。由于频率很低,MT 的探测深度很大,达数十千米乃至一百多千米,是研究深部构造的有效手段。近年来,它也被用于研究油气构造和地热探测。

(一)方法概述

1. 场源

CSAMT 属人工源频率测深,它采用的人工场源有磁性源和电性源两种。磁性源是在不接地的回线或线框中,供以音频电流产生相应频率的电磁场。磁性源产生的电磁场随距离衰减较快,为观测到较强的观测信号,场源到观测点的距离(收、发距)r 一般较小($n\times 10^2$ m),故其探测深度较小($<\frac{1}{3}r$),主要用于解决水文、工程或环境地质中的浅层问题。电性源是在有限长(1~3km)的接地导线中供音频电流,以产生相应频率的电磁场,通常称其为电偶极源或双极源。视供电电源功率不同,电性源 CSAMT 的收、发距离可达几米到十几千米,因而探测深度较大(通常可达 2km),主要用于地热、油气藏和煤田探测及固体矿产深部找矿。目前,电性源 CSAMT 应用较多。

2. 测量方式

图 4-51 示出了最简单的电性源 CSAMT 标量测量的布置平面图。通过沿一定方向(设为 X 方向)布置的接地导线 AB 向地下供入某一音频 f 的谐变电流 $I=I_0 e^{-i\omega t}$(角频率 $\omega=2\pi f$);在其一侧或两侧 60°张角的扇形区域内,沿 x 方向布置测线,逐个测点观测沿测线(X)方向相应频率的电场分量 E_X 和与之正交的磁场分量 B_Y,进而计算卡尼亚视电阻率和阻抗相位,分别为:

$$\rho_s = \frac{1}{\omega\mu}\left|\frac{E_X}{B_Y}\right|^2 \tag{4-26}$$

式中:ρ_s 为卡尼亚视电阻率($\Omega\cdot m$);μ 为大地磁导率常取,$\mu=4\pi\times 10^{-7}$ H/m;$|E_X|$、$|B_Y|$ 分别为 E_X、B_Y 的振幅(m)。

$$\varphi_Z = \varphi_{E_X} - \varphi_{B_Y} \tag{4-27}$$

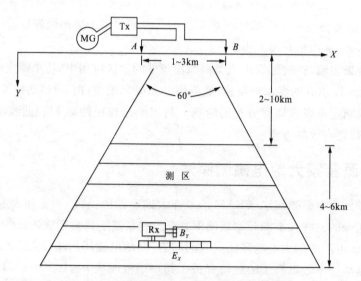

图 4-51 双源 CSAMT 标量测量布置平面图

MG:供电电源;Tx:发送机;A、B:供电电极;Rx:八道接收机同时测量相邻 7 个测点的 E_X 和 B_Y

式中：φ_{E_X}、φ_{B_Y} 分别为 E_X、B_Y 的相位；φ_Z 为阻抗相位。

实际测量中，通常用多道仪器同时观测沿测线布置的 6～7 对相邻测量电极的 E_X 和位于该组测量电极（简称"排列"）中部一个磁探头的 B_Y（图 4-51）。由于磁场沿测线的空间变化一般不大，故用此 B_Y 近似代表整个排列各测点的正交磁场分量，以计算卡尼亚视电阻率 ρ_s 和阻抗相位 φ_Z。这样，一次测量便能完成整个排列 6～7 个测点的观测。

除标量测量外，还可以做矢量测量[对一个方向（X）的双极源，在每一个测点观测相互正交的 2 个电场分量 E_X、E_Y 和 3 个磁场分量 B_X、B_Y、B_Z]和张量测量（分别用相互正交的 X 和 Y 两组双极源供电，对每一场源依次观测 E_X、E_Y 和 B_X、B_Y、B_Z）。后两种测量方式可提供关于二维和三维地电特征的丰富信息，用于研究复杂地电结构。不过，其生产效率大大低于标量测量，在工作中很少使用。一般所说的 CSAMT 都是指标量测量方式。

在 CSAMT 中，增大供电电极距 AB 和电流 I，可使待测电磁场信号足够强，达到必要的信噪比。所以野外观测较易进行，一般完成一整套频率的测量只需一个小时左右。加之，敷设一次供电电路，能观测一块相当大的测区，更有利于提高生产效率。一般 CSAMT 的测点距取得较小（常常与测点 MN 极距相同，为 $n\times10\sim n\times10^2$ m），所以它兼有测深和剖面测量双重性质，即垂向和横向的分辨率都较高，适用于地电构造立体填图及研究地下电性的三维空间分布。

（二）可控源音频大地电磁法应用实例

CSAMT 在该盆地的任务是探测奥陶系高阻灰岩顶面的起伏，研究其与上覆地层构造的继承关系，以查明该区的局部构造和断裂分布。野外观测采用 AB=2km 的双极源，供电电流为 $n\sim20$ A，测量电极距 MN=200m，收、发距 r=6～10km，大于探测目标奥陶系灰岩顶面深度（1～2km）的 3 倍。测深点距一般为 500m，测深频段为 $2^{-1}\sim2^{12}$ Hz。

图 4-52 示出了一条剖面的工作成果。其中图 4-52(a)为经过近场校正（近场校正是指在近区计算的视电阻率发生畸变，需要把它校正到接近大地真电阻率）的视电阻率 ρ_s 拟断面图。可以看出，由于静态效应（静态效应是指当近地表存在局部导电性不均匀体时，电流流过不均匀体表面而在其上形成"积累电荷"，由此产生一个附加电场，使实测的视电阻率绘制在双对数坐标系会发生上、下平移），图上出现了 4 个陡立等值线异常（49～9、47～18、43～22 和 41～24 点）。它们造成存在陡立断层或岩脉的假象，也使整个断面上的局部构造形态难以辨认。为此，采用空间滤波法进行了静校正。对该区实测资料的分析发现，较高频段（$2^6\sim2^9$ Hz）视电阻率变化平缓，标志表层覆盖层下有一厚度、深度和导电性都较稳定的电性层（这与已知的地质和物探资料相吻合）。故静校正时，选取各测深点 $f=2^6$ Hz、2^7 Hz、2^8 Hz 和 2^9 Hz 四个频点的实测视电阻率值计算平均视电阻率 ρ_S，滤波窗口宽度选为 D=5。图 4-52(b)是经过空间滤波处理后的 ρ_s^z 拟断面图，其上已不再存在前述陡立等值线异常带假象，下部反映奥陶系基岩起伏的高阻等值线变得十分圆滑和轮廓清晰。对静校正后的数据做了一维定量解释，结果示于图 4-52(d)。由图可见，CSAMT 推断的石炭系—二叠系（C—P）和奥陶系（O）地层界线以及划分出的断层位置，与同一剖面地震勘探的结果吻合非常好。

对比图 4-52(a)、(b)、(c)、(d)可以看出，静校正后的 ρ_s^z 拟断面图也能大体上反映地下构造形态图 4-52(c)，而且没有图 4-52(a)那样复杂的陡立等值线异常带。另一方面，图 4-52(c)的下部 φ_s 等值线十分平缓，对地下构造反映不很清楚。这说明单纯利用相位资料做解释或做静校正，有可能遗漏或模糊地下实际存在的横向电性变化。

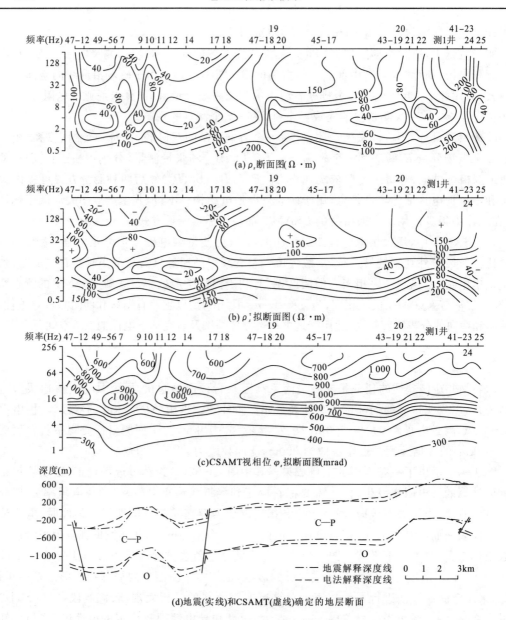

图 4-52 山西沁水盆地 CSAMT 和地震勘探综合剖面图

第三节 地震勘探

一、透射波法

在工程地震勘探中,透射波法主要用于地震测井(地面与井之间的透射)地面与地面之间凸起介质体的勘查,以及井与井之间地层介质体的勘查。地质目的不同,所采用的方法手段也不同。但从原理上讲,均是采用透射波理论,利用波传播的初至时间,反演表征岩土介质的岩性、物性等特性以及差异的速度场,为工程地质以及地震工程等提供基础资料或直接解决其问题。

(一)地面与井的透射

井口附近激发,井中不同深度上接收透射波的地震工作称为地震测井。在工程勘探中,地震测井按采集方式的不同,可分为单分量的常规测井、两分量或三分量的 PS 波测井以及用于测量地层吸收衰减参数的 Q 测井等。尽管采集方式不同,但方法原理基本一致。

1. 透射波垂直时距曲线

地震测井是测量透射波的传播时间与观测深度之间的关系,这种关系曲线叫作透射波垂直时距曲线。假设地下为水平层状介质,各层的透射速度分别为 V_1、$V_2 \cdots V_n$,厚度为 h_1、$h_2 \cdots h_n$,各层底界面的深度为 Z_1、$Z_2 \cdots Z_n$。在地面激发,井中接收,透射波就相当于直达波。但是,由于波经过速度分界面时有透射作用,透射波垂直时距曲线比均匀介质中的直达波复杂。它是一条折线,折点位置与分界面位置相对应。因此,根据透射波垂直时距曲线的折点,可以确定界面的位置,而且,时距曲线各段直线的斜率倒数,就是地震波在各层介质中的传播速度,也就是该层的层速度。

很容易得到 n 层介质,对应的透射波垂直时距曲线方程为:

$$t = \frac{Z_1}{V_1} + \frac{Z_2 - Z_1}{V_2} + \cdots + \frac{Z - Z_{n-1}}{V_n} = \frac{Z_1}{V_1} + \sum_{i=3}^{n} \frac{Z_{i-1} - Z_{i-2}}{V_{i-1}} + \frac{Z - Z_{n-1}}{V_n}$$

(4-28)

式中:t 为透射波传播时间(s);Z_i 为第 i 层底界面深度(m);V_i 为第 i 层中波的速度(m/s)。

图 4-53 为多层介质的透射波垂直时距曲线图。由图可知,利用垂直时距曲线的折点,可以确定相应地层的厚度,根据折线各段的斜率,能求出各层的层速度 $V_i = \frac{\Delta h}{\Delta t}$,进一步就得到地震波在不同深度 H 以上的地层平均速度,即:

$$V_m = \frac{H}{t} = \frac{h_1 + h_2 + \cdots + h_i}{t_1 + t_2 + \cdots + t_i} = \frac{\sum\limits_{i=1}^{n} h_i}{\sum\limits_{i=1}^{n} \frac{h_i}{V_i}} \quad (4-29)$$

式中:H、h_i 分别为总厚度和第 i 层的厚度(m);t、t_i 分别为透射波传播时间和第 i 层中透射波的单程传播时间(s);V_i 为透射波在第 i 层的速度(m/s)。

2. 资料采集

1)仪器设备

在工程地震测井中,主道的工程数字要采用的仪器设备有地面记录仪器,常用 6~24 道的工程数字地震仪以及转换面板(器)。井下带推靠装置的检波器,一般为单分量、两分量或三分量。多分量检波器主要用于纵、横波测量,激发装置,以及信号传输用电缆和简易绞车等。测量系统如图 4-54 所示。

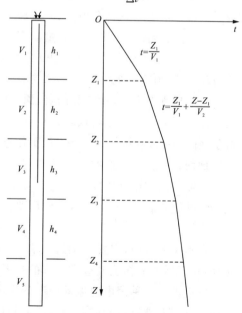

图 4-53 地震测井测量系统示意图

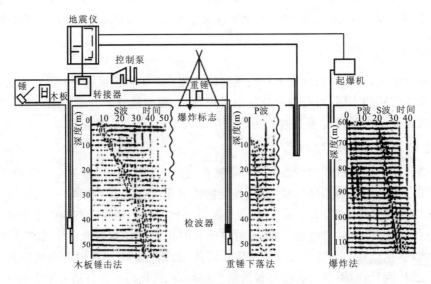

图 4-54 地震测井的各种方法

2) 激发

激发方式有地面激发和井中激发两种。地面激发的方式主要有锤击、落重、叩板（横向击板）和炸药等方式。而对于井中激发，激发震源主要为炸药震源、电火花震源和机械振动震源。当激发力方向与地面垂直时，可激发出 P 型和 SV 型的透射波；当激发力方向与地面水平时，可激发出 SH 型的透射波。

3) 接收

井下检波器的功能为拾取地震波引起的井壁振动，并转换为电信号，通过电缆送给地面记录系统。一般要求其具有耐温、耐压和不漏电等性能。核心部分一般为机电耦合型的速度检波器，又称为换能器。对于单分量而言，其方位可以是垂直或水平放置（与地面相对而言）；对于两分量而言，换能器方位互为 90°角放置，即 1 个垂直、1 个水平；对于三分量而言，3 个换能器方位互为 90°角，即按 X—Y—Z 方向放置，井中有 2 个水平分量（X,Y）、1 个垂直分量（Z）。

对于地面激发、井中接收而言，测量顺序一般为从井底测到井口，并要求有重复观测点，以校正深度误差。接点至收点间距一般为 1~10m，可根据精度要求选择，也可采用不等距测量。对于地面井旁浅孔接收、井中激发，工作过程和要求与上文一致，只是激发和接收换了一个位置。

地面记录仪器因素的选择基本与反射波法一致。但是在测井中，我们需要的只是初至波，所以仪器因素的选择应以尽可能地突出初至波为标准。此外，为压制或减轻干扰，要求井下检波器与井壁耦合要好，检波器定位后要松缆并使震源与井口保持一定距离。如图 4-54 所示。

4) 干扰波

在地震测井中，主要的干扰波有电缆波、套管波、井筒波（又称为管波）以及其他噪声等。然而，对于透射的初至波造成干扰的主要干扰波为电缆波和套管波，下面简要介绍其特点。

电缆波是一种因电缆振动引起的噪声。引起电缆振动的原因包括地表井场附近或井口的机械振动以及地滚波扫过井口形成的新振动。在工程测井中，电缆波可能出现在初至区，从而影响初至时间的正确拾取。当检波器推靠不紧时，最易受电缆波的干扰，如图 4-55 所示。

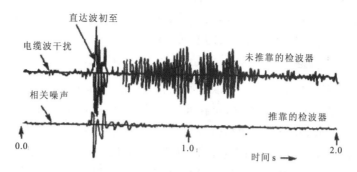

图 4-55　电缆波的干扰

减少电缆波干扰的方法有推靠耦合、适当松缆、减少地面振动（包括井口）、尽量在地面设法（如挖隔离沟等）克制面波对井口的干扰。

在下套管（钢管）的井中测量时，要求套管和地层（井壁）胶结良好（一般用水泥固井），否则，透射波将在胶结不良处形成新的沿套管传播的套管波。由于套管波的速度一般高于波在岩土中传播的速度，因此，它将对胶结不良的局部井段接收到的初至波形成干扰。如图4-56所示，可以看出：AB井段，井胶结，整个初至波被速度达5 200m/s的套管波所取代。BC井段，因胶结不良，初至波谷变化不定，与井段相比，显然井段胶结良好，初至波稳定。

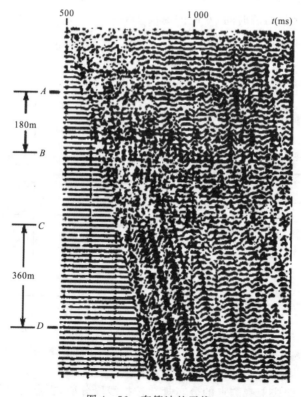

图 4-56　套管波的干扰

研究表明,套管波对纵波干扰严重,对转换波(SV)和横波(SH)影响较小。减少套管波干扰的办法是提高固井质量或采用对能迅速衰减套管波的薄壁塑料管、井用砂或油砂石回填,使套管和原状土良好接触。后期采用滤波的方式进行压制。

3. 资料的处理解释

不论 P 型还是 SH 型的初至波,拾取时间位置均为起跳前沿。拾取方法通常为人工或人机联作拾取。对于受到干扰的初至波,可在滤波后拾取,在滤波处理无效的情况下,也可拾取初至波的极大峰值时间,并经一定的相位校正后作为初至时间。对于 SH 型横波,可采用正、反两次激发所得的两个横波记录用重叠法拾取其初至时间。

如图 4-57 所示,从地震测井记录上读取的透射波初至时间为 t_C。由于炮点与深井之间有一定距离 d,从炮点到检波器的射线路径并不是垂直的,如果地下为均匀介质,则 t_C 是透射波沿 CA 传播的时间,而:

$$CA = \sqrt{(H-h_C)^2 + d^2} \tag{4-30}$$

式中:h_C 为炮井深度(m);d 为炮井到井深之间的距离(m);H 为检波器的沉放深度(m)。

要把透射波沿 CA 传播的时间 t_C 换算成沿井壁 BA 传播的垂直时间 t,由图 4-57 可知:

$$t = t_C \cos\alpha = \frac{t_C(H-h_C)}{\sqrt{(H-h_C)^2-d^2}} \tag{4-31}$$

式中:t、t_C 分别为透射波沿 CA 传播和沿井壁 BA 传播的时间(s)。

根据式(4-31),把每个观测点的初至时间 t_C 都换算为沿井壁传播的垂直时间 t,然后将 t(或 $t_0 = 2t$,从发射到接收的总时间)对应的深度 H,绘在 $t-H(t_0-H)$ 坐标图上,就得到透射波垂直时距曲线图,如图 4-58 所示。

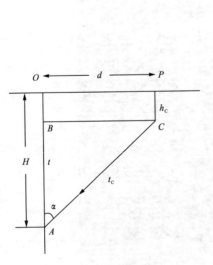

图 4-57 井距校正示意图

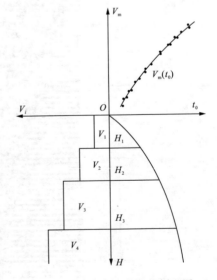

图 4-58 综合速度柱状剖面图

先根据垂直时距曲线上观测点的分布规律按折线段分层,折点与分界面位置相对应,各段直线的斜率倒数就是对应层的层速度 V_i,即:

$$V_i = \frac{H_i - H_{i-1}}{t_i - t_{i-1}} \tag{4-32}$$

式中：V_i 为波在第 i 层的层速度(m/s)；H_i 为第 i 层底面的深度(m)；t_i 为波到达第 i 层底面的时间(s)。

计算出层速度后，绘在 $V_i - H$ 坐标图上(图 4-58)，可得到层速度分布图。

由垂直时距曲线上的 t 和对应的 H，得到公式：

$$V_m = \frac{H - h_C}{t} \tag{4-33}$$

式中：V_m 为波的平均速度(m/s)。

然后把 V_m 和对应的 $t_0(t_0 = 2t)$ 绘在 $V_m - t_0$ 坐标图上，得到 $V_m(t_0)$ 曲线，如图 4-58 所示。需要指出，实际地层并不是均匀介质，所以地震波传播的速度是空间的函数，沿不同射线传播的地震波，其传播速度是不同的。真实的地震波速度应该是沿射线传播的速度，这种速度称为射线速度。

把垂直时距曲线、层速度曲线(和平均速度曲线)绘在一张图上，这种图叫作综合速度柱状剖面图(图 4-58)。图 4-59 为一实际 P 波和 SP 波测井综合速度柱状剖面图。

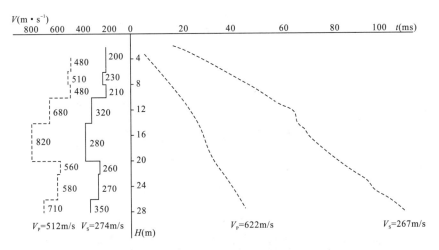

图 4-59　北京地铁某孔 P-S 波测井成果图

P 波和 SP 波地震测井资料主要用于解决两个方面的问题，即解决反射波法资料解释中的层位标定、岩性划分和时深转换等问题，以及工程地质或地震工程中等的应用性问题。

（二）井间透射

这类测量方式需要两口或两口以上的钻井。它分别在不同的井中进行激发和接收。所利用的信息仍为透射的初至波。此时的初至波中除直达波外，还可能包含折射波(当井间距离较大时)。从方法上考虑，一般分为两种：一种为跨孔法；另一种为井间(或称为跨孔 CT)法。下面我们分别简述其方法技术。

1. 跨孔法

跨孔法又称为平均速度法，这是因为当震源孔与接收孔之间距离较大时，接收的初至波中可能既包含了直达波也包含了折射波,由此求得的速度将是孔间地层的某一平均速度,它包含了地层内部和某一折射层的信息。

跨孔法可以用来测量钻孔之间岩体纵、横波的传播速度、弹性模量及衰减系数等,这些参数可用于岩体质量的评价。图 4-60 是跨孔法测量的示意图,它在一个钻孔中激发,在另外两个钻孔中接收弹性波。由于钻孔之间的距离为已知,可利用同一地震波的不同到达时间求取其传播速度。检波器采用井中三分量固定式检波器,可分别接收 P 波和 S 波。为避免干扰和保证接收的波有足够的能量,通常钻孔之间距离较小(一般为几米至十几米)。若钻孔倾斜,在计算时必须进行校正,以确保计算速度的精度。

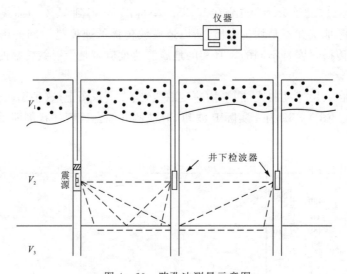

图 4-60 跨孔法测量示意图

速度计算公式为:

$$\left.\begin{array}{l} V_P = \dfrac{x}{\Delta t_P} \\ V_S = \dfrac{x}{\Delta t_S} \end{array}\right\} \tag{4-34}$$

式中:V_P、V_S 分别为横波和纵波波速(m/s);x 为两接收孔间同一水平测点间距(m);Δt_P、Δt_S 分别为 P 波和 SH 波到达两检波器的时差(s)。

然后根据各测点的速度计算结果,可获得随深度变化的速度剖面图。

2. 井间法

该方法主要包括两个部分内容:第一是满足 CT 成像要求的资料采集方法;第二是透射 CT 成像技术。下面分别简述之。

1)资料采集

由于是在井中激发和接收地震透射波,所利用的信息仍是初至波,因此,对仪器设备、激发和接收的方式及要求基本与地震测井相同。不同的是井中的激发点是多个,即从井底按一定间距激发至井口,另一井的接收用检波器也往往不是一个,而是按一定间距设置的检波器组,每激发一次,不同接收点位的多个检波器同时接收。为满足 CT 成像的技术要求,激发井和接收井采集一次后,激发和接收排列要互换井位再采集一次,以保证信息场的完备。

2)透射 CT 成像技术

透射层折成像原理可表示为:

$$t_i = \int_{S_i} \frac{\mathrm{d}S}{V(X,Z)}, \quad (i = 1,2,3,\cdots,N) \tag{4-35}$$

式中:t 为透射波旅行时(s);$V(X,Z)$ 为透射波在地层中的传播速度(m/s);S_i 为射线路径。

求解式(4-35)可得到 $V_i(X,Z)$,并由此建立地层速度结构,即为成像。这种以透射波旅行时求地层剖面的速度结构是比较标准的地震层析问题。

透射 CT 成像的技术路线如图 4-61 所示。由于初至波可能既包含了直达波又包含了折射波,因此需采用直射线和弯曲射线相结合的方法。

图 4-62 和图 4-63 给出的是某地厂区跨孔 CT 成像的实例成果。其中 T_{622}、T_{630}、T_{628} 为三孔的孔位,孔间距均分为 82m,激发排列和接收排列分别交换于 3 个孔,点距均为 5m。震源为 2 万~4 万 J 的电火花震源,共获得 277 张有效记录,含 3 324 条射线。其激发和接收点位以及射线路径如图 4-62 所示。CT 成像结果如图 4-63 所示。由图可见,孔间的低速异常和高速异常区展布清晰,为孔间地层的岩性划分、岩土分类,以及构造和地层的解释提供了可靠的资料。

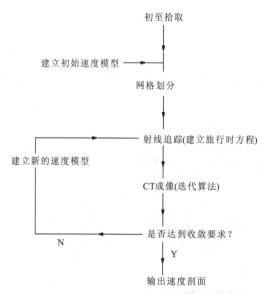

图 4-61 透射 CT 技术路线图

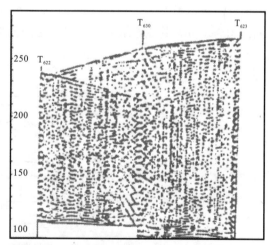

图 4-62 激发、接收点位以及射线路径图

(三)地面凸起介质的透射

对于地面凸起介质的勘查思路与井间透射法思路基本一致,但激发和接收所需的仪器设备完全采用地面地震勘探所用的仪器设备。检波器一般采用单分量的纵波或横波检波器。

对于规则形体的凸起物,当剖面线内的厚度较小时,可采用直达波的思想计算其凸起介质的速度分布,其做法类似于跨孔法,也可采用透射 CT 的思想反演其速度分布场;对于不规则形体的凸起介质,如坡度较大的岩土山梁等,一般采用透射 CT 技术进行速度成像。

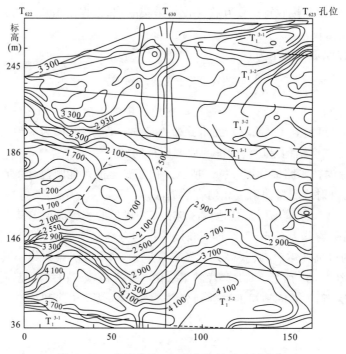

图 4-63 某地跨孔 CT 成像结果及地层对比

实际应用结果如图 4-64 所示。其采集方式为在山梁的两侧分别布设激发和接收排列，点间距均为 10m。其成像结果与常规方法的勘探结果（图 4-65）相比基本一致，但其精度更高。

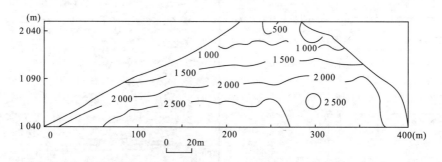

图 4-64 陕北某隧道透射 CT 速度等值线剖面图

二、反射波法

反射波法是在工程地震勘探中广泛应用的方法。在各种有弹性差异的分界面上都会产生反射波，反射波法主要用于探测断层，确定层状大地层速度、层厚度等。

（一）反射波法观测系统

在浅层反射波法现场数据采集中，为了压制干扰波和突出有效波，也可根据不同情况选择

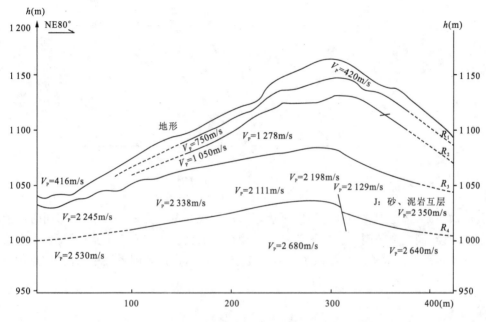

图 4-65　陕北某隧道折射和反射综合解释深度剖面图

不同的观测系统,而使用最多的是宽角范围观测系统和多次覆盖观测系统。宽角范围观测系统是将接收点布置在临界点附近的范围进行观测,因为此范围内反射波的能量比较强,并且可避开声波与面波的干扰,尤其对"弱"反射界面其优越性更为明显。在图 4-66 中表示了同一界面的反射波振幅随位置变化的关系,呈现出在临界点附近能量增大的特征。实际工作中,往往将宽角范围观测系统和多次覆盖观测系统结合使用,以取得好的采集效果。关于临界点附近宽角观测的最佳范围,通常可通过现场试验来确定。

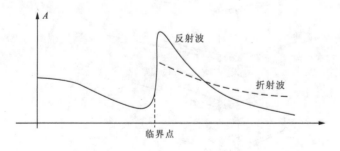

图 4-66　同一界面的反射波振幅变化特征

多次覆盖观测系统是根据水平叠加技术的要求而设计的,为此先介绍一下水平叠加的概念。水平叠加又称共反射点叠加或共中心点叠加(图 4-67),就是把不同激发点、不同接收点上接收到的来自同一反射点的地震记录进行叠加,这样可以压制多次波和各种随机干扰波,从而大大地提高了信噪比和地震剖面的质量,并且可以提取速度等重要参数。多次覆盖观测系统是目前地震反射波法中使用最广泛的观测系统。

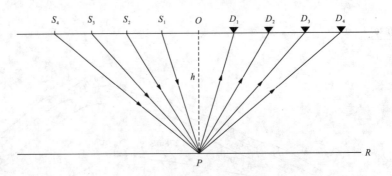

图 4-67 共反射点示意图

具体做法是,选定偏移距和检波距之后,每激发一次,激发点和整个排列都同时向前移动一个距离,直至测完全部剖面。为了容易在观测系统上找出共中心点道集的位置,目前常用综合平面法来表示多次覆盖的观测系统。如图 4-68 所示,在该观测系统中,计算炮点的移动道数为:

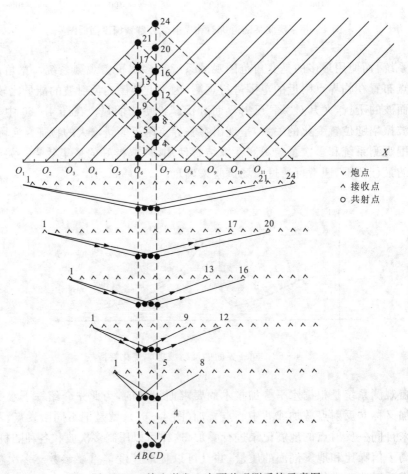

图 4-68 单边激发 6 次覆盖观测系统示意图

$$v = \frac{S \cdot N}{2n} = \frac{d}{\Delta x} \tag{4-36}$$

式中：v 为炮点移动道数；N 为一个排列的接收道数；n 为覆盖次数；d 为激发点间距离(m)；S 为常数，单边激发 $S=1$，双边激发 $S=2$；Δx 为检波距(m)。

此外，还有双边激发的多次覆盖观测系统、三维观测系统等，目前在浅震中应用较少。

(二) 反射波理论时距曲线

1. 水平界面的反射波时距曲线

设地下介质如图 4-69 所示，有一水平的波阻抗界面 R，界面埋深 h，界面上覆盖层的波速为 V_1。在 O 点激发产生的地震波传播到界面 R 以后，一部分能量反射回地面，在地面上的 D_1、D_2、D_3 等各点接收到反射点 O^*，此点通常称为虚震源点。由于 O 点和 O^* 点以界面对称，这样可以把在地面上接收到的反射波，看作是具有波速 V_1 的介质充满整个空间，与由 O^* 点发射出来的直达波一样，于是我们可以很容易得出该反射波的时距曲线方程式为：

$$t = \frac{1}{V_1}\sqrt{(2h)^2 + x^2} \tag{4-37}$$

式中：t 为接收到反射波的时间(s)；V_1 为界面上覆盖层的波速(m/s)；h 为界面埋深(h)；x 为发射点和接收点的水平距离(m)。

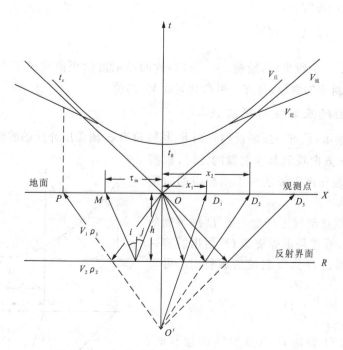

图 4-69 水平两层介质的反射波时距曲线图

式(4-37)经移项后可得：

$$\frac{t^2}{\left(\frac{2h}{V_1}\right)^2} - \frac{x^2}{(2h)^2} = 1 \tag{4-38}$$

式(4-38)为双曲线方程。它对称于 t 轴,极小点位于震源点正上方。

在激发点接收的反射波时间 t_0 称作双程垂直时间,即在式(4-37)中当 $x=0$ 时的 t 值,若已知 V_1,根据时间 t_0 就可以确定水平界面的埋深。

从式(4-38)可知,双曲线的渐近线斜率为 $\dfrac{1}{V_1}$,也就是说,当接收电远离震源 O,即距离 x 足够大时,反射波时距曲线与直达波时距曲线相吻合,所以我们可以说,直达波时距曲线是反射波时距曲线的渐近线。

若界面 R 同时是折射界面(即 $V_2 > V_1$),则在 x_M 点接收到以临界角入射的折射波射线,既是折射波的起始射线,又是反射波的射线,所以在 x_M 点反射波和折射波的时距曲线相切,或者说,二者在此点走时相等。因此在临界点附近,反射波将受到折射波的干扰。

根据反射波时距曲线方程可求得其斜率的倒数(即视速度)为:

$$V^* = \frac{\mathrm{d}x}{\mathrm{d}t} = V_1 \sqrt{1+\left(\frac{2h}{x}\right)^2} \tag{4-39}$$

式中:V^* 为反射波时距曲线斜率的倒数(视速度)(m/s)。

从式(4-39)可以看出,在震源点附近,V^* 趋于无穷大,而远离震源较远的地方,V^* 趋于真速度 V_1。视速度变化的原因在于反射波到达各观测点的入射角不同。另外,还可以看出反射界面越深,视速度越大,时距曲线越平缓。

若将式(4-37)改写为:

$$t^2 = \frac{x^2}{V_1^2} + \frac{(2h)^2}{V_1^2} \tag{4-40}$$

并以 x^2 为横坐标,t^2 为纵坐标,绘制 $x^2 - t^2$ 图,这时反射波时距曲线成了一条直线,如图 4-70 所示。此直线斜率的倒数,开方后可得到速度 V_1 的值。

2. 倾斜界面的反射波时距曲线

如图 4-70 所示,设有一倾斜反射界面 R,其倾角为 φ,覆盖层介质的波速为 V_1,若在 O 点进行激发,并沿 x 方向观测其反射波的走时,根据波射线的传播原理和虚震源法可得出相应的时距曲线方程。

同样我们可以把测线上任意一点 D 接收到的经 A 点反射的波,看作是由虚震源 O^* 射出的直达波,则自震源 O 到达 D 点反射波的旅行时 t 可写成:

$$t = \frac{O^* D}{V_1} \tag{4-41}$$

式中:t 为自震源 O 到达 D 点反射波的旅行时;$O^* D$ 为 O^* 到 D 点的距离。

按照余弦定理可得:

$$\begin{aligned} t &= \frac{1}{V_1}\sqrt{4h^2 + x^2 - 4hx\cos(90°-\varphi)} \\ &= \frac{1}{V_1}\sqrt{4h^2 + x^2 - 4hx\sin\varphi} \end{aligned} \tag{4-42}$$

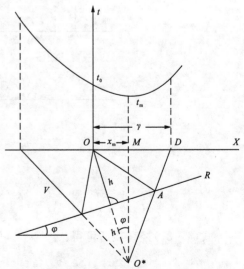

图 4-70 倾斜界面的反射波时距曲线图

式中:φ 为界面 R 的倾角。

经过简单的变换也可写成:

$$\frac{t^2}{\left(\frac{2h\cos\varphi}{V_1}\right)^2}-\frac{(x-2h\sin\varphi)^2}{(2h\cos\varphi)^2}=1 \tag{4-43}$$

这便是倾斜界面的反射波时距曲线方程。由式(4-43)可见,倾斜界面的反射波时距曲线仍为一条双曲线,极小点的坐标为:

$$\begin{cases} x_m=2h\sin\varphi \\ t_m=\dfrac{2h\cos\varphi}{V_1} \end{cases} \tag{4-44}$$

式中:x_m、t_m 分别为倾斜界面反射波时距曲线极小点的横、纵坐标。

显然,极小点向界面的上端偏移 $3x_m$。式中的 φ 可正可负,决定于测线的坐标方向与界面倾斜的相对关系,当 X 轴指向反射界面的升起方向时取正号,反之为负。

另外,利用倾角时差可求得界面的倾角 φ。为此,将式(4-43)作二项式展开并略去高次项,可得:

$$t=\frac{2h}{V_1}\left[1+\left(\frac{x^2-4h\sin\varphi}{4h^2}\right)\right]^{\frac{1}{2}}\approx t_0\left(1+\frac{x^2-4h\sin\varphi}{8h^2}\right) \tag{4-45}$$

求 φ 的方法是根据震源两边等距的两个观测点的旅行时间差:

$$\Delta t_d\approx t_0\left(\frac{x\sin\varphi}{n}\right)=\frac{2x\sin\varphi}{V_1} \tag{4-46}$$

Δt_d 称为倾角时差,如果把这两个测点之间的距离 $2x$ 写成 Δx,则有:

$$\sin\varphi\approx V_1\left(\frac{\Delta t_d}{\Delta x}\right) \tag{4-47}$$

当界面倾角很小时,则 $\varphi\approx\sin\varphi$,于是倾角 φ 正比于倾角时差 Δt_d,当速度 V_1 已知时,则可根据 Δt_d 得到界面倾角 φ。

(三)反射波资料处理及解释

目前,浅层反射波法现场采集的资料通常都是用多次覆盖观测系统得到的共激发点地震记录,其中除了有效波外还常伴随有各种干扰波,无法进行直接的地质解释。因此必须对这些资料进行滤波、校正、叠加等一系列的处理,得出可靠的反射波地震剖面后,才能做进一步的地质解释。反射波资料处理系统就是在此基础上设计的。

1. 反射波的资料处理系统

随着微机技术的应用和发展,国内外的一些部门和单位结合浅层反射波的特点先后开发出反射处理系统,并已广泛地应用于生产实践,取得了较好的经济效益。反射波资料处理系统的主要内容和一般流程如图 4-71 所示。

2. 反射波法资料解释

野外采集的地震资料,经过处理之后,得到的主要成果资料是经过水平叠加(或偏移)的时间剖面。因此,它们是反射波资料进行地质解释的基础。在一般情况下,通过时间剖面上波的对比,可以确定反射层的构造形态、接触关系以及断层分布等情况。但是,这种地质解释的准

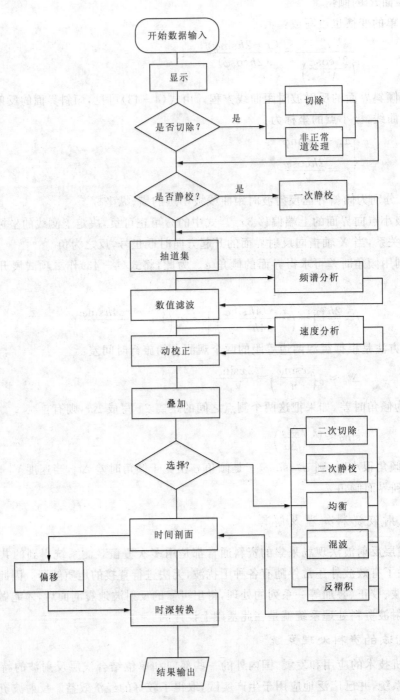

图 4-71 反射资料处理系统一般流程图

确程度往往受到多种因素的影响。首先是资料采集和数据处理的质量,有较高的信噪比和分辨率的时间剖面是确保解释质量的基本条件。在采集或处理中,若方法或参数选择不当,也会影响地震剖面的质量,甚至造成假像,影响解释工作的准确性。另外,地震剖面的解释还受其分辨率的限制。

1)时间剖面的表示形式

地震资料经过数字处理之后,得到的时间剖面如图4-72所示。图中纵轴垂直向下,表示t_0时间,在剖面两侧标有0ms、10ms、20ms等坐标值为相应的t_0时间。并每隔10ms有一条水平线,称为计时线。该坐标的值表示各CDP点在地面的位置排列,两个CDP点之间的距离为道间距的二分之一。

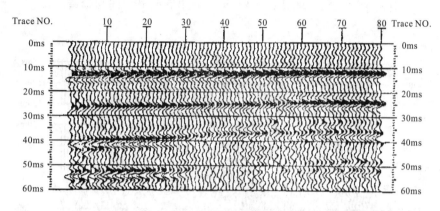

图4-72 地震时间剖面实例图

每个CDP点记录道的振动图形均采用波形线和变面积的显示法来表示(使波形正半周部分呈黑色),这样即能显示波形特征,又能更醒目地表示出强弱不同的波动景观,便于波形的对比和同相轴追踪。

由于反射界面总有一定的稳定延续范围,来自同一反射界面的反射波形态也有相应的稳定性,在时间剖面中形成延续一定长度的清晰同相轴。又因为地震波的双程旅行时间大致和界面的法线深度成正比,因此,可以根据同相轴的变化定性地了解岩层起伏及地质构造等概况。但是,时间剖面不是反射界面的深度剖面,更不是地质剖面,必须要经过一定的时间深度转换处理,才能进行定量的地质解释。

2)反射波的对比识别

在时间剖面上一般反射层位表现为同相轴的形式。在地震记录上相同相位的连线叫作同相轴。所以在时间剖面上反射波的追踪实际上就变为同相轴的对比。我们可以根据反射波的走时及波形相似的特点来识别和追踪同一界面的反射波。

主要是从波的强度幅频特性、波形相似性和同相性等标志,对波进行对比。这些标志并不是彼此孤立,也不是一成不变的。反射波的波形、振幅、相位与许多因素有关,一般来说激发、接收等受地表条件的影响,会使同相轴从浅到深发生相似的变化,而与深部地震地质条件变化有关的影响,则往往只使一个或几个同相轴发生变化。所以在波的对比中要善于分析研究各种影响因素,弄清同相轴变化的原因,并严格区分是地质因素,还是地表等其他因素。

另外在时间剖面的识别中,除了规则界面的反射波外,还应该对多次波、绕射波、断面波等一些特殊波的特征有足够的认识,只有这样才能进行正确的地质解释。

3. 时间剖面的地质解释

结合已知地层情况和钻孔资料,在时间剖面上找出特征明显、易于连续追踪的且具有地质意义的反射波同相轴,作为全区解释中进行对比的标准层。在没有标准层的地段,则可将相邻有关地段的构造特征作为参考来控制解释。

断层带的同相轴变化特征主要包括:反射波同相轴错位;反射波同相轴突然增减或消失;反射波同相轴产状突变,反射零乱或出现空白带;标准反射波同相轴发生分叉、合并、扭曲、强相位转换;等等。以上特点是识别断层的重要标志,而且还常常伴有绕射波、断面波等出现。在断层特征明显和绕射波、断面波清晰时,还可以从时间剖面上确定出断面的产状要素。

图4-73为时间剖面上断层的特征实例,可以看出有明显的同相轴错位。

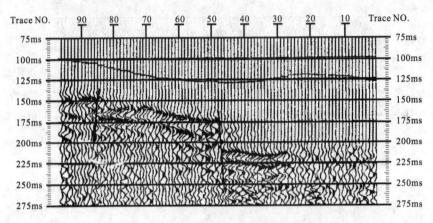

图4-73 时间剖面上断层特征实例

沉积岩层中的不整合面往往是侵蚀面,其波阻抗变化较大,故反射波的波形和振幅也有较大的变化。特别是角度不整合,时间剖面常出现多组视速度有明显差异的反射波组,沿水平方向有逐渐合并和尖灭的趋势。图4-74为不整合面在时间剖面上的显示。

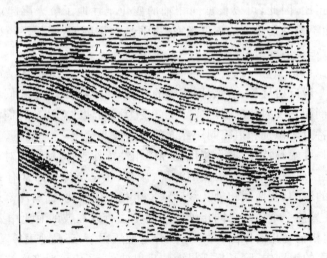

图4-74 不整合面在时间剖面上的显示

此外,当地震地质条件比较复杂,或处理过程中方法、参数选择不当时,将会使时间剖面上的同相轴发生突化,甚至造成假象,出现假构造,做出错误的解释。在工作中必须注意避免这种情况的发生。

4. 解释成果图件

时间剖面经过对比识别和地质解释之后,可构制深度剖面图和构造图等图件作为解释的成果图件。

1)深度剖面图

构制深度剖面图是通过计算处理把在时间剖面 $X \sim t_0$ 坐标中反射波同相轴变成 $X \sim H$ 坐标中的地质构造形态,这就是资料处理系统中介绍的时深转换。

假设时间剖面上有一反射波同相轴[图 4-75(a)],且已知其平均速度为 V,则 D_1、D_2、D_3 等各点相应的界面深度可按式(4-48)求得:

$$h_i = \frac{1}{2} V \cdot t_{0i} \tag{4-48}$$

式中:h_i 为 D_i 点相应界面深度(m);V 为反射波平均速度(m/s);t_{0i} 为 D_i 点接收反射波的时间(s)。

并以 D_1、D_2、D_3 等各点为圆心,以相应的法线深度 h_i 为半径作圆弧,这些圆弧的包络线便是所求的反射界面,如图 4-75(b)所示。应该指出,由于地震剖面线在地面上可布成不同的方位,而反射界面的产状是一定的,因此使得所求深度也有所不同。在计算反射界面深度时,常有法向深度、视深度和真深度之分,图 4-76 表示了 3 种深度之间的几何关系。根据反射波传播定律,所讨论的反射波是过 X 剖面的射线平面内(即图中过 O、M、N 点的平面)的波信息,因而当用地震法求取剖面上 O 点的深度时,所得到的是射线平面内从 O 点到界面 M 点的距离,称之为法向深度,以 h 表示。另外,还有从 O 点沿射线平面至界面的垂直距离 ON,称为视深度,以 h_X 表示,以及从 O 点至界面的垂直深度 OP(在射线平面以外),称之为真深度,以 h_Z 表示。

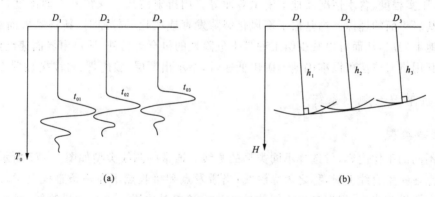

图 4-75 t_0 法构制深度剖面示意图

从图 4-75 中可以看出,各种深度之间有如下关系:

$$h_X = h/\cos\varphi, \quad h_Z = \frac{h}{\cos\varphi}, \quad h_Z = \frac{h_X \cdot \cos\varphi}{\cos\varphi} = \frac{h_X \cdot \cos\varphi}{\sqrt{1 - \frac{\sin^2\varphi}{\cos^2\alpha}}} \tag{4-49}$$

式中:φ 为界面沿 X 方向的视倾角(°);α 为剖面 X 和界面倾向之间的夹角(°);h、h_X、h_Z 分别为法向深度、视深度、真深度(m)。

当反射界面为水平面时,有 $\varphi=\phi=0°$,则有 $h_X=h_Z=h_0$;当反射界面为倾斜面,且剖面线 X 和界面倾向一致时,有 $\alpha=0°$ 和 $\varphi=\phi$,则 $h_X=h_Z>h$;当剖面线 X 垂直于界面倾向时,有 $\alpha=90°$ 和 $\varphi=0°$,则 $h_X=h_Z<h$;当剖面线 X 为任意倾向时,则有 $h_X>h_Z>h$。

2) 地震构造图

地震构造图就是以地震资料为依据,用等深度线(或等时间线)及地质符号绘制的表示地下某层面起伏变化的平面图。它可以反映山区内一定地层的构造形态特征,是进行面积性地震勘探的最终成果图件。

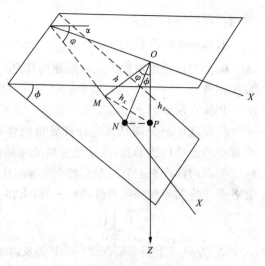

图 4-76 不同深度之间的几何关系图

地震构造图的做法有两类:一类是用时间剖面的数据绘制 t_0 等值线图,然后经过空间校正,转换成真深度的地震构造图;另一类是根据地震深度剖面先绘制等视深度构造图,然后再换算成真深度地震构造图。

三、折射波法

折射波法是工程地震勘探中应用最为广泛的,也是较为成熟的方法之一。当下层介质的速度大于上层介质时,以临界角入射的地震波沿下层介质的界面滑行,同时在上层介质中产生折射波。根据折射波资料可以可靠地确定基岩上覆盖层的厚度和速度,根据每层速度值判断地层岩性、压实程度、含水情况及地下潜水界面等。用折射波法可获得基岩面深度,这个深度是指新鲜基岩界面的埋深。当基岩上部风化裂隙发育或风化层较厚时,新鲜基岩面给出了硬质稳定的地下岩层,从而可以减少给工程带来危险性的机会。另外,还可由界面速度值确定地层岩性。利用折射波法可以准确地勾画出低速带,指示出断层、破碎带、岩性接触带等。

(一) 折射波法观测系统

1. 测线类型

根据不同的工作内容,可选择不同类型的测线。通常的测线类型如图 4-77 所示,当激发点和接收点在一条直线上时,称之为纵测线;当激发点和接收点不在一条直线上时,则称为非纵测线。在非纵测线中,根据各种不同的排列关系和相对位置又可分为横测线、弧形测线等。在工作中,纵测线是主要测线,而非纵测线一般只作为辅助测线来布置,它可以在某些特定情况下解决一些特殊问题(如探测古河床、断裂带等),以弥补纵测线的不足。

用纵测线观测时,根据测线间不同的组合关系可分为单支时距曲线观测系统、相遇时距曲线观测系统、多重相遇时距曲线观测系统以及追逐时距曲线观测系统等。时距曲线观测系统则是根据地震波的时距曲线分布特征所设计的观测系统。在各种时距曲线观测系统中,以相遇时距曲线观测系统使用最为广泛。

2. 相遇时距曲线观测系统

相遇时距曲线观测系统如图 4-78 所示,同一观测地段分别在其两端 O_1 和 O_2 点激发,可得到两支方向相反的相遇时距曲线 S_1 和 S_2。相遇时距曲线观测系统可弥补单一方向时距曲线的不足,可从不同方向反映界面的变化。图 4-78 中的 S_1 和 S_2 两支相遇时距曲线分别反映了界面的 BC 段和 CA 段,其中 BC 段是 S_1 和 S_2 两支相遇时距曲线反映的公共段,具有正、反两个方向的信息,能较正确地反映折射界面的变化。当工作条件或地下地质情况复杂,用一般的相遇时距曲线得不到目的层折射波的相遇段时,可在两端增加激发点并扩大观测段,采用如图 4-79 所示的多重相遇时距曲线观测系统。图中 S_1、S_2 和 S_1、S_4 在不同接收段形成多重的相遇时距曲线,而 S_3、S_4 和 S_1、S_2 则构成了同一界面的追逐时距曲线平行。

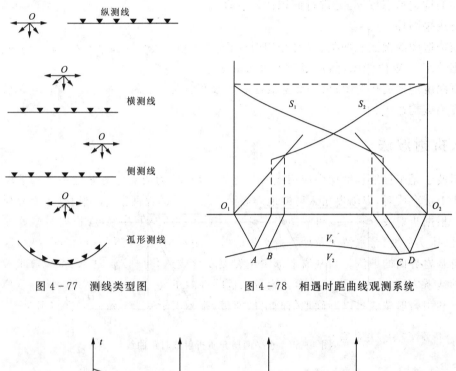

图 4-77 测线类型图   图 4-78 相遇时距曲线观测系统

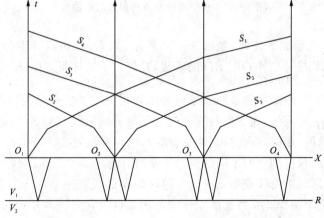

图 4-79 多重相遇时距曲线观测系统

(二)折射波理论时距曲线

1. 水平界面的折射波时距曲线

假设地下深度为 h 处,有一个水平的速度分界面 R,其上、下两层的速度分别为 V_1 和 V_2,且 $V_1 > V_2$。如图 4-80 所示,从激发点 O 至地面接收点 D 的距离为 X,折射波旅行的路程为 OK、KE、ED 之和,则它的旅行时 t 为:

$$t = \frac{OK}{V_1} + \frac{KE}{V_2} + \frac{ED}{V_1} \tag{4-50}$$

式中: t 为两层水平介质时折射波的旅行时(s); V_1、V_2 分别为速度分界面 R 上、下的折射波速度(m/s); OK, KE, ED 分别为各点间的距离(m)。

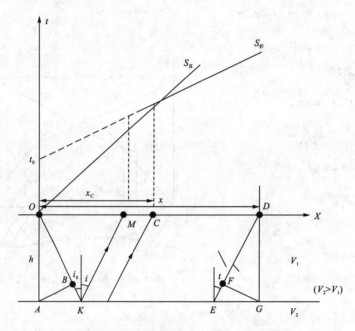

图 4-80 水平两层介质折射波时距曲线

为了简便起见,先做如下证明:如图 4-80 所示,从 O、D 两点分别作界面 R 的垂线,则 $OA = DG = h$,再自 A、G 分别作 OK、ED 的垂线,几何上不难证明 $\angle BAK = \angle EGF = \angle i$,因已知 $\sin i = \dfrac{V_1}{V_2}$,所以有:

$$\frac{BK}{AK} = \frac{EF}{EG} = \frac{V_1}{V_2} \tag{4-51}$$

即

$$\begin{cases} \dfrac{BK}{V_1} = \dfrac{AK}{V_2} \\ \dfrac{EF}{V_1} = \dfrac{EG}{V_2} \end{cases} \tag{4-52}$$

式(4-52)说明,波以速度 V_1 旅行 BK(或 EF)路程与以速度 V_2 旅行 AK(或 EG)路程所需的时间是相等的。将式(4-52)的关系和式(4-49)做等效置换,并经变换后可得:

$$t = \frac{x}{V_2} + \frac{2h\cos i}{V_1} = \frac{x}{V_2} + 2h\frac{\sqrt{V_2^2 - V_1^2}}{V_2 V_1} \tag{4-53}$$

式中：x 为接收点和发射点间的水平距离(m)；i 为图 4-80 中 $\angle BAK$ 和 $\angle EGF$ 的角度(°)；h 为界面 R 的埋深(m)。

这就是水平两层介质的折射波时距曲线方程。它表示时距曲线是一条直线(图 4-80)，其斜率的倒数为 V_2 值。若令 $x=0$，则可得到时距曲线的截距时间为：

$$t_0 = \frac{2h\cos i}{V_1} = 2h\frac{\sqrt{V_2^2 - V_1^2}}{V_2 V_1} \tag{4-54}$$

式中：t_0 为截距时间，即折射波在发射点接收的旅行时(s)。

式(4-54)表示出界面深度 h 和截距时间 t_0 之间的关系，当已知 V_1 和 V_2 时，可求得界面深度 h。

如图 4-81 所示，有 3 层水平介质，其中 $V_3 > V_2 > V_1$，在界面 R_2 上产生的折射波从震源点 O 出发，经由 A、B、E、F 各点到达 D 点。当入射波在 R_2 界面上的 B 点产生折射时，则入射射线在界面处必须满足 $\angle i_{23} = \sin^{-1}(V_2/V_3)$ 和 $\angle i_{13} = \sin^{-1}(V_1/V_2)$，应用和 2 层介质中相类似的方法，可导出 3 层介质的时距曲线方程为：

$$t = \frac{x}{V_3} + \frac{2h_1}{V_3 V_1}\sqrt{V_3^2 - V_1^2} + \frac{2h_2}{V_3 V_2}\sqrt{V_3^2 - V_2^2} \tag{4-55}$$

式中：t 为 3 层水平介质时折射波旅行时(s)；h_1、h_2 分别为 R_1 和 R_2 界面的埋深(m)；V_1、V_2、V_3 分别为从上到下 3 层介质中折射波的速度(m/s)。

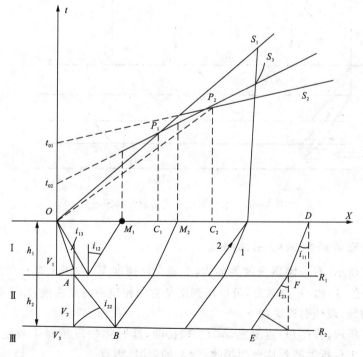

图 4-81　3 层水平介质折射波时距曲线

图 4-81 中的曲线 S_3 为 R_2 界面的时距曲线时,显然式(4-55)为一直线方程。另外,图中还表示有 R_1 界面的折射波时距曲线 S_2 和直达波时距曲线 S_1,3 条曲线彼此相交,分别交于 P_1 和 P_2 点。在相交地段,会产生彼此干扰的现象,有时将影响对不同折射界面的识别。

对于 3 层以上更多层介质的情况,从理论上讲,只要满足各层速度逐层是递增的,就可以逐层产生折射波。即当各层的速度满足 $V_n > V_{n-1} > \cdots$ 且 $V_2 > V_1$ 时,就有 $n-1$ 个折射界面,第 n 层界面上的折射波时距方程可由上述类似方法推出。

$$t_n = \frac{x}{V_n} + 2\sum_{k=1}^{n-1} h_k \frac{\sqrt{V_n^2 - V_k^2}}{V_n V_k} \tag{4-56}$$

式中:t_n 为第 n 层水平介质时折射波旅行时(s);h_k 为第 k 个界面的埋深(m);V_n、V_k 分别为第 n 层介质和第 k 层介质中折射波的速度(m/s)。

图 4-82 表示了 5 层介质的时距曲线分布示意图,从图中可以看出,随着各层波速的逐层增大,时距曲线的斜率逐次减小,而且界面愈深其初至区愈远,所以若要追踪较深层的折射波就必须在远离震源点的地段进行观测。

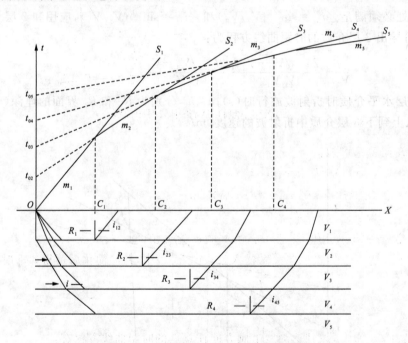

图 4-82 水平多层介质折射波时距曲线

2. 倾斜界面的折射波时距曲线

如图 4-83 所示,有一倾斜速度界面 R,下部介质速度 V_2 大于上覆介质速度 V_1,界面倾角为 φ。若分别在 O_1 和 O_2 点激发,可以得到两条方向相反的时距曲线,即下倾方向接收和上倾方向接收的曲线,现分别讨论如下。

如图 4-83 所示,若在 O_1 点激发,M_1O_2 段接收,这时接收段相对于激发点 O_1 为界面的下倾方向,以 $t_下$ 表示折射波到达地面接收点 O_2 的走时,则有:

$$t_下 = \frac{O_1 A}{V_1} + \frac{AB}{V_2} + \frac{BO_2}{V_1} \tag{4-57}$$

式中:$t_下$ 为折射波到达地面接收点 O_2 的走时(s);V_1、V_2 分别为第一层和第二层的速度(m/s);O_1A、AB、BO_2 分别为各点的距离(m)。

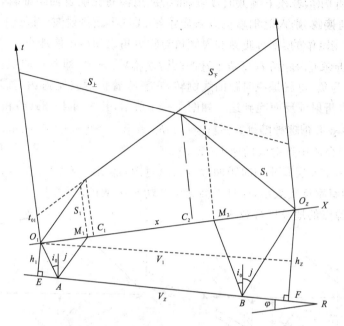

图 4-83　倾斜界面折射波时距曲线

从图中几何关系可知：

$$\begin{cases} O_1A = h_1/\cos i, BO_2 = h_2/\cos i \\ AB = x \cdot \cos\varphi - (h_1+h_2)\tan i \\ h_2 = h_1 + x \cdot \sin\varphi \end{cases} \quad (4-58)$$

式中:h_1、h_2 分别为第一层和第二层的厚度(m);i 为夹角(°)。

且已知 $V_2 = V_1/\sin i$，将这些关系代入公式(4-57)中，并经简化后可得如下时距曲线方程式：

$$t_下 = \frac{x\sin(i+\varphi)}{V_1} + \frac{2h_1\cos i}{V_1} \quad (4-59)$$

同理，若在 O_2 激发，波到达测线上倾方向任意点的时距曲线方程有：

$$t_上 = \frac{x\sin(i-\varphi)}{V_1} + \frac{2h_2\cos i}{V_1} \quad (4-60)$$

根据式(4-59)和式(4-60)以及图 4-83，对倾斜界面的折射波时距曲线特征讨论如下。

(1)倾斜界面的折射波时距曲线仍然为一直线，但它的斜率倒数不等于 V_2，我们把这斜率倒数 $\frac{\Delta x}{\Delta t}$ 用 V^* 表示，显然 V^* 为该折射波的视速度。下倾方向和上倾方向两支时距曲线的斜率是不等的，也就是说，它们的视速度不同，下倾方向的曲线陡，视速度小；而上倾方向的曲线较缓，视速度大。

(2)在界面较浅端 O_1 激发，下倾方向接收时，折射波的初至区距离 O_1C_1 和盲区 O_1M_1 较小些，时距曲线的截距时间 t_{02} 也较小；若在界面较深端 O_2 激发则初至区距离 O_2C_2 和盲区

O_2M_2 就大些,截距时间 t_{02} 也较大,这可以帮助我们判别界面的倾向。在野外布置工作中,则应注意测线初至区距离的变化,适当调整炮点和检波点之间的距离。

(3)当 $i+\varphi \geqslant 90°$ 时,若在下倾方向接收,折射波射线将无法返回地面,因为这时盲区无限大。而在上倾方向接收,则入射角总是小于临界角,无法形成折射波。因此在野外工作中遇到这种情况时,应改变测线的方向,使界面视倾角与临界角之和尽可能地小。

(4)在上倾方向接收时,当 $i>\varphi,V^*$ 为正;当 $i=\varphi,V^*\rightarrow\infty$,即时距曲线呈水平状,其斜率为零;当 $i<\varphi,V^*$ 为负,也就是说时距曲线倒转,它意味着折射波先到达离震源点较远的接收设备而较近处的点折射波反而晚到达。如图 4-84 所示,其中图 4-84(a)和图 4-84(b)分别表示了 $i=\varphi$ 和 $i<\varphi$ 时的两种情况。

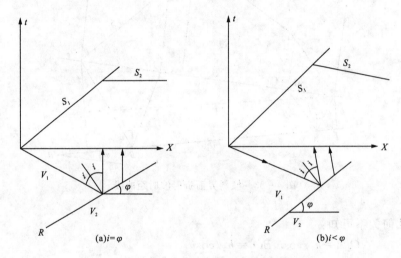

图 4-84 $V^*\rightarrow\infty$ 和 V^* 为负值时的时距曲线

(5)根据式(4-59)和(4-60)可得:

$$\begin{cases} V_{\text{下}}^* = \dfrac{V_1}{\sin(i+\varphi)} \\ V_{\text{上}}^* = \dfrac{V_1}{\sin(i-\varphi)} \end{cases} \tag{4-61}$$

解式(4-61)可得:

$$i = \frac{1}{2}\left(\sin^{-1}\frac{V_1}{V_{\text{上}}^*} + \sin^{-1}\frac{V_1}{V_{\text{下}}^*}\right) \tag{4-62}$$

$$\varphi = \frac{1}{2}\left(\sin^{-1}\frac{V_1}{V_{\text{下}}^*} - \sin^{-1}\frac{V_1}{V_{\text{上}}^*}\right) \tag{4-63}$$

因此,若已知 V_1,则可根据相遇时距曲线的视速度 $V_{\text{上}}^*$ 和 $V_{\text{下}}^*$ 求出倾角 φ 和临界角 i 以及 V_2。

对于多层倾斜介质以及弯曲界面等更复杂构造的折射波理论时距曲线方程,亦可通过上述类似的波射线方法求出,但方法较为复杂和繁琐,此处从略。

(三)折射波资料的处理解释

这里所讨论折射波资料的处理和解释是对初至折射波而言。因此,首先必须对地震记录进行波的对比分析,从中识别并提取有效波的初至时间和绘制相应的时距曲线。

解释工作可分为定性解释和定量解释两个部分。定性解释主要是根据已知的地质情况和时距曲线特征,判别地下折射界面的数量及其大致的产状,是否有断层或其他局部性地质体的存在等,给选择定量解释方法提供依据。定量解释则是根据定性解释的结果选用相应的数学方法或作图方法求取各折射界面的埋深和形态参数。有时为了得到精确的解释结果,需要反复多次地进行定性和定量解释。然后可根据解释结果构制推断地质图等成果图件,并编写成果报告。

1. 折射波资料处理解释系统

折射波资料处理解释系统的一般过程如图 4-85 中的流程框图所示。从图中可以看出,在对地震记录拾取初至时间之前,先判别是否要做预处理。当有的地震记录中初至区干扰波较强,而有效波相对较弱时,则应在预处理中通过滤波、切除或均衡等方法压制干扰波,以保证对有效折射波的识别和正确地拾取初至时间。这一工作对计算机自动判别拾取初至时间,则更为重要。若地震记录中干扰小,初至折射波很清晰,则不必做预处理。

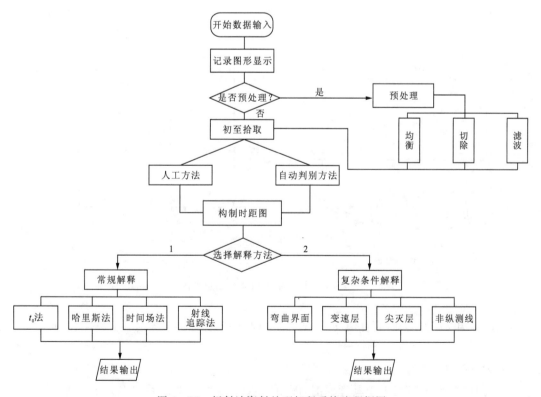

图 4-85 折射波资料处理解释系统流程框图

在解释方法的选择中,可分为常规解释方法和复杂条件解释方法两类,各类中又分别包含各种不同的方法和不同的情况。通常当折射界面为正常的水平或倾斜速度界面时,可选用常规的解释方法,若是其他一些特殊形态的地质体和岩层,则应选用相应的复杂方法进行解释。

关于各种不同情况折射波的解释方法,都是根据地震波的射线传播原理和几何关系得出的。但为了对折射波解释方法有进一步的了解,下面将介绍 t_0 法和非纵时距曲线的解释原理及其具体做法。

2. t_0 法求折射界面

t_0 法又称 t_0 差数时距曲线法,是解释折射波相遇时距曲线最常用的方法之一。在折射界面的曲率半径比其埋深大得多的情况下,t_0 法通常能取得较好的效果,且具有简便快速的优点。

其方法原理如图 4-86 所示。设有折射波相遇时距曲线 S_1 和 S_2 两者的激发点分别为 O_1 和 O_2,若在剖面上任意取一点 D,则在两条时距曲线上可分别得到其对应的走时 t_1 和 t_2。从图中可以看出:

$$\left.\begin{array}{l} t_1 = t_{O_1 ABD} \\ t_2 = t_{O_2 ECD} \end{array}\right\} \quad (4-64)$$

式中:t_1、t_2 分别为图 4-86 中点 D 在时距曲线 S_1 和 S_2 上对应的纵坐标;$t_{O_1 ABD}$、$t_{O_2 ECD}$ 分别为折射波沿 O_1ABD 和 O_2ECD 的旅行时(s)。

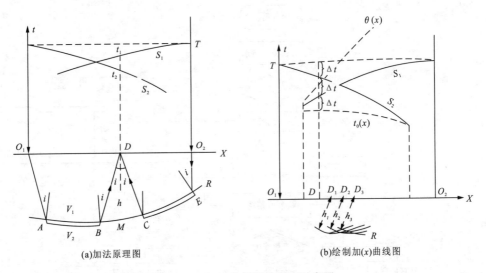

(a) 加法原理图　　(b) 绘制加 (x) 曲线图

图 4-86　t_0 法求折射波界面示意图

且在 O_1 和 O_2 点上,时距曲线 S_1 和 S_2 的走时相等,称之为互换时,用 T 表示,则有:

$$T = t_{O_1 AB} + t_{BC} + t_{ECO_2} \quad (4-65)$$

式中:T 为互换时(s);$t_{O_1 AB}$、t_{BC}、t_{CEO_2} 分别为折射波沿 O_1AB、BC、CEO_2 的旅行时(s)。

当界面的曲率半径远大于其埋深时,图中的 $\triangle BDC$ 可近似地看作为等腰三角形,若自 D 点作 BC 的垂直平分线 DM,于是有:

$$\left.\begin{array}{l} t_{BD} = t_{CD} = h/V_1 \cos i \\ t_{BC} = 2t_{BM} = 2h \cdot \tan i / V_2 \end{array}\right\} \quad (4-66)$$

式中：t_{BD}、t_{CD}、t_{BM}分别为折射波沿 BD、CD、BM 的旅行时(s)；i 为图 4-86 中 BD 与竖向的夹角(°)。

将公式(4-64)中的 t_1 和 t_2 相加，并减去式(4-65)，再将式(4-66)代入后可得：

$$t_1+t_2-T=2h\cdot\cos i/V_1 \tag{4-67}$$

式(4-67)便是任意点 D 的 t_0 值公式，由此可得出 D 点的折射面法线深度 h 为：

$$h=(t_1+t_2-T)\cdot V_1/2\cdot\cos i \tag{4-68}$$

令 $t_0=t_1+t_2-T$ 和 $K=V_1/2\cdot\cos i$，则式(4-68)可写为：

$$h=K\cdot t_0 \tag{4-69}$$

因此只要从相遇时距曲线中分别求出各观测点的 t_0 值和 K 值，就能得出各点的界面深度 h_0。从上述公式可以看出，只要从时距曲线上读取 t_1、t_2 和互换时 T，就可以算出各点的 t_0 值，并可以在图上绘制相应的 $t_0(x)$ 曲线[图 4-86(b)]。

关于 K 值的求取可根据斯奈尔定律将 K 值表达式写成下列形式：

$$K=V_1/2\cdot\cos i=V_1\cdot V_2/2\cdot\sqrt{V_2^2-V_1^2} \tag{4-70}$$

由式(4-70)可以看出，只要求得波速 V_1 和 V_2 则很容易得出 K 值。其中 V_1 通常可根据表层的直达波速度来确定，因此关键是 V_2 值的求取，为此引出差数时距曲线方程，并以 $\theta(x)$ 表示为：

$$\theta(x)=t_1-t_2+T \tag{4-71}$$

式中：$\theta(x)$ 为差数时距曲线方程。

对式(4-71)求导，可得：

$$\frac{d\theta(x)}{dx}=\frac{dt_1}{dx}-\frac{dt_2}{dx} \tag{4-72}$$

式中：$\frac{dt_1}{dx}$ 和 $\frac{dt_2}{dx}$ 分别为上倾方向时距曲线 S_1 和下倾方向时距曲线 S_2 的斜率，它们有如下形式：

$$\left.\begin{array}{l}\dfrac{dt_1}{dx}=\dfrac{\sin(i-\varphi)}{V_1}\\[2mm]\dfrac{dt_2}{dx}=\dfrac{\sin(i+\varphi)}{V_1}\end{array}\right\} \tag{4-73}$$

式中：φ 为界面倾角(°)。

将式(4-73)代入式(4-72)，经一些变换后可得：

$$\frac{d\theta(x)}{dx}=\frac{2\cdot\cos\varphi}{V_2} \tag{4-74}$$

于是可求得波速 V_2 为：

$$V_2=2\cdot\cos\varphi\cdot\frac{dx}{d\theta(x)} \tag{4-75}$$

当折射界面倾角小于 15°时，可写成近似式：

$$V_2\approx 2\cdot\frac{\Delta x}{\Delta\theta(x)} \tag{4-76}$$

因此，只要根据式(4-71)在相遇时距曲线图上构制 $\theta(x)$ 曲线，并求取其斜率的倒数 $\frac{\Delta x}{\Delta\theta(x)}$，则可根据式(4-76)得出波速 V_2，进而从式(4-70)中求得 K 值。

知道了 K 值和各观测点的 t_0 值之后,则可根据式(4-69)计算出各点的界面深度 h。然后,以各观测点为圆心,以其对应的 h 为半径画弧,可得出如图 4-86 中所示的一系列圆弧,作这些圆弧的包络线即为折射界面的位置。

3. 非纵测线的解释

精确地解释非纵测线时距曲线要比解释纵测线的时距曲线困难得多,因为它的激发点远离测线,涉及到的空间变化更大,影响因素也就更多,因此不可能提出一个较精确的解释方法,这里只介绍一个近似估算深度的方法。

假设,有一横测线 $\overline{AB}$,激发点 O 在测线 $\overline{AB}$ 上的投影点为 C,$\overline{OC}$ 两点的距离为 r(图 4-87)。当下面的界面为水平时,则在 $\overline{AB}$ 剖面上折射波时距方程有如下形式:

$$t=\frac{1}{V_2}\sqrt{r^2+X^2}+\frac{2h_0}{V_1}\cos i \tag{4-77}$$

对于不是水平的情况,则可以写成:

$$t=\frac{1}{V_2}\sqrt{r^2+X^2}+\frac{h_0}{V_1}\cos i+\frac{h_C}{V_1}\cos i \tag{4-78}$$

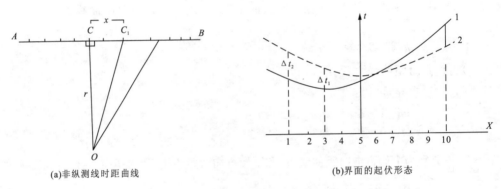

(a)非纵测线时距曲线　　　　　　　　(b)界面的起伏形态

图 4-87　非纵测线时距曲线的对比解释示意图

从上述方程式可知,非纵测线的折射波时距曲线为双曲线形态,和反射波的时距曲线形态有些相似。对于水平界面来说,是一支对称于 C 点的双曲线,但是实际界面可以是任意的形状,因此所得到的曲线也可能是对称和光滑的,相对于水平界面,对称双曲线有"超前"或"滞后"的变化。这种"超前"或"滞后"的时间差,可以认为是由于界面深度的变化所致,因此可根据实测曲线和理论曲线之间的时差来估算界面深度的变化,从而给出界面的起伏形态。具体做法是,读出实测时距曲线和理论时距曲线在各测点上的时差 Δt_i。以时差 $\Delta t_i=0$ 的点作为"基准点",$\Delta t_i>0$ 表示该点界面深度大于"基准点",$\Delta t_i<0$ 表示该点界面深度小于"基准点",校正值的计算公式为:

$$\Delta h_i=\frac{\Delta t_i \cdot V}{\cos i} \tag{4-79}$$

图 4-88 为用常规解释法在微机上进行自动解释,并绘制时距曲线和解释结果的实例。这是青海某地的一个实测剖面,采用多重相遇观测系统,检波距为 10m,较好地划分出了潜水面和基岩界面。

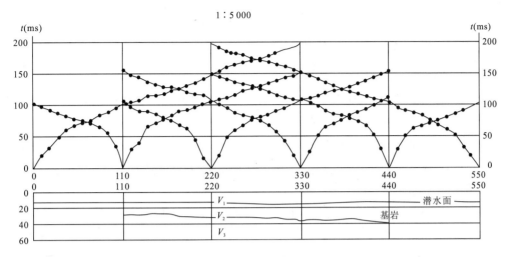

图 4-88　实测折射波时距曲线及解释结果

四、瑞利波法

自 1885 年由英国学者瑞利从理论上证明了瑞利波的存在以来,人们曾对面波的形成和传播特征做过许多研究,但长期以来,一直认为它是地震勘探中的一种干扰波,没有利用的价值。

近年来国外有学者研究了瑞利波在表层介质中的分布和传播特征,并利用它来对表层岩土介质进行分层,取得了较好的效果。如日本的佐藤 GR-810 型全自动地震仪就是为从事瑞利波勘探而专门设计的仪器,但由于该仪器价格昂贵且应用范围较窄,于是有人提出使用目前常用的浅层地震仪来进行瑞利波勘探工作,以便于该方法的广泛推广应用。

(一)基本原理

根据面波传播理论,在自由界面以下均匀各向同性的弹性介质中,瑞利波振动的水平分量 D_X 和垂直位移分量 D_Z 的实部可分别由下列表达式表示:

$$D_X = Bb\left(e^{-bz} - \frac{2be^{-sz}}{2-k_s^2}\right)\cos(\omega t - kz) \quad \left(k^2 = \frac{2-2\upsilon}{1-2\upsilon}, b = k^2 - k_s^2\right)$$

$$D_Z = Bk\left(e^{-bz} - \frac{2bse^{-sz}}{k^2+s^2}\right)\sin(\omega t - kx) \quad (s^2 = k^2(1-k_s^2)) \tag{4-80}$$

式中:υ 为泊松比;k_s 为横波的圆波数;x,z 分别为波传播距离和深度(m);B 为和能量有关的常数。

1. 瑞利波的质点位移特征

瑞利波的质点位移不仅与其频率、传播距离、深度有关,而且与介质的性质密切相关。下面讨论一种理想情况,当介质为理想的泊松固体时($\sigma=0.25$),且在 $z=0$ 的情况下,则式(4-81)可写成:

$$D_X \approx 0.42C \cdot \cos\left(\omega t - \frac{\omega}{V_R} \cdot x\right) \tag{4-81}$$

$$D_Z \approx 0.62C \cdot \sin\left(\omega t - \frac{\omega}{V_R} \cdot x\right) \tag{4-82}$$

式中：V_R 为瑞利波波速(m/s)；C 为与能量及波数有关的常数。

若将式(4-82)中的两式平方后相加，可得：

$$\left(\frac{D_X}{0.42}\right)^2 + \left(\frac{D_Z}{0.62}\right)^2 = 1 \qquad (4-83)$$

该方程为一椭圆方程，说明在自由表面附近，瑞利波质点的位移轨迹是 $X \sim Z$ 平面内的逆时针椭圆，其水平轴和垂直轴之比约为 2∶3。

2. 瑞利波的传播速度和穿透深度

由前介绍已知瑞利波的传播速度 V_R 和横波速度 V_S 及纵波速度 V_P 的关系为：

$$V_R \approx 0.92 V_S \approx 0.53 V_P \qquad (4-84)$$

对瑞利波穿透深度可做如下讨论。根据其质点位移的规律，对几种不同泊松比 σ 的介质计算其水平位移 D_X 和垂直位移 D_Z 随深度 Z 的变化，结果如图 4-89 所示。图中纵坐标为深度和波长的比值 $\left(\frac{Z}{\lambda_R}\right)$，横坐标为相对振幅值 $\left(\frac{A}{A_0}\right)$。

从图 4-89 中可以看出，其能量主要集中在 $\frac{Z}{\lambda_R} < 0.5$ 的区域，而当 $\frac{Z}{\lambda_R} > 1$ 之后，水平分量 D_X 和垂直分量 D_Z 都迅速衰减，因此可认为瑞利波的穿透深度约为一个波长，而主要能量集中在约 $\frac{1}{2}$ 波长的范围内，这一特性为利用瑞利波进行表层分层勘探提供了依据。

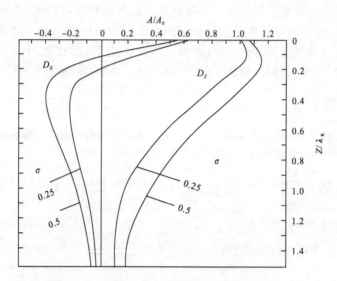

图 4-89 瑞利波 D_X 和 D_Z 随深度变化关系图

3. 瑞利波的衰减和频散

已知随着深度 Z 的增加，瑞利波的水平位移 D_X 和垂直位移 D_Z 呈指数规律迅速衰减。由于在水平方向，波前呈圆筒状向四周扩散，其能量密度随传播距离按 r^{-1} 的规律衰减，因此它比体波按 r^{-2} 规律的球面扩散衰减要慢得多，可以传播得较远。

理论可以证明，在均匀各向同性介质的自由表面，瑞利波是没有频散的，但对于非均匀介质,例如当表面有疏松的覆盖层时,由于松散物质的非弹性作用而会产生明显的"频散效应"。

(二)工作方法

瑞利波法的工作方法主要包括两个方面:一方面是激发和采集瑞利波的信号;另一方面是从已采集的资料中,经过处理得出各种频率面波相对应的速度 V_R 和波长 λ_R,并绘制其离散分布曲线,进而通过反演得出有关表层岩土分层的地质解释。

为了完成上述两个方面的工作,可采用不同激发采集方式,目前有瞬态法和稳态法两类。

1. 瞬态法

现场数据采集系统的排列如图 4-90 所示。选定测点之后,将检波器 1 和检波器 2 分别置于测点 O 两侧的对称位置上。脉冲式锤击震源设在两个检波器的延长线上,与近检波器的距离 x 一般和两个检波器之间的距离 Δx 相等。当完成一次激发之后,将震源移至另一侧的对称位置进行激发。检波距通常以观测点为中心成倍数递增,例如,1m、2m、4m 等。

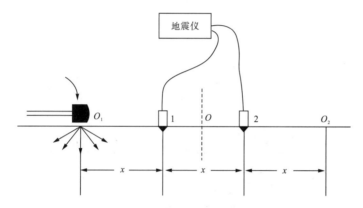

图 4-90 瑞利波法工作排列示意图

随着检波距和偏移距的增大,探测深度也随之增大,因此要求震源的能量亦应相应地增加,以保证产生足够的能量和较低频率的地震波来增大瑞利波的穿透深度。

这部分工作主要包括:对波的识别和提取;做频谱分析,对各道分别作功率谱和相位谱;做相关分析和计算相位差,并求出各频段的面波速度 V_R 和波长 λ_R;绘制离散分布曲线,对其进行反演解释;等等。主要工作都由微机自动完成。其简要流程框图如图 4-91 所示。

2. 稳态法

稳态法工作中使用一套具有稳定振动频率的系列震源,用改变震源的频率来调节探测深度。因此在激发方式、仪器设备和资料处理等方面与瞬态法有所不同。例如,日本的 GR-810(或 GR-820)瑞利波测量系统,便是由一套大小不同的变频震源、检波器、地震仪、计算机及 X-Y 绘图仪所组成。整个系统装在一辆小型汽车内以便于工作中使用,并配有一台 5kW 的发电机,给整个系统提供工作电源。该方法目前在我国应用较少。

(三)应用实例

图 4-92 为某地用瞬态法划分表层介质的实例。根据采集的瑞利波信息,作其相关功率

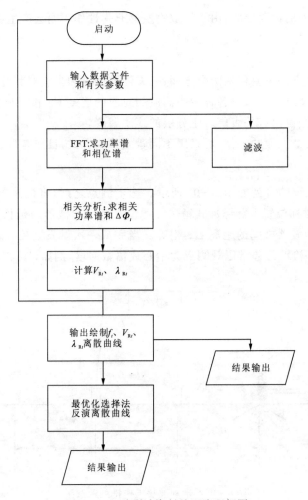

图 4-91 瑞利波资料处理流程框图

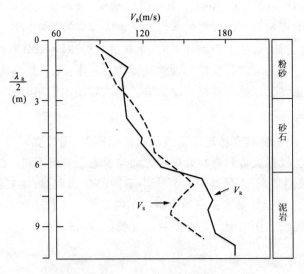

图 4-92 V_R-λ_R 分布曲线及解释结果

谱,求出相关的频段和相应的相位差 $\Delta\varphi$ 曲线,然后计算出各频率对应的波长 λ_R 和速度 V_R,并以 λ_R 为纵坐标、V_R 为横坐标绘制波长和速度的离散曲线。根据速度随波长的变化特征,并以 $\frac{1}{2}$ 波长作为探测深度,可近似地得出表层介质中的分层。如图 4-92 中所示结果和实际情况基本吻合。

瑞利面波法在浅部地基勘察中是一种很有效的方法,在表层岩土的分层和洞穴探测等方面比其他方法有更好的效果。另外,由于瑞利面波速度 V_R 和横波速度扩 V_S 在量值上的近似关系,在一定的条件下可以用来替代跨孔横波测量。它具有工作简便、快速等特点,可大大提高工作效益。因此,这是一种值得进一步研究和推广的方法。

第四节 声波探测

声波探测是通过探测声波在岩体内的传播特征来研究岩体性质和完整性的一种物探方法。和地震勘探相类似,声波探测也是以弹性波理论为基础的。两者主要的区别在于工作频率范围的不同,声波探测所采用的信号频率要大大地高于地震波的频率(通常可达 $n\times10^3 \sim n\times10^6$ Hz),因此有较高的分辨率。但在另一方面,由于声源激发一般能量不大,且岩石对其吸收作用大,因此传播距离较小,一般只适用于在小范围内对岩体等地质现象进行较细致的研究。因为它具有简便快速和对岩石无破坏作用等优点,目前已成为工程与环境检测中不可缺少的手段之一。

岩体声波探测可分为主动式和被动式两种工作方法。主动式测试的声波是由声波仪的发射系统或锤击等声源激发的;被动式的声波是出于岩体遭受到自然界或其他作用力时,在形变或破坏过程中自身产生的,因此两种探测的应用范围也不相同。

目前声波探测主要应用于下列几个方面。
(1)根据波速等声学参数的变化规律进行工程岩体的地质分类。
(2)根据波速随应力状态的变化,圈定开挖造成的围岩松弛带,为确定合理的衬砌厚度和锚杆长度提供依据。
(3)测定岩体或岩石试样的力学参数,如弹性模量、剪切模量和泊松比等。
(4)利用声速及声幅在岩体内的变化规律进行工程岩体边坡或地下硐室围岩稳定性的评价。
(5)探测断层、溶洞的位置及规模。
(6)研究岩体风化壳的分布。
(7)工程灌浆后的质量检查。
(8)天然地震及地压等灾害的预报。

研究和解决上述问题,为工程项目及时而准确地提供了设计和施工所需的资料,对于缩短工期、降低造价、提高安全度等都有着重要的意义。

一、探测方法

(一)原理

如前所述,声波探测和地震勘探的原理十分类似,也是以研究弹性波在岩土介质中的传播特征为基础。声波在不同类型的介质中具有不同的传播特征。当岩土介质的成分、结构和密度等因素发生变化时,声波的传播速度、能量衰减及频谱成分等亦将发生相应变化,在弹性性质不同的介质分界面上还会发生波的反射和折射。因此,用声波仪器探测声波在岩土介质中的传播速度、振幅及频谱特征等,便可推断被测岩土介质的结构和致密完整程度,从而对其做出评价。

例如,当对某岩体(或硐)进行声波探测时,只要将发射点和接收点分别置于该岩体的不同地段,根据发射点和接收点之间的距离 l(图 4-93),以及声波在岩体中的传播时间 t,即可算出被测岩体的波速为:

$$V=\frac{l}{t} \tag{4-85}$$

式中:V 为被测岩体的波速(m/s);l 为发射点和接收点之间的距离(m);t 为声波在岩体中的传播时间(s)。

此外,根据声波振幅的变化和对声波信号的频谱分析,还可了解岩体对声波能量的吸收特性等,从而对岩体做出评价。

(二)声波仪器

声波仪器主要由发射系统和接收系统两个部分组成。发射系统包括发射机和发射换能器,接收系统由接收机、接收换能器,以及用于数据记录和处理用的微机组成(图 4-93)。

发射机是一种声源讯号发生器。其主要部件为振荡器,由它产生一定频率的电脉冲,经放大后由发射换能器转换成声波,并向岩体辐射。

电声换能器是一种实现声能和电能相互转换的装置(图 4-94)。其主要元件是压电晶体。压电晶体具有独特的压电效应,将一定频率的电脉冲加到发射换能器的压电晶片时,晶片就会在其法向或径向产生机械振动,从而产生声波,并向介质中传播。晶片的机械振动与电脉冲是可逆的。接收换能器接收岩体中传来的声波,使压电晶体发生振动,从而在其表面产生一定频率的电脉冲,并送到接收机内。

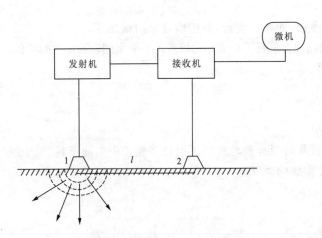

图 4-93 声波探测示意图
1-发射换能器;2-接收换能器

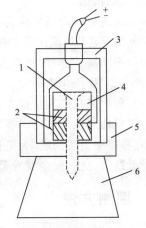

图 4-94 喇叭式换能器结构示意图
1-螺柱;2-晶片;3-屏蔽罩;4-配重;
5-锁环;6-辐射体

根据测试对象和工作方式的不同,电声换能器也有多种型号和式样,如喇叭式、增压式、弯曲型、测井换能器和检波换能器等。

接收机可以将接收换能器接收到的电脉冲进行放大,并将声波波形显示在荧光屏上,通过调整游标电位器,可在数码显示器上显示波至时间。若将接收机与微机连接,则可对声波讯号进行数字处理,如频谱分析、滤波、初至切除、计算功率谱等,并可通过打印机输出原始记录和成果图件。

(三)工作方法

岩体声波探测的现场工作,应根据测试的目的和要求,合理地布置测网,确定装置距离,选择测试的参数和工作方法。

测网的布置应选择有代表性的地段,力求以最少的工作量解决较多的地质问题。测点或观测孔一般应布置在岩性均匀、表面光洁,且无局部节理、裂隙的地方,以避免介质不均匀对声波的干扰。装置的距离要根据介质的情况、仪器的性能以及接收的波形特点等条件而定。

由于纵波较易识读,因此当前主要是利用纵波进行波速的测定。在测试中,最常用的是直达波法(直透法)和单孔初至折射波法(一发二收或二发四收),如图4-95所示。反射波法目前仅用于井中的超声电视测井和水上的水声勘探。

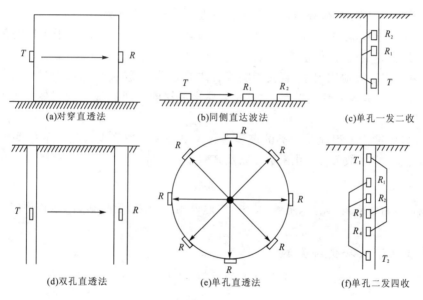

图4-95 常用的几种现场工作方式示意图
T-发射换能器;R-接收换能器

二、声波探测的应用

(一)岩体动弹性参数的测定

声波探测和地震勘探测试岩体(石)的弹性力学参数是在快速瞬间加载情况下完成的,称为动力法。所测得的参数称为动弹性参数,如动弹性模量 E_m、动泊松比 σ_m、动剪切模量 G_m 等。只要测得岩体的纵波速度 V_P、横波速度 V_S、密度 ρ,则可根据式(4-86)计算出岩体(石)的动弹性参数为:

$$E_m = \frac{\rho V_S^2 (3V_P^2 - 4V_S^2)}{V_P^2 - V_S^2} \quad \sigma_m = \frac{V_P^2 - 2V_S^2}{2(V_P^2 - V_S^2)} \quad G_m = \rho V_S^2 \tag{4-86}$$

式中:E_m、G_m 分别为岩体的动弹性模量、动剪切模量(Pa);V_P、V_S 分别为岩体的纵波速度、横波速度(m/s);ρ 为岩体的密度(kg/m³);σ_m 为岩体的动泊松比。

动力法具有设备轻巧、测试简便、经济迅速、可大量施测等优点,而且许多大型工程建筑都要考虑岩土的动力学特征,因此测量岩体的动弹性参数具有实际意义。

应当指出,由于动力法是在瞬间加载情况下进行测试的,且对岩体施加的应力较小,因此,动、静弹性参数间存在一定的差异。为了满足当前工程技术界仍需将动弹性参数换算成基础荷载条件相近的静弹性参数的要求,有必要研究二者之间的关系。但这个问题比较复杂,一般其对应关系因不同岩性和不同地区而异。实际工作中,往往要进行一定数量的动、静弹性参数的对比测试,才能找出其中的对应规律。

(二)岩体的工程地质分类

为了评价岩体质量,了解硐室及巷道围岩的稳定性,合理地选择地下硐室或巷道的开挖方案,设计合理的支护方案,都必须正确地对岩体进行工程地质分类。

大量岩体力学试验表明,岩体的纵波速度与其抗压强度(R_C)成近于正比的关系(图4-96)。因此,强度高(或弹性模量大)的岩体具有较高的声速。另一方面,岩体的成因、类型、结构面特征、风化程度等地质因素,直接影响着岩体的力学性质,而岩体的力学性质又与声波在岩体中的传播规律有着密切的关系,这就是岩体声波探测之所以能作为岩体分类的主要手段的物理前提。

目前对岩体进行工程地质分类的声学参数主要是纵波速度 V_P,此外还有弹性模量 E、完整性系数 K_W、裂隙系数 L_S、风化系数 β 以及衰减系数 α 等。

1. 纵波速度

一般来说,岩体新鲜、完整、坚硬、致密,波速就高。反之,岩体破碎、结构面多、风化严重,波速就低。

2. 完整性系数和裂隙系数

完整性系数 K_W 是描述岩体完整情况的系数,可表示为:

$$K_W = \left(\frac{V_{P体}}{V_{P石}}\right)^2 \tag{4-87}$$

式中:K_W 为岩体完整性系数;$V_{P体}$、$V_{P石}$ 分别为岩体纵波速度、室内岩石纵波速度(m/s)。

裂隙系数 L_S 是表征岩体裂隙发育程度的系数,可表示为:

$$L_S = \frac{V_{P石}^2 - V_{P体}^2}{V_{P石}^2} \tag{4-88}$$

式中:L_S 为裂隙系数;$V_{P石}$、$V_{P体}$ 分别为无裂隙完整岩石和有裂隙岩体的纵波速度(m/s)。

根据 K_W 和 L_S 可将岩体分为5个等级,如表4-2所示。

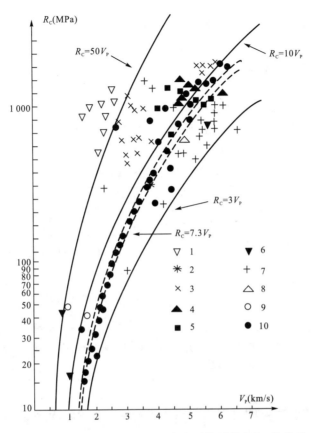

图 4-96　岩样纵波速度 V_P 与岩石抗压强度 R_C 的关系

1-石英岩；2-片麻岩类；3-变质岩；4-石英砂岩；5-花岗岩；6-黏土岩；7-灰岩；8-安山岩；9-砂岩；10-其他类岩石

表 4-2　岩体状态分级表

符号	岩质	岩体状态	完整性系数 K_W	裂隙系数 L_S
A	极好	岩体新鲜，节理少，无风化变质	>0.75	<0.25
B	良好	节理稍发育，极少张开，沿节理稍有风化，岩块内新鲜坚硬	0.50～0.75	0.25～0.50
C	一般	岩块较新鲜，表面稍有风化，一部分张开，含有黏土	0.35～0.50	0.50～0.65
D	差	岩块坚硬，节理发育、表面风化，含有泥及黏土	0.20～0.35	0.65～0.80
E	很差	风化变质，岩体显著弱化	<0.2	>0.8

3. 风化系数

风化系数 β 是表示岩体风化程度的系数。根据岩体波速随岩体风化而减小的特点,可将其表示为:

$$\beta = \frac{V_{P新} - V_{P风}}{V_{P新}} \qquad (4-89)$$

式中:β 为风化系数;$V_{P新}$、$V_{P风}$ 分别为新鲜岩体和风化岩体的纵波速度(m/s)。

根据风化系数 β,可将岩体分为 4 级,如表 4-3 所示。

表 4-3 岩体风化程度分级

风化等级	风化程度	岩体状态描述	风化系数 β
0	未风化	持原有的组织结构,除原生裂隙外见不到其他裂隙	<0.10
I	微风化	组织结构未变,沿节理面稍有风化现象,在邻近部分的矿物变色,有水锈	0.10~0.25
II	弱风化	岩体结构部分被破坏,节理面风化,夹层呈块状、球状结构	0.25~0.50
III	强风化	岩体组织结构大部分或全部被破坏,矿物变质、松散、完整性差,用手可压碎	>0.50

根据工程地质调查和试验,将上述各种参数进行综合分析后,可对岩体进行总体分类评价(表 4-4)。

表 4-4 弹性波速参数与岩体分类评价

岩体类别	I	II	III	IV	V
纵波速度 V_P(km/s)	4.0~6.0	3.0~4.0	2.0~2.5	1.0~2.5	<1.0
完整性系数 K_W	>0.75	0.50~0.70	0.35~0.50	0.20~0.35	<0.2
裂隙系数 L_S	<0.25	0.25~0.50	0.50~0.65	0.65~0.80	>0.60
风化系数 β	<0.1	0.1~0.2	0.2~0.4	0.4~0.6	0.6~1.0
纵、横波比值 V_P/V_S	1.7	2.0~2.4	2.5~3.0	>3.0	
岩体特征	完整、坚硬	呈块状、裂隙发育、稍风化	碎裂状、裂隙发育、风化	松散、裂隙发育、强风化	松散、裂隙发育、严重风化
稳定性评价	稳定	基本稳定	稳定性较差	不稳定	极不稳定

4. 衰减系数

声波在岩体中传播时,除波速发生变化外,振幅也要发生变化。试验证明,声波在不连续面上的能量衰减比较明显,因此衰减系数 α 可以反映岩体节理裂隙的发育程度。可表示为:

$$\alpha = \frac{1}{\Delta x}\ln\frac{A_{\max}}{A_i} \tag{4-90}$$

式中：α 为参与比较的各测试段介质的振幅相对衰减系数(cm^{-1})；A_i、$A_{\max}$ 分别为固定增益时，参与比较的各测试段的实测振幅值和最大振幅值(mm)；Δx 为发射换能器至接收换能器的距离(cm)。

由式(4-90)可见，当 $A_i = A_{\max}$ 时，相对衰减系数 α 为零，表明该段岩体在参与比较的各测试段中质量最好；A_i 越小，α 就越大，表明该段岩体质量越差。因此，衰减系数不仅可用作岩体分类的指标，而且还可用于固定工程爆破引起的围岩破裂影响范围等方面。

(三) 围岩应力松弛带的测定

在硐室开挖前，岩体中应力处于平衡状态；开挖后，原始的应力平衡被破坏，引起了应力的重新分布，并导致应力的释放和集中。这种变化随岩体性质、硐室形态、硐室在岩体中的位置，以及硐径大小而异。

如果在各向同性的岩体中开挖一个圆形隧道，则在侧压系数等于1的条件下，由弹性理论计算表明，硐壁处的径向应力 δ_r 等于零，而切向应力 δ_t 增大至岩体原始应力的两倍。δ_r 和 δ_t 的分布如图4-97(a)所示，可见影响范围是硐半径 r 的3倍。

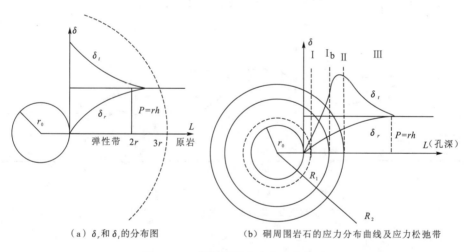

(a) δ_r 和 δ_t 的分布图　　(b) 硐周围岩石的应力分布曲线及应力松弛带

图 4-97　圆形隧洞应力分布曲线图

Ⅰ-应力松弛带；I_b-塑性带；Ⅱ-应力集中带；Ⅲ-弹性带(原岩带)

由于岩体并非理想弹性体，而且强度有限，因此当切向应力 δ_t 在硐壁处的增大程度超过岩体强度时，岩体即进入塑性形变状态或发生破裂。于是引起了应力下降，使隧硐附近的一定范围内出现比原始应力还要低的应力降低区，向岩体内部则形成大于原始应力的应力增高区，再向内过渡到某一深度才逐渐恢复到原来的应力状态。故在硐周围岩石的应力分布曲线上出现一个峰值，如图4-97(b)所示。此外，由于施工等因素的影响，也会使岩体的完整性下降(例如爆破引起的爆破影响带)，出现附加的应力松弛。上述两种因素引起的岩体完整性破坏和强度下降的总范围，叫作应力松弛带或松动圈[图4-97(b)]。确定松弛带的厚度是岩体稳定性评价及支衬设计的重要依据。

在硐壁应力下降区,岩体裂隙破碎,以致波速减小而振幅衰减较快。反之,在应力增高区,应力集中,波速增大,振幅衰减较慢。因此,利用声波速度随孔深的变化曲线,可以确定松弛带的范围。

单孔现场工作如图4-98所示。垂直于硐壁布置若干组测孔,每组1个测孔,孔深为硐径的1~2倍。在一个断面上的测孔应尽可能地选择在地质条件相同的方位,以减少资料解释的困难。为保证换能器与岩体耦合良好,边墙测孔可向下倾斜5°~10°。拱顶处,因钻孔向上,应采用止水设备。测试时可采用单孔法(一发两收的初至折射波法)或两孔法(直透法,逐点同步测试),先在测孔中注满水作为耦合剂,然后从孔底到孔口,每隔一段距离(一段为20cm)测量一次声速值。将测试结果绘成波速随孔深变化的V_P-L曲线,便可进行解释。

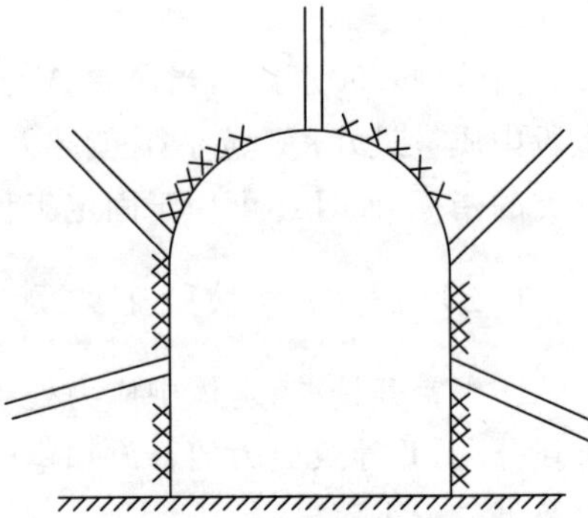

图4-99展示了几种常见的V_P-L曲线类型。其中$V_P>V_0$的曲线(曲线1、2),表明无松弛带;硐壁附近$V_P<V_0$的曲线(曲线3、4)和$V_P<V_0$的多峰值曲线(曲线5),则表明存在应力松弛带。解释时,由V_P-L曲线图中A点的坐标L_1值确定松弛带的厚度。

图4-98 单孔现场测试示意图

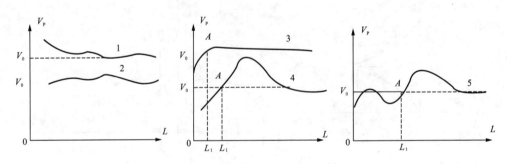

图4-99 常见的几种V_P-L曲线图
V_0-天然应力状态的纵波波速;L_1-松弛带范围

(四)滑坡、塌陷等灾害监测

滑坡、塌陷等灾害的监测是采用被动式的声波探测技术,即利用岩体受力变形或断裂时产生的声发射。岩体受力而发生变形或断裂时,以弹性波形式释放应变能的现象称为声发射。如果释放的应变能足够大,就会产生听得见的声音。在滑坡、塌陷等灾害发生前夕,由于微裂隙的产生而释放出应变能,这种应变能随裂隙的增多和扩张而增大,利用地音仪对岩体进行监测,就能预报滑坡、塌陷等灾害。

声发射现象的研究包括两个方面的内容:一是研究岩体声发射信号的时间序列和声发射源的空间分布,即声波的运动学特征;二是研究声发射信号的频谱与岩体变形及破坏特征的关系,即声波的动力学特征。

利用声发射研究岩体的稳定性,一般是利用地音仪记录声发射的频度等参数作为岩体失稳的判断指标。所谓频度是表示单位时间内所记录的能量超过一定阀值(背景噪音)的声发射次数,以 N 表示。

第五节 层析成像

一、弹性波层析成像

弹性波层析成像技术是一种较新的物探方法,通过弹性波在不同介质中传播的若干射线束,在探测范围内部构成切面,根据切面上每条穿过探测区的地震波初至信号的射线物性参数的变化,在计算机上通过不同的数学处理方法重建图像,结合其物理力学性质的相关分析,采用射线走时和振幅来重建介质内部声速值及衰减系数的场分布,并通过像素、色谱、立体网格的综合展示,直观反映岩土体及混凝土结构物的内部结构。弹性波层析成像主要用于岩土体及混凝土结构物的无损检测领域,还广泛应用于矿产勘探和环境工程地质勘探。

(一)弹性波层析成像原理

1. 原理介绍

弹性波层析成像技术是利用某一探测系统,通过弹性波在不同介质中传播的若干射线束,在探测范围内部构成切面,根据切面上每条穿过探测区的地震波初至信号的射线物性参数的变化,在计算机上通过数学处理进行图像重建,如图 4-100 所示。这种重建探测区内波速度场的分布,可确定介质内部异常体的位置,重现物体内部物性或状态参数的分布图像,从而对被测物体进行分类和质量评价。

这里以透射波层析成像为例。图 4-101 为一跨孔 CT 观测系统,在两钻孔之间进行透射波的层析成像。图中,ZK_1 为激发孔,沿 ZK_1 的不同深度布置激发点 O_1、$O_2 \cdots O_n$;ZK_2 为接收孔,沿 ZK_2 的相应深度布置接收点 S_1、$S_2 \cdots S_n$。把两个钻孔之间的断面划分成等面积的小方格,实现成像区域空间的离散化。设横向格数为 k,纵向格数为 l,总的小方格数为 $m = k \times l$。小方格的大小依据探测精度的要求及野外观测数据的多少而定。然后,对小方格进行编号。

对于每条波射线均可写出一个射线方程:

$$\sum_{j=1}^{m} a_j x_j = t_i \quad i = 1, 2, \cdots, n \tag{4-91}$$

式中:x_j 为第 j 个小方格波速度的倒数(称为波的慢度)(s/m);t_i 为沿第 i 条射线传播的波的到达时间(s);a_j 为射线在第 j 个方格点的长度(m)。

如果分别在两个钻孔的不同深度激发、接收 n 次,便可得到 n 个射线方程,写成矩阵形式为:

$$\begin{bmatrix} a_{11} & a_{12} & \cdots & a_{1m} \\ a_{21} & a_{22} & \cdots & a_{2m} \\ \vdots & \vdots & & \vdots \\ a_{n1} & a_{n2} & \cdots & a_{nm} \end{bmatrix} \begin{bmatrix} x_1 \\ x_2 \\ \vdots \\ x_m \end{bmatrix} = \begin{bmatrix} t_1 \\ t_2 \\ \vdots \\ t_n \end{bmatrix} \tag{4-92}$$

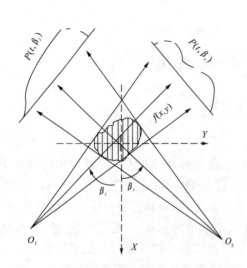 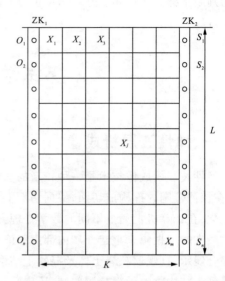

图 4-100 异常体在扇形波射线中的投影示意图　　图 4-101 钻孔 CT 测量布置示意图

解这个方程组就可以得到每个小方格内的波慢度值,求其倒数,即可得到孔间波速值的分布图。

2. 计算步骤

弹性波层析成像的计算步骤如图 4-102 所示。

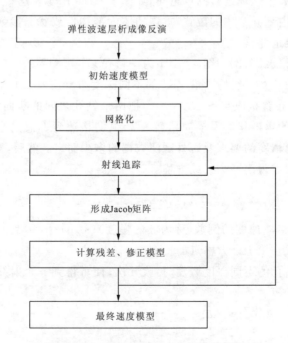

图 4-102 弹性波层析成像反演计算图

(二)声波层析成像的工作方法

弹性波检测最常用的发射波是声波和地震波,而声波检测是工程物探的重要手段之一,这里主要对声波层析成像方法进行介绍。声波层析成像技术是利用声波穿透被检测体并获取声波接收时间,经过计算机反演成像,呈现被检测体各微小单元的声波速度分布图像,进而判断检测体的质量。这种方法具有精度高、异常点位置定位准确的特点。声波检测过程如图4-103所示。

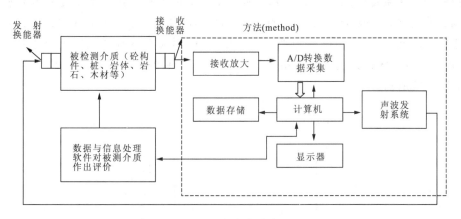

图4-103 声波检测过程图

1. 声波探测的基本方法

目前常用的方法有以下几种,下面分别介绍各种方法的特点、适用条件及应用范围。

1) 透射波法

透射波法是一种简单而效果较好的探测方法。采用透射波法发射,接收换能器机-电相互转换效率高,因而在混凝土中的穿透能力相对较强,传播距离相对较长,可以扩大探测范围。透射波法获得的波形单纯、清楚、干扰较小,初至清晰,各类波形易于辨认。透射波法要求发射探头和接收探头之间的距离必须能够准确测量,否则计算出来的误差值较大,反而会影响测量的精度。具体来说,应用透射波的测试方法有同侧直达波法、对穿直透法等,如图4-104所示。

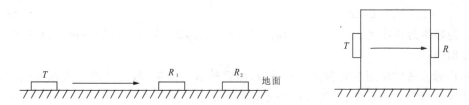

图4-104 同侧直达波(左)和对穿直透法(右)示意图
T-发射换能器;R-接收换能器(本节其他图中表示含义相同)

2) 反射波法

声波在岩土体中传播时,遇到波阻抗面时,都将发生反射和透射现象,当几个波阻抗面同时存在时,则在每个界面上都将发生反射和透射。这样在岩土体表面就可以观测到一系列依次到达的反射波。反射波分辨率最好的位置是在发射探头附近,发射点 I 接收探头距离过大,则往往使之浅层反射波振动,严重干扰下层的反射波,这时的波形图将是复杂而无法分辨的。

由于工程结构的特殊性,很多工程只有一个工作面,无法利用对穿法或透射法进行检测,而反射波法正好弥补了这一缺陷。这时,弹性波的反射和接收都在一个工作表面上,因此,该法已成为工程结构混凝土检测(如低应变动力检测混凝土灌注桩)的重要方法。

3)折射波法

当混凝土受到激发时产生的弹性波,在混凝土内部传播中遇到下伏混凝土的声速大于正在传播的介质速度时,则将产生全反射的现象。这时,在混凝土表面上可接收到沿着高速层界面滑行来的折射波,根据模型试验和理论研究证实,折射波在两种介质速度差不超过 5%~10%时,可以得到最大的强度。应用折射波的测试方法有单孔一发两收法、单孔两发四收法等,如图 4-105 所示。

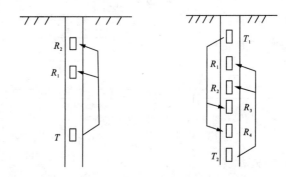

图 4-105 一发两收(左)和两发四收(右)观测系统示意图

钻孔声波测试作为工程物探常用方法之一,已广泛应用于工程勘察及现场检测工作中。施测过程是利用发射换能器发射的超声波,通过井液向周围传播,在孔壁岩体将产生透射、反射、折射,其折射波以岩体波速沿孔壁滑行。这样,两个接收换能器就接收到了沿孔壁滑行的折射波。

在钻孔中测量时,一般是将孔内灌满清水,以水作为探头与混凝土间的耦合剂。利用式(4-93)就可以计算出岩体的波速:

$$V_P = L/\Delta t \tag{4-93}$$

式中:V_P 为岩体的纵波速度(m/s);L 为两个接收换能器 S_1 和 S_2 的间距(m);Δt 为 S_1 和 S_2 间纵波走时差(s)。

层析成像方法的应用主要包括 3 个环节,即野外数据采集、数据处理与成像和图像解释。成像的质量与野外观测系统、采集数据的质量都有很重要的关系。

(三)弹性波层析成像观测系统

声波探测的现场工作,应根据测试的目的和要求,合理地布置测网,确定测点距离,选择测试参数和工作方法。观测系统的选择应有代表性,力求以最少的工作量解决较多的问题。

1. 水平同步观测系统

如图 4-106 所示,发射、接收换能器保持在同一水平面上,并且以同样的间距由下向上或从上到下逐点检测。这种方法的缺点是对微小目标容易漏测,只有通过减小间距使精度提高。

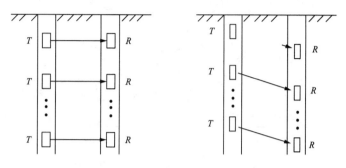

图 4-106 水平同步和高差同步观测系统示意图

2. 高差同步观测系统

高差同步观测系统是指发射、接收换能器以同样的间距逐点移动,但不在同一水平面上,即始终保持同一高差进行测量(图 4-106)。和上面的水平同步观测系统结合使用,两种方法可以互补,不容易遗漏介质内部较小的异常体。

3. 双测试面单点扇形观测系统

双测试面单点扇形观测系统是指分别把发射、接收换能器放在两个钻孔内,发射换能器位置固定不动,接收换能器在孔深范围内以相等间隔移动,如图 4-107 所示。

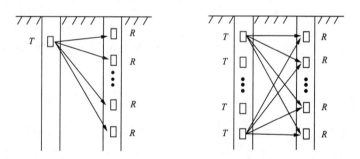

图 4-107 单点扇形和多点扇形观测系统示意图

4. 双测试面多点扇形观测系统

双测试面多点扇形观测系统是反复使用一点发射、多点接收的单点扇形观测方法。该方法适用于混凝土构件中的墙、梁、柱的测试,混凝土桩的超声测试及岩土体中的跨孔测试,如图 4-107 所示。

5. 四测试面多点扇形观测系统

在两对测试面上分别采用四测试面多点扇形观测系统,如图 4-108 所示。在实际操作中,可以把两对测试面看作两个钻孔,参数设置及测量工作均可根据同样的原理进行。

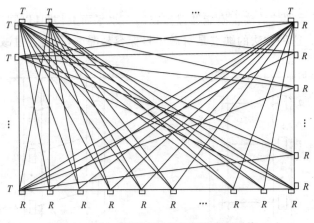

图 4-108 四测试面多点扇形观测系统

二、电磁波层析成像

电磁波层析成像(EMT)又称为无线电波透视法。这种方法来源于医学中常用的 CT 技术,即所谓的计算机层析成像技术,它属于投影重建图像的应用技术之一,其数学理论基于 Radon 变换与 Radon 逆变换,即根据在物体外部的测量数据,依照一定的物理和数学关系反演物体内部物理量的分布,并由计算机以图像形式显示高新技术。

相对而言,电磁波在地质层析中的应用并没有地震波那么广泛,这与电磁波的特性有关,主要受以下因素影响:首先,电磁波在地层介质中衰减较快,可探测的间距相对较小;其次,电磁波传播速度比声波更快,使得准确测量电磁波走时难以实现;最后,地层中电性参数与岩性间关系复杂,增加了解释的难度。尽管如此,电磁层析成像技术也有其独特的优势和作用:首先,电磁波分辨率较高;其次,因为地层中流体与电磁波的密切关系,在解决相关问题时电磁波层析成像有着显著的价值。

(一)理论基础

电磁波层析成像按工作方式可以分为电磁波走时层析成像技术、电磁波衰减系数层析成像技术和电磁波相位层析成像技术 3 种。目前,国内电磁波层析成像技术研究主要集中在电磁波走时层析成像和电磁波衰减系数层析成像两种技术方法上,研究成果相对较丰富,而在电磁波相位层析成像技术方面研究比较薄弱。下面分别简述这 3 种电磁波层析成像技术的方法原理。

1. 电磁波走时层析成像技术

电磁波走时层析成像技术,是根据电磁波的走时来反演被测物体内部的电磁波慢度分布的技术方法。数学上可以把其视为平面上一个函数沿射线的积分,这里的函数即为慢度函数,其相应的层析成像基础为 Radon 变换与 Radon 逆变换。该方法最早由澳大利亚数学家 J. Radon 在 1917 年提出。

电磁波走时层析成像技术与声波层析成像技术的原理相似,观测数据是波的走时,反演成像参数是波的慢度(慢度是速度的倒数),成像公式为慢度函数沿射线的积分公式。电磁波走时层析成像技术与声波层析成像技术不同点在于电磁波在介质中的传播速度比声波快。另外,电磁波速度与岩性的函数关系比声波速度和岩性的函数关系更复杂,甚至电磁波速度与岩层中的流体关系更密切。

电磁波走时层析成像技术的正演方法有两种:一种是基于射线理论(ray theory)的层析成像正演方法,它忽略电磁波的波动学特征,把电磁波在介质中近似地看作直线传播,在射线路径上将旅行时反投影;另一种是基于散射理论的层析成像正演方法,其比起射线理论在电磁波频域上的高频近似,考虑了电磁波更大的频域范围。基于射线理论的层析成像正演方法在算法上已相当成熟,一般在应用中多把电磁波在介质中近似地看作直线传播。需要注意的是,这种直射线近似需要满足3个条件:

(1)发射点至接受点的距离 R 必须大于 $\frac{\lambda}{2}\pi$(λ 为电磁波在介质中的波长);

(2)电磁波在介质中的折射率要足够小,以使得其传播轨迹能近似为射线,通常近似为一常数;

(3)电磁波的波长需满足条件 $\lambda \ll \pi\sigma$(σ 是介质的趋肤深度)。

从物理角度上来看,如果设电磁波在待测介质中的慢度为 s,由式(4-94)可以看到其与介质的相对磁导率 μ_r 和相对介电常数 ε_r 的关系式为:

$$s = 1/v = \sqrt{\mu_r \varepsilon_r}/c \tag{4-94}$$

式中:s 为电磁波在待测介质中的慢度(s/m);c 为电磁波在自由空间中的速度(m/s);v 为电磁波在介质中的速度(m/s);μ_r、ε_r 分别为介质的相对磁导率和相对介电常数。

从式(4-94)可以看出,电磁波慢度主要与介质的相对介电常数有关。由于一般岩石的相对介电常数 ε_r 为5~7,而水的相对介电常数 ε_r 在80左右,因此一般地质环境中含水量为引起相对介电常数与电磁波慢度差异的主要因素。同时,由于在相同岩性与饱水条件下,岩层含水量主要与其裂隙发育程度有关,所以电磁波走时层析成像可以探测岩层的破碎带与裂隙发育程度。

电磁波在介质中的传播时间即走时,与电磁波在介质中的传播速度有如下关系:

$$t_i = \int_{L_i} s(x) \mathrm{d}x = \int_{L_i} \frac{1}{v(x)} \mathrm{d}x \tag{4-95}$$

式中:t_i 为第 i 条电磁波路径的旅行时间(s);$s(x)$ 为介质中电磁波的慢度(s/m);$v(x)$ 为介质中电磁波的速度(m/s);L_i 为第 i 条电磁波的传播路径;x 为空间坐标。

电磁波走时层析成像技术一般先把要研究的区域网格化,并在每一小格内假定电磁波慢度为常数。对式(4-95)中积分路径离散化后得线性方程:

$$t_i = \sum_{i=1}^{m} s_j l_{ij} \quad (i,j = 1,2,\cdots,m) \tag{4-96}$$

式中:j、m 分别为离散后的网格单元号和网格单元总数;i、n 分别为积分路径的编号和积分路径总数;l_{ij} 为第 i 条路径穿过第 j 个网格单元的线长(m);s_j 为第 i 条路径穿过第 j 个网格的电磁波慢度(s/m);t_i 为观测到的第 i 条电磁波路径的旅行时间(s)。

矩阵方程 $\boldsymbol{Ax} = \boldsymbol{b}$,其中 $\boldsymbol{A}$ 为路径元组成的 $m \times n$ 维矩阵,$\boldsymbol{x}$ 是电磁波慢度组成的 $n \times 1$ 维矩阵,$\boldsymbol{b}$ 为电磁波旅行时组成的 $m \times 1$ 维矩阵。

解上述方程组就可以求出待测介质中的电磁波慢度,从而得到电磁波慢度层析成像结果图,进而确定地质异常体。因为这种方法与声波层析成像非常相似,很多数据处理方法都可以从声波层析成像技术里借鉴。采用时域伪谱法(PSTD)模拟井间电磁波的传播,该算法在时间域有限差分法(FDTD)的基础上采用快速傅立叶变换(FFT)计算麦克斯韦方程中的空间导数,其计算精度明显高于传统的时间域有限差分法,这种电磁波波场的正演计算为井间电磁波高分辨率层析成像奠定了重要的基础。

2. 电磁波衰减系数层析成像技术

与电磁波走时层析成像相同,电磁波衰减系数层析成像的数学基础也是 Radon 变换与 Radon 逆变换,只是这时待积函数从电磁波慢度函数变成了电磁波衰减函数,观测数据也从电磁波的旅行时变成了电场波的场强。

电磁波衰减系数层析成像的物理基础是:岩层中的不同介质(如不同岩体、破碎带、矿体等)的电磁波衰减系数不同,当电磁波在穿过待测岩层时,不同介质对电磁波的衰减作用就不一样,因此,根据观测到的电磁场强度,就可以求解介质内部的衰减系数,从而根据衰减系数来判断目标地质体的结构与形状。待测介质对电磁波的衰减系数可表示为:

$$a = \omega \left\{ \frac{\mu_r \varepsilon_r}{2} \left[(1+(\frac{\sigma}{\omega \varepsilon_r})^2)^{1/2} \right] \right\}^{1/2} \quad (4-97)$$

式中:a 为待测介质对电磁波的衰减系数(Np/m);ω 为天线角频率(md/s);ε_r、μ_r 分别为介质的相对介电常数和相对磁导率;σ 为介质的电导率(s)。

由于大多数岩石相对磁导率 μ_r 近似为1,所以相对磁导率对衰减系数影响很小。由式(4-97)可以看出,影响衰减系数大小的主要是相对介电常数 ε_r、相对磁导率 μ_r 与介质的电导率 σ。由式(4-97)可知,一般工作频率越大,ω 越大,衰减系数 a 就越大,能量衰减也越快。并且由于相对介电常数 ε_r、相对磁导率 μ_r 和电导率 σ 都是工作频率的函数,所以当频率不同时还会出现频散现象。当围岩与目标物(如金属)的相对介电常数 ε_r 相差比较大时,它们各自的衰减系数也会形成明显差异。由于介质电导率 σ 与衰减系数 a 成正比关系,所以,当在电导率较小的场地(如灰岩地区)进行勘测时,可以适当增大信号发射与接收间隔距离。但在第四纪地层中,由于电导率较大,导致介质衰减系数变大,所以信号发射与接收间隔距离短,一般在60m以内。

电磁波理论表明,有耗介质中半波偶极子天线的发射与接收存在以下关系:

$$E = E_0 f_X(\theta_X) f_r(\theta_r) R^{-1} \exp(\int_R a \, dr) \quad (4-98)$$

式中:E 为电场强度的观测值(uV);E_0 为一个与发射天线的条件和介质性质有关的初始场强(uV);R 为发射点至接收点的距离(m);dr 为传播路径线元;$f_X(\theta_X)$、$f_r(\theta_r)$ 分别为发射和接收天线的方向分布函数。

可把式(4-98)写成:

$$\int_R a \, dr = \ln \left[\frac{E_0}{E} f_X(\theta_X) f_r(\theta_r) R^{-1} \right] \quad (4-99)$$

同样把要研究的区域网格化,对式(4-99)中的积分路径离散化后可得到线性方程:

$$\sum_{j=1}^{m} a_j r_{ij} = y_i \quad (4-100)$$

式中：a_j 为第 j 个网格的吸收系数；r_{ij} 为线元；y_i 为观测数据。

考虑到所有的路径，则可以组成一个矩阵方程：$Ax = b$。解这个方程就可以得到介质内部的衰减系数 a。

3. 电磁波相位层析成像技术

电磁波相位层析成像技术根据数据采集方式的不同，分为频率域和时间域两种。频率域采集方式中的观测量为电磁波信号的相位时，信号源为一个正弦信号；时间域采集方式中的观测量为电磁波信号的旅行时，信号源为一个电脉冲。它的理论基础同样是 Radon 变换与 Radon 逆变换，这时的待积函数为相位系数。

电磁波的波数 k 可表示为：

$$k = \alpha + i\beta \tag{4-101}$$

式中：α、β 分别为衰减系数与相位系数。

其中相位系数 β 的表达式为：

$$\beta = \omega \left\{ \frac{\mu_r \varepsilon_r}{2} \left[\left(1 + \left(\frac{\sigma}{\omega \varepsilon_r}\right)^2\right)^{1/2} + 1 \right] \right\}^{1/2} \tag{4-102}$$

式中：ω 为天线角频率（rad/s）。

由式(4-102)可以看出，相位系数 β 与物性介质间的关系和衰减系数 α 与物性介质间的关系相似，在介质的相对磁导率 μ_r 近似为 1 的情况下，主要与相对介电常数 ε_r 及电导率 σ 有关。当围岩与目标物的电导率及相对介电常数相差比较大时，相位系数就会形成明显差异，从而可以通过层析图像反映出物性差异来。

假设探测井为垂直，Z 方向为探测电场的主要方向，则在有损介质组成的空间中，Z 方向的电场可以表示为：

$$E_z = \frac{P}{4\pi(\sigma + i\omega\varepsilon)r^3} \times \left[\left(\frac{Z^2}{r^2}\right)(k^2 r^2 + 3ikr + 3) + (k^2 r^2 + 3ikr + 3) + (k^2 r^2 - ikr - 1) \right] e^{-ikr} \tag{4-103}$$

式中：E_z 为场强观测值（V/m）；r 为传播路径；P 为偶极矩；Z 为空间位置变量；k 为波数（$k^2 = \omega^2 \mu\varepsilon - i\omega\mu\sigma$）。

考虑到相位旋转与电性参数关系的闭合表达式只有在远场近似下才成立，所以设 $|kr| \gg 1$，则式(4-103)可简化为：

$$E_z = \frac{P\omega\mu(x^2 + y^2)}{4\pi r^3} e^{-ar - i(\beta + \pi/2)} \tag{4-104}$$

在式(4-104)中，设 $\beta \cdot r + \pi/2$ 为 Φ，则可以得相位为：

$$\phi = \Phi - \pi/2 = \beta \cdot r \tag{4-105}$$

式中：ϕ 为相位；Φ 为 $\beta \cdot r + \pi/2$；β 为相位参数。

在时间域采集方式中，相位 ϕ 不能够被直接接收到，需要由观测的旅行时转换过来。推导如下。设相速度为 u，其表达式为：

$$u = \frac{\omega}{\beta} \tag{4-106}$$

式中：u 为相速度；其余符号同前。

把式(4-106)中的相位参数 β 代入式(4-105)可得：

$$\phi = \beta r = \frac{\omega r}{u} \qquad (4-107)$$

式(4-105)与式(4-107)都可以简化为对路径积分的形式：

$$\phi = \oint_R \beta dr \qquad (4-108)$$

式中：R 为发射点至接收点的距离(m)。

把要研究的区域网格化,对式(4-108)中路径离散化后同样可以得到线性矩阵方程组,从而展开反演计算。

2. 电磁波层析成像的反演与图像重建技术

电磁波层析成像的反演与图像重建技术可分为两大类：一类为基于傅立叶变换或 Radon 逆变换的方法；另一类为代数方法。后者又分为矩阵反演法和迭代重建法。第一类算法以积分变换为基础,当发射源与接收器排列规则时,该方法具有优势。代数方法则不受发射源与接收器排列的限制,并且以解线性方程组为基础,因此目前地下物探层析技术多使用代数重建技术。

代数方法又分为矩阵反演法和迭代重建法。属于矩阵反演的算法有：奇异值分解法(SVD)、最小二乘共轭梯度法(LSCG)、最小二乘矩阵分解法(LSQR)等。属于迭代重建的有代数重建法(ART)、联合迭代重建算法(SIRT)、M-SIRT 算法等。

对于迭代重建算法,一般需要先给定一个初始图像模型 $x^{(0)}$,并算出其投影数据,进而求取投影数据差(实际观测投影数据与理论计算投影数据之差)。当此残差大于预设的误差级别,则求取图像模型的修改增量 Δx,得到新的图像模型后计算其投影数据,再次求取实际观测投影数据差。如此多次重复,直到图像模型的理论计算投影数据与实际观测投影数据差满足给定的收敛条件为止。在物探层析成像中较早与较常用的有 ART 算法,它是一种解方程组的迭代技术,被率先应用于地球物理,并逐渐推广应用。它的主要特点是：每一次迭代只用到一条测线信息,即矩阵方程组中矩阵 b 中的一行,所以所需要的内存很少；对于超定与欠定方程可以直接求解；因为反演方程的解非唯一性,需要找尽量多的已知条件。该方法的缺点是收敛性较差,并且比较依赖于初值的选择。SIRT 算法在电磁层析成像中的使用也比较普遍,与 ART 的具体不同点在于,ART 是对测线逐条修改,而 SIRT 是求出所有测线的修正值后再确定某一像素的平均修正值。SIRT 算法的收敛性相对较好,但是其内存使用率也较高。M-SIRT 算法是在 SIRT 算法的基础上,对修正值的选择改为中间值或加权平均值,相对提高了分辨率与抗噪声能力。

在矩阵反演算法中,最小二乘共轭梯度法(LSCG)属于正交投影法,其结果的最小残差比 SIRT 小,故精度要比 SIRT 高,其计算量与 SIRT 相当,但要求机器的内存比 SIRT 要大,因为它需要存储矩阵的所有非零元素。最小二乘矩阵分解法(LSQR)是对 LSCG 的改进,可用于非对称的最小二乘问题,其用 LSQR 因子分解法作正交投影变换。此法计算量及内存要求与 LSCG 基本相同,但在处理病态的方程组时则要比 LSCG 稳定。正则化 LSQR 方法则是在 LSQR 中增加了正则化因子,减少了解估计对数误差的敏感性,但其计算量比 LSQR 稍多。SVD 的特点是将方程组系数矩阵接近于"零"的特征值"截去",优点是近似解较稳定,缺点是计算量较大。最大熵法的原理是以取图像 $f(x,y)$ 的熵极大为准则,并以数据方程为约束条件求出关于 $f(x,y)$ 的解。它的分辨率比 ART 高,可以在一定程度上抑制数据误差,但其计算量比较大,抗噪声能力低。

（三）电磁层析成像的工作方式

电磁层析成像的工作方式一般分为定点发射、定点接收、同步扫描和单孔测井（图4-109）。

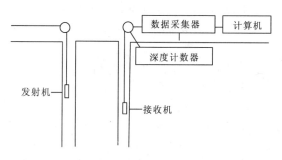

图4-109 跨井电磁层析成像工作方式

所谓定点发射工作方式就是发射机在某个深度固定,在另一钻孔中的接收机上、下移动检测发射机传来的信号。定点接收则与上述相反,发射机移动发射,接收机固定检测。同步扫描工作方式是将发射机和接收机在两个钻孔中保持同步移动,高差为零时是水平同步,高差不为零时是斜同步。在实际观测中,要遵循均匀性原则,即对观测区域的扫描要尽可能地均匀。由于能采集到的数据很有限,往往使得反演中用到的矩阵方程组为欠定型,而欠定型矩阵数据又会使得重建的图像质量变差,所以一般采用增加覆盖次数（包括交换发射孔与接收孔来增加覆盖次数）和加密测点间距等措施增加数据量的办法来提高成像质量。而且由于大多数电磁层析成像在应用时都是横向探测,这样就缺失了垂直方向的投影数据,导致水平分辨率的降低,在探测区域的上、下两侧有可能出现虚假异常,因此,在进行CT图像的地质推断解释时只有综合判断,才能得出正确的结果。

第六节 综合测井

一、电测井

电测井是以研究岩石导电性、介电性和电化学活动性为基础的一类测井方法。工程、水文及环境地质中常用的方法有自然电位测井和视电阻率测井。

（一）自然电位测井

在井孔及其周围,岩层自身的电化学活动性会产生自然电场。利用自然电场的变化来研究钻孔地质情况的电测井方法,就是自然电位测井。

自然电位测井的原理线路如图4-110所示,将测量电极M放入井中,另一个测量电极N固定在井口附近,然后提升M,并在地面上用仪器记录M极电位相对于N极电位（恒定值）

的差值，逐点测定就可以得到一条自然电位随深度变化的曲线。

1. 井中自然电位的成因及曲线特征

在自然电场法中，我们已经知道，自然电场的成因主要有岩石与溶液的氧化还原作用、岩石颗粒对离子的选择吸附作用及不同浓度溶液间的扩散作用等。下面我们只讨论与水文测井最密切的扩散电动势和扩散吸附电动势的形成机理。

为了说明这一过程，我们以夹在厚层泥岩中渗透性好的砂岩为例。假定砂岩中地层水和泥浆滤液均大于泥浆中的氯化钠溶液，但二者的矿化度不同。砂岩地层中水的矿化度 C_2 大于泥浆滤液的矿化度 C_0。这时溶解于溶液中的

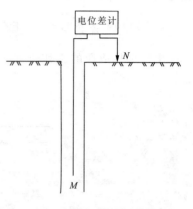

图 4-110 自然电位测井原理线路图

离子(Cl^- 和 Na^+)将由矿化度大的溶液向矿化度小的溶液中扩散。这种扩散有两种途径：一种是离子的扩散直接产生于地层水与泥浆滤液的接触面处，即离子从砂岩地层直接向井内泥浆扩散；另一种是通过围岩(泥岩)向泥浆中扩散。

当地层水通过泥岩向低矿化度的泥浆扩散时，由于泥质颗粒表面对负离子的选择吸附作用，使原来移动较慢的 Cl^- 离子迁移速率大大降低，而原来移动较慢的 Na^+ 离子迁移速率却相对提高了，所以低矿化度的泥浆中积累了正电荷，而在高矿化度地层水的砂岩一方则积累负电荷。我们把在吸附作用下扩散产生的电动势称为扩散吸附电动势，以 E_d 表示(图 4-111)。

渗透性砂岩中当地层水矿化度 C_2 大于泥浆的矿化度 C_0 时，自然电场的电流线如图 4-112(a)所示，它们是近于圆形的闭合曲线，电流密度在岩层分界面与井壁交界处最大。泥岩(或粘土)具有稳定的自然电位值，所以将该电位值作为自然电位曲线的零线，渗透性砂岩在自然电位曲线上反映为负异常。电位在电流流动方向上降低，但在电流密度最大的地方(岩层分界面处)，自电位变化率也最大。反之，当地层水矿化度 C_2 小于泥浆矿化度 C_0 时，砂岩在自然电位曲线上反映为负异常，如图 4-112(b)所示。

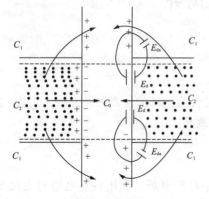

图 4-111 扩散电动势和扩散吸附
电动势形成机理

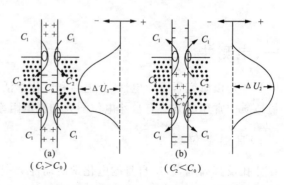

图 4-112 地层水与泥浆矿化度不同时的
自然电位曲线图

图 4-113 是不同厚度岩层的自然电位曲线。由图可见,当岩层厚度超过井径 4 倍时,根据曲线的半极值点可划分岩层的界面。

2. 自然电位测井的应用实例

在水文测井中自然电位曲线主要用于求地下水矿化度,确定岩层的泥质含量,区分岩性、划分渗透层,确定咸、淡水界面。

图 4-114 为某地利用自然电位曲线划分咸、淡水层的实例。在该钻孔的咸水层,地层水的矿化度高于泥浆的矿化度,故自然电位曲线上咸水层表现为负异常;相反,在淡水层上,由于地层水的矿化度低于泥浆的矿化度,故在自然电位曲线上表现为正异常。

(二)视电阻率测井

视电阻率测井是通过测量被钻孔穿过的岩层视电阻率来研究某些钻孔地质问题的电测井方法。

1. 视电阻率测井公式

与地面电阻率法一样,视电阻率测井也是以研究岩石电阻率的差异为基础的。其测量原理如图 4-115 所示,电源 E、电源流表(mA)、可变电阻 R 以及供电电极 A 和 B 组成供电回路;测量电极 M、N 与记录仪器(mA)连接,组成测量回路;A、M、N 组成一个电极系。

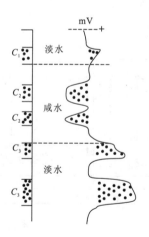

图 4-114 利用自然电位曲线划分咸、淡水分界面

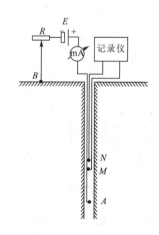

图 4-115 视电阻率

设地下半空间充满均匀各向同性介质,其电阻率为 ρ,供电电极 A 流出的电流为 I,则测量电极 M、N 之间的电位差为:

$$\Delta U_{MN}=U_M-U_N=\frac{I\rho}{4\pi}\cdot\frac{MN}{AM\cdot AN} \tag{4-109}$$

式中:ΔU_{MN} 为电极 M、N 之间的电位差(V);U_M、U_N 分别为 M 和 N 点的电位(V);I 为供电电流(A);ρ 为介质电阻率($\Omega \cdot m$);MN、AM、AN 分别为点间的距离(m)。

式中常数取为 4π,是因为井中测量时测点周围全为同一种介质,将 B 极置于地表无穷远处,它在 M、N 的电位差可忽略不计,于是井中电场相当于一个点电流源的电场。由式(4-109)不难推导出求介质电阻率的公式为:

$$\rho = 4\pi \frac{AM \cdot AN}{MN} \cdot \frac{\Delta U_{MN}}{I} = K \frac{\Delta U_{MN}}{I} \tag{4-110}$$

式中:K 为电极系数,仅与电极系中各电极间距离有关,$K = 4\pi \dfrac{AM \cdot AN}{MN}$。

实际工作中,介质"均匀各向同性"的条件很难满足,所以利用式(4-110)计算的电阻率并非某一种岩石的电阻率,而是电场作用范围内各种岩(矿)石电阻率的综合影响值,即视电阻率为:

$$\rho_s = 4\pi \frac{AM \cdot AN}{MN} \cdot \frac{\Delta U_{MN}}{I} = K \frac{\Delta U_{MN}}{I} \tag{4-111}$$

图 4-116 为非均匀介质的实例。实测 ρ_s 除与电极系类型、围岩阻率 ρ_1 和 ρ_3、岩层电阻率 ρ_2 有关外,还与岩层厚度 h、井径 d、泥浆电阻率 ρ_C、泥浆渗透带宽度 D 及其电阻率 ρ_Δ 等因素有关。

2. 电极系

视电阻率测井常用的电极系一般均由 3 个电极组成。其中两个电极连接在同一供电或测量回路中,称为成对电极。另一个与地面电极同一回路,称为不成对电极。根据成对电极和不成对电极的相互关系,可将电极系分为梯度电极系和电位电极系两类。

(1)梯度电极系。其特点是成对电极之间的距离远小于中间电极到不成对电极的距离。若成对电极位于上部,称为顶部梯度电极系;反之,若成对电极位于下部,则称为底部梯度电极系(图 4-117)。梯度电极系的视电阻率公式可表示为:

$$\rho_s = 4\pi \cdot AM \cdot AN \cdot \frac{\Delta U_{MN}/MN}{I} \tag{4-112}$$

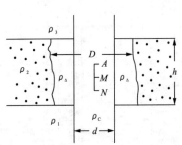

图 4-116 视电阻率测井中介质不均匀的情况

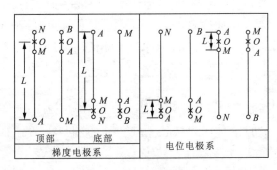

图 4-117 电极系类型

在理想情况下,$MN \to 0$,$AM = AN = AO = L$,L 称为梯度电极系的电极距(O 为成对电极的中点)。由于 $\Delta U_{MN}/MN = E$,于是:

$$\rho_s = 4\pi L^2 \frac{E}{I} \tag{4-113}$$

式中:E 为 O 点(记录点)的电场强度(V/m);L 为梯度电极系的电极距(m)。

由式(4-113)可以看出,用梯度电极系测得的值与记录点 O 的电位梯度(或电场强度)成正比,这就是称它为梯度电极系的原因。应当指出,只要保持供电电流不变,互换供电电极和测量电极,利用梯度电极系测得的视电阻率值不变。

(2)电位电极系。其特点是成对电极之间的距离远大于中间电极至不成对电极的距离。在理想情况下,$MN\to\infty$,由于 $AN=MN$,$U_N\to 0$,故由式(4-111)可得到电位电极系的视电阻率为:

$$\rho_s = 4\pi L \frac{U_M}{I} \quad (4-114)$$

式中:ρ_s 为视电阻率($\Omega\cdot m$);L 为电位电极系的电极距($L=AM$)(m);U_M 为 M 点的电位(V);I 为测量电流(A)。

可以看出,用电位电极系测得的 ρ_s 值与 M 点的电位成正比,这就是称它为电位电极系的原因。电位电极系的记录点 O 选在中间电极至不成对电极的中点。同样应当指出,只要保持供电电流不变,互换供电电极和测量电极,利用电位电极系测得的 ρ_s 值不变。且无论成对值和电极位于上部或下部,测得的 ρ_s 和 ρ_s 曲线形态都不变,故电位电极系没有顶部电极系和底部电极系之分。

电极系的表示法是:按电极由上至下的顺序,从左至右写出代表各电极的字母,并在字母之间写出相邻电极间的距离(单位为 m)。例如,$A0.95M0.1N$ 表示电极距为 $0.1m$ 的底部梯度电极系,而 $N2M0.2A$ 则表示电极距为 $0.2m$ 的电位电极系。

3. 视电阻率测井曲线

视电阻率测井曲线与地面视电阻率曲线的分析方法类似。下面仅对视电阻率测井曲线的特征做一个概略的介绍。

1)电位电极系 ρ_s 理论曲线的特点

由图 4-118(a)可以看出:当上、下围岩的电阻率相同时,岩层 ρ_s 曲线形状是对称的。

当岩层厚度足够大($h\gg L$,如 $h=5L$)时,对应于岩层中部的 ρ_s 曲线趋于岩层的真电阻率曲线(以虚线表示);随着厚度减小,接近的程度降低,岩层界面上的 ρ_s 曲线为一条长度等于电极距的平直线,其中点对应于岩层界面。

当岩层厚度大于电极距($h>L$,如 $h=2L$)时,在高阻层上的 ρ_s 曲线为高值(凸起),在低阻层上的 ρ_s 曲线为低值(凹下)。

当岩层较薄($h\leqslant L$)时,对应于高阻层的 ρ_s 曲线反而出现低值(凹下),而对应于低阻层的 ρ_s 曲线反而出现高值(凸起),可见电位系 ρ_s 曲线不宜用来划分薄层。

2)梯度电极系 ρ_s 理论曲线的特点

顶部梯度电极系和底部梯度电极系的 ρ_s 理论曲线特征是类似的。以顶部梯度电极系为例进行说明。由图 4-118(b)可见:曲线呈不对称分布,在界面上 ρ_s 值发生跃变。在高阻层上,ρ_s 曲线在顶界面出现极大值,底界面出现极小值。而低阻层上,情况则相反。这是

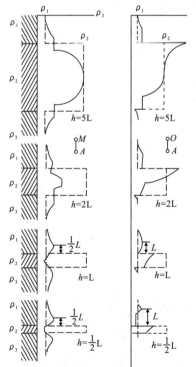

(a) ρ_s 曲线形状对称　(b) ρ_s 曲线呈不对称分布

图 4-118　不同厚度岩层上的视电阻率

利用梯度电极系 ρ_s 曲线划分岩层界面的重要依据。

h/L 值大,梯度电极系 ρ_s 曲线对高阻层总是凸起,对低阻层总是凹下。

当岩层很厚($h=5L$)时,位于岩层中部的 ρ_s 值趋于岩层的真电阻率值。

当岩层较薄($h<L$)时,在成对电极一方,且与界面距离为 L 处,ρ_s 曲线出现一假极值。这是高阻层对电流屏蔽的结果,并不表示岩层电阻率的增大。

以上讨论的是理想情况下的 ρ_s 曲线,实际工作中,电极系总是浸泡在钻孔的泥浆中,岩层也不可能是单一的,因此必须考虑钻孔和邻层对 ρ_s 曲线的影响。泥浆是电极系周围的第一层介质,钻孔对测井曲线的影响,实质上就是泥浆的影响。由于泥浆的电阻率较低,其作用是使 ρ_s 曲线更圆滑,突变点变得不明显,ρ_s 值也有所降低(图 4-119),因此在解释时要用一定的方法进行校正。

当岩层比较薄时,电极系探测范围内几个岩层对测量结果均有影响。图 4-120 是在两个相近的高阻薄岩层上测得的梯度电极系 ρ_s 曲线。图 4-120(a)是底部梯度电极系,当电极距 L 大于薄层和夹层的总厚度时,下部岩层 ρ_s 值因受上部高阻层的屏蔽而显著下降。当 L 小于两高阻薄层间夹层的厚度时,下部岩层的 ρ_s 值则因受上部高阻层的排斥而显著增高。图 4-120(b)是顶部梯度电极系 ρ_s 曲线受邻层影响的情况,这时受影响的岩层是上层,可按照与图 4-120(a)相同的思路进行分析。

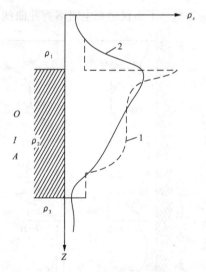

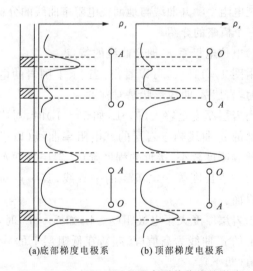

图 4-119 实测曲线与理论曲线的对比图   图 4-120 邻层对视电阻率测井曲线的影响

由此可见,用普通视电阻率测井划分薄层是不利的,最好配合其他类型的视电阻率测井(如微电极系视阻测井),方能取得较好的效果。

3. 视电阻率测井的应用实例

视电阻率测井与其他测井相配合,可用于划分钻孔地质剖面,确定地层的深度和厚度,进行地层对比,研究测区的地质构造等。图 4-121 是利用视电阻率曲线进行地层对比的实例。将同一测线上相邻各钻孔的 ρ_s 测井曲线依次按一定比例尺的距离排列起来,然后依据各条曲线上相似的特征,划出各个相应的地层并连接起来,就获得了该测线上的地质剖面图,从中也可以了解地层构造形态。

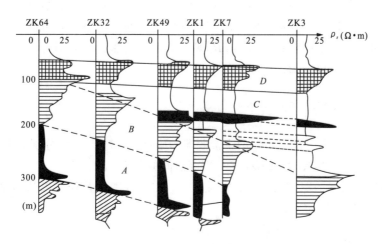

图 4-121　根据相邻各井的视电阻率测井曲线对比图

二、声波测井

声波测井是地球物理测井的一种,它利用声波在钻井中传播的各种规律来研究钻井剖面。由于声波测井仪发射的声波频率一般都大于音频,故又称之为超声测井。

声波测井的方法较多,在工程地质勘察中应用最多的是声速测井。声速测井的仪器目前有单发射双接收式("一发两收"式)和井眼补偿式("两发四收"式)两种。我们以前一种为例说明声速测井的原理。

如图 4-122 所示,声波测井仪的井中探测部分由超声波发射器 T 和接收器 R_1、R_2 组成。T 与地面上的脉冲讯号源相连,R_1 和 R_2 则与电子线路构成的记录装置相连。

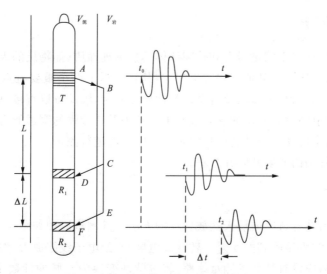

图 4-122　单发射双接收声速测井原理

由 T 发射的声脉冲经泥浆传到井壁,由于声波在泥浆中的速度 $V_泥$ 小于在井壁岩层中的速度 $V_岩$,故当声波以临界角方向射至井壁时,即沿井壁滑行且产生通过泥浆传到接收器的折射波。只要声波发生器与接收器之间的距离超过折射波的盲区范围,就能由记录装置将初至折射波的旅行时录出。令声波到达 R_1 和 R_2 两个接收器的旅行时分别为 t_1 和 t_2,则有:

$$t_1 = \frac{AB}{V_泥} + \frac{BC}{V_岩} + \frac{CD}{V_泥}$$
$$t_2 = \frac{AB}{V_泥} + \frac{BE}{V_岩} + \frac{EF}{V_泥}$$
(4-115)

式中:t_1、t_2 分别为声波到达 R_1 和 R_2 两个接收器的旅行时(s);$V_泥$、$V_岩$ 分别为声波在泥浆和岩层中的速度(m/s);AB、BC、CD、BE、EF 分别为点间的距离(m)。

因为 R_1 和 R_2 之间的距离 ΔL 一般约为 0.5m,在此范围内井径可以认为是不变的,于是 $CD = EF$, $\Delta L = DF = BE - BC$,可得:

$$\Delta t = t_2 - t_1 = \frac{BE - BC}{V_岩} = \frac{\Delta L}{V_岩}$$
(4-116)

式中:Δt 为到达两个接收器的初至折射波的时间差(s);ΔL 为点间距离 BE 和 BC 的差(m)。

记录点为 R_1 与 R_2 之间的中点,所得的测井曲线为连续的时差曲线,如图 4-123 所示。曲线上的 Δt 越小,所对应的岩层声速 $V_岩$ 就越大。规定 ΔL 以 m 为单位, Δt 以 μ_S 为单位,由式(4-116)可以算出:

$$V_岩 = \frac{\Delta L}{\Delta t} \times 10^6$$
(4-117)

除声速测井外,声波测井的方法还有声幅测井和超声电视测井。声幅测井是测量声波振幅,并根据其衰减特性来研究岩石结构及孔隙中液体性质的方法。超声电视测井是一种能直接观察井壁情况的方法。其换能器能随着深度的变化向井壁做螺旋状的连续声波扫描,即不停地向井壁发射脉冲声波,并不断地接收由井壁反射回来的反射波,可得到反映整个井身面貌的图像记录,对测定井中的裂隙和破碎带等有较好的效果。

三、放射性测井

放射性测井是指在井中测量岩石和孔隙流体的核物理性质(如物质的天然放射性、人工核反应等)的一类物探方法。与其他测井方法相比,其具有以下两个重要特点:一是由于放射性核素的衰变不受温度、压力、电磁场及自身化学性质的影响,因此可以直接、更本质地研究岩石的物理性质;二是放射性测井使用的 γ 射线及中子流等具有较强的穿透能力,因此它们在裸眼井或套管井、充满淡水的井或充满高矿化泥浆的井中都能进行测量。

下面介绍几种常用的放射性测井方法。

(一)自然 γ 测井

自然 γ 测井是沿井身研究岩层天然放射性的方法。其测量原理如图 4-124 所示,井下装置中装有 γ 探测器,它将接收到的 γ 射线转变成电脉冲,经电子线路放大、整形后,通过电缆传送回地面。地面仪器中设有计数率测量线路,将电脉冲变换为与脉冲计数率成正比的直流电压,最后作出 γ 测井曲线(J_γ 曲线)。

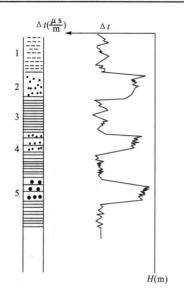

图 4-123 声速测井的声波时差曲线图
1-黏土；2-砂土；3-泥岩；4-砂岩；5-泥岩

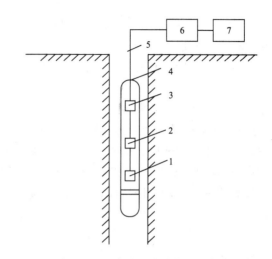

图 4-124 自然 γ 测井装置示意图
1-γ 探测器；2-电子线路；3-高压电源；4-井下装置外壳；5-电缆；6-地面测量仪器；7-地面记录仪器

沿钻井剖面测得的 J_γ 曲线反映了井内各岩层天然放射性物质含量的变化。对于沉积岩而言，J_γ 曲线上 γ 射线的强弱（以脉冲/分表示，在仪器标准化情况下以 fA/kg 为单位）直接反映了岩层中泥质含量的多少。图 4-125 是几种常见岩层的 J_γ 曲线，曲线的变化是井中各岩层放射性物质含量差异的反映，据此可以划分岩层。

J_γ 曲线的幅度还与岩层的厚度有关，当岩层厚度大于 3 倍井径（$h>3d$）时，J_γ 曲线幅度与岩层厚度无关；$h<3d$ 时，J_γ 曲线幅值随岩层厚度的减小而降低。因此，根据 J_γ 曲线确定岩层放射性物质含量时必须进行厚度校正。当 $h>3d$ 时，岩层界面界线由 J_γ 曲线上 1/2 极值点确定；$h<3d$ 时，由 4/5 极值点确定。

在水文、工程地质工作中，利用 J_γ 曲线可以划分岩层、判断岩石的性质、进行地层对比、确定岩石中泥质含量及渗透性等。由于 J_γ 曲线不受泥浆和地层水矿化度的影响，且通常情况下泥岩比较稳定，在 J_γ 曲线上的反映容易辨认，可以作为标准层，因此根据 γ 测井资料不难进行井间地层对比。

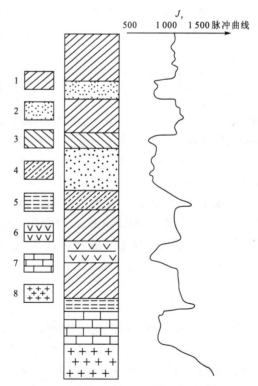

图 4-125 几种常见的岩层 J_γ 曲线图
1-泥岩；2-砂岩；3-方解石；4-海相泥岩；5-斑脱岩；6-岩盐；7-石灰岩；8-花岗岩

(二)γ-γ 测井

γ-γ 测井是在钻孔中用射线照射岩层,然后用 γ 探测器记录被岩层中的电子所散射的 γ 射线。γ 射线的强度与岩石密度有关,故 γ-γ 测井又称为密度测井。

组成造岩矿物的元素大多是原子序数较小的轻元素,它们与中等能量($0.25 \sim 2.5 \text{MeV}$)的 γ 射线作用主要是发生康普顿散射。散射几率取决于物质中电子的密度,而电子密度又与岩石密度成正比。当用 γ 源照射岩壁时,被照射岩石的密度愈大,康普顿散射的几率也愈大,表明原子壳层吸收 γ 射线多,因而散射的 γ 射线弱。反之,岩石密度愈小,散射的 γ 射线愈强。因此,在 γ-γ($J_{\gamma-\gamma}$)测井曲线上,对应于低值部分的是密度大的岩层,而对应于高值部分的是密度小的岩层。

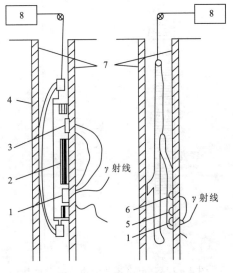

图 4-126　γ-γ 测井装置示意图

1-γ 源;2-铅屏;3-探测器;4-弹簧片;5-短源距探测器;6-长源距探测器;7-泥饼;8-地面记录仪

图 4-126 为 γ-γ 测井装置示意图。井下装置包括伽马源、探测器及电子线路。一般采用 γ 射线能量为 0.66MeV 的 $_{55}^{137}\text{Cs}$ 源,或能量为 1.33MeV 或 1.17MeV 的 $_{27}^{60}\text{Co}$ 源,γ 射线直接进入探测器,在源与探测器之间用铅屏隔开[图 4-126(a)]。

γ-γ 测井的有效探测半径不过 10cm。在井径扩大处,井液的影响增大,由于井液(及泥饼)的密度比岩石的密度小得多,相当于探测范围内介质的平均密度减小,因而使 $J_{\gamma-\gamma}$ 曲线的幅度显著增大。为消除井壁不平整对 $J_{\gamma-\gamma}$ 曲线的影响,井下装置可采用如图 4-126(b)所示的井眼补偿密度测井仪。该仪器由两个源距(γ 源与探测器间的距离)不同的普通测井仪组成。长源距比短源距的探测范围大,因此二者受泥饼的影响不同。地面仪器中的计数器可以自动地将两种探测器的计数率进行补偿校正,最后得到消除了泥饼影响的测井曲线。

在水文、工程地质工作中,γ-γ 测井主要用于确定岩层的孔隙度,划分岩层、含水层等。图 4-127 是利用 $J_{\gamma-\gamma}$ 曲线确定含水层的一个实例。该区的主要含水层是砾石层,但在电阻率测井曲线上没有出现异常。在 J_γ 曲线和 $J_{\gamma-\gamma}$ 曲线上砾石层均显示为低值异常,且在 $J_{\gamma-\gamma}$ 曲线上更明显。

(三)中子测井

利用中子和物质作用产生的各种效应来研究钻井剖面中岩石性质的一组测井方法称为中子测井。中子测井的测量装置和 γ-γ 测井相似,所不同的只是将 γ 源改为中子源。根据探测器所记录物理量的不同,中子测井可以分为中子-伽马测井和中子-中子测井两大类。

中子是一种半衰期很短(仅 11.7 分)的粒子,在自然界几乎不存在。中子测井所用的能量为 $3 \sim 7\text{MeV}$ 的快中子是由中子源[一般用钋-铍(Po+Be)中子源]产生。沿井身将中子源产生的快中子射进岩层,快中子可以直接与岩石的原子内的核碰撞,发生弹性散射。经过多次碰撞,快中子能量不断损失,速度逐渐减慢,最后变成能量为 0.02eV 的热中子。热中子的运动类似于分子的热扩散,它们在原子核附近停留时间较长,容易被核俘获吸收。原子核俘获热中子后处于激发态。当它回到基态时,就以发射次生γ射线的形式释放出多余的能量。利用γ探测器测量次生γ射线的强度,就是中子-伽马测井。而利用中子探测器测量热中子的密度,就是中子-中子测井。

在中子测井中,中子源产生快中子和快中子与岩石原子核碰撞变成热中子的过程都是连续不断的。当达到动态平衡时,在中子源周围就好像包围着一个球状的中子云,中子云的分布状态与探测器周围岩石的性质有关。当岩石中含有大量氢元素时,快中子快速减速,成为热中子,这时热中子就集中分布在中子源附近的空间,中子云的半径较小[图 4-128(b)]。与此相反,当岩石中的氢含量较低时,中子云的半径扩大,热中子分布比较分散[图 4-128(a)]。

根据热中子分布的这种规律,当用短源距进行中子-中子测井时,热中子密度与岩石含氢量成正比;而用长源距测量时,二者成反比。当源距为某一中间数值(约40cm)时,热中子密度与岩石的含氢量无关,这种源距称为零源距。

热中子的密度大,就容易发生俘获作用,从而产生较强的次生γ射线。因此,在中子-伽马测井中,如果介质

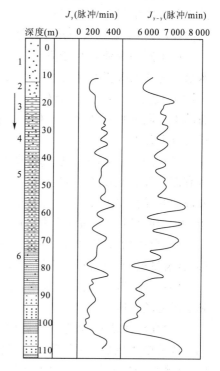

图 4-127 利用 $J_{\gamma-\gamma}$ 曲线划分含水层
1-砂层;2-砂、砾层;3-黏土;4-含贝壳黏土砂层;5-黏土砂层;6-含黏土砾石层

中没有强吸收元素(如氯、硼等)的影响,由γ探测器记录到的次生γ射线强度基本上决定于介质的含氢量。与中子-中子测井一样,当采用长源距测量时,含氢量高的岩层,次生γ射线强度低,而含氢量低的岩层,次生γ射线强度高。采用短源距测量则出现相反情况。

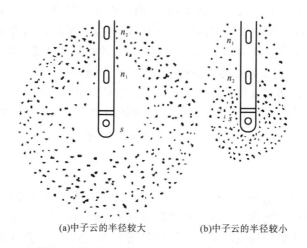

(a)中子云的半径较大　　(b)中子云的半径较小

图 4-128 不同介质中的中子云分布示意图

当地层水矿化度较高时,其中含有较多的强吸收元素氯。氯元素每俘获一个热中子可以放出几个能量较高(7MeV 以上)的 γ 光子,因此次生 γ 射线的强度会明显增大,这时中子-伽马曲线($J_{n-\gamma}$)主要反映岩石的含氯量。

中子测井曲线可用于划分岩性、查明含水层。为增大探测深度,通常采用长源距(60~70cm)进行测量。在此条件下,几种常见岩石的中子测井曲线如图 4-129 所示。由图可见以下几点。

(1)泥岩(黏土)由于总孔隙度大(40%),含有泥质颗粒吸附的大量吸着水,加之泥岩井段的井径往往扩大,所以含氢量多,J_{n-n}(中子-中子)曲线和 $J_{n-\gamma}$ 曲线均为最低值。

(2)致密的砂岩、灰岩、白云岩和硬石膏等,含氢量极少,故两种曲线均显示高值。

(3)石膏层含有大量结晶水,故两种曲线都显示为较低值。

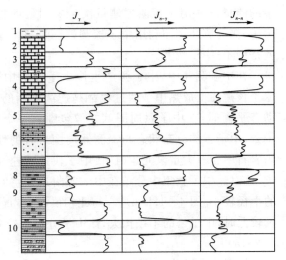

图 4-129 几种常见的岩层中子测井曲线
1-泥岩;2-灰岩;3-含泥灰岩;4-白云岩;5-页岩;6-砂砾岩;7-砂岩;8-硬石膏;9-石膏;10-岩盐

(4)孔隙性砂岩、裂隙灰岩的中子测井曲线一般为中等数值,但当其中充满低矿化度的水(淡水)时,两种曲线均为低值;反之,当其中充满高矿化度的水(咸水)时,由于氯元素的影响,$J_{n-\gamma}$ 曲线显示高值,而 J_{n-n} 曲线显示低值。

(5)在岩盐层上,也表现为 $J_{n-\gamma}$ 值高,J_{n-n} 值低。

当岩石孔隙完全充满水时,含氢量的多少可以直接反映孔隙度的大小。若岩层中不含氯、硼等强吸收元素时,还可以利用 $J_{n-\gamma}$ 曲线求岩层的孔隙度。

四、电视测井

超声电视测井采用旋转式超声换能器,对井眼四周进行扫描,并记录回波波形。岩石声阻抗的变化会引起回波幅度的变化,井径的变化会引起回波传播时间的变化。将测量的反射波幅度和传播时间按井眼内 360°方位显示成图像,就可对整个井壁进行高分辨率成像,由此可看出井下岩性及几何界面的变化(包括冲蚀带、裂缝和孔洞等)。

目前具有代表性的超声成像测井仪器有:斯仑贝谢公司的超声波成像测井仪(USI)和超声井眼成像仪(UBI)、阿特拉斯公司的井周声波成像测井仪(CBIL)、哈里伯顿公司的井周声波扫描仪(CAST-V)、国内华北油田公司的井下电视仪等。

(一)测量原理

超声成像测井的声源是圆片状压电陶瓷。可以将声源的声场看成是圆片上无限多个点声源产生声场叠加的结果。通常定义声压幅度值衰减为声轴方向中声压幅度 70%(-3dB)方向的角度。这一角度对应的波场宽度又称为二分贝射束宽度,这一参数反映了超声成像的空间分辨率。换能器设计的原则是尽可能地使更多的能量汇集在一块较小的面积内。发射信号的性质主要取决于换能器的直径和频率。影响超声波衰减和成像分辨率的主要因素有以下几个。

(1)工作频率。换能器的形状、频率以及与目的层的距离决定声束的光斑大小。尺寸越小,频率越高,则光斑越小。但是,尺寸越小,功率就越小;频率越高,声波衰减就越大。泥浆引起的声波衰减会降低信号分辨率,要求工作频率尽可能地低,然而降低频率会对测量结果的空间分辨率产生不利影响。

(2)井内泥浆。井内泥浆由泥浆的固有吸收和固相颗粒(或气泡)散射衰减两个部分组成。泥浆密度越大,声波衰减越大,探测灵敏度则下降。

(3)测量距离。

(4)目的层的表面结构。不同类型岩石具有不同的表面结构,如钻井过程造成的非自然表面结构。

(5)目的层的倾角。在仪器居中不好或井眼不规则时,图像中呈现出遮掩显著特征的垂直条纹。

(6)岩石的波阻抗差异。

(二)图像处理方法

图像处理方法包括可供用户选样的数据显示、传播时间和反射波幅度剖面图的绘制,进行图像增强、计算地层倾角、确定裂缝方位以及进行频率分析等。图像增强是通过用平衡滤波器来改善低振幅的黑暗部分,使用清晰滤波器突出近似水平或近似垂直的特征,从而使整个图像的明暗度得到有效的调整,使得薄夹层显露出来。由频率分析可确定出某一井段上的层理面、裂缝、孔洞和冲蚀层段的数目。此外,可用所得到的地层方位玫瑰图来确定层理面或裂缝系统的主要方向。提高图像的垂向分辨率则受技能器性能、扫描旋转速度以及测井速度等因素的制约。

(三)应用

井眼声波成像资料主要有以下几个方面的用途:①360°空间范围内的高分辨率井径测量,可分析井眼的几何形状,推算地层应力的方向;②确定地层厚度和倾角;③利用传播时间图和反射波幅度图可探测裂缝;④进行地层形态和构造分析;⑤对井壁取芯进行定位;⑥通过测量套管内径和厚度变化来检查套管腐蚀及变形情况;⑦进行水泥胶结评价。

第七节 物探方法的综合应用

一、地基土勘测的物探方法

物探方法在地基土勘测中主要用来查明施工场地及外围的地下地质情况,对地基土进行详细的分层,测定土的动力学参数,提供地基土的承载力等。目前最常用的物探方法是弹性波速原位测试方法中的检层法和跨孔法。就测量剪切波而言,检层法是测量竖直方向上水平扳动的 SH 波,而跨孔法是测量水平方向的 SV 波。理论上对于同一空间点 SH 波与 SV 波的波速应是相同的,但在实际测试过程中,由于检层法带有垂直方向的平均性,而跨孔法带有水平方向的平均性,因此两者实测结果并不完全相同,一般 SV 波的速度稍大于 SH 波的速度。由于水平传播的弹性波有利于测定多层介质的各层速度,因此需精确测定各层参数时,应采用跨孔法。

(一)场地土的分层和分类

1. 场地土的分层

在平原地区,地基土层中的剖面结构特点是具有水平或微倾斜产状的层理,各层位的物理性质是不同的,其波速值决定于上部岩层的压力和岩石本身的密度。地基土常见的纵、横波速度(V_P、V_S)值,如表4-5所示。

表4-5 地基土常见纵、横波速度值

土类	黏土	黄土	密砂和砾石	细砂	中砂	中砾
V_P(m/s)	1 500	800	480	300	550	250
V_S(m/s)	1 500	260	250	110	160	180

图4-130是上海某高层建筑物群地基土跨孔测试描波速度图。该工区地层以第四系河口-滨海相沉积为主,由饱和精土和砂土组成。根据工程地质资料,该区3~13m为亚砂土层,其下为黏土、亚黏土层。由跨孔测试描波速度图(图4-130)可以看出,速度曲线在5m、13m、29m、26m附近出现扭曲,由此划分的地层如表4-6所示。由图4-130和表4-6可以看出,在26m以下V_S和动剪切模量G_d显著增大,可作为高层建筑的桩基持力层。

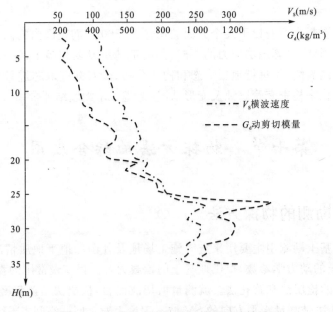

图4-130 横波速度与剪切模量测试结果图

表 4-6　地层划分结果表

孔深(m)	层号	V_S(m/s)	土层名称	允许承载力(kg/m³)
2～5	Ⅰ	100～115	海填土、轻亚黏土	7 000～9 000
5～13	Ⅱ	125～150	亚黏土层	9 000～11 000
13～19	Ⅲ	160～180	淤泥质黏土层	9 000～12 000
19～26	Ⅳ	190～220	黏土、亚黏土	13 000～16 000
26 以下	Ⅴ	>240	中密黏砂与亚黏土	18 000

2. 场地土的分类

利用剪切波波速 V_S 作为场地土的分类依据列入铁路工程抗震设计规范中,如表 4-7 所示。

表 4-7　场地类别划分

场地类别	Ⅰ	Ⅱ	Ⅲ
场地平均剪切波 V_{S_m} (m/s)	>500	500～140	<140

根据该工区地层 2～35m 跨孔原位 V_S 测定,平均波速 V_S=177.3m/s,属于 Ⅱ 类场地。

(二)液化土的判别

实际工作中,判别是否发生液化可通过地基在振动力作用下产生的剪应变 r_e 和抗液化的临界剪应变 r_t 做对比来实现。若 $r_e \leq r_t$,砂土未发生液化;若 $r_e > r_t$,则已发生液化。一般 r_e 的取得是通过测定剪切波波速 V_S,然后利用式(4-118)计算得出:

$$r_e(\%) = G \cdot \frac{a_{max} \cdot Z}{V_S^2} \cdot \gamma \tag{4-118}$$

式中:r_e 为振动力作用下产生的剪应变(mm);G 为和相应最大切应变等有关的常数;Z 为层中计算点的深度(m);V_S 为层中横波速度(m/s);a_{max} 为地震时地面的最大加速度(m/s²);γ 为深度 Z 以上砂土层的容重(kN/m³)。

表 4-8 是上海某高层建筑群地基土原始土层实测剪应变与临界剪应变对比表。根据工程地质资料显示,该工区 3～13m 为亚砂土层,在地震烈度为 7 度的条件下易于液化。为此,应用跨孔剪切波速法进行砂土液化判别,由表 4-8 可见,3～6m 为不液化区,7～14m 为液化区。

(三)场地处理前后的土动力学参数评价

由于有砂土液化问题,工程施工前要对场地进行处理。处理后的场地是否符合要求,对于建筑物的安全十分重要。因此,场地处理前后需对土动力学性能进行评价。由表 4-8 可知,7～14m 为液化区。为了加强地基的抗震能力,对建筑场地先进行每 4m² 打一个布袋沙井,并且在打沙井区打入 40×40×2 700mm 的水泥桩。应用跨孔测试方法对处理前后的场地进行测试。打沙井后实测 V_S、动剪切模量 G_d 比原状土层分别增加了 13% 和 14%,而相应地动剪切应变量 r_C 却明显地降低了;沙井打桩后,实测 V_S、动剪切模量 G_d 又比打沙井区增加了

19%,比原状土层增加了32%和69%,而动剪切应变量 r_C 比沙井区降低了22%。以上说明,由于应用了打沙井打桩的抗液化措施,场地土动力学性能变好了。原状土层打沙井一方面提高了土层的渗水性,另一方面增加了地层的轻亚黏土相对密度,而打沙井进一步提高了地层相对密度和地基土的承载力。

表4-8 液化区判别

深度(m)	V_S(m/s)	r_d	a_{max}	r_e(%)	r_t(%)	判别
3	115.2	0.97	0.075	0.014	0.026	不液化
4	112.6	0.96	0.075	0.020	0.026	
5	108.5	0.95	0.075	0.026	0.026	
6	119.0	0.95	0.075	0.025	0.026	
7	120.9	0.93	0.075	0.029	0.026	液化
8	128.8	0.92	0.075	0.031	0.026	
9	130.5	0.91	0.075	0.032	0.026	
10	132.9	0.90	0.075	0.035	0.026	
11	132.9	0.89	0.075	0.029	0.026	
12	150.5	0.87	0.075	0.032	0.026	
13	149.0	0.84	0.075	0.027	0.026	
14	163.9	0.82	0.075	0.027	0.026	

二、岩体的波速测试

岩体通常是非均质的和不连续的集合体(地质体)。不同的岩性具有不同的物理性质,如基性岩和超基性岩的弹性波速度最高,达6 500~7 500m/s;酸性火成岩稍低一些;沉积岩中灰岩最高,往下依次是砂岩、粉砂岩、泥质板岩等。目前岩体测试广泛采用地震学方法,重要原因就是速度值与岩石的性质和状态之间存在着依赖关系。这种依赖关系可用来进行岩体结构分类、岩体质量评价、岩体风化带划分,以及评价岩体破裂程度、裂隙度、充水量和应力状态等。

(一)岩体的工程分类及断层带

岩体工程分类的目的在于预测各类岩体的稳定性,进行工程地质评价。根据地球物理调查研究结果,将岩体划分为具一定地球物理参数、不同水平和级别的块体及岩带。图4-131是某巷道锤击声波地质剖面图。该巷道为花岗岩体,构造断裂发育,岩石破碎。新鲜完整岩体纵波速度为5 000~5 500m/s,横波速度为3 000m/s,动弹性模量为39.2×10^9Pa。通过声波测试及地质分析可将巷道分为3段:第一段为巷道进口处断层风化岩体,本段纵波平均速度为2 000m/s,岩体岩石波速比0.4,岩体完整系数0.16;第二段为裂隙发育的块状岩体夹破碎岩体,全段纵波速度平均值为3 000m/s,岩体岩石波速比0.6,岩体完整系数0.36;第三段为节理发育的块状岩体,纵波平均波速为4 000m/s,岩体岩石波速比0.8,完整系数0.64,本段岩体稳定性较好。由此可见,第一段岩体工程地质特性较差,而第三段岩体工程地质特性较好。

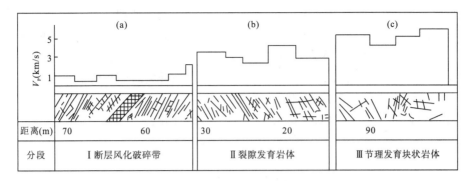

图 4-131 巷道锤击声波地质剖面图

在长江下游某穿江工程勘测中,选用了多种方法(地震折射波法、反射波法、直流电测深法、电剖面法、水底连续电剖面法和电磁剖面法)进行综合物探调查。实际工作中,要求查明破碎带宽度大于3m的断层位置和产状,划分地层界线并对断层活动性做出评价。通过江面上地震反射波法时间剖面,可识别第三纪(古近纪+新近纪)地层的构造轮廓和江底由第四系上新统至第三系全部地层剖面。反射波组为单斜构造,倾角较缓,反射波组同相轴图像连续,反映了无断裂的构造地质形态。图 4-132 是江北岸陆地的一段时间剖面,岩层层面呈稳定单斜构造,倾角 7°～10°,但在桩号 50 和 70 的局部地段,同相轴有明显的间断和错位,解释为断层 F_1 和断层 F_2。

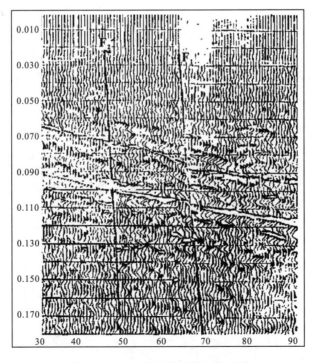

图 4-132 江北岸陆地时间剖面图

(F_1、F_2 为断层)

图 4-133 是江北岸桩号 0~90 的一段电测剖面。联合剖面曲线在倾斜断层的反映是，ρ_s^A、ρ_s^B 曲线均表现为不对称(图 4-132 中的联剖曲线)。若断层相对低阻时，在断层向左倾斜的条件下，联剖 ρ_s^B 曲线变化幅度大，并在倾斜方向上有明显的极小值；断层向右倾斜的条件下，ρ_s^A 曲线比 ρ_s^B 曲线的变化幅度大，并在倾斜方向上 ρ_s^A 曲线将有明显的极小值。倾斜断层上方联剖曲线的正交点离开顶部向倾斜方向位移，位移大小视断层倾角而定，倾角愈小位移愈大。对于相对高阻断层，与低阻断层相比，联剖曲线分异性较差。直立高阻断层上方出现反交

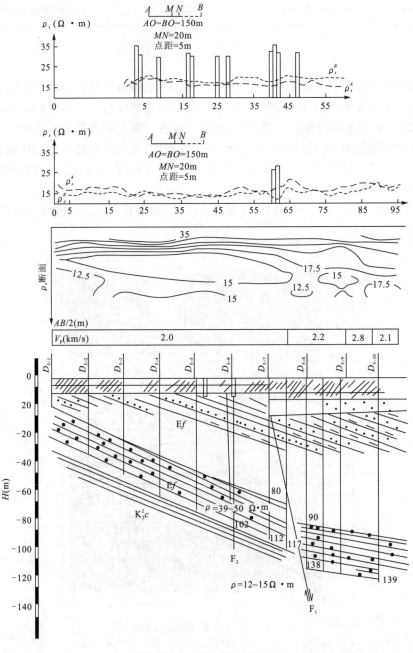

图 4-133 江北电测剖面图

点,倾斜断层的反交点出现在倾斜方向上,顶部上方有极大值。在向左倾斜的条件下,ρ_s^A曲线的极大值和不对称表现明显,且在倾斜方向上曲线下降较快,而在反倾斜方向上下降较慢。随着极距的增加,一方面异常变化大且趋于饱和,另一方面曲线的不对称性也越明显。利用联剖曲线的不对称性可判断断层的倾向。对于直立断层,联剖曲线呈"∞"字形对称于断层顶部,且在顶部出现视电阻率值略高于围岩的正交点。

对于断距较小的断层,测深点在断层上方,当布极方向不同时,ρ_s曲线形态也将不同。对于相对低阻断层,沿走向布极的ρ_s曲线为D型,且异常幅度大;而垂直定向布极时,则ρ_s曲线几乎无变化,ρ_s值与围岩电阻率近于相等,等视电阻率曲线不畸变(图4-133中的ρ_s断面图中的断层F_2)。但对于相对高阻断层,ρ_s曲线有相反的变化,垂直走向布极时,ρ_s曲线呈G型,异常幅度大,而当布极方向与断层走向一致时,则ρ_s曲线几乎无变化。对于断距较大的断层,垂直断层走向布线时,等视电阻率断面图有较明显的变化,视电阻率等值线在断层两侧呈"台阶状",在断层附近,ρ_s曲线有较明显的畸变(图4-133中的ρ_s断面图中的断层F_1)。

对各种物探方法和各种解释结果图件进行综合分析,认为江底不存在大于3m的断层,江北岸有4组断层,均被钻孔验证。

(二)风化带划分

通常岩石愈风化,其孔隙率和裂隙率愈高,造岩矿物变为次生矿物的比例愈大,性质愈软弱,地震波传播的速度也愈小。因此人们可以利用测定特征波的波速,对风化带进行分层。图4-134是二滩心站岸坡4号洞应用跨孔声波测试方法进行风化卸荷带划分的实例。根据声波测试结果,对4号洞岩体风化带进行了划分。由表4-9可见,洞深0～33m岩体风化严重,发射的声波全部吸收,十几对钻孔没有一个能见到结果,其波速很低;33～54m岩体不均匀,大部分测不到结果,波速变化大(b段);洞深大于85m的新鲜岩体中所有钻孔均测到大于5 000m/s的波速。另外还可利用衰减系数、波谱面积、波谱宽度及主频点号进行分类(表4-9)。强风化带衰减大,新鲜岩体衰减小。波谱面积是包含最低频率到奈奎斯特频率范围内波谱曲线包围的面积,表示穿透岩体信号的能量,新鲜岩体穿透能力大,风化带穿透能力小。波谱宽度表示信号能量的分布,宽度越大,表示能量愈分散,说明岩体不够完整致密。风化严重的岩体吸收了高频波,主频低,点号小;反之,点号大。

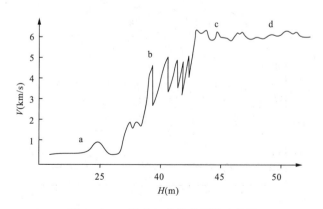

图4-134 风化卸荷带特征波速曲线

表 4-9 风化带划分结果

分带	名称	地质特点	洞深 (m)	有效测点 (%)	衰减系数 (dB/m)	纵波波速 (km/s)	波谱面积 (m²)	波谱宽度 (m)	主频点号
1	弱偏强风化带	正长岩,裂隙发育,普遍张开,结构面风化严重	0～33	0					
2	弱偏微风化带	正长岩新鲜坚硬,蚀变玄武岩裂隙发育,多碎成小块	33～54	<50	16.7	<5			
3	微风化带	正长岩夹蚀变玄武岩,除断层外,岩体完整,节理闭合	54～85	>60	8.7	5～6	6.3	27	12
4	新鲜岩	正长岩,新鲜,完整	>85	100	7.1	>5	>5.0	12	16

(三)岩体裂隙定位

一般岩体裂隙定位有两种情况,一种是在探洞、基坑或露头上已见到一些裂隙,要求在钻孔中予以定位;另一种则是在岩石上未见到,但要求预测钻孔在不同深度上是否存在显著的裂隙或软弱结构面。这对于岩体加固,尤其是预应力锚索很重要。超声波法、声波测井、地震剖面法等已成功地应用于定量研究评价裂隙性。根据这些方法的测量结果,可以取得覆荒地区岩石裂隙发育程度的定量特性,而在钻井中可取得包括破碎岩段和通常无法用岩芯研究的构造断裂带在内的全剖面裂隙特征。图 4-135 是某水电工程进水口山体锚固工作中,应用声波

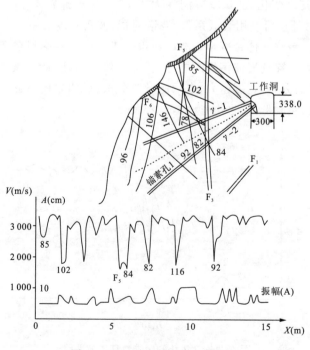

图 4-135 裂隙的钻孔声波定位

测井方法进行裂隙定位的实测曲线。由图可见,波速曲线每遇张开裂隙,波速突然下跌,裂隙岩体平均波速约为 3 000m/s,有裂隙部位下降至 1 600～2 000m/s。

(四)岩体动态参数的测试

在大多数工程地质参数之间以及地震参数与工程地质参数之间存在着相互依赖的关系,从而使应用地震学方法对工程地质参数(如静弹性模量、动弹性模量、动剪切模量、泊松比、岩体孔隙裂隙度等)进行估算成为可能。根据测定岩体的纵波速度 V_P 和横波速度 V_S,可计算出动弹性模量 E_m、动剪切模量 G_m 和动泊松比 σ_m。

在一些工程设计中,如核电站的抗震设计及各种建筑物、重大设备及辅助设施的设计中,一般均要求提供岩石的动态特性参数。在秦山核电站岩基工程中,为了进行现场地震法测试,在反应堆部位取边长为 18.5m 的等边三角形顶点布置 3 个钻孔,采用跨孔地震法、跨孔声波测试法、单孔声波法等进行测试,测试深度达 100m。

根据单孔声波测试获得的波速低值区位置,近一步查明了岩体内相对软弱带的规模和分布情况(图 4-136)。根据钻探和单孔声波测试结果,将反应堆安全壳基础下的岩体划分为 13 个区域(图 4-137)。利用跨孔地层法和跨孔声波法测定了各个区域的岩体动态参数(表 4-10)。

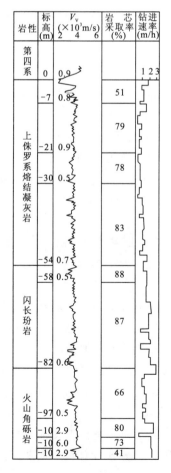

图 4-136 2号孔钻探测试成果

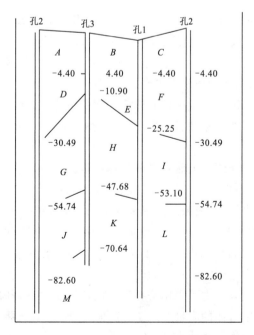

图 4-137 反应堆岩基分区示意图(单位:m)

由表 4-10 可见，A、B、C 区波速较低，这 3 个区在标高 -4.4m 以上，为残积土或强风化带。在标高 -50m 以上（D～I 区），以英安质熔结凝灰岩为主，动弹性模量比室内实验略高。这不仅说明在深埋情况下，围岩对岩体力学强度的增长起到了一定的作用，也说明深部岩体完整性较好，风化程度小。

表 4-10　反应堆安全壳基岩跨空测试成果

岩体分区号	A	B	C	D	E	F	G	H	I	J	K	L	M
V_P(m/s)	4 303	4 047	4 339	5 246	5 060	5 717	5 546	5 518	5 778	5 198	5 380	5 388	5 278
V_S(m/s)	2 451	2 304	2 436	2 994	2 840	3 109	3 066	3 050	3 193	2 960	2 973	3 082	3 087
动弹性模量 E_m（$\times 10^4$MPa）	4.92	3.65	4.14	5.35	5.13	6.33	6.21	5.69	6.43	5.69	5.81	6.63	6.01
动泊松比	0.26	0.26	0.27	0.27	0.27	0.29	0.28	0.28	0.26	0.28	0.28	0.25	0.24
V_P(m/s)	3 332	3 349	3 435	4 098	4 259	5 012	4 359	4 568	5 000	4 246	4 762	4 516	—
动弹性模量 E_m（$\times 10^4$MPa）	2.33	2.40	2.53	3.40	3.68	5.09	3.85	4.23	5.07	3.62	4.55	4.09	—

（五）岩体及灌浆质量评价

岩体质量评价主要包括两个方面内容：岩体强度和变形性。岩体强度是岩体稳定性评价的重要参数，但对现场岩体进行抗压强度测试，目前是很困难的；岩体变形特性和变形量大小，主要取决于岩体的完整程度。对现场岩体进行变形特性试验，工程地质通常采用千斤顶法、狭缝法等静力法，这些方法不可能大量做。由于岩体强度特性和变形特性与弹性波速度 V_P 及 V_S 有关，故可用地震法或声波法，在岩体处于天然状态条件下进行观测，确定现场岩体的强度特性和变形特性，并可大范围地反映岩体特性。根据测得的岩体波速，即可计算出岩体的动弹性模量、动剪切模量等参数。

目前国内外常用的岩体质量评价方法有巴顿法、比尼可夫斯基法、谷德振岩体质量系数 Z 法等。岩体结构和岩体质量是对应的，整块、块状结构为优质岩体，碎裂结构为差岩体，其他居中。

前面介绍了天然状态下岩体质量的评价方法，但在工程中常常因为天然状态下的岩体强度不够，表现出很高的孔隙度、裂隙度和变形程度，需要人为地改善这些性质。如对于有裂隙的坚硬岩体，一般采用加固灌浆的方法，即在高压下对一些专门用来加固的钻孔压入水泥灰浆，人为地改善它的结构性能。水泥渗透到空隙和裂隙内，经过一段时间的凝固，结果形成了较大块的岩体。由此，可以提高岩体的各种应变指标，减少或完全防止加固地段承压水的渗透。这样也就需要对人为改善岩体性质的岩体进行质量检验。

检验方法主要采用跨孔弹性波速测试方法，利用岩体灌浆前后弹性波传播速度的差别来检验灌浆岩体的质量。A.H.萨维奇（苏联）等人提出使用下列公式计算被水泥灰浆所充填空隙的相对体积参数为：

$$K=\frac{(V_K-V_{b1})(V_a-V_b)V_{a2}}{(V_K-V_b)(V_{a2}-V_{b1})V_a} \tag{4-119}$$

式中：K 为水泥灰浆所充填空隙的相对体积参数；V_K 为岩体骨架纵波速度(m/s)；V_b 为岩体内灌浆部位的速度(m/s)；V_a 为灌浆后岩体内的速度(m/s)；V_{b1} 为灌浆前岩体空隙填充物内的速度(m/s)；V_{a2} 为空隙填充物水泥块内的速度(m/s)。

应用指标 K 又可按表 4-11 划分灌浆质量等级。

表 4-11 灌浆质量等级划分表

K 值	≥72%	72%>K≥45%	45%>K≥18%	K<18%
等级	优良	较好	合格	很差

思考题

1. 如何测定均匀大地的电阻率？对某一均匀地电断面当采用不同电极装置进行观测时，其结果有什么变化？为什么？
2. 电剖面法有哪些最主要的电极装置类型？说明其应用范围并比较其优缺点。
3. 对于第四纪的砂泥岩地层剖面区分岩性采用哪些综合测井方法最为有效？
4. 放射性测井比其他测井有什么优越之处？
5. 如何测定岩土介质的动弹性模量、剪切模量、泊松比等？
6. 折射波(反射波)的应用条件和常用观测系统是什么？
7. 简述弹性波(电磁波)层析成像的方法和优点。
8. 地震勘探的方法有哪些？
9. 电法勘探的方法有哪些？

第五章 岩土工程勘察野外测试技术

第一节 圆锥动力触探试验

一、试验的类型、应用范围和影响因素

(一)圆锥动力触探试验的类型

圆锥动力触探试验的类型可分为轻型、重型和超重型3种。圆锥动力触探是利用一定的锤击能量,将一定尺寸、一定形状的圆锥探头打入土中,根据打入土中的难易程度(可用贯入度、锤击数或单位面积动贯入阻力来表示)来判别土层的变化,对土层进行力学分层,并确定土层的物理力学性质,对地基土做出工程地质评价。通常以打入土中一定距离所需的锤击数来表示土层的性质,也可以动贯入阻力来表示土层的性质。其优点是设备简单、操作方便、工效较高、适应性强,并具有连续贯入的特点。对难以取样的砂土、粉土、碎石类土等土层以及对静力触探难以贯入的土层,圆锥动力触探是十分有效的勘探测试手段。圆锥动力触探的缺点是不能采样对土进行直接鉴别描述,试验误差较大,再线性较差。

(二)圆锥动力触探试验的应用范围

当土层的力学性质有显著差异,而在触探指标上有显著反应时,可利用动力触探进行分层并定性地评价土的均匀性,检查填土质量,探查滑动带、土洞,确定基岩面或碎石土层的埋藏深度等。同时,确定砂土的密实度和黏性土的状态,评价地基土和桩基承载力,估算土的强度和变形参数等。

轻型动力触探适用范围:一般用于贯入深度小于 4m 的一般黏性土和黏性素填土层。

重型动力触探适用范围:一般适用于砂土和碎石土。

超重型动力触探适用范围:一般用于密实的碎石土或埋深较大、厚度较大的碎石土。

圆锥动力触探详细的适用范围见表 5-1。

(三)圆锥动力触探试验的影响因素

圆锥动力触探试验的影响因素有侧壁摩擦、触探杆长度以及地下水。

1. 对于重型动力触探影响因素的校正

(1)侧壁摩擦影响的校正。对于砂土和松散中密的圆砾、卵石,触探深度在 1~15m 的范

围内时,一般可不考虑侧壁摩擦的影响。

表 5-1 动力触探的适用范围

类型		砂土、粉土、黏性土			砂土					碎石土		
		砂土	黏土	粉质黏土	粉土	粉砂	细砂	中砂	粗砂	砾砂	圆砾	卵石	石
动力触探	轻型		＋	＋＋	＋								
	中型		＋	＋＋	＋								
	重型					＋	＋	＋＋	＋＋	＋＋	＋＋	＋	
	超重型									＋	＋＋	＋＋	

注:"＋＋"表示适合,"＋"表示部分适合。

(2)触探杆长度的修正。当触探杆长度大于 2m 时,需按式(5-1)校正:

$$N_{63.5} = \alpha N \tag{5-1}$$

式中:$N_{63.5}$ 为重型动力触探试验锤击数;N 为贯入 10cm 的实测锤击数;α 为触探杆长度校正系数,可按规范确定。

(3)地下水影响的校正。对于地下水位以下的中砂、粗砂、砾砂和圆砾、卵石,锤击数可按式(5-2)校正:

$$N_{63.5} = 1.1 N'_{63.5} + 1.0 \tag{5-2}$$

式中:$N_{63.5}$ 为经地下水影响校正后的锤击数;$N'_{63.5}$ 为未经地下水影响校正而经触探杆长度影响校正后的锤击数。

2. 对于超重型动力触探影响因素的校正

(1)触探杆长度影响的校正。当触探杆长度大于 1m 时,锤击数可按式(5-3)进行校正:

$$N_{120} = \alpha N \tag{5-3}$$

式中:N_{120} 为超重型触探试验锤击数;α 为杆长校正系数,可按表 5-2 确定。

(2)触探杆侧壁摩擦影响的校正:

$$N_{120} = F_n N \tag{5-4}$$

式中:F_n 为触探杆侧壁摩擦影响校正系数,可按规范确定。

式(5-3)与式(5-4)可合并为式(5-5),因此,触探杆长度和侧壁摩擦的校正可一次完成即:

$$N_{120} = \alpha F_n N \tag{5-5}$$

式中:αF_n 为综合影响因素校正系数,可按规范确定。

表 5-2 超重型动力触探试验触探杆长度校正系数 F_n

N	1	2	3	4	6	8~9	10~12	13~17	18~24	25~31	32~50	>50
F_n	0.92	0.85	0.82	0.80	0.78	0.76	0.75	0.74	0.73	0.72	0.71	0.70

二、试验方法

(一)动力触探类型及规格

圆锥动力触探试验的类型可分为轻型、重型和超重型 3 种。其规格和适用土类应符合表 5-3 的规定。

表 5-3 动力触探、标准贯入试验的设备规格及适用的土层

类型		轻型	重型	超重型
锤	重量(kg)	10	63.5	120
	落距(cm)	50	76	100
探头	直径(mm)	40	74	74
	锥角(°)	60	60	60
探杆直径(mm)		25	42	50~60
指标		贯入 30cm 的锤击数 N_{10}	贯入 10cm 的锤击数 $N_{63.5}$	贯入 10cm 的锤击数 N_{120}
主要适用的岩土		≤4m 的填土、砂土、黏性土	砂土、中密以下的碎石土、极软岩	密实和很密实的碎石土、软岩、极软岩

(二)试验仪器设备

圆锥动力触探试验设备主要分 4 个部分(图 5-1)。

(1)探头。为圆锥形,锥角 60°,探头直径为 40~74mm。

(2)穿心锤。钢质圆柱形,中心圆孔略大于穿心杆 3~4mm。

(3)提引设备。轻型动力触探采用人工放锤,重型及超重型动力触探采用机械提引器放锤,提引器主要有球卡式和卡槽式两类。

(4)探杆。轻型探杆外径为 25mm 钻杆,重型探杆外径为 42mm 钻杆,超重型探杆外径为 60mm 重型钻杆。

(三)技术要求

圆锥动力触探试验技术要求应符合下列规定。

(1)采用自动落锤装置。

(2)触探杆最大偏斜度不应超过 2%,锤击贯入应连续进行;同时防止锤击偏心、探杆倾斜和侧向晃动,保持探杆垂直度;锤击速率每分钟宜为 15~30 击。

(3)每贯入 1m,宜将探杆转动一圈半;当贯入深度超过 10m,每贯入 20cm 宜转动探杆 1 次。

(4)对轻型动力触探,当 $N_{10}>100$ 或贯入 15cm 锤击数超过 50 次时,可停止试验;对重型动力触探,当连续 3 次 $N_{63.5}>50$ 时,可停止试验或改用超重型动力触探。

三、试验成果整理

(一)触探指标

以贯入一定深度的锤击数 N 值(如 N_{10}、$N_{63.5}$、N_{120})作为触探指标,可以通过 N 值与其他室内试验和原位测试指标建立相关关系式,从而获得土的物理力学性质指标。这种方法比较简单、直观,使用也较方便,因此被国内外广泛采用。但它的缺陷是不同触探参数得到的触探击数不便于互相对比,而且它的量纲也无法与其他物理力学性质指标一起计算。近年来,国内外倾向于用动贯入阻力来替代锤击数。

(二)动贯入阻力 q_d

欧洲触探试验标准规定了贯入 120cm 的锤击数和动贯入阻力两种触探指标。我国《岩土工程勘察规范》(GB50021—2001)虽然只列入锤击数,但在条文说明中指出,也可以采用动贯入阻力作为触探指标。

以动贯入阻力作为动力触探指标的意义在于:①采用单位面积上的动贯入阻力作为计量指标,有明确的力学量纲,便于与其他物理量进行对比;②为逐步走向读数量测自动化(例如应用电测探头)创造相应条件;③便于对不同的触探参数(落锤能量、探头尺寸)的成果资料进行对比分析。

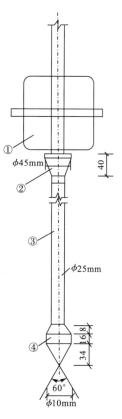

图 5-1 轻型动力触探仪
①穿心锤;②锤垫;③探杆;④圆锥头

荷兰公式是目前国内外应用最广泛的动贯入阻力计算公式,我国《岩土工程勘察规范》(GB50021—2001)和《土工试验方法标准》(GB/T50123—1999)都推荐该公式。该公式是建立在古典牛顿碰撞理论基础上的,它假定:绝对非弹性碰撞,完全不考虑弹性变形能量的消耗。在应用动贯入阻力计算公式时,应考虑下列条件限制:①每击贯入度在 0.2~5.0cm;②触探深度一般不超过 12cm;③触探器质量 M' 与落锤质量 M 之比不大于 2。其公式为:

$$q_d = \frac{M}{M+M'} \cdot \frac{MgH}{A \cdot e} \tag{5-6}$$

式中:q_d 为动力触探动贯入阻力(MPa);M 为落锤质量(kg);M' 为触探器(包括探头、触探杆、锤座和导向杆)的质量(kg);g 为重力加速度(m/s^2);H 为落距(m);A 为圆锥探头截面积(cm^2);e 为贯入度(cm),$e=D/N$,D 为规定贯入深度,N 为规定贯入深度的击数。

(三)触探曲线

动力触探试验资料应绘制触探击数(或动贯入阻力)与深度的关系曲线。触探曲线可绘成直方图。图 5-2 为动力触探直方图及土层划分。

根据触探曲线的形态,结合钻探资料,可进行土的力学分层。但在进行土的分层和确定土的力学性质时应考虑触探的界面效应,即"超前反应"和"滞后反应"。当触探探头尚未达到下卧土层时,在一定深度以上,下卧土层的影响已经超前反映出来,叫作"超前反应";当探头已经

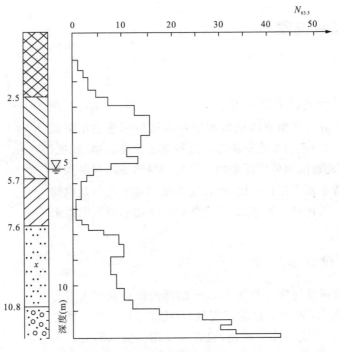

图 5-2 动力触探直方图及土层划分

穿过上覆土层进入下卧土层中时,在一定深度以内,上覆土层的影响仍会有一定反应,这叫作"滞后反应"。

据试验研究,当上覆为硬层、下卧为软层时,对触探击数的影响范围大,超前反应量(一般为 0.5~0.7m)大于滞后反应量(一般为 0.2m);上覆为软层、下卧为硬层时,影响范围小,超前反应量(一般为 0.1~0.2m)小于滞后反应量(一般为 0.3~0.5m)。在划分地层分界线时应根据具体情况做适当的调整:当触探曲线由软层进入硬层时,分层界线可定在软层最后一个小值点以下 0.1~0.2m 处;当触探曲线由硬层进入软层时,分层界线可定在软层第一个小值点以上 0.1~0.2m 处。根据各孔分层的贯入指标平均值,可用厚度加权平均法计算场地分层贯入指标平均值和变异系数。

四、试验成果的应用

根据圆锥动力触探试验指标和地区经验,可进行力学分层,评定土的均匀性和物理性质(状态、密实度)、土的强度、变形参数、地基承载力、单桩承载力,查明土洞、滑动面、软硬土层界面,检测地基处理效果等。应用试验成果时是否修正或如何修正,应根据建立统计关系时的具体情况确定。

(一)评价碎石土的密实度

碎石土的密实度可根据圆锥动力触探锤击数来确定(表 5-2、表 5-3),应对表中的 $N_{63.5}$ 和 N_{120} 进行修正。当采用重型圆锥动力触探确定碎石土的密实度时,锤击数 $N_{63.5}$ 应按式(5-7)校正:

$$N_{63.5} = a_1 \cdot N'_{63.5} \tag{5-7}$$

式中：$N_{63.5}$ 为校正后的重型圆锥动力触探锤击数；a_1 为校正系数，按规范规定取值；$N'_{63.5}$ 为实测重型圆锥动力触探锤击数。

当采用超重型圆锥动力触探确定碎石土的密实度时，锤击数 N_{120} 应按式（5-8）校正：

$$N_{120} = a_2 \cdot N'_{120} \tag{5-8}$$

式中：N_{120} 为校正后的超重型圆锥动力触探锤击数；a_2 为校正系数（可查表）；N'_{120} 为实测超重型圆锥动力触探锤击数。

（二）确定地基土的承载力

利用圆锥动力触探成果确定地基土的承载力，应根据不同地区的试验成果资料进行必要的统计分析，并建立经验公式后使用。现行国家标准《建筑地基基础设计规范》（GB50007—2011）则重视强调区域性及行业性经验公式的建立，使利用圆锥动力触探成果确定地基土的承载力的方法更加科学、合理。故在实际应用过程中，应结合必要的区域及行业使用成果，统计分析后确定地基土的承载力。

关于以往经验性做法及相关成果，在《工程地质手册》（第四版）中有详细的列举，本书不再赘述。

（三）确定抗剪强度和变形模量

（1）依据铁道部第二勘测设计院的研究成果（1988），圆砾、卵石土地基变形模量 E_o（MPa）可按式（5-9）或表5-4取值：

$$E_o = 4.48 N_{63.5}^{0.7554} \tag{5-9}$$

式中：N 为锤击数。

表 5-4 用动力触探 $N_{63.5}$ 确定圆砾、碎石土的变形模量 E_o

击数平均值 $\overline{N}_{63.5}$（击）	3	4	5	6	7	8	9	10	12	14
碎石土（MPa）	140	170	200	240	280	320	360	400	470	540
中、粗砾砂（MPa）	120	150	180	220	260	300	340	380		
击数平均值 $\overline{N}_{63.5}$（击）	16	18	20	22	24	26	28	30	35	40
碎石土（MPa）	600	660	720	780	830	870	900	930	970	1 000

（2）重型动力触探的动贯入阻力 q_d 与变形模量的关系如式（5-10）、式（5-11）所示。

对于黏性土、粉土：

$$E_o = 5.488 q_d \tag{5-10}$$

对于填土：

$$E_o = 10(q_d - 0.56) \tag{5-11}$$

式中：E_o 为变形模量（MPa）；q_d 为动贯入阻力（MPa）。

第二节 标准贯入试验

一、标准贯入试验方法

标准贯入试验方法是动力触探的一种,它是利用一定的锤击动能(重型触探锤重 63.5kg,落距 76cm),将一定规格的对开管式的贯入器打入钻孔孔底的土中,再根据打入土中的贯入阻力,判别土层的变化和土的工程性质。贯入阻力用贯入器贯入土中 30cm 的锤击数 N 表示(也称为标准贯入锤击数 N)。

标准贯入试验要结合钻孔进行,国内统一使用直径为 42mm 的钻杆,国外也有使用直径为 50mm 的钻杆或 60mm 的钻杆。标准贯入试验的优点在于设备简单,操作方便,土层的适应性广,除砂土外对硬黏土及软土岩也适用,而且贯入器能够携带扰动土样,可直接对土层进行鉴别描述。标准贯入试验适用于砂土、粉土和一般黏性土。

(一)试验仪器设备

标准贯入试验设备基本与重型动力触探设备相同,主要由标准贯入器、触探杆、穿心锤、锤垫及自动落锤装置等组成。所不同的是标准贯入使用的探头为对开管式贯入器,对开管外径为 51 ± 1mm,内径为 35 ± 1mm,长度大于 457mm,下端接长度为 76 ± 1mm、刃角 $18°\sim20°$、刃口端部厚 1.6mm 的管靴;上端接一内、外径与对开管相同的钻杆接头,长 152mm。

(二)试验要点

(1)标准贯入试验孔采用回转钻进,并保持孔内水位略高于地下水位。当孔壁不稳定时,可用泥浆护壁。钻至试验标高以上 15cm 处,清除孔底残土后再进行试验。

(2)采用自动脱钩的自由落锤法进行锤击,并减小导向杆与锤间的摩阻力,避免锤击时偏心和侧向晃动,保持贯入器、探杆、导向杆连接后的垂直度,锤击速率应小于 30 击/min。

(3)贯入器打入土中 15cm 后,开始记录每打入 10cm 的锤击数,累计打入 30cm 的锤击数为标准贯入试验锤击数 N。当锤击数已达 50 击,而贯入深度未达到 30cm 时,可记录 50 击的实际贯入深度,按式(5-12)换算成相当于 30cm 的标准贯入试验锤击数 N,并终止试验。

$$N=30\times\frac{50}{\Delta s} \qquad (5-12)$$

式中:Δs 为 50 击时的贯入深度(cm)。

(4)拔出贯入器,取出贯入器中的土样进行鉴别描述。

(三)影响因素及其校正

1. 触探杆长度的影响

当用标准贯入试验锤击数按规范查表确定承载力或其他指标时,应根据规范规定按式(5-13)对锤击数进行触探杆长度校正:

$$N = \alpha N' \tag{5-13}$$

式中：N 为标准贯入试验锤击数；N' 为实测贯入 30cm 的锤击数；α 为触探杆长度校正系数，可按表 5-5 确定。

表 5-5 触探杆长度校正系数

触探杆长度(m)	≤3	6	9	12	15	18	21
校正系数 α	1.00	0.92	0.86	0.81	0.77	0.73	0.70

2．土的自重压力影响

20 世纪 50 年代美国 Gibbs 和 Holtz(1957)的研究结果指出，砂土的自重压力(上覆压力)对标准贯入试验结果有很大的影响，同样的击数 N 对不同深度的砂土表现出不同的相对密实度。一般认为标准贯入试验的结果应进行深度影响校正。

美国 Peck(1974)得出砂土自重压力对标准贯入试验的影响为：

$$N = C_N \cdot N' \tag{5-14}$$

$$C_N = 0.77 \lg \frac{1\,960}{\bar{\sigma}_v} \tag{5-15}$$

式中：N 为校正相当于自重压力等于 98kPa 的标准贯入试验锤击数；N' 为实测标准贯入试验锤击数；C_N 为自重压力影响校正系数；$\bar{\sigma}_v$ 为标准贯入试验深度处砂土有效垂直上覆压力(kPa)。

3．地下水的影响

美国 Terzaghi 和 Peck(1953)认为：对于有效粒径 d_{10} 在 $0.1 \sim 0.05$mm 范围内的饱和粉、细砂，当其密度大于某一临界密度时，贯入阻力将会偏大，相应于此临界密度的锤击数为 15，故在此类砂层中贯入击数 $N' > 15$ 时，其有效击数 N 应按式(5-16)校正：

$$N = 15 + \frac{1}{2}(N' - 15) \tag{5-16}$$

式中：N 为校正后的标准贯入击数；N' 为未校正的饱和粉、细砂的标准贯入击数。

二、标准贯入试验成果的应用

(一)成果应用

1．确定地基承载力

国外关于依据标准贯入击数计算地基承载力的经验公式如下所示。

(1)Peck、Hanson 和 Thornburn(1953)的地基承载力的计算公式为：

当 $D_w \geq B$ 时

$$f_K = S_a(1.36\bar{N} - 3)\left(\frac{B+0.3}{2B}\right)^2 + \gamma_2 D \tag{5-17}$$

当 $D_w < B$ 时

$$f_K = S_a(1.36\bar{N} - 3)\left(\frac{B+0.3}{2B}\right)^2 \left(0.5 + \frac{D_w}{2B}\right) + \gamma_2 D \tag{5-18}$$

式中：D_w 为地下水离基础底面的距离(m)；f_K 为地基土承载力(kPa)；S_a 为允许沉降量(cm)；$\overline{N}$ 为地基土标准贯入锤击数的平均值；B 为基础短边宽度(m)；D 为基础埋置深度(m)；γ_2 为基础底面以上土的重度(kN/m³)。

(2) Peck 和 Tezaghi(1953)的干砂极限承载力公式为：

条形、矩形基础 $f_u = r(DN_D + 0.5BN_B)$ (5-19)

方形、圆形基础 $f_u = r(DN_D + 0.4BN_B)$ (5-20)

式中：f_u 为极限承载力(kPa)；D 为基础埋置深度(m)；B 为基础宽度(m)；r 为土的重度(kN/m³)；N_D、N_B 为承载力系数，取决于砂的内摩擦角 φ。

如图 5-3 所示为标准贯入击数 N 与 φ、N_D、N_B 的关系，利用这些关系得出的 N_D、N_B 值，代入上述极限承载力式(5-19)和式(5-20)，即可求得砂土地基的极限承载力。

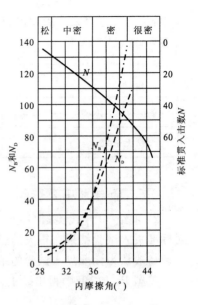

图 5-3 内摩擦角、承载力系数和锤击数 N 值的关系

(二) 确定黏性土、砂土的抗剪强度和变形参数

1. 确定抗剪强度

砂土的标准贯入试验锤击数与抗剪强度指标(C 为抗剪强度，φ 为剪切角)的关系如表 5-6、表 5-7 所示。

表 5-6 国外用 N 值推算砂土的剪切角 φ(°)

研究者	N				>50
	<4	4～10	10～30	30～50	
Peck	<28.2	28.5～30	30～36	36～41	>41
Meyerhof	<30	30～35	35～40	40～45	>45

注：国外用 N 值推算 φ 角，再用 Terzaghi 公式推算砂土的极限承载力。

表 5-7 黏性土 N 与 C、φ 的关系

N	15	17	19	21	25	29	31
C(kPa)	78	82	87	92	98	103	110
φ(°)	24.3	24.8	25.3	25.7	26.4	27.0	27.3

2. 确定土的变形参数 E_o、E_s

E. Schultze & H. Menzenbach(1961)提出的经验关系为：

当 $N>15$ 时，$E_s = 4.0 + C(N-6)$ (5-21)

当 $N<15$ 时，$E_s = C(N+6)$ (5-22)

或 $E_s = C_1 + C_2 N$ (5-23)

式中：E_s 为压缩模量(MPa)；C、C_1、C_2 为系数，由表 5-8、表 5-9 确定。

表 5-8　不同土类的 C 值

土名	含砂粉土	细砂	中砂	粗砂	含砾砂土	含砂砾土
C(MPa/击)	0.3	0.35	0.45	0.7	1.0	1.2

表 5-9　不同土类的 C_1、C_2 值

土名	细砂		砂土	粉质砂土	砂质黏土	松砂
	地下水位以上	地下水位以下				
C_1(MPa/击)	5.2	7.1	3.9	4.3	3.8	2.4
C_2(MPa/击)	0.33	0.49	0.49	1.18	1.05	0.53

3. 评价饱和砂土、粉土的地震液化

评价饱和砂土、粉土的地震液化，具体参见相关文献。本文不再叙述。

第三节　静力触探

一、静力触探的贯入设备

静力触探试验是用静力将探头以一定的速率压入土中，利用探头内的力传感器，通过电子量测仪器将探头受到的贯入阻力记录下来。由于贯入阻力的大小与土层的性质有关，因此通过贯入阻力的变化情况，可以达到了解土层的工程性质目的。

静力触探试验可根据工程需要采用单桥探头、双桥探头或带孔隙水压力量测的单、双桥探头，测定贯入阻力(p_s)、锥尖阻力(q_c)、侧壁阻力(f_s)和贯入时的孔隙水压力(u)。静力触探试验适用于软土、一般黏性土、粉土、砂土和含少量碎石的土。

以下就静力触探试验的设备构造、试验方法及成果应用做介绍。

（一）静力触探的试验设备

静力触探试验的设备由加压装置、反力装置、探头及量测记录仪器 4 个部分组成。

1. 加压装置

加压装置的作用是将探头压入土层中，按加压方式可分为下列几种。

（1）手摇式轻型静力触探。利用摇柄、链条、齿轮等用人力将探头压入土中。用于较大设备难以进入的狭小场地的浅层地基土的现场测试。

（2）齿轮机械式静力触探。主要组成部件有变速马达(功率 2.8～3kW)、伞形齿轮、丝杆、稻香滑块、支架、底板、导向轮等。其结构简单，加工方便，既可单独落地组装，也可装在汽车上，但贯入力小，贯入深度有限。

（3）全液压传动静力触探。分单缸和双缸两种。主要组成部件有油缸和固定油缸底座、油

泵、分压阀、高压油管、压杆器和导向轮等。目前在国内使用液压静力触探仪比较普遍，一般最大贯入力可达 200kN。

2. 反力装置

静力触探的反力用 3 种形式解决。

(1)利用地锚作反力。当地表有一层较硬的黏性土覆盖层时，可以使用 2～4 个或更多的地锚作反力，视所需反力大小而定。锚的长度一般在 1.5m 左右，叶片的直径可分成多种，如 25cm、30cm、35cm、40cm，以适应各种情况。

(2)利用重物作反力。如地表土为砂砾、碎石土等，地锚难以下入，此时只有采用压重物来解决反力问题，即在触探架上压以足够的重物，如钢轨、钢锭、生铁块等。软土地基贯入 30m 以内的深度，一般需压重物 40～50kN。

(3)利用车辆自重作反力。将整个触探设备装在载重汽车上，利用载重汽车的自重作反力。贯入设备装在汽车上工作方便，工效比较高，但由于汽车底盘距地面过高，使钻杆施力点距离地面的自由长度过大，当下部遇到硬层而贯入阻力突然增大时易使钻杆弯曲或折断，此时应考虑降低施力点距地面的高度。

触探钻杆通常用外径 $\Phi32$～$\Phi35$mm、壁厚为 5mm 以上的高强度无缝钢管制成，也可用 $\Phi42$mm 的无缝钢管。为了使用方便，每根触探杆的长度以 1m 为宜，钻杆接头宜采用平接，以减小压入过程中钻杆与土的摩擦力。

二、探头的结构与工作原理

(一)探头的工作原理

将探头压入土中时，由于土层的阻力，使探头受到一定的压力。土层的强度愈高，探头所受到的压力愈大。通过探头内的阻力传感器(以下简称传感器)，将土层的阻力转换为电讯号，然后由仪表测量出来。为了实现这个目的，需运用 3 个方面的原理，即材料弹性变形的虎克定律、电量变化的电阻率定律和电桥原理。

传感器受力后会产生变形。根据弹性力学原理，如应力不超过材料的弹性范围，其应变的大小与土的阻力大小成正比，而与传感器截面积成反比。因此，只要能将传感器的应变大小测量出，即可知土的阻力大小，从而求得土的有关力学指标。

如果在传感器上贴电阻应变片，当传感器受力变形时，应变片也随之产生相应的应变，从而引起应变片的电阻产生变化。根据电阻定律，应变片的阻值变化与电阻丝的长度变化成正比，与电阻丝的截面积变化成反比，这样就能将传感器的变形转化为电阻的变化。但由于传感器在弹性范围内的变形很小，引起电阻的变化也很小，不易测量出来。为此，在传感器上贴一组电阻应变片，组成一个电桥电路，使电阻的变化转化为电压的变化，通过放大，就可以测量出来。因此，静力触探就是通过探头传感器实现一系列量的转换：土的强度→土的阻力→传感器的应变→电阻的变化→电压的输出，最后由电子仪器放大和记录下来，达到测定土强度和其他指标的目的。

(二)探头的结构

目前国内用的探头有 3 种(图 5-4)，一种是单桥探头；另一种是双桥探头。此外还有能同时测量孔隙水压的两用($p_s \sim u$)或三用($q_c \sim u \sim f_s$)探头,即在单桥或双桥探头的基础上增加了能量测孔隙水压力的功能。

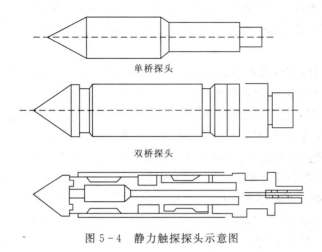

图 5-4　静力触探探头示意图

1. 单桥探头

单桥探头由带外套筒的锥头、弹性元件(传感器)、顶柱和电阻应变片组成。锥底的截面积规格不一,常用的探头型号及规格如表 5-10 所示,其中有效侧壁长度为锥底直径的 1.6 倍。

表 5-10　单桥探头的规格

型号	锥底直径 Φ(mm)	锥底面积 A(cm²)	有效侧壁长度 L(mm)	锥角 α(°)
Ⅰ~1	35.7	10	57	60
Ⅰ~2	43.7	15	70	60
Ⅰ~3	50.4	20	81	60

2. 双桥探头

单桥探头虽带有侧壁摩擦套筒,但不能分别测出锥头阻力和侧壁摩擦阻力。双桥探头除锥头传感器外,还有侧壁摩擦传感器及摩擦套筒。侧壁摩擦套筒的尺寸与锥底面积有关。双桥探头结构如图 5-4 所示,其规格如表 5-11 所示。

表 5-11　双桥探头的规格

型号	锥底直径 Φ(mm)	锥底面积 A(cm²)	有效侧壁长度 L(mm)	锥角 α(°)
Ⅱ~1	35.7	10	200	60
Ⅱ~2	43.7	15	300	60
Ⅱ~3	50.4	20	300	60

3. 探头的密封及标定

要保证传感器高精度地进行工作，就必须采取密封、防潮措施，否则会因传感器受潮而降低其绝缘电阻，使零飘增大，严重时电桥不能平衡，测试工作无法进行。密封方法有包裹法、堵塞法、充填法等。用充填法时应注意利用中性填料，且填料要呈软膏状，以免对应变片产生腐蚀或影响信号的传递。

目前国内较常用的密封防水方法是在探头丝扣接口处涂上一层高分子液态橡胶，然后将丝扣上紧。在电缆引出端，用厚的橡胶垫圈及铜垫圈压紧，使其与电缆紧密接触，起到密封的作用，而摩擦传感器则采用自行车内轮胎的橡胶膜套上，两端用尼龙线扎紧，对于摩擦传感器与上接头连接的伸缩缝，可用弹性和密封性能都较好的硅橡胶填充。

密封好的探头要进行标定，找出探头内传感器的应变值与贯入阻力之间的关系后才能使用。标定工作可在特制的磅秤架上进行，也可在材料实验室利用 50～100kN 的压力机进行，但最好是使用 30～50kN 的标准测力计，这样能在野外工作过程中随时标定，方便且精度较高。

每个传感器需标定 3～4 次，每次需转换不同方位。标定过程应耐心细致，加荷速度要慢。将标定结果绘在坐标纸上，纵坐标代表压力，横坐标代表输出电压(mV)或微应变($\mu\varepsilon$)。在正常情况下，各标定的点应在一通过原点的直线上，如不通过原点，且截距较大，可能是应变片未贴好，或探头结构上存在问题，应找出原因后再采取措施。

三、量测记录仪器

目前我国常用静力触探的量测记录仪器有两种类型：一种为电阻应变仪；另一种为自动记录仪。

（一）电阻应变仪

电阻应变仪由稳压电源、振荡器、测量电桥、放大器、相敏检波器和平衡指示器等组成。应变仪是通过电桥平衡原理进行测量的。当触探头工作时，传感器发生变形，引起测量电桥电路的电压平衡发生变化，通过手动调整电位器使电桥达到新的平衡，根据电位器调整程度就可确定应变的大小，并从读数盘上直接读出。

（二）自动记录仪

自动记录仪是由通用的电子电位差计改装而成，它能随深度自动记录土层贯入阻力的变化情况，并以曲线的方式自动绘在记录纸上，从而提高了野外工作的效率和质量。它主要由稳压电源、电桥、滤波器、放大器、滑线电阻和可逆电机组成。自动记录仪的记录过程为：由探头输出的信号，经过滤波器以后，产生一个不平衡电压，经放大器放大后，推动可逆电机转动；与可逆电机相连的指示机构会沿着有分度的标尺滑行，标尺是按信号大小比例刻制的，因而指示机构所显示的位置即为被测信号的数值。近年来已将静力触探试验过程引入微机控制的行列。即在钻进过程中可显示和存入与各深度对应的 q_c 和 f_s 值，起拔钻杆时即可进行资料分析处理，打印出直观曲线及经过计算处理各土层的 q_c、f_s 平均值，并可永久保存，还可根据要求进行力学分层。

四、现场试验

(一)试验前的准备工作

试验前的准备工作如下。
(1)设置反力装置(或利用车装重量)。
(2)安装好加压和量测设备,并用水准尺将底板调平。
(3)检查电源电压是否符合要求。
(4)检查仪表是否正常。
(5)检查探头外套筒及锥头的活动情况,并接通仪器,利用电阻挡调节度盘指针,如调节比较灵活,说明探头正常。

(二)现场试验

现场试验步骤如下。
(1)将仪表与探头接通电源,打开仪表和稳压电源开关,使仪器预热 15min。
(2)根据土层软硬情况,确定工作电压,将仪器调零,并记录孔号、探头号、标定系数、工作电压及日期。
(3)先压入 0.5m,稍停后提升 10cm,使探头与地温相适应,记录仪器初读数 ε_0。试验中每贯入 10mm 测记读数 ε_1 一次。以后每贯入 3~5m,要提升 5~10cm,以检查仪器初读数 ε_0。
(4)探头应匀速垂直压入土中,贯入速度控制在 1.2m/min。
(5)接卸钻杆时,切勿使入土钻杆转动,以防止接头处电缆被扭断,同时应严防电缆受拉,以免拉断或破坏密封装置。
(6)防止探头在阳光下暴晒,每结束一孔,应及时将探头锥头部分卸下,将泥沙擦洗干净,以保持顶柱及外套筒能自由活动。

(三)静力触探试验的技术要求

静力触探试验的技术要求应符合下列规定。
(1)探头圆锥锥底截面积应采用 $10cm^2$ 或 $15cm^2$,单桥探头侧壁高度应分别采用 57mm 或 70mm,双桥探头侧壁面积应采用 150~$300cm^2$,锥尖锥角应为 $60°$。
(2)探头测力传感器应连同仪器、电缆进行定期标定,室内探头标定的测力传感器的非线性误差、重复性误差、滞后误差、温度漂移、归零误差均应满足要求,现场试验归零误差应小于 3%,绝缘电阻不小于 $500MΩ$。
(3)深度记录的误差不应大于触探深度的 $±1\%$。
(4)当贯入深度超过 30m 或穿过厚层软土后再贯入硬土层时,应采取措施防止孔斜或断杆,也可配置测斜探头,量测触探孔的偏斜角,校正土层界线的深度。
(5)孔压探头在贯入前,应在室内保证探头应变腔为已排除气泡的液体所饱和,并在现场采取措施保持探头的饱和状态,直至探头进入地下水位以下的土层为止。在孔压静探试验过程中不得上提探头。
(6)当在预定深度进行孔压消散试验时,应量测停止贯入后不同时间的孔压值,其计时间隔由密而疏合理控制。试验过程中不得松动探杆。

五、成果的整理与应用

（一）单孔资料的整理

1. 初读数的处理

初读数是指探头在不受土层阻力的条件下,传感器的初始应变读数。影响初读数的因素很多,最主要的是温度,因为现场工作过程的地温与气温同探头标定时的温度不一样。消除初读数影响的办法是采用每隔一定深度将探头提升一次,在其不受力的情况下将应变仪调零一次,或测定一次初读数。后者在进行应变量计算时,按式(5-24)消除初读数的影响：

$$\varepsilon = \varepsilon_1 - \varepsilon_0 \quad (5-24)$$

式中：ε 为应变量($\mu\varepsilon$)；ε_1 为探头压入时的读数($\mu\varepsilon$)；ε_0 为初读数($\mu\varepsilon$)。

2. 贯入阻力的计算

将电阻应变仪测出的应变量 ε,换算成比贯入阻力 p_s(单桥探头),或锥头阻力 q_c 及侧壁摩擦力 f_s(双桥探头),计算公式如下：

$$p_s = a\varepsilon \quad (5-25)$$

$$q_c = a_1 \varepsilon_q \quad (5-26)$$

$$f_s = a_2 \varepsilon_f$$

式中：a、a_1、a_2 分别为应变仪标定的单桥探头、双桥探头的锥头传感器及摩擦传感器的标定系数(MPa)；ε、ε_q、ε_f 分别为单桥探头、双桥探头的锥头及侧壁传感器的应变量($\mu\varepsilon$)。

自动记录仪绘制出的贯入阻力随深度变化曲线,其本身就是土层力学性质的柱状图,只需在其纵、横坐标上绘制比例标尺,就可在图上直接量出 p_s 或 q_c、f_s 值的大小。

3. 摩阻比的计算

摩阻比是以百分率表示的双桥探头各对应深度的锥头阻力和侧壁摩擦力的比值,即：

$$R_f = \frac{f_s}{q_c} \times 100\% \quad (5-27)$$

式中：R_f 为摩阻比。

（二）原始数据的修正

1. 深度修正

当记录深度与实际深度有出入时,应按深度线性修正深度误差。若触探的同时量测触探杆的偏斜角 θ(相对铅垂线),也需要进行深度的修正。假定偏斜的方位角不变,每1m测1次偏斜角,则深度修正 Δh_i 为：

$$\Delta h_i = 1 - \cos\left(\frac{\theta_i - \theta_{i-1}}{2}\right) \quad (5-28)$$

式中：Δh_i 为第 i 段深度修正值；θ_i、θ_{i-1} 分别为第 i 次及第 $i-1$ 次实测的偏斜角。

2. 零飘修正

零飘修正一般根据归零检查的深度间隔按线性内插法对测试值加以修正。

(三)绘制触探曲线

单桥和双桥探头应绘制 p_s-z 曲线、q_c-z 曲线、f_s-z 曲线、R_f-z 曲线。孔压探头尚应绘制 U_i-z 曲线、q_t-z 曲线、f_t-z 曲线、B_q-z 曲线和孔压消散 $U_t-\lg t$ 曲线。

(四)划分土层界线

根据静力触探曲线对土进行力学分层,或参照钻孔分层结合静探曲线的大小和形态特征进行土层工程分层,确定分层界线。

土层划分应考虑超前与滞后的影响,其确定方法如下。

(1)当上、下层贯入阻力相差不大时,取超前深度和滞后深度的中点,或中点偏向小阻值土层 5~10cm 处作为分层界面。

(2)当上、下层贯入阻力相差 1 倍以上,由软层进入硬层或由硬层进入软层时,取软层最后一个(或第一个)贯入阻力小值偏向硬层 10cm 处作为分层界面。

(3)当上、下层贯入阻力无甚变化时,可结合 f_s 或 R_f 的变化确定分层界面。

(五)分层贯入阻力

计算单孔各分层的贯入阻力,可采用算术平均法或按触探曲线采用面积法,计算时应剔除个别异常值(如个别峰值),并剔除超前值、滞后值。计算勘察场地的分层阻力时,可按各孔穿越该层的厚度加权平均计算场地分层的平均贯入阻力,或将各孔触探曲线叠加后,绘制低值与峰值包络线,以便确定场地分层的贯入阻力在深度上的变化规律及变化范围。

(六)成果应用

1. 应用范围

静力触探试验的应用范围如下。

(1)查明地基土在水平方向和垂直方向的变化,划分土层,确定土的类别。

(2)确定建筑物地基土的承载力和变形模量以及其他物理力学指标。

(3)选择桩基持力层,预估单桩承载力,判别桩基沉入的可能性。

(4)检查填土及其他人工加固地基的密实程度和均匀性,判别砂土的密度及其在地震作用下的液化可能性。

(5)湿陷性黄土地区用来查找浸水湿陷事故的范围和界线。

2. 按贯入阻力进行土层分类

(1)分类方法。利用静力触探进行土层分类,由于不同类型的土可能有相同的 p_s、q_c 或 f_s 值,因此单靠某一个指标,是无法对土层进行正确分类的。在利用贯入阻力进行分层时,应结合钻孔资料进行判别分类。使用双桥探头时,由于不同土的 q_c 和 f_s 值不可能都相同,因而可以利用 q_c 和 f_s/q_c(摩阻比)两个指标来区分土层类别。对比结果证明,用这种方法划分土层类别效果较好。

(2)利用 q_c 和 f_s/q_c 分类的一些经验数据,如表 5-12 所示。

表 5-12 按静力触探指标划分土类

土的名称	单位及国名							
	中国铁道部		中国交通部第一航务工程局设计院		中航勘察设计研究院有限公司		法国	
	$q_c,f_s/q_c$ 值							
	q(MPa)	f_s/q_c(%)	q_c(MPa)	f_s/q_c(%)	q_c(MPa)	f_s/q_c(%)	q_c(MPa)	f_s/q_c(%)
淤泥质土及软黏性土	0.2~1.7	0.5~3.5	<1	10~13	<1	>1	≤6	>6
黏土			1~1.7	3.8~5.7				
粉质黏土	1.7~9 2.5~20	0.25~5 0.6~3.5	1.4~3	2.2~4.8	1~7 0.5~3	>3 0.5~3	>30 >30	4~8 2~4
粉土			3~6	1.1~1.8				
砂类土	2~32	0.3~1.2	>6	0.7~1.1	<1.2	<1.2	>30	0.6~0.2

3. 确定地基土的承载力

目前,为了利用静力触探确定地基土的承载力,国内外都是根据对比试验结果提出经验公式,以解决生产上的应用问题。

建立经验公式的途径主要是将静力触探试验结果与载荷试验求得的比例界线值进行对比,并通过对比数据的相关分析得到用于特定地区或特定土性的经验公式。

对于粉土则采用式(5-29):

$$f_0 = 36P_s + 44.6 \tag{5-29}$$

式中:f_0 为地基承载力基本值(kPa);P_s 为单桥探头的比贯入阻力(MPa)。

4. 确定不排水抗剪强度 C_u 值

用静力触探求饱和软黏土的不排水综合抗剪强度(C_u),目前是用静力触探成果与十字板剪切试验成果对比,建立 P_s 与 C_u 之间的关系,以求得 C_u 值,其相关式如表 5-13 所示。

表 5-13 软土 C_u(kPa)与 P_s 相关公式

公式	适用范围	公式来源
$C_u = 30.8P_s + 4$	$0.1 \leq P_s \leq 1.5$ 软黏土	中国交通部第一航务工程局
$C_u = 50P_s + 1.6$	$P_s < 0.7$	《铁路触探细则》
$C_u = 71q_c$	填海软黏土	同济大学
$C_u = (71~100)$	软黏土	日本

5. 确定土的变形性质指标

(1)基本公式。Buisman(1971)曾建议砂土的 E_s - q_c 关系式为:

$$E_s = 1.5 q_c \tag{5-30}$$

式中：E_s 为固结试验求得的压缩模量（MPa）。

这个公式是由下列假设推出来的：

(1) 触探头类似压进半无限弹性压缩体的圆锥；
(2) 压缩模量是常数，并且等于固结试验的压缩模量 E_s；
(3) 应力分布的 Boussinesq 理论是适用的；
(4) 与土的自重应力 σ_0 相比，应力增量 $\Delta\sigma$ 很小。

由于土在产生侧向位移之前首先被压缩，在压入高压缩土层中的触探头与上述假设条件之间存在着相似性，因此，从理论上来考虑，是可以在探头阻力与土的压缩性之间建立相关关系的经验公式的。

(2) 经验式。E_0、P_s 和 E_s 的经验式如表 5-14 所示。

6. 估计饱和黏性土的天然重度

利用静力触探比贯入阻力 P_s 值，结合场地或地区性土质情况（含有机物情况、土质状态）可估计饱和黏性土的天然重度（表 5-15）。

表 5-14 按比贯入阻力 P_s 确定 E_0 和 E_s

序号	公式	适用范围	公式来源
1	$E_s = 3.72 P_s + 1.26$	$0.3 \leqslant P_s < 5$	《工业与民用建筑工程地质勘查规范》（TJ21-77）
2	$E_0 = 9.79 P_s - 2.63$ $E_0 = 11.77 P_s - 4.69$	$0.3 \leqslant P_s < 3$ $3 \leqslant P_s < 6$	
3	$E_s = 3.63(P_s + 0.33)$	$P_s < 5$	中国交通部第一航务工程局设计院
4	$E_s = 2.17 P_s + 1.62$ $E_s = 2.12 P_s + 3.85$	$0.7 < P_s < 4$ 北京近代土 $1 < P_s < 9$ 北京老土	北京市勘察院
5	$E_s = 1.9 P_s + 3.23$	$0.4 \leqslant P_s \leqslant 3$	四川省综合勘察院
6	$E_s = 2.94 P_s + 1.34$	$0.24 < P_s < 3.33$	天津市建筑设计院
7	$E_s = 3.47 P_s + 1.01$	无锡地区 $P_s = 0.3 \sim 3.5$	无锡市建筑设计院
8	$E_s = 6.3 P_s + 0.85$	贵州地区红黏土	贵州省建筑设计院

表 5-15 按比贯入阻力 P_s 估计饱和黏性土的天然重度 γ

P_s(MPa)	0.1	0.3	0.5	0.8	1.0	1.6
γ(kN/m³)	14.1～15.5	15.6～17.2	16.4～18.0	17.2～18.9	17.5～19.3	18.2～20.0
P_s(MPa)	2.0	2.5	3.0	4.0	≥4.5	
γ(kN/m³)	18.7～20.5	19.2～21.0	19.5～20.7	20.0～21.4	20.3～22.2	

7. 确定砂土的内摩擦角

砂土的内摩擦角可根据静力触探参数参照表 5-16 取值。

表 5-16 按比贯入阻力 P_s 确定砂土的内摩擦角 φ

P_s(MPa)	1	2	3	4	6	11	15	30
$\varphi(°)$	29	31	32	33	34	36	37	39

8. 估算单桩承载力

静力触探试验可以看作是一小直径桩的现场载荷试验。对比结果表明,用静力触探成果估算单桩极限承载力是行之有效的。通常是采用双桥探头实测曲线进行估算。现将采用双桥探头实测曲线估算单桩承载力的经验介绍如下。

按双桥探头 q_c、f_s 估算单桩竖向承载力计算式如下:

$$p_u = a\bar{q}_c A + U_p \sum \beta_i f_{si} l_i \tag{5-31}$$

式中:p_u 为单桩竖向极限承载力(kN);a 为桩尖阻力修正系数,对黏性土取 2/3,对饱和砂土取 1/2;$\bar{q}_c$ 为桩端上、下探头阻力,取桩端平面以上 $4d$(d 为桩的直径或边长)范围内按土层厚度的加权平均值,然后再和桩端平面以下 $1d$ 范围的 $\bar{q}_c$ 值平均(kPa);A 为桩的截面积(m^2);U_p 为桩身周长(m);l_i 为第 i 层土的厚度(m);f_{si} 为第 i 层土的探头侧壁摩阻力(kPa);β_i 为第 i 层土桩身侧摩阻力修正系数。

第 i 层土桩身侧摩阻力修正系数按下式计算:

对于黏性土,$\beta_i = 10.05 f_{si}^{-0.55}$ (5-32)

对于砂土,$\beta_i = 5.05 f_{si}^{-0.45}$ (5-33)

确定桩的承载力时,安全系数取 2~2.5,以端承载力为主时取 2,以摩阻力为主时取 2.5。

第四节 载荷试验

载荷试验是在保持地基土的天然状态下,在一定面积的刚性承压板上向地基土逐级施加荷载,并观测每级荷载下地基土的变形。它是测定地基土的压力与变形特性的一种原位测试方法。测试所反映的是承压板在 1.5~2.0 倍承压板直径或宽度范围内,地基土强度、变形的综合性状。

载荷试验按试验深度分为浅层和深层。浅层平板载荷试验适用于浅层地基土,深层平板载荷试验适用于埋深等于或大于 3m 和地下水位以上的地基土。按承压板形状分为圆形载荷试验、方形载荷试验和螺旋板载荷试验,按载荷性质分为静力载荷试验和动力载荷试验,按用途可分为一般载荷试验和桩载荷试验。螺旋板载荷试验适用于深层地基土或地下水位以下的地基土。载荷试验可适用于各种地基土,特别适用于各种填土及含碎石的土。

一、浅层平板载荷试验

(一)试验设备及试验要点

1. 仪器设备

载荷试验设备主要由承压板、加荷装置、沉降观测装置组成。

承压板一般为厚钢板,形状为圆形和方形,面积为 $0.1 \sim 0.5 m^2$。对承压板的要求为:有足够的刚度,在加荷过程中其本身的变形要小,而且其中心和边缘不能产生弯曲和翘起。

加荷装置可分为载荷台式和千斤顶式两种(图 5-5、图 5-6),载荷台式为木质或铁质载荷台架,在载荷台上放置重物如钢块、铅块或混凝土试块等重物;千斤顶式为油压千斤顶加荷,用地锚提供反力。采用油压千斤顶必须注意两点:一是油压千斤顶的行程必须满足地基沉降要求;二是入土地锚的反力必须大于最大荷载,以免地锚上拔。由于载荷试验加荷较大,加荷装置必须牢固可靠、安全稳定。

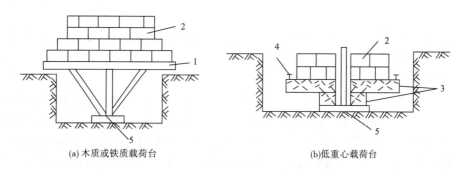

(a)木质或铁质载荷台　　(b)低重心载荷台

图 5-5　载荷台式加压装置

1-载荷台;2-钢锭;3-混凝土平台;4-测点;5-承压板

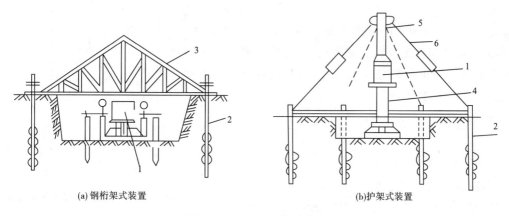

(a)钢桁架式装置　　(b)护架式装置

图 5-6　千斤顶式加压装置

1-千斤顶;2-地锚;3-桁架;4-立柱;5-外立柱;6-立杆

沉降观测装置可用百分表、沉降传感器或水准仪等。只要满足所规定的精度要求及线形特征等条件，可任选一种来观测承压板的沉降变形。

2. 试验要点

(1)载荷试验应布置在有代表性的地点，每个场地不宜少于3个，当场地内岩土体不均匀时，应适当增加。浅层平板载荷试验应布置在基础底面标高处。

(2)浅层平板载荷试验的试坑宽度或直径不应小于承压板宽度或直径的3倍；深层平板载荷试验的试井直径应等于承压板直径；当试井直径大于承压板直径时，紧靠承压板周围土的高度不应小于承压板直径。

(3)试坑或试井底的岩土体应避免扰动，保持其原状结构和天然湿度，并在承压板下铺设不超过20mm的中砂垫层找平，尽快安装试验设备。当螺旋板头入土时，应按每转一圈下入一个螺距进行操作，减少对土的扰动。

(4)载荷试验宜采用圆形刚性承压板，根据土的软硬或岩体裂隙密度选用合适的尺寸。土的浅层平板载荷试验承压板面积不应小于$0.25m^2$，对软土和粒径较大的填土不应小于$0.5m^2$；土的深层平板载荷试验承压板面积宜选用$0.5m^2$；岩石载荷试验承压板的面积不应小于$0.07m^2$。

(5)载荷试验加荷方式应采用分级维持荷载沉降相对稳定法（常规慢速法）。有地区经验时，可采用分级加荷沉降非稳定法（快速法）或等沉速率法。加荷等级宜取10～12级，并不应少于8级，荷载量测精度不应低于最大荷载的±1%。

(6)承压板的沉降可采用百分表、沉降传感器或电测位移计量测，其精度不应低于±0.01mm。10min、15min、15min测读一次沉降，以后间隔30min测读一次沉降，当连续两小时的每小时沉降量小于或等于0.1mm时，可认为沉降已达到相对稳定标准，再施加下一级荷载。当试验对象是岩体时，间隔1min、2min、2min、5min测读一次沉降，以后每隔10min测读一次，当连续3次读数差小于或等于0.01mm时，可认为沉降已达到相对稳定标准，再施加下一级荷载。

(7)当出现下列情况之一时，可终止试验：①承压板周边的土出现明显侧向挤出，周边岩土出现明显隆起或径向裂缝持续发展；②本级荷载的沉降量大于前级荷载沉降量的5倍，荷载与沉降曲线出现明显陡降；③在某级荷载下24h沉降速率不能达到相对稳定标准；④总沉降量与承压板直径（或宽度）之比超过0.06。

(二)试验资料的整理及成果的应用

1. 试验资料的整理

(1)根据原始记录绘制$P-S$和$S-t$曲线图。

(2)修正沉降观测值，先求出校正值S_0和$P-S$曲线斜率C。S_0和C的求法有图解法和最小二乘法。

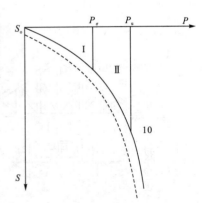

图5-7　$P-S$曲线修正沉降观测值

(3)图解法。在$P-S$曲线草图（图5-7）上找出比例界限点，从比例界限点引一直线，使比例界限前的各点均匀靠近该直线，直线与纵坐标交点的截距即为S_0。将直线上任意一点的

S、P 和 S_o 代入式(5-34)求得 C 值:
$$S = S_o + C_p \tag{5-34}$$

(4)最小二乘法。计算式如下:
$$NS_o + C\sum P - \sum S' = 0 \tag{5-35}$$
$$S_o \sum P + C \sum P^2 - \sum PS' = 0 \tag{5-36}$$

解式(5-34)和式(5-35)求得:
$$C = \frac{N\sum PS' - \sum P \sum S'}{N\sum P^2 - (\sum P)^2} \tag{5-37}$$

$$S_o = \frac{\sum S' \sum P^2 - \sum P \sum PS'}{N\sum P^2 - (\sum P)^2} \tag{5-38}$$

式中:N 为加荷次数;S_o 为校正值(cm);P 为单位面积压力(kPa);S' 为各级荷载下的原始沉降值(cm);C 为斜率。

求得 S_o 和 C 值后,按下述方法修正沉降观测值 S,对于比例界限以前各点,根据 C、P 值按 $S=C_p$ 计算;对于比例界限以后各点,则按 $S=S-S_o$ 计算。

根据 P 和修正后的 S 值绘制 $P-S$ 曲线。

2. 成果应用

1)确定地基土承载力

(1)强度控制法。即以比例界限 P_o 作为地基土承载力。这种方法适用于坚硬的黏性土、粉土、砂土、碎石土。比例界限的确定方法有以下几种。

①当 $P-S$ 曲线上有较明显的直线段时,一般采用直线段的终点所对应的压力即为比例界限。

②当 $P-S$ 曲线上无明显的直线段时,可用下述方法确定:在某一荷载下,其沉降量超过前一级荷载下沉降量的 2 倍,即 $\Delta S_n > 2\Delta S_{n-1}$ 的点所对应的压力即为比例界限;绘制 $\lg P - \lg S$ 曲线,曲线上转折点所对应的压力即为比例界限;绘制 $P - \frac{\Delta S}{\Delta P}$ 曲线,曲线上的转折点所对应的压力即为比例界限,其中 ΔP 为荷载增量,ΔS 为相应的沉降增量。

(2)相对沉降量控制法。根据沉降量和承压板宽度的比值 S/b 确定。当承压板面积为 $0.25\sim0.5\text{m}^2$ 时,可取 $S/b=0.01\sim0.015$ 对应的压力为地基承载力。

(3)极限荷载法。当 $P-S$ 曲线上的比例界限点出现后,土很快达到极限荷载,即比例界限 P_o 与极限荷载 p_u 接近时,将 p_u 除以安全系数 F_s($F_s=2\sim3$)作为地基承载力;当比例界限 P_o 与极限荷载 p_u 不接近时,可按式(5-39)计算:

$$f_k = p_u + \frac{p_u - P_o}{F_s} \tag{5-39}$$

式中:f_k 为地基土承载力(kPa);P_o 为比例界限(kPa);p_u 为极限荷载(kPa);F_s 为安全系数,一般取 $3\sim5$。

当荷载试验加载至破坏荷载,则取破坏荷载的前一级荷载为极限荷载 p_u。

承载力特征值的确定应符合下列规定。

①当 P-S 曲线上有比例界限时,取该比例界限所对应的荷载值。

②满足终止试验前 3 条终止加载条件之一时,其对应的前一级荷载为极限荷载,当该值小于对应比例界限荷载值的 2 倍时,取荷载极限值的一半。

③不能按上述两款要求确定时,可取 $S/b=0.01\sim0.05$ 所对应的荷载值,但其值不应大于最大加载量的一半。

④同一土层参加统计的试验点不应少于 3 点,当试验实测值的极差不超过平均值的 30% 时,取此平均值作为该土层的地基承载力特征值 f_{ak}。

2)计算变形模量

变形模量可用式(5-40)计算:

$$E_o = 10(1-\nu^2)\frac{P}{Sd} \qquad (5-40)$$

式中:E_o 为土的变形模量(MPa);ν 为土的泊松比,碎石土取 0.25,砂土和粉土取 0.30,粉质黏土取 0.35,黏土取 0.42;P 为承压板上的总荷载(kN);S 为与总荷载 P 相应的沉降量;d 为承压板直径(cm)。

二、螺旋板载荷试验

螺旋板载荷试验(SPLT)是将一螺旋形的承压板用人力或机械旋入地面以下的预定深度,通过传力杆向螺旋形承压板施加压力,测定承压板的下沉量。

(一)适用范围

螺旋板载荷试验适用于深层地基土或地下水位以下的地基土。它可以测量地基土的压缩模量、固结系数、饱和软黏土的不排水抗剪强度、地基土的承载力等,其测试深度可达 10~15m。

(二)试验设备及规格

目前我国已有的螺旋板载荷试验仪器一般由下列 4 个部分组成。

(1)螺旋板头由螺旋板、护套等组成(图 5-8)。螺旋板常用的有 3 种规格,直径 160mm,投影面积 200cm²,钢板厚 5mm,螺距 40mm;直径 252mm,投影面积 500cm²,钢板厚 5mm,螺距 80mm;直径 113mm。螺旋板常用于硬黏土层中。

(2)量测系统。由电阻式应变传感器、测压仪等组成。

(3)加压系统。由千斤顶、传力杆等组成。传力杆的规格为 $\Phi 73mm \times 10mm$。若在强度较低的软黏土中进行试验也可采用 $\Phi 36mm \times 10mm$ 的传力杆。

(4)反力装置。由地锚和钢架梁等组成。螺旋板载荷试验装置示意图如图 5-9 所示。

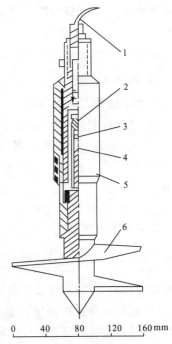

图 5-8 螺旋板头结构示意图
1-导线;2-测力仪传感器;3-钢球;4-传力顶柱;5-护套;6-螺旋形承压板

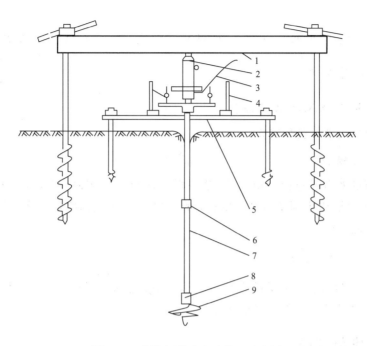

图 5-9 螺旋板载荷实验装置示意图

1-反力装置;2-油压千斤顶;3-传感器导线;4-百分表及磁性座;5-百分表座横梁;6-传力杆接头;
7-传力杆;8-测力传感器;9-螺旋形承压板

(三)试验要求

(1)螺旋板载荷试验应在钻孔中进行,钻孔入进时应在离试验深度 20~30cm 处停钻,并清除孔底受压或受扰动土层。

(2)螺旋板入土时,应按每转一圈下入一个螺距进行操作,减少对土的扰动。螺旋板与土接触面应加工光滑,使对土体的扰动大大减小。

(3)同一试验孔在垂直方向的试验点间距一般应大于或等于 1m,结合土层变化和均匀性布置。一般应在静力触探了解土层剖面后布置试验点。

(4)加荷分级及稳定标准。①沉降相对稳定法(常规慢速法)。用油压千斤顶分级加荷,每级荷载对于砂土、中低压缩性的黏性土、粉土宜采用 50kPa,对于高压缩性土宜采用 25kPa。每级加荷后的第一小时内,按间隔 10min、10min、10min、15min、15min,以后每隔 30min 读一次承压板沉降量,当连续两小时,每小时的沉降量小于 0.1mm 时,则达到相对稳定标准,可以施加下一级荷载。②等沉降速率法。用油压千斤顶加荷,加荷速率对于砂土、中低压缩性土宜采用 1~2mm/min,每下沉 1mm 测读压力一次;对于高压缩性土宜采用 0.25~0.50mm/min,每下沉 0.25~0.50mm 测读压力一次,直到土层破坏为止。

试验精度、终止加载条件同深层平板载荷试验。

(四)试验资料整理编辑

(1)绘制 $P-S$ 曲线:根据螺旋板载荷试验资料绘制 $P-S$ 曲线的方法与浅层平板载荷试

验相同。

(2)绘制 $S-t$ 曲线:根据 $S-t$ 关系,绘制 $S-t$ 曲线、$S-\lg t$ 曲线、$S-\sqrt{t}$ 曲线。

(五)成果应用编辑

1. 确定地基土的承载力特征值

确定方法同深层平板载荷试验。

2. 计算变形模量

计算变形模量采用沉降相对稳定法(常规慢速法)试验,按照《岩土工程勘察规范》(GB 50021—2001)的方法,考虑到试验深度和土类的影响,土层的变形模量计算同深层平板载荷试验,按式(5-41)进行计算:

$$E_0 = \omega \frac{P}{S} d \tag{5-41}$$

式中:ω 为与试验深度和土类有关的系数;d 为承压板直径或边长(m);P 为 $P-S$ 曲线线性段的压力(kPa);S 为与 P 对应的沉降量(mm)。

三、基岩载荷试验

浅埋基岩或浅层土原位载荷试验比较容易进行,但对于深埋基岩或深层土则难度较大。深层基岩或深层土进行试验时,传力系统和反力系统设计得合理与否对试验的成败及结果的准确性影响很大。目前,深孔基岩(或土)载荷试验常用传力柱法。

(一)传力柱法

这种方法在地面进行加荷,通过传力桩将荷载传至深层基岩或土表面,并在地面进行沉降和传力柱变形观测。该方法的设备主要有加荷及观测系统、传力系统以及反力系统(图5-10)。传力系统由传力垫、传力柱和载荷头组成。传力柱宜采用较大直径的无缝钢管。传力柱法具有以下特点。

(1)测试速度快。该法无需在孔内制作碱护圈和在孔底打一头,因而试验的准备时间短,只要孔挖到了试验深度即可准备试验。

(2)试验结果准确。由于采用大直径标准钢管作为传力柱,其强度和刚度大,因而不会发生失稳。钢管本身变形也很小,当钢管较长时可以通过实测和计算相结合的方法得到钢管变形值。

(3)试验安全。由于避免了在坑底进行试验,具有良好的操作环境,不会因孔壁坍塌造成人员和设备损伤。

(4)试验技术要求高。主要体现在传力系统的设计和选择以及变形观测。

(5)测试系统可靠。只要设备设计合理,最大加压可达到 0.3MPa 且不影响设备的安全和测试精度。

(6)测试成本高。由于传力钢管需在地面一次拼装后吊装就位,因此要用大吨位的吊机。另外压重物的运输和安装以及钢管本身变形的测量增加了试验成本。

(二)孔壁护圈法

该法在孔底试验,设备组成如图 5-11 所示。其特点如下。

(1)设备轻巧,成本低。由于利用孔壁钢筋碱护圈(环梁)支承反力系统,因而无需压重物和大直径钢管。所有设备通过一台卷扬机即可在现场拼装,不需要大吨位运输和吊装设备。

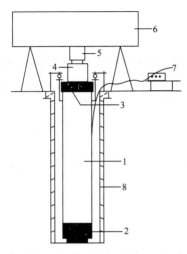

图 5-10 传力柱法载荷试验设备

1-传力钢管;2-载荷头;3-传力垫;4-千斤顶;5-钢梁;6-压重物;7-电阻应变仪;8-砖护壁

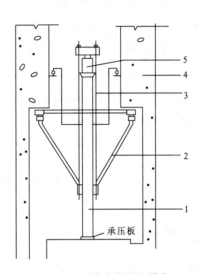

图 5-11 孔壁护圈法设备

1-立管;2-斜杆;3-钢拉杆;4-碱护壁;5-千斤顶

(2)试验环境差。孔底试验空间狭小,加之土层渗水和基岩涌水使得环境不利于试验。当孔深较大时,人员和设备不安全。

(3)试验周期长。由于该法需现浇一个钢筋碱环梁,当环梁强度达到一定值后才能进行试验,因此前期准备时间较长。

试验结果受设备条件和碱环梁质量影响较大:①当基岩承载力较高时,传力杆件本身的强度不够,试验不能达到设计要求值,否则加荷太大会使杆件失稳;②观测变形的百分表基点设在环梁上,读数会受环梁变形影响;③斜杆支承在环梁上,如果碱质量差或不均匀会引起杆件不对称变形,使得试验失败。

深孔基岩载荷试验应优先采用传力柱法,当工期要求不急且基岩承载力不高时可采用孔壁护圈法,但要保证碱环梁的施工质量和加荷杆件的强度满足试验要求,防止基岩受水浸泡。同时,仍然需继续研究传力柱法,主要是改进变形观测方法,以及大深度试验时钢管的侧向支撑系统。相信通过大量的试验,能积累珍贵的原位试验和室内试验对比资料,对合理取用基岩承载力具有重要意义。

四、基准基床系数的确定

地基土的基床反力系数(K_v),由 P-S 曲线直线段的斜率得出,即:

$$K_v = P/S \tag{5-42}$$

式中:P/S 为 $P-S$ 曲线直线的斜率。

如 $P-S$ 曲线初始无直线段,P 可取临塑荷载一半(kPa),S 为相应 P 值的沉降值(m)。

第五节 现场剪切试验

一、现场直接剪切试验

（一）概述

直接剪切试验就是直接对试样进行剪切的试验,是测定抗剪强度的一种常用方法。通常采用 4 个试样,分别在不同的垂直压力施加水平剪力,测试样破坏时的剪应力,然后根据库仑定律确定土的抗剪强度参数 C。

（二）试验方法

直接剪切试验一般可分为慢剪试验、固结快剪试验和快剪试验 3 种试验方法。

1. 慢剪试验

慢剪试验是先使土样在某一级垂直压力作用下,固结至排水变形稳定(变形稳定标准为每小时变形不大于 0.005mm),再以小于 0.02mm/min 的剪切速量缓慢施加水平剪应力,在施加剪应力的过程中,使土样内始终不产生孔隙水压力。用几个土样在不同垂直压力下进行剪切,将得到有效应力抗剪强度参数 C_s 和 Φ_s 值,但历时较长,剪切破坏时间可按式(5-43)估算：

$$t_f = 50 t_{50} \tag{5-43}$$

式中:t_f 为达到破坏所经历的时间;t_{50} 为固结度达到 50% 的时间。

2. 固结快剪试验

固结快剪试验是先使土样在某一级垂直压力作用下,固结至排水变形稳定,再以 0.8mm/min 的剪切速率施加剪力,直至剪坏,一般在 3~5min 内完成,适用于渗透系数小于 10^{-6} cm/s 的细粒土。由于时间短促,剪力所产生的超静水压力不会转化为粒间的有效应力。用几个土样在不同垂直压力下进行慢剪,便能求得抗剪强度参数 φ_{cq} 与 C_{cq} 值,这种 φ_{cq}、C_{cq} 值称为总应力法抗剪强度参数。

3. 快剪试验

快剪试验是采用原状土样尽量接近现场情况,以 0.8mm/min 的剪切速率施加剪力,直至剪坏,一般在 3~5min 内完成。这种方法将使粒间有效应力维持原状,不受试验外力的影响,但由于这种粒间有效应力的数值无法求得,所以试验结果只能求得($\sigma \tan \varphi q + cq$)的混合值。快速法适用于测定黏性土天然强度,但 φ_q 角将会偏大。

（三）仪器设备

(1)直剪仪。采用应变控制式直接剪切仪(图 5-12),由剪切盒、垂直加压设备、剪切传动装置、测力计以及位移量测系统等组成。加压设备可采用杠杆传动,也可采用气压施加。

(2)测力计。采用应变圈,量表为百分表或位移传感器。

(3)环刀。内径 6.18cm,高 2.0 cm。

(4)其他。切土刀、钢丝锯、滤纸、毛玻璃板、圆玻璃片以及润滑油等。

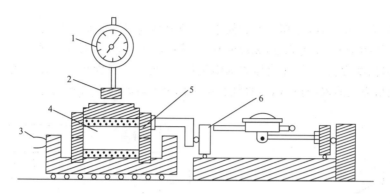

图 5-12 应变控制式直接剪切仪
1-垂直变形量表;2-垂直加荷框架;3-推动座;4-试样;5-剪切容器;6-量力环

(四)操作步骤

(1)对准剪切盒的上、下盒,拧紧固定销钉,在下盒内放洁净透水石 1 块及湿润滤纸 1 张。

(2)将盛有试样的环刀,平口向下、刀口向上,对准剪切盒的上盒,在试样面放湿润滤纸 1 张及透水石 1 块,然后将试样通过透水石徐徐压入剪切盒底,移去环刀,并顺次加上传压活塞及加压框架。

(3)取不少于 4 个试样,并分别施加不同的垂直压力,其压力大小根据工程实际和土的软硬程度而定,一般可按 50kPa、100kPa、250kPa、200kPa、300kPa、400kPa、600kPa…施加,加荷时应轻轻加上,但必须注意,如土质松软,为防止试样被挤出,应分级施加。

(4)若试样是饱和土试样,则在施加垂直压力 5min 后,向剪切盒内注满水;若试样是非饱和土试样,则不必注水,但应在加压板周围包以湿棉纱,以防止水分蒸发。

(5)当在试样上施加垂直压力后,若每小时垂直变形不大于 0.005mm,则认为试样已达到固结稳定。

(6)试样达到固结稳定后,安装测力计,徐徐转动手轮,使上盒前端的钢珠恰与测力计接触,记录测力计的读数。

(7)松开外面 4 只螺杆,拔去里面固定销钉,然后开动电动机,使应变圈受压,观察测力计的读数,它将随下盒位移的增大而增大,当测力计读数不再增加或开始倒退时,即出现峰值,认为试样已破坏,记下破坏值,并继续剪切至位移为 4mm,停机;当剪切过程中测力计读数无峰值时,应剪切至剪切位移为 6mm 时,停机。

(8)剪切结束后,卸除剪切力和垂直压力,取出试样,并测定试样的含水量。

(五)成果整理

1. 计算

计算每一试件的剪应力:

$$\tau = KR \tag{5-44}$$

式中：τ 为试样所受的剪应力；K 为测力计率定系数(0.01mm/kPa)；R 为剪切时测力计的读数与初读数之差值(0.01mm)。

2. 制图

(1) 以剪应力为纵坐标，剪切位移为横坐标，绘制剪应力与剪切位移关系曲线(图5-13)，取曲线上剪应力的峰值为抗剪强度，无峰值时，取剪切位移 4mm 所对应的剪应力为抗剪强度 s。

(2) 以抗剪强度为纵坐标，垂直压力为横坐标，绘制抗剪强度与垂直压力关系曲线(图5-14)，直线的倾角为土的内摩擦角 φ，直线在纵坐标上的截距为土的黏聚力 C。

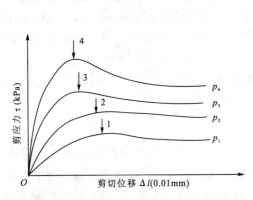

图 5-13 剪应力与剪切位移关系曲线图

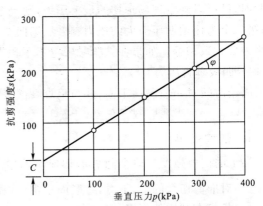

图 5-14 抗剪强度与垂直压力关系图

3. 试验记录

测试记录模版如下所示。

土样编号——　　　　　　校核者——
试验方法——　　　　　　计算者——
环刀面积——　　　　　　试验者——
量力环系数——　　　　　日期——

试样编号	垂直压力 100(kPa)		垂直压力 200(kPa)		垂直压力 300(kPa)		垂直压力 400(kPa)	
	百分表读数	抗剪强度	百分表读数	抗剪强度	百分表读数	抗剪强度	百分表读数	抗剪强度
试样1								
试样2								
试样3								
试样4								

(六) 注意事项

1. 直接试验方法的适用性

快剪试验、固结快剪试验一般用于渗透参数小于 6～10cm/s 的黏性土，而慢剪试验则对渗透系数无要求。对于砂性土一般用固结快剪的方法进行。

2. 试验方法的选择

每种试验方法适用于一定排水条件下的土体和施工情况。快剪试验用于在土体上施加荷载和剪切过程中都不发生固结及排水作用的情况。如土体有一定湿度，施工中逐步压实固结，就可以用固结快剪试验方法。如在施工期和工程使用期有充分时间允许排水固结，则用慢剪试验方法。总之，应根据工程实际情况选择恰当的试验方法。

3. 加荷方法和固结标准

对于正常固结土，一般在荷载 100～400kPa 的作用下，可以认为符合库仑公式。如果在试验时，已可以确定现场预期的最大压力，则 4 个试验的垂直压力为：第一个是预期的最大压力；第二个为比预期压力大的压力；第三、第四个则小于预期的最大压力，而且这 4 级垂直压力的级差要大致相等。如果在试验时确定不了预期的最大压力，可用 100kPa、200kPa、300kPa、400kPa 四级垂直压力。

固结时间对一般黏性土而言，当垂直测微表读数不超过 0.005mm/h 时，即认为达到压缩稳定。

4. 剪切速率

黏土的抗剪强度一般会随着剪切速率的增加而增加。剪切速率的控制应由试验方法确定。

5. 剪切标准

剪切标准一般有 3 种情况。一是剪应力与剪切变形的曲线有峰值时，表现在量力环中百分表指针不前进或后退时微剪损。二是无明显峰值时，表现在量力环中百分表指针随着手轮转动仍继续前进，则规定某一剪切位移的剪应力作为破坏值。对 64mm 直径的试样微剪损 4～6mm。三是介于上述二者之间，可测记手轮数与量力环中测微表的相应读数，以便绘出剪应力-剪切变形曲线，据此确定抗剪强度的破坏值。

6. 剪切方法

试验时有手动和电动两种剪切方法。慢剪时，一般采用电动方法。

二、十字板剪切试验

十字板剪切试验是将插入软土中的十字板头，以一定的速率旋转，在土层中形成圆柱形的破坏面，测出土的抵抗力矩，从而换算其土的抗剪强度。十字板剪切试验可用于原位测定饱和软黏土（$\varphi_b=0$）的不排水抗剪强度和估算软黏土的灵敏度。试验深度一般不超过 30m。

为测定软黏土不排水抗剪强度随深度的变化，十字板剪切试验的布置，对均质土试验点竖向间距可取 1m，对非均质或夹薄层粉细砂的软黏性土，宜先做静力触探，结合土层变化进行试验。

（一）试验仪器和设备

目前我国使用的十字板有机械式和电测式两种。机械式十字板每做一次剪切试验要清孔，费工费时，工效较低；电测式十字板克服了机械式十字板的缺点，工效高，测试精度较高。

机械式十字板力的传递和计量均依靠机械的能力，需配备钻孔设备，成孔后下放十字板进行试验。

电测式十字板是用传感器将土抗剪破坏时的力矩大小转变成电信号，并用仪器量测出来，常用的有轻便式十字板、静力触探两用十字板，不用钻孔设备。试验时直接将十字板头以静力压入土层中，测试完后，再将十字板压入下一层上继续试验，实现连续贯入，可比机械式十字板测试效率提高 5 倍以上（图 5-15）。

试验仪器主要由下列 4 个部分组成。

(1)测力装置。开口钢环式测力装置。

(2)十字板头（图 5-16）。国内外多采用径高比为 1∶2 的标准型矩形十字板头。板厚宜为 2~3mm。常用的规格有 50mm×100mm 和 75mm×150mm 两种。前者适用于稍硬黏性土。

(3)轴杆。一般使用的轴杆直径为 20mm。

(4)设备。主要有钻机、秒表及百分表等。

(二)试验要求及试验要点

1. 试验的一般要求

(1)钻孔要求平直，不弯曲，应配用 Φ33mm 和 Φ42mm 专用十字板试验探杆。

(2)钻孔要求垂直。

(3)钢环最大允许力矩为 80kN·m。

(4)钢环半年率定一次或每项工程进行前率定。率定时应逐级加荷和卸荷，测记相应的钢环变形。至少重复 3 次，以 3 次量表读数的平均值（差值不超过 0.005mm）为准。

(5)十字板头形状宜为矩形，径高比 1∶2，板厚宜为 2~3mm。

(6)十字板头插入钻孔底的深度不应小于钻孔或套管直径的 3~5 倍。

(7)十字板头插入至试验深度后，至少应静止 2~3min，方可开始试验。

(8)扭转剪切速率宜采用(1°~2°)/10s，并应在测得峰值强度后继续测记 1min。

(9)在峰值强度或稳定值测试完后，顺扭转方向连续转动 6 圈后，测定重塑土的不排水抗剪强度。

(10)对开口钢环十字板剪切仪，应修正轴杆与土间的摩阻力影响。

2. 试验要点

这里主要介绍机械式十字板剪力仪试验要点，电测式十字板剪力仪试验要点可参考以下内容及有关规范。

(1)在试验地点，用回转钻机开孔（不宜用击入法），下套管至预定试验深度以上 3~5 倍套管直径处。

(2)用螺旋钻或提土器清孔，在钻孔内虚土不宜超过 15cm。在软

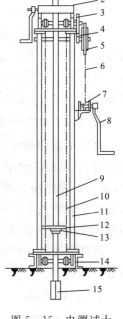

图 5-15 电测试十字板剪切仪

1-电缆；2-施加扭力装置；3-大齿轮；4-小齿轮；5-大链条；6、10-链条；7-小链条；8-摇把；9-探杆；11-支架立杆；12-山形板；13-垫压板；14-槽钢；15-十字板头

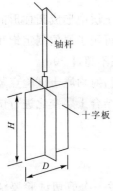

图 5-16 十字板头

土钻进时,应在孔中保持足够水位,以防止软土在孔底涌起。

(3)将板头、轴杆、钻杆逐节接好,并用牙钳上紧,然后下入孔内至板头与孔底接触。

(4)接上导杆,将底座穿过导杆固定在套管上,将制紧螺栓拧紧。将板头徐徐压至试验深度,管钻不小于75cm,螺旋钻不小于50cm,若板头压至试验深度遇到较硬夹层时,应穿过夹层再进行试验。

(5)套上传动部件,用转动摇手柄使特制键自由落入键槽,将指针对准任一整刻数,装上百分表并调整到零。

(6)试验开始,开动秒表,同时转动手柄,以1°/10s的转速转动,每转1°测记百分表读数一次,当测记读数出现峰值或读数稳定后,再继续测记1min,其峰值或稳定读数即为原状土剪切破坏时百分表最大读数ε_y(0.01mm)。最大读数一般在3~10min内出现。

(7)逆时针方向转动摇手柄,拔下特制键,在导杆上装上摇把,顺时针方向转动6圈,使板头周围土完全扰动,然后插上特制键,按步骤(6)进行试验,测记重塑土剪切破坏时百分表最大读数ε_c(0.01mm)。

(8)拔下特制键和支爪,上提导杆2~3cm,使离合齿脱离,再插上支爪和特制键,转动手柄,测记土对轴杆摩擦时百分表稳定读数ε_g(0.01mm)。

(9)试验完毕,卸下传动部件和底座,在导杆吊孔内插入吊钩,逐节取出钻杆和板头,清洗板头并检查板头螺丝是否松动,轴杆是否弯曲,若一切正常,便可按上述步骤继续进行试验。

(三)资料整理

1. 计算原状土的抗剪强度C_u

原状土十字板不排水抗剪强度C_u值,其计算公式如下:

$$C_u = KC(\varepsilon_y - \varepsilon_g) \tag{5-45}$$

式中:C_u为原状土的不排水抗剪强度(kPa);C为钢环系数(kN/0.01mm);ε_y为原状土剪损时量表最大读数(0.01mm);ε_g为轴杆与土摩擦时量表最大读数(0.01mm);K为十字板常数(m^{-2}),可用式(5-46)计算。

$$K = \frac{2M}{\pi D^2 H \left(1 + \dfrac{D}{3H}\right)} \tag{5-46}$$

式中:D为十字板直径(m);H为十字板高度(m);M为弯矩(nm)。

2. 计算重塑土的抗剪强度C_u'

重塑土十字板不排水抗剪强度C_u'值,其计算公式为:

$$C_u' = KC(\varepsilon_c - \varepsilon_g) \tag{5-47}$$

式中:C_u'为重塑土的不排水抗剪强度(kPa);ε_c为重塑土剪损时量表最大读数(0.01mm)。

3. 计算土的灵敏度

土的灵敏度可用式(5-48)计算:

$$s_n = \frac{C_u}{C_u'} \tag{5-48}$$

最后，根据计算结果绘制抗剪强度与试验深度的关系曲线。

(四)成果应用

十字板剪切试验成果可按地区经验，确定地基承载力、单桩承载力，计算边坡稳定性，判定软黏性土的固结历史。

1. 计算地基承载力

(1)中国建筑科学院、华东电力设计院提出的计算公式为：

$$f_k = 2C_u + \gamma h \tag{5-49}$$

式中：f_k 为地基承载力(kPa)；C_u 为修正后的十字板抗剪强度(kPa)；γ 为土的重度(kN/m²)；h 为基础埋置深度(m)。

(2)Skempton公式(适用于 D/B≤2.5)为：

$$f_u = 5C_u\left(1 + 0.2\frac{B}{L}\right)\left(1 + 0.2\frac{D}{B}\right) + p_o \tag{5-50}$$

式中：f_u 为极限承载力(kPa)；B、L 分别为基础底面宽度、长度(m)；D 为基础埋置深度(m)；p_o 为基础底面以上的覆土压力(kPa)。

2. 估算单桩极限承载力

单桩极限承载力计算公式如下：

$$Q_{umax} = N_o C_u A + U \sum_{i=1}^{n} C_{ui} L \tag{5-51}$$

式中：Q_{umax} 为单桩最终极限承载力(kN)；N_o 为承载力系数，均质土取9；C_u 为桩端上的不排水抗剪强度(kPa)；C_{ui} 为桩周土的不排水抗剪强度(kPa)；A 为桩的截面积(m²)；U 为桩的周长(m)；L 为桩的入土深度(m)。

3. 分析斜坡稳定性

应用十字板剪切试验资料作为设计依据，按 $\varphi=0$ 的圆弧滑动法进行斜坡稳定性分析，一般认为比较符合实际。

稳定系数可采用式(5-52)计算为：

$$K = \frac{W_2 d_2 + C_u L R}{W_1 d_1} \tag{5-52}$$

式中：W_1 为滑体下滑部分土体所受重力(kN/m)；W_2 为滑体抗滑部分土体所受重力(kN/m)；d_1 为 W_1 对于通过滑动圆弧中心铅直线的力臂(m)；d_2 为 W_2 对于通过滑动圆弧中心铅直线的力臂(m)；C_u 为十字板抗剪强度(kPa)；L 为滑动圆弧全长(m)；R 为滑动圆弧半径(m)。

4. 检验地基加固改良的效果

对于软土地基预压加固工程，可用十字板剪切试验探测加固过程中地基强度的变化，检验地基加固的效果。例如，天津新港供油站油罐地基采用预压加固后，用十字板测得地基土的不排水抗剪强度，并用Skempton公式计算(承压系数采用6)，经3次预压，承载力由60kPa提高到127kPa。

三、钻孔剪切试验

土的抗剪强度是指土在外力的作用下抵抗剪切滑动的极限强度，它是由颗粒之间的内摩擦角及由胶结物和束缚水膜的分子引力所产生的黏聚力两个参数组成。在法向应力变化范围不大时，抗剪强度与法向应力的关系近似成为一条直线。其表达式称为库仑定律，即：

$$\tau = C + N\tan\varphi \text{(kPa)}$$

式中：τ 为抗剪强度(kPa)；C 为黏聚力(kPa)；N 为正应力(kPa)；φ 为内摩擦角(°)。

土的剪切试验得出的值在公路、铁路、机场、港口、隧道和工业与民用建筑方面得到了广泛的应用，常用到挡土墙、桩板墙、斜坡稳定以及地基基础等各种工程设施的设计中，例如土压力计算、斜坡稳定性评价、滑坡推力计算、铁路和公路软土地基的稳定性、地基承载力的计算等。

室内直剪试验是将试样置于一定的垂直压应力下，在水平方向连续给试样施加剪应力进行剪切，而得出最大剪应力。依次增加正应力得出对应的剪应力，用线性回归得到库仑定律表达式，其斜率的角度即为摩擦角，其截距即为黏聚力。从现场开挖或钻孔取出的土样，其四周的应力已完全释放，同时在采样、包装、运输过程中，尤其是再制样都会产生不同程度的扰动。对饱和状态的黏土、粉土和砂土等取样往往十分困难，其扰动的影响更大。另外试验时间周期长，不可能从现场立即得到试验数据，而钻孔剪切试验仪可以在现场钻孔中或人工手扶钻机甚至人工手钻钻成的孔中直接进行试验，一般需 30~60min 可做完一组试验，经计算即可得到孔中相应部位土的黏聚力(C)和内摩擦角(φ)。该试验方法对土的扰动小，具有原位测试的优点，同时仪器轻便，便于携带、操作简单，不需电源。

缺点是要二氧化碳气体或干燥的压缩空气作动力源，不易加气、不易存储、不易携带。但经改善后，已经基本上解决了上述问题。

（一）钻孔试验方法及数据处理

钻孔剪切仪如图 5-17 所示，试验方法如下。

在需要勘探的位置上平整出至少面积 $0.25m^2$ 的场地。用岩芯管直径 60mm 的钻机或人工钻出试验孔，并达到要求的深度，再用直径 76mm 的修孔器把孔壁尽可能地修整光滑。孔周围地面要水平，在不做垂直孔的试验时要把坡度修整到要求的角度，使拉杆与地面保持垂直。

安装好仪器，把剪切探头放入孔中预定的试验部位，通过控制台上的调压阀给剪切探头加压，使剪切板扩张，紧紧地压在钻孔孔壁上，根据不同的深度和土质，施加需要的正应力。

根据试验要求及不同的含水量确定固结时间，固结完成后，均速摇动手轮，向上拉剪切探头，记录

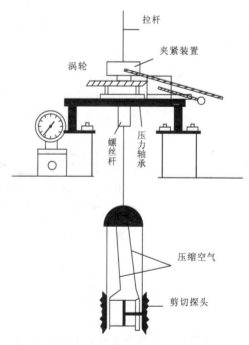

图 5-17 钻孔剪切仪示意图

剪切应力表上的最大值。经仪器和计算换算校正，便得到该正应力下的峰值剪应力。卸除剪

切力,依次增大正应力重复上述试验步骤,取得一系列一一对应值,一般做 5 次剪切。用线性回归给出剪应力-正应力关系曲线,应近似一条直线,其截距是黏聚力,倾角是土的内摩擦角。

钻孔剪切仪可在孔中不同的深度和不同的土质中进行试验,也可在同一深度旋转 90°进行同一部位的第二次试验。

(二)仪器校正

由于正应力和剪应力均有一个传递过程,表盘的读数值和土体实际受的应力值存在差异,故对读数值须进行校正。通过校正试验得到正应力和剪应力校正曲线。图 5-18 为正应力校正曲线,图 5-19 是剪应力校正曲线。

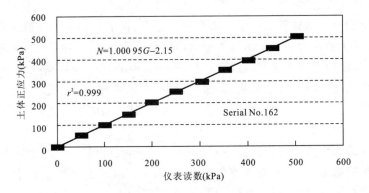

图 5-18 正应力校正图

1. N-土壤正应力(kPa);2. r^2-校正的相关系数

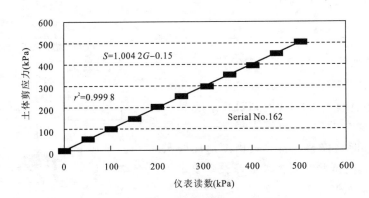

图 5-19 剪应力校正图

1. S-土壤剪应力(kPa);2. G-仪器读数土壤剪应力(kPa)(已减去剪切探头和拉杆质量的附加剪应力);3. r^2-校正的相关系数

该仪器剪切板有 3 种规格,常规用的是 2×2.5 平方英寸($50.8\times32.26mm^2$)和 0.8×1 平方英寸($20.3\times25.4mm^2$),二者面积相差 6.25 倍,以适用于不同强度的土层。

(三)试验注意事项及数据处理

钻孔剪切试验是在正应力(N)作用下得出岩土剪切面的最大剪应力(S),通过此关系而确定黏聚力(C)和内摩擦角(φ)。正应力是通过剪切探头上的剪切板扩张压在孔壁上的压力,其大小可从控制台上的压力调节来控制。以下简略地谈谈如何确定这个力的大小。

1. 初始正应力

在黏土中,施加的初始压力必须足够大,以便使直线的破坏点位于 Y 轴的正侧,也就是说正应力必须是压应力而绝不能是拉应力。实际上如果正压力太少,剪切板的牙齿不会完全切入到土体中,而会使剪切板在土体表层滑动,难以产生剪应力,从而得出一个较小的破坏值,最后影响到数据处理,很可能得不到真实的试验结果。在实际工作中,由于初始正应力施加的不合适,因此尽管剪应力不是负值,但会比较小,并使直线成为反"S"曲线,黏聚力 C 值成负值,φ 角过大。没有真正的发生土体剪切,试验是不成功的。

然而在未试验前,人们无法预测到直线的实际状况,试验所施加的初始正应力建议最小以为估计无侧限抗压强度的一半为原则。另一方面,正压力太大,使土体完全遭到横向破坏,有可能导致试验失败。

2. 后级增量

自第二级开始,每级的增量应控制在一个合理的范围。一般来讲增量值随土体软硬而变化,在软土中增加量较小,在较硬的土中,每级增量较大

3. 固结时间

每级的固结时间也要随不同的土体、含水量及试验要求而调整。一般要求进行有效应力试验,为此在排水不畅的软黏土中固结时间大约需要 30min 以上,对其他土层,第一级正应力固结时间采用 10min,其后的几级压应力,固结时间宜定为 5min。在含有少量黏土的砂层中,由于排水畅通,每次固结时间可降为 2min。

在实际进行剪切试验时,还要根据现场的实际情况加以调整。

(四)结论

钻孔剪切试验在我国目前尚无规范可循,但这是一种对土体扰动较少的原位直接剪切试验,属原位测试技术,能较好地反映出土体天然状态下的力学性能,有很大的开发前景。根据前期的工作,笔者对这种试验方法有以下几点体会。①钻孔剪切仪仪器体积小,便于携带,操作简单,仪器不用电源,省去了充电、换电池等麻烦。因没有电器原件,所以在现场也不怕雨淋。②不需取样,即在现场原位进行试验,速度快,能立即得到试验数据。③适合各种地形条件和各种土质,尤其是钻机难以到达的地点。而且所需场地不大,2~3 人即能完成全部试验。④对大多数土类而言,在无钻机配合的情况下,手扶钻机甚至人工手钻也可成孔进行试验。⑤原位测试仪器对试验钻孔的直径要求比较严格,孔径为 72~76mm。各种方法成孔都要设法满足孔径要求。⑥在软弱碎石地段、含水量较大和缩孔严重的情况下,剪切探头不容易安放在试验位置,试验难度大。

第六节　钻孔旁压试验

一、旁压试验介绍

(一)旁压试验的原理及优点

旁压试验是通过旁压器在竖直的孔内加压,使旁压膜膨胀,并由旁压膜(或护套)将压力传给周围土体(或软岩),使土体产生变形直至破坏,同时通过量测装置测得施加的压力与岩土体径向变形的关系,从而估算地基土的强度、变形等岩土工程参数的一种原位试验方法。旁压试验适用于黏性土、粉土、砂土、碎石土、残积土、极软岩和软岩等。

旁压试验和静力载荷试验比较起来,其优点是:它可以在不同的深度上进行试验,特别是地下水以下的土层;所求的地基承载力数值与平板载荷试验相近,试验精度高;设备轻便、测试时间短。其缺点是受成孔质量影响较大。

(二)旁压试验的仪器设备

旁压试验按将旁压器设置土中的方式分为预钻式旁压试验、自钻式旁压试验和压入式旁压试验。预钻式旁压试验是在土中预先钻一竖向钻孔,再将旁压器下入孔内试验标高处进行旁压试验。自钻式旁压试验是在旁压器下端组装旋转切削钻头和环形刃具,用静压方式将其压入土中,同时用钻头将进入刃具的土破碎,并用泥浆将碎土冲入到地面。钻到预定试验位置后,由旁压器进行旁压试验。压入式旁压试验又分圆锥压入式和圆筒压入式两种试验方法。圆锥压入式是在旁压器的下端连接一圆锥,利用静力触探压力机,以静压方式将旁压器压到试验深度进行旁压试验。在压入过程中,对周围有挤土影响。圆筒压入式是在旁压器的下端连接一圆筒(下有开口),在钻孔底以静压方式压入土中一定深度进行旁压试验。

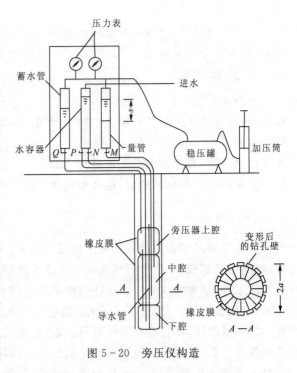

图 5-20　旁压仪构造

旁压仪(预钻式横压仪)主要由旁压器、控制加压系统和孔径变形量测系统 3 个部分组成(图 5-20)。

1. 旁压器

旁压器为圆筒状可膨胀的探头,按压力作用方式分为以下两种类型。

(1) 受液压作用使橡胶膜膨胀，以"均匀分布的压力"对土体施加径向压力。

(2) 两个对开的刚性金属半圆筒，以"等变位"方式对土体施加径向压力。

旁压器有多种尺寸，早期一般尺寸较大（$D=20\sim30cm, L=1\sim2m$），以后趋于改用较小尺寸（$D=5\sim8cm, L=50\sim80cm$）。旁压器分单腔式和三腔式。三腔式的内压力相等，上、下腔（辅助腔）充压后能对中腔提供有利的边界条件，使中腔（测量腔）接近于平面轴对称的加荷条件。

2. 控制加压系统

加压采用液压方式，以高压气瓶或手动气泵作为动力源。由调压阀及压力表控制所加的压力。由于橡胶膜有约束力，在试验前，应先测定约束力与量测腔容积的关系，以便整理资料时修正约束力。

3. 孔径变形量测系统

孔径变形量测系统有两种方式：一种是沿轴向装置几组测定径向变形的电测位移计，直接测出径向变形；另一种是由测量注入量测腔的液体（水或油）的量（体积）来计算径向变形。要注意，加压连接管在各级压力下均有变形，整理资料时，应加以修正。当使用高压时，更应注意。

（三）旁压试验的技术要求与试验要点

1. 旁压试验的技术要求

(1) 旁压试验应在有代表性的位置和深度进行，旁压器的量测腔应在同一土层内。试验点的垂直间距应根据地层条件和工程要求确定，但不宜小于 1m，试验孔与已有钻孔的水平距离不宜小于 1m。

(2) 预钻式旁压试验应保证成孔质量，钻孔直径与旁压器直径应良好配合，防止孔壁坍塌；自钻式旁压试验的自钻钻头、钻头转速、钻进速率、刀口距离、泥浆压力和流量等应符合有关规定。

(3) 加荷等级可采用预期临塑压力的 $1/5\sim1/7$，初始阶段加荷等级可取小值，必要时，可做卸荷再加荷试验，测定再加荷旁压模量。

(4) 每级压力应维持 1min 或 2min 后再施加下一级压力。维持 1min 时，加荷后 15s、30s、60s 测读变形量；维持 2min 时，加荷后 15s、30s、60s、120s 测读变形量。

(5) 当量测腔的扩张体积相当于量测腔的固有体积且压力达到仪器的容许最大压力时，应终止试验。

2. 试验要点

(1) 试验前，应先平整试验场地，可先钻 $1\sim2$ 个钻孔，以了解土层的分布情况。

(2) 将水箱储满蒸馏水或干净的冷开水，在整个试验过程中最好将水箱安全阀一直打开，然后接通管路。

(3) 向旁压器和变形测量系统注水。将旁压器竖直立于地面，开始注水。为了顺畅注水，应向水箱稍加压力（$0.01\sim0.02MPa$）；同时，摇晃旁压器和拍打尼龙管，排出滞留在旁压器和管道内的空气。待测管和辅管中的水位上升到 15cm 时，应设法缓慢注水。要求水位达到零刻度或稍高于零位时，关闭注水阀和中腔注水阀，停止注水。

(4)成孔。成孔应符合下列要求：①钻孔直径比旁压器外经大 2～6mm（可根据地层情况和所选用的旁压器而定），孔壁土体稳定性好的土层，孔径不宜过大；②尽量避免对孔壁土体的扰动，保持孔壁土体的天然含水量；③孔呈规则的圆形，孔壁应垂直光滑；④在取过原状土样和经过标贯试验的孔段以及横跨不同性质土层的孔段，不宜进行旁压试验；⑤最小试验深度、连续试验深度的间隔、离取原状土钻孔或其他原位测试孔的间距，以及试验孔的水平距离等均不宜小于 1m；⑥钻孔深度应比预定的试验深度深 35cm（试验深度自旁压器中腔算起）。

(5)调零和放入旁压器。将旁压器垂直举起，使旁压器中点与测管零刻度相水平；打开调零阀，把水位调整到零位后，立即关闭调零阀、测管阀和辅管阀；然后把旁压器放入钻孔预定测试深度处。此时，旁压器中腔不受静水压力，弹性膜处于不膨胀状态。

(6)进行测试。①打开测管阀和辅管阀。此时，旁压器内产生静水压力，该压力即为第一级压力。稳定后，读出测管水位下降值。②可采用高压打气筒加压和氮气加压两种方式，逐级加压，并测记各级压力下的测管水位下降值。③加压等级，宜取预估临塑压力的 1/5～1/7，以使旁压曲线大体上有 10 个点左右，方能保证测试资料的真实性。如果不易估计，可按表 5-17 确定。另外，在旁压曲线首曲线段和尾曲线段的加压等级应小一些，以便准确测定 P_o 和 P_f。④变形稳定标准。各级压力观测时间的长短或加压稳定时间的确定是旁压试验的一个重要问题。规范推荐采用 1min 和 2min，按一定时间顺序测记测管水位下降值。这样，对黏性土来说，基本上相当于不排水快剪。

(7)终止试验。旁压试验所要描述的是土体从加压到破坏的一个过程，试验的 P-S 曲线要尽量完整。因此试验能否终止，一般取决于仪器的两个条件，当量测腔的扩张体积相当于量测腔的固有体积时，或压力达到仪器的容许最大压力时，应终止试验。试验终止后，应使旁压器里的水返回水箱和排尽，使弹性膜恢复至原来状态，同时必须等待 2～3min 后，方可从小到大用力，慢慢上提，并取出旁压器。表 5-17 为旁压试验加荷等级表。

表 5-17　旁压试验加荷等级表

土的特征	加荷等级(kPa)	
	临塑压力前	临塑压力后
淤泥、淤泥质土、流塑黏性土和粉土、饱和松散的粉细砂	≤15	≤30
软塑黏性土和粉土、疏松黄土、稍湿粉细砂、稍密中粗砂	15～25	30～50
可塑、硬塑黏性土和粉土、黄土、稍密细砂、中密中粗砂	25～50	50～100
坚硬黏性土和粉土、密实中粗砂	50～100	100～200
中密、密实碎石土、软质岩	≥100	≥200

(8)试验记录。进行旁压试验，应在现场做好检查记录。其内容包括工程名称、试验孔号、深度、作用旁压器型号、弹性膜编号及其率定结果、成孔工具、土层描述、地下水位、正式试验时的各级压力及相应的测管水位下降值等。

二、旁压试验成果整理

(一)旁压试验的资料整理

旁压试验的试验数据包括压力表读数 P_m 和旁压器的体积变形量(或量管水位的下降值) V_m。资料整理时,要分别对 P_m 和 V_m 做有关的校正。

1. 压力校正

压力校正可用式(5-53)计算:
$$P=(P_m-P_w)-P_i \qquad (5-53)$$
式中:P 为校正后的压力(kPa);P_w 为静水压力,$P_w=(H+z)r_w$(kPa);P_i 为弹性膜约束力(kPa),由总压力(P_m+P_w)对应的体积弹性膜约束力校正曲线求得。

2. 体积校正

体积校正可用式(5-54)计算:
$$V=V_m-\alpha(P_m+P_w) \qquad (5-54)$$
式中:V 为校正后的体积变形量(cm³);α 为仪器综合变形校正系数(cm³/kPa)。

(二)绘制 P-V 曲线或 P-ΔV_{30-60} 曲线

P-V 曲线即旁压曲线,表示压力与体积变形量的关系,P-ΔV_{30-60} 曲线即各级压力下 30~60s 的体积变形增量。P-V、ΔV_{30-60} 与压力 P 的关系曲线如图 5-21 所示。

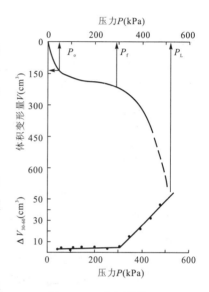

图 5-21 旁压曲线

3. 确定各特征压力(P_o、P_f、P_L)

(1)延长 P-V 曲线直线段与 V 坐标轴相交得截距 V_o,P-V 曲线上与 V_o 相应的压力即 P_o。

(2)P-V 曲线直线的终点或 P-ΔV_{30-60} 关系曲线上的拐点对应的压力即 P_f。

(3)P-V 曲线上与 $V=2V_o+V_c$ 对应的压力即 P_L。或作 P-$1/V$(压力大于 P_f 的数据)关系(近似直线),取 $1/(2V_o+V_c)$ 对应的压力为 P_L。

4. 计算 E_m 或 G_m

根据压力与体积曲线的直线段斜率,按下式计算旁压模量 E_m 或旁压剪切模量 G_m:
$$E_m=2(1+\nu)\left(V_c+\frac{V_o+V_f}{2}\right)\frac{\Delta P}{\Delta V} \qquad (5-55)$$
$$G_m=\left(V_c+\frac{V_o+V_f}{2}\right)\frac{\Delta P}{\Delta V} \qquad (5-56)$$
式中:E_m 为旁压模量(kPa);G_m 为旁压剪切模量(kPa);ν 为泊松比;V_c 为旁压器量测腔初始固有体积(cm³);V_o 为与初始压力 P_o 对应的体积(cm³);V_f 为与临塑压力 P_f 对应的体积(cm³);$\Delta P/\Delta V$ 为旁压曲线直线段的斜率(kPa/cm³)。

三、旁压试验成果的应用

(1)利用 E_m/P_L^* 可划分土类($P_L^* = P_L - P_o$)。

(2)估算土的强度参数。

利用上面的有关公式可估算黏性土的不排水抗剪强度,分析砂土的剪胀角 ψ 和内摩角 φ' 等强度参数。Menard 研究中心(1970)建议用式(5-57)估算砂土的 φ':

$$\varphi' = 5.77\ln\left(\frac{P_L^*}{250}\right) + 24 \tag{5-57}$$

式中:$P_L^* = P - P_o$(kPa)。

(3)估算土的变形参数。铁路工程地基土旁压测试技术规则编制组通过旁压试验与平板载荷试验对比,得到以下估算变形模量 E_o(kPa)的经验关系:

对黄土 $\qquad E_o = 3.723 + 0.00532 G_m \tag{5-58}$

对黏性土 $\qquad E_o = 1.836 + 0.00286 G_m \tag{5-59}$

对硬黏土 $\qquad E_o = 1.026 + 0.004 G_m \tag{5-60}$

通过旁压试验与室内土工试验的对比,得以下估算压缩模量 E_s(MPa)的经验关系:

对黄土埋深小于 3m $\qquad E_o = 1.797 + 0.00173 G_m \tag{5-61}$

对埋深大于 3m $\qquad E_o = 1.485 + 0.00143 G_m \tag{5-62}$

对黏性土 $\qquad E_o = 0.092 + 0.00252 G_m \tag{5-63}$

(4)估算土的侧向基床反力系数为:

$$K_m = \Delta p / \Delta R \tag{5-64}$$

式中:$\Delta P = P_f - P_o$;$\Delta R = R_f - R_o$;R_f 为相应于 P_f 压力时孔穴的半径(m);R_o 为相应于 P_o 压力时孔穴的半径(m)。

(5)评定地基土的承载力。国内在这方面做过大量的工作,用旁压试验的 P_f 和 P_L 确定地基土容许承载力 f 是可信的,而且关系式简单,即:

$$f = P_f - P_o \tag{5-65}$$

或

$$f = \frac{P_L - P_u}{k} \tag{5-66}$$

当基础埋深较深时,也可直接用 P_f 或 P_L/k 作为该深度处的承载力(不必再做深度修正),k 为安全系数。一般可取 2.0~3.0。

第七节 扁铲侧胀试验

一、试验设备

扁铲侧胀试验(简称扁胀试验)是用静力(有时也用锤击动力)把一扁铲形探头贯入土中,达到试验深度后,利用气压使扁铲侧面的圆形钢膜向外扩张进行试验,测量膜片刚好与板面齐平时的压力和移动 1.10mm 时的压力,然后减少压力,测的膜片刚好恢复到与板面齐平时的压力。这 3 个压力,经过刚度校正和零点校正后,分别以 P_0、P_1、P_2 表示。根据试验成果可获得土体的力学参数,它可以作为一种特殊的旁压试验。它的优点在于简单、快速、重复性好且便宜,故近几年在国外发展很快。扁胀试验适用于一般黏性土、粉土、中密以下砂土、黄土等,不适用于含碎石的土、风化岩等。

扁胀试验设备:扁铲形探头的尺寸为长 230～240mm、宽 94～96mm、厚 14～16mm;铲前缘刃角为 12°～16°,在扁铲的一侧面为一直径 60mm 的钢膜;探头可与静力触探的探杆或钻杆连接,对探杆的要求与静力触探相同。

二、现场试验

(一)扁胀试验的基本原理

扁胀试验时膜向外扩张可假设为在无限弹性介质中在圆形面积上施加均布荷载 ΔP,如弹性介质的弹性模量为 E,泊松比为 μ,膜中心的外移为 s,则:

$$s = \frac{4 \cdot R\Delta P}{\pi} \frac{(1-\mu^2)}{E} \qquad (5-67)$$

式中:R 为膜的半径($R=30$mm)。

如把 $E/(1-\mu^2)$ 定义为扁胀模量 E_D,s 为 1.10mm,P_1 为扁铲膜中心外移 1.10mm 时所需的初始压力,则式(5-67)变为:

$$E_D = 34.7\Delta P = 34.7(P_1 - P_0) \qquad (5-68)$$

而作用在扁胀仪上的原位水平应力为 P_0。水平有效应力 P_0' 与竖向有效应力 σ_{vo} 之比,可定义为水平应力指数 K_D:

$$K_D = P_0'/\sigma_{vo} \qquad (5-69)$$

式中:$P_0' = (P_0 - U_0)$,U_0 为土的原始孔隙水压力。

而膜中心外移 1.10mm 所需的压力 $(P_1 - P_0)$ 与土的类型有关,定义扁胀(或土类)指数 I_D 为:

$$I_D = (P_1 - P_0)/(P_0 - U_0) \qquad (5-70)$$

可把压力 P_2 当作初始的孔压加上由于膜扩张所产生的超孔压之和,故可定义扁胀孔压指数 U_D 为:

$$U_D = \frac{P_2 - U_0}{P_0 - U_0} \qquad (5-71)$$

可以根据 E_D、K_D、I_D 和 U_D 确定土的一系列岩土技术参数,并对路基、浅基、深基等岩土工程问题做出评价。

(二)扁胀试验要点

(1)试验时,测定 3 个钢膜位置的压力 A、B、C。压力 A 为当膜片中心刚开始向外扩张,向垂直扁铲周围的土体水平位移 0.05(+0.02,−0.00)mm 时作用在膜片内侧的气压。压力 B 为膜片中心外移达 1.10±0.03mm 时作用在膜片内侧的气压。压力 C 为在膜片外移 1.10mm 后,缓慢降压,使膜片内侧到刚启前的原来位置时作用在膜片内的气压。当膜片到达所确定的位置时,会发出一电信号(指示灯发光或蜂鸣器发声),测读相应的气压。一般 3 个压力读数

A、B、C 可在贯入后 1min 内完成。

(2)由于膜片的刚度问题,在试验时,需要将大气压下所标定的膜片中心向外移 0.05mm 和 1.10mm 来确定所需的压力 ΔA 和 ΔB,这样标定应重复多次。取 ΔA、ΔB 的平均值,则将压力 B 修正为 P_1(膜中心外移 0.10mm)的计算式为:

$$P_1 = B - Z_m - \Delta B \tag{5-72}$$

式中:Z_m 为压力表的零读数(大气压下)。

把压力 A 修正为 P_0 的计算式为:

$$P_0 = 0.05(A - Z_m - \Delta A) - 0.05(B - Z_m - \Delta B) \tag{5-73}$$

把压力 C 修正为 P_2(膜中心外移后又收缩到初始外移 0.05mm 的位置)的计算式为:

$$P_2 = C - Z_m + \Delta A \tag{5-74}$$

(3)当静压扁胀探头入土的推力超过 5t(或用标准贯入锤击方式,每 30cm 的锤击数超过 15 击)时,为避免扁胀探头损坏,建议先钻孔,在孔底下压探头至少 15cm。

(4)试验点在垂直方向的间距可为 0.15~0.30m,一般采用 20m。

(5)试验全部结束,应重新检验 ΔA 和 ΔB 值。

(6)若要估算原位的水平固结系数 C_h,可进行扁胀消散试验,从卸除推力开始,记录压力 C 随时间 t 的变化,记录时间可按 1min、2min、4min、8min、15min、30min…安排,直至压力 C 的消散超过 50% 为止。

三、成果整理与应用

(一)试验的资料整理

(1)根据压力 A、B、C,以及 ΔA、ΔB 计算 P_0、P_1 和 P_2,并绘制 P_0、P_1、P_2 与深度的变化曲线。

(2)绘制 E_D、K_D、I_D 和 U_D 与深度的变化曲线。

(二)扁胀试验的应用:划分土类

(1)Marchetti(1980)提出依据扁胀系数 I_D 可划分土类,如表 5-18 所示。

表 5-18 据扁胀指数 I_D 划分土类

I_D	0.1	0.35	0.6	0.9	1.2	1.8	3.3
	泥炭及灵敏性黏土	黏土	粉质黏土	黏质粉土	粉土	砂质粉土	粉质砂土	砂土

(2)Davidson 和 Boghrat(1983)提出用扁胀系数及扁胀仪入土 1min 后超孔压的消散百分率(可由压力的消散试验得到),可进行土类划分(图 5-22)。

(三)计算静止侧压力系数

扁胀探头压入土中,对周围土体产生挤压,故不能由扁胀试验直接测定原始初始侧向应力,但经过试验可建立静止侧压力系数与水平应力指数的关系式。

(1)Marchetti(1980)根据意大利黏土的试验经验,提出静止侧压力系数为:

$$K_o = \left(\frac{K_D}{1.5}\right)^{0.47} \quad (0.6 \leqslant I_D \leqslant 1.2) \quad (5-75)$$

(2)Lunnc 等(1990)补充资料后,得出:

对新近沉积黏土

$$K_o = 0.34 K_D^{0.54} \quad (C_u/\sigma_{ov} \leqslant 0.5) \quad (5-76)$$

对于老黏土

$$K_o = 0.68 K_D^{0.54} \quad (C_u/\sigma_{ov} > 0.8) \quad (5-77)$$

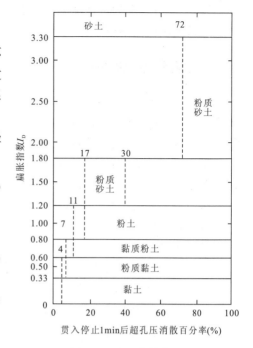

图 5-22 土类划分

(四)确定黏性土的应力历史

Marchetti(1980)建议,对无胶结的黏性土($I_D \leqslant 1.2$),可采用 K_D 评定土的超固结比(OCR):

$$OCR = 0.5 K_D^{1.56} \quad (5-78)$$

(五)土的变形参数

Marchetti(1980)提出压缩模量 E_s 与 E_D 的关系如下:

$$E_s = R_M \cdot E_D \quad (5-79)$$

式中:R_M 为与水平应力指数 K_D 有关的函数。

当 $I_D \leqslant 0.6$ 时　　$R_M = 0.14 + 2.36 \lg K_D$

当 $I_D \geqslant 3.0$ 时　　$R_M = 0.5 + 2 \lg K_D^{3.61}$

当 $0.6 < I_D < 3.0$ 时　$R_M = RM_0 + (2.5 - R_{M_0})$

当 $I_D > 10$ 时　　　$R_M = 0.32 + 2.18 \lg K_D$

一般　　　　　　　$R_M \geqslant 0.85$

第八节　岩体原位测试

岩体原位测试是在现场制备岩体试件模拟工程作用对岩体施加外荷载,进而求取岩体力学参数的试验方法,是岩土工程勘察的重要手段之一。岩体原位测试的最大优点是对岩体扰动小,尽可能地保持了岩体的天然结构和环境状态,使测出的岩体力学参数直观、准确。其缺点是试验设备笨重、操作复杂、工期长、费用高。另外,原位测试的试件与工程岩体相比,其尺寸还是小得多,所测参数也只能代表一定范围内的力学性质。因此,要取得整个工程岩体的力学参数,必须有一定数量试件的试验数据(用统计方法求得)。这里,我们仅介绍一些常用岩体原位测试方法的基本原理。

一、岩体变形测试

岩体变形测试参数的方法有静力法和动力法两种。静力法的基本原理是:在选定的岩体表面、槽壁或钻孔壁面上施加一定的荷载,并测定其变形,然后绘制出压力变形曲线,计算岩体的变形参数。据其方法不同,静力法又可分为承压板法、狭缝法、钻孔变形法及水压法等。动力法是用人工方法对岩体发射或激发弹性波,并测定弹性波在岩体中的传播速度,然后通过一定的关系式求岩体的变形参数。据弹性波的激发方式不同,又分为声波法和地震法。

承压板法是通过刚性承压板对半无限空间岩体表面施加压力并量测各级压力下岩体的变形,按弹性理论公式计算岩体变形参数的方法。该方法的优点是简便、直观,能较好地模拟建筑物基础的受力状态和变形特征。

狭缝法又称为刻槽法,一般是在巷道或试验平硐底板及侧壁岩面上进行。其基本原理是:在岩面开一狭缝,将液压枕放入,再用水泥砂浆填实;待砂浆达到一定强度后,对液压枕加压;利用布置在狭缝中垂线上的测点量测岩体的变形,进而利用弹性力学公式计算岩体的变形模量。该方法的优点是设备轻便、安装较简单,对岩体扰动小,能适应于各种方向加压,且适合于各类坚硬完整岩体,是目前工程上经常采取的方法之一。它的缺点是当假定条件与实际岩体有一定出入时,将导致计算结果误差较大,而且随测量位置不同测试结果有所不同。

二、岩体强度测试

岩体强度测试所获参数是工程岩体破坏机理分析及稳定性计算不可缺少的,目前主要依据现场岩体力学试验求得。特别是在一些大型工程的详细勘查阶段,大型岩体力学试验占有很重要的地位,是主要的勘察手段。原位岩体强度试验主要有直剪试验、单轴抗压试验和三轴抗压试验等。由于原位岩体试验考虑了岩体结构及其结构面的影响,因此其试验结果较室内岩块试验更符合实际。

岩体原位直剪试验一般在平硐中进行,如在试坑或在大口径钻孔内进行时,则需设置反力装置。其原理是在岩体试件上施加法向压应力和水平剪应力,使岩体试件沿剪切面剪切。直剪试验一般需制备多个试件,并在不同的法向应力作用下进行试验。岩体直剪试验又可细分为抗剪断试验、摩擦试验及抗切试验。

岩体原位三轴试验一般是在平硐中进行的,即在平硐中加工试件,并施加三向压力,使其剪切破坏,然后根据摩尔理论求岩体的抗剪强度指标。

三、岩体应力测试

岩体应力测试,就是在不改变岩体原始应力条件的情况下,在岩体原始的位置进行应力量测的方法。岩体应力测试适用于无水、完整或较完整的均质岩体,分为表面应力测试、孔壁应力测试和孔底应力测试。一般是先测出岩体的应变值,再根据应变与应力的关系计算出应力值。测试的方法有应力解除法和应力恢复法。

应力解除法的基本原理是:岩体在应力作用下产生应变,当需测定岩体中某点的应力时,可将该点的单元岩体与其分离,使该点岩体上所受的应力解除,此时由应力作用产生的应变即相应恢复,应用一定的量测元件和仪器测出应力解除后的应变值,即可由应变与应力关系求得应力值。

应力恢复法的基本原理是:在岩面上刻槽,岩体应力被解除,应变也随之恢复;然后在槽中埋入液压枕,对岩体施加压力,使岩体的应力恢复至应力解除前的状态,此时液压枕施加的压力即为应力解除前岩体受到的压力。通过量测应力恢复后的应力和应变值,利用弹性力学公式即可解出测点岩体中的应力状态。

四、岩体原位观测

岩体现场简易测试主要有岩体声波测试、岩石点荷载强度试验及岩体回弹锤击试验等几种。其中岩石点荷载强度试验及岩体回弹锤击试验是对岩石进行试验,而岩体声波测试是对岩体进行试验。

岩体声波测试是利用对岩体试件激发不同的应力波,通过测定岩体中各种应力波的传播速度来确定岩体的动力学性质。此项测试有独特的优点:轻便简易、快速经济、测试内容多而且精度易于控制,因此具有广阔的发展前景。

岩石点荷载强度试验是将岩石试件置于点荷载仪的两个球面圆锥压头间,对试件施加集中荷载直至破坏,然后根据破坏荷载求岩石的点荷载强度。此项测试技术的优点是:可以测试岩石试件以及低强度和分化严重岩石的强度。

岩体回弹锤击试验的基本原理是利用岩体受冲击后的反作用,使弹击锤回跳的数值即为回弹值。此值越大,表明岩体弹性越强、越坚硬;反之,说明岩体软弱、强度低。用回弹仪测定岩体的抗压强度具有操作简便及测试迅速的优点,是岩土工程勘察对岩体强度进行无损检测的手段之一。特别是在工程地质测绘中,使用这一方法能较方便地获得岩体抗压强度指标。

第九节 地基土动力参数测试

一、地基土动力参数

地基土动力参数有几何参数与计算参数。

1. 几何参数

A_0——测试基础底面积;

d_s——试样直径;

h——测试基础高度;

h_1——基础重心至基础顶面的距离;

h_2——基础重心至基础底面的距离;

h_3——基础重心至激振器水平扰力的距离;

h_s——试样高度;

h_t——测试基础的埋置深度;

I——基础底面对通过其形心轴的惯性矩;
I_t——基础底面对通过其形心轴的极惯性矩;
J——基础底面对通过其重心轴的转动惯量;
J_t——基础底面对通过其重心轴的极转动惯量。

2. 计算参数

α_z——基础埋深对地基抗压刚度的提高系数;
α_x——基础埋深对地基抗剪刚度的提高系数;
α_φ——基础埋深对地基抗弯刚度的提高系数;
α_ψ——基础埋深对地基抗扭刚度的提高系数;
β_z——基础埋深对竖向阻尼比的提高系数;
$\beta_{x\psi 1}$——基础埋深对水平回转向第一振型阻尼比的提高系数;
β_ψ——基础埋深对扭转向阻尼比的提高系数;
δ_0——测试基础的埋深比;
η——与基础底面积及底面静应力有关的换算系数。

二、测试仪器设备

强迫振动测试的激振设备,应符合下列要求。
(1)当采用机械式激振设备时 工作频率宜为 3~60Hz。
(2)当采用电磁式激振设备时 其扰力不宜小于 600N。

自由振动测试时,竖向激振可采用铁球,其质量宜为基础质量的 1/100~1/150。

传感器宜采用竖直和水平方向的速度型传感器。其通频带应为 2~80Hz,阻尼系数应为 0.65~0.7,电压灵敏度不应小于 30V·s/m,最大可测位移不应小于 0.5mm。

放大器应采用带低通滤波功能的多通道放大器,其振幅一致性偏差应小于 3%,相位一致性偏差应小于 0.1ms,折合输入端的噪声水平应低于 2μV,电压增益应大于 80dB。

采集与记录装置应采用多通道数字采集和存储系统,其模转换器(A/D)位数不宜小于 12 位,幅度畸变应小于 1.0dB,电压增益不宜小于 60dB。

数据分析装置应具有频谱分析及专用分析软件功能,其内存不应小于 4MB,硬盘内存不应小于 100MB,并应具有抗混淆滤波加窗及分段平滑等功能。

仪器应具有防尘防潮性能,其工作温度应在 -10~50℃。

测试仪器应每年在标准振动台上进行系统灵敏度系数的标定,以确定灵敏度系数随频率变化的曲线。

三、激振法测试

除桩基外,天然地基和其他人工地基的测试,应提供下列动力参数:①地基抗压、抗剪、抗弯和抗扭刚度系数;②地基竖向和水平回转向第一振型以及扭转向的阻尼比;③地基竖向和水平回转向以及扭转向的参振质量。

桩基应提供下列动力参数:①单桩的抗压刚度;②桩基抗剪和抗扭刚度系数;③桩基竖向和水平回转向第一振型以及扭转向的阻尼比;④桩基竖向和水平回转向以及扭转向的参振质量。

基础应分别做明置和埋置两种情况的振动测试。对埋置基础,其四周的回填土应分层夯实。

激振法测试时,应具备下列资料:①机器的型号、转速、功率等;②设计基础的位置和基底标高;③当采用桩基时,桩的截面尺寸和桩的长度及间距。

四、强迫振动测试

安装机械式激振设备时,应将地脚螺栓拧紧,在测试过程中螺栓不应松动。

安装电磁式激振设备时,其竖向扰力作用点应与测试基础的重心在同一竖直线上,水平扰力作用点宜在基础水平轴线侧面的顶部。

竖向振动测试时,应在基础顶面沿长度方向轴线的两端各布置一台竖向传感器激振设备及传感器的布置图(图5-23)。

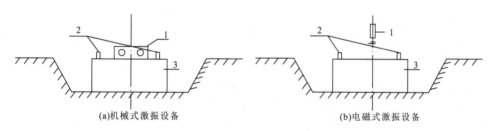

图5-23 激振设备及传感器的布置图
1-激振设备;2-传感器;3-测试基础

水平回转振动测试时,激振设备的扰力应为水平向,在基础顶面沿长度方向轴线的两端各布置一台竖向传感器,在中间布置一台水平向传感器。

扭转振动测试时,应在测试基础上施加一个扭转力矩,使基础产生绕竖轴的扭转振动。传感器应同相位对称布置在基础顶面沿水平轴线的两端,其水平振动方向应与轴线垂直。

幅频响应测试时,激振设备的扰力频率间隔,在共振区外不宜大于2Hz,在共振区内应小于1Hz,,共振时的振幅不宜大于150μm。

输出的振动波形,应采用显示器监视,待波形为正弦波时方可进行记录。

五、自由振动测试

自由振动测试分为竖向自由振动测试和水平回转自由振动测试,前者可采用铁球自由下落,冲击测试基础顶面的中心处,实测基础的固有频率和最大振幅。测试次数不应少于3次。

水平回转自由振动的测试,可采用水平冲击测试基础水平轴线侧面的顶部,实测基础的固有频率和最大振幅。测试次数不应少于3次。

传感器的布置应与强迫振动测试时的布置相同。

六、地基土动力参数换算

由明置块体基础测试的地基抗压、抗剪、抗扭刚度系数以及由明置桩基础测试的抗剪、抗扭刚度系数,用于机器基础的振动和隔振设计时,应进行底面积和压力换算,其换算系数应按式(5-80)计算：

$$\eta = \sqrt[3]{\frac{A_0}{A_d}} \sqrt[3]{\frac{P_d}{P_0}} \tag{5-80}$$

式中：η 为与基础底面积及底面静应力有关的换算系数；A_0 为测试基础的底面积(m^2)；A_d 为设计基础的底面积(m^2),当 $A_d > 20m^2$ 时,应取 $A_d = 20m^2$；P_0 为测试基础底面的静应力(kPa)；P_d 为设计基础底面的静应力(kPa),当 $P_d > 50kPa$ 时,应取 $P_d = 50kPa$。

七、振动衰减测试

下列情况应采用振动衰减测试。

(1)当设计的车间内同时设置低转速和高转速的机器基础,且需计算低转速机器基础振动对高转速机器基础的影响时。

(2)当振动对邻近的精密设备、仪器、仪表或环境等产生有害的影响时。

振动衰减测试的振源,可采用测试现场附近的动力器、公路交通、铁路等的振动。当现场附近无上述振源时,可采用机械式激振设备作为振源。

当进行竖向和水平向振动衰减测试时,基础应埋置。

振动衰减测试的测点,不应设在浮砂地、草地、松软的地层和冰冻层上。

当进行周期性振动衰减测试时,激振设备的频率除应采用工程对象所受的频率外,还应做各种不同激振频率的测试。

测点应沿设计基础所需的振动衰减测试的方向进行布置。测点的间距在距离基础边缘小于或等于 5m 范围内,宜为 1m；距离基础边缘大于 5m 且小于或等于 15m 范围内,宜为 2m；距离基础边缘大于 15m 且小于 30m 范围内,宜为 5m；距离基础边缘 30m 以外时宜大于 5m。测试半径 r_0 应大于基础当量半径的 35 倍,基础当量半径应按式(5-81)计算：

$$r_0 = \sqrt{\frac{A_0}{\pi}} \tag{5-81}$$

测试时,应记录传感器与振源之间的距离和激振频率。当在振源处进行振动测试时,传感器的布置宜符合下列规定。

(1)当振源为动力机器基础时,应将传感器置于沿振动波传播方向测试的基础轴线边缘上。

(2)当振源为公路交通车辆时,可将传感器置于行车道沿外 0.5m 处。

(3)当振源为铁路交通车辆时,可将传感器置于距铁路轨外 0.5m 处。

(4)当振源为锤击预制桩时,可将传感器置于距桩边 0.3~0.5m 处。

(5)当振源为重锤夯击土时,可将传感器置于夯击点边缘外 1.0m 处。

数据处理时,应绘制由各种激振频率测试的地面振幅随距振源的距离而变化的 $A_r - r$ 曲线图。

地基能量吸收系数,可按下列计算：

$$a = \frac{1}{f_0} \cdot \frac{1}{r_0 - r} \ln \frac{A_r}{A\left[\frac{r_0}{r}\xi_0 + \sqrt{\frac{r_0}{r}(1-\xi_0)}\right]} \tag{5-82}$$

式中:a 为地基能量吸收系数(s/m);f_0 为激振频率(Hz);A 为测试基础的振幅(m);A_r 为距振源的距离为 r 处的地面振幅(m);ξ 为无量纲系数,可按现行国家标准《动力机器基础设计规范》(GB50040)附录 E"地面振动衰减的计算"的有关规定采用。

第十节 土壤氡测试

一、工程分类及相关概念

氡气的危害在于它的不可挥发性。挥发性有害气体可以随着时间的推移,逐渐降低到安全水平,但室内氡气不会随时间的推移而减少。因而,地下住所的氡浓度也就比地面居室高许多,大概为 40 倍。由于无色无味,所以它对人体的伤害也是不知不觉。

土壤氡加剧了室内环境氡污染,因此,许多西方发达国家开展了国土上土壤氡的普遍调查,特别是在城市发展规划地区。测试土壤氡所使用的方法大体相同。截至目前,我国尚未开展普遍的土壤氡调查工作。通过测量土壤中氡气探知地下矿床,是一种经典的探矿方法。原核工业部(现核工业总公司)出于勘察铀矿的需要,一直把测量土壤中的氡浓度作为一种探矿手段使用。在绝对不改变土壤原来状态的情况下,测量土壤中的氡浓度是十分困难的,有些情况下几乎无法实现,这是因为土壤往往黏结牢固,缝隙很小(耕作层、沙土例外),其中存留的空气十分有限,取样测量难以进行。现在发展起来的测量方法,均是在土壤中创造一个空间以集聚氡气,然后放入测量样品(如乳胶片,这样氡衰变的 α 粒子会在胶片上留下痕迹,从痕迹数目的多少可以推算出土壤中的氡浓度),或者使用专用工具从形成的空洞中抽吸气体样品,再测量样品的放射性强度,以此推断土壤中氡浓度。

二、土壤中氡浓度的测定与分析评价

确定土壤中的氡浓度测试方法主要内容如下。

一般原则:土壤中氡浓度测量的关键是如何采集土壤中的空气。土壤中氡气的浓度一般大于数百贝可/立方米,这样高浓度的测量可以采用电离室法、静电扩散法、闪烁瓶法等进行测量。

测试仪器性能指标要求:①温度为 $-10\sim40$ ℃;②相对湿度小于或等于 90%;③不确定度小于或等于 $\pm20\%$;④探测下限小于或等于 $400Bq/m^3$。

测量区域范围应与工程地质勘察范围相同。

工程现场取样布点密一点自然好,可以测得仔细一些,但考虑到以下情况,确定以 10m 网格测量取样。

(1)一般情况下,一块地域内土壤的天然成分不会有大的起伏,按 10m 网格取样应具有代表性。

(2)如果地下有地质构造,其向上扩散氡气应有相当大的范围,一般不会只集中在地面很小一点的地方,因此,按 10m 网格取样应可以发现问题。

(3)在能够满足工作要求的情况下,布点不必过密,尽量减少工作量,以减轻企业负担。据

了解,一个熟练人员进行现场取样测量,大体10min可以完成一个测点。一般工程项目,一天内可以完成室外作业。

布点数目不能少于16个,主要是考虑到多点取样测量更接近实际,更具有代表性。"布点位置应尽可能地覆盖基础工程范围"这一要求的目的是为了重点了解基础工程范围内,土壤中的氡浓度情况,因为基础工程范围内土壤中的氡对未来建筑物室内氡污染影响最大。

在每个测试点,应采用专用钢钎打孔。孔的直径宜为20～40mm,孔的深度宜为600～800mm。成孔情况如何将影响到测量结果。专用钢钎打孔可以保证成孔过程快捷、大小合适,利于专用取样器抽取样品,保持取样条件的一致性。

成孔后,应使用头部有气孔的特制取样器,插入打好的孔中。取样器在靠近地表处应进行密闭,避免大气渗入孔中,然后进行抽气。正式进行现场取样测试前,应通过一系列不同抽气次数的实验,确定最佳抽气次数。这一条是对具体操作过程的要求,主要是为了避免大气混入。成孔后的取样操作要连贯进行,熟练快捷。在现场实际工作中,总要先通过一系列不同抽气次数的实验,观察测量数据的变化,选择并确定最佳抽气次数后,再正式进行取样测试。现场工作人员经多次现场工作后会积累经验,进一步丰富和规范现场操作。

取样测试时间宜在8:00～18:00,现场取样测试工作不应在雨天进行,如遇雨天,应在雨后24h后进行。土壤中的氡浓度随地下水情况、地浊、土壤湿度、密实程度、地表面空气流动等情况变化而变化,因此,为减少外部影响,增加数据的可比性,最好是一个工程项目范围内的取样测试在一天内完成。如遇雨天,由于下雨将改变土壤的多方面情况,应暂停工作,待土壤情况稳定下来(暂按一天一夜后处理),即可开始工作。

现场测试应有记录,记录内容包括测试点布设图、成孔点土壤类别、现场地表状况描述、测试前24h以内工程地点的气象状况等。

地表土壤氡浓度测试报告的内容应包括取样测试过程描述、测试方法、土壤氡浓度测试结果等。对现场记录及测试报告提出的若干要求,主要是为了便于对测量结果进行分析和比对研究,保证结果的可靠性。防氡降氡工程的措施要根据地表土壤氡浓度测试结果而定,因此,土壤氡浓度测定事关重大,规范发布执行后,应在工作实践中积累资料,以便在今后的修订中进一步完善补充。

思 考 题

1. 常用的原位测试方法各适用于什么范围?主要有哪些应用?
2. 载荷试验的试验要点及资料整理有哪些?
3. 静力触探的试验要点及技术要求有哪些?如何进行资料整理及成果应用?
4. 动力触探的类型和适用范围有哪些?各类触探试验的试验要点有何不同?
5. 某地基土层为粗砂,进行重型动力触探共取得数据12个,分别为4、5、6、5、5、7、6、5、4、5、6、5击,试确定该土层地基承载力特征值。
6. 某地基土层进行载荷试验,承压板面积为$0.25m^2$,试验数据如表5-19所示,试计算该地基土层地基承载力特征值。

表 5-19 各试验点在各级压力下的稳定变形量(mm)

载荷重量(t)	1.1	2.2	3.3	4.4	5.5	6.6
试验点 1	0.28	0.77	1.28	1.76	2.24	2.71
试验点 2	0.4	0.82	1.18	1.56	1.92	2.36
试验点 3	0.66	1.02	1.34	1.68	2	2.36
载荷重量(t)	7.7	8.8	9.9	12.1	13.2	14.6
试验点 1	3.32	4.18	5.12	6.44	8.08	9.76
试验点 2	3	3.84	4.88	6.2	8.24	10.16
试验点 3	2.88	3.68	4.72	6.04	8.4	10.68

第六章 岩土工程勘察室内试验技术

第一节 岩土样采取技术

工程地质钻探的任务之一是采取岩土试样，这是岩土工程勘察中必不可少的、经常性的工作，通过采取土样，进行土类鉴别，测定岩土的物理力学性质指标，可为定量评价岩土工程问题提供技术指标。

关于试样的代表性，从取样角度来说，应考虑取样的位置、数量和技术方法，以及取样的成本和勘察设计要求，从而必须采用合适的取样技术。本节主要讨论钻孔中采取土样的技术问题，即土样的质量要求、取样方法、取土器以及取样效果的评价等问题。

一、土样质量等级

土样的质量实质上是土样的扰动问题。土样扰动表现在土的原始应力状态、含水量、结构和组成成分等方面的变化，它们产生于取样之前、取样之中以及取样之后直至试样制备的全过程之中。实际上，完全不扰动的真正原状土样是无法取得的。

不扰动土样或原状土样的基本质量要求是：①没有结构扰动；②没有含水量和孔隙比的变化；③没有物理成分和化学成分的改变。

由于不同试验项目对土样扰动程度有不同的控制要求，因此我国的《工程岩体试验方法标准》(GB/T50226—2013)(以下简称《规范》)中都根据不同的试验要求来划分土样质量级别。根据试验目的，把土试样的质量分为4个等级(表6-1)，并明确规定各级土样能进行的试验项目。表6-1中Ⅰ级、Ⅱ级土样相当于原状土样，但Ⅰ级土样比Ⅱ级土样有更高的要求。表中对4个等级土样扰动程度的区分只是定性的和相对的，没有严格的定量标准。

表 6-1 土试样质量等级表

等级	扰动程度	试验内容
Ⅰ	不扰动	土类定名、含水量、密度、强度试验、固结试验
Ⅱ	轻微扰动	土类定名、含水量、密度
Ⅲ	显著扰动	土类定名、含水量
Ⅳ	完全扰动	土类定名

注：①不扰动是指原位应力状态虽已改变，但土的结构、密度和含水量变化很小，能满足室内试验各项要求；②除地基基础设计等级为甲级的工程外，在工程技术要求允许的情况下可用Ⅱ级土试样进行强度和固结试验，但宜先对土试样受扰动程度做抽样鉴定，判别用于试验的适宜性，并结合地区经验使用试验成果。

二、钻孔取土器类型及适用条件

取样过程中,对土样扰动程度影响最大的因素是所采用的取样方法和取样工具。从取样方法来看,主要有两种方法:一是从探井、探槽中直接取样;二是用钻孔取土器从钻孔中采取。目前各种岩土样品的采取主要是采用第二种方法,即用钻孔取土器采样的方法。

(一)取土器的基本技术参数

取土器是影响土样质量的重要因素,对取土器的基本要求是:取土过程中不掉样;尽可能地使土样不受或少受扰动;能够顺利切入土层中,结构简单且使用方便。

由于不同的取样方法和取样工具对土样的扰动程度不同,因此《规范》对于不同等级土试样适用的取样方法和工具做了具体规定,其内容具体见表6-2。表中所列各种取土器大都是国内外常见的取土器,按壁厚可分为薄壁和厚壁两类,按进入土层的方式可分为贯入式和回转式两类。

从表6-2中可以看出,对于质量等级要求较低的Ⅲ级、Ⅳ级土样,在某些土层中可利用钻探的岩芯钻头或螺纹钻头以及标贯试验的贯入器进行取样,而不必采用专用的取土器。由于没有黏聚力,无黏性土的取样过程中容易发生土样散落,所以从总体上来讲,无黏性土对取样器的要求比黏性土要高。

取土器的外形尺寸及管壁厚度对土样的扰动程度有着重要的影响,如表6-3和表6-4及图6-1所示。

(二)贯入式取土器的类型

贯入式取土器可分为敞口取土器和活塞取土器两大类型。敞口取土器按管壁厚度分为厚壁和薄壁两种,活塞取土器则分为固定活塞、水压固定活塞、自由活塞等几种。

1. 敞口取土器

敞口取土器是最简单的取土器,其优点是结构简单,取样操作方便。缺点是不易控制土样质量,土样易于脱落。在取样管内加装内衬管的取土器称为复壁敞口取土器(图6-2),其外管多采用半合管,易于卸出衬管和土样。其下接厚壁管靴,能应用于软硬变化范围很大的多种土类。由于壁厚,面积比可达30%~40%,对土样扰动大,只能取得Ⅱ级以下的土样。薄壁取土器(图6-3)只用一薄壁无缝管作取样管,面积比降低至10%以下,可作为采取Ⅰ级土样的取土器。薄壁取土器只能用于软土或较疏松的土取样。土质过硬,取土器易于受损。薄壁取土器内不可能设衬管,一般是将取样管与土样一同封装送到实验室。因此,需要大量的备用取土器,这样既不经济,又不便于携带。现行《规范》允许以束节式取土器代替薄壁取土器。这种束节式取土器(图6-4)是综合了厚壁和薄壁取土器的优点而设计的,其特点是将厚壁取土器下端刃口段改为薄壁管(此段薄壁管的长度一般不应短于刃口直径的3倍),以减少对厚壁管面积比C_a的不利影响,取出的土样可达到或接近Ⅰ级。

2. 活塞取土器

如果在敞口取土器的刃口部装一活塞,在下放取土器的过程中,使活塞与取样管的相对位置保持不变,即可排开孔底浮土,使取土器顺利达到预计取样位置。此后,将活塞固定不动,贯入取样管,土样则相对地进入取样管,但土样顶端始终处于活塞之下,不可能产生凸起变形。回提取土器时,处于土样顶端的活塞即可隔绝上、下水压、气压,也可以在土样与活塞之间保持一定的负压,防止土样失落而又不至于像上提活塞那样出现过分的抽吸。活塞取土器有以下几种。

表 6-2 不同质量等级土试样的取样方法和工具

土试样质量等级	取样工具和方法		适用土类									
			黏性土					粉土	砂土				砾砂、碎石土、软岩
			流塑	软塑	可塑	硬塑	坚硬		粉砂	细砂	中砂	粗砂	
Ⅰ	薄壁取土器	固定活塞	++	++	+	-	+	+	+	-	-	-
		水压固定活塞	++	++	+	-	+	+	+	-	-	-
		自由活塞	-	+	++	-	+	+	+	-	-	-
		敞口	+	+	+	-	+	+	+	-	-	-
	回转取土器	单动三重管	-	+	++	++	+	++	++	-	-	-
		双动三重管	-	-	-	+	++	-	-	++	++	+
	探井(槽)中刻取块状土样		++	++	++	++	++	++	++	++	++	++
Ⅱ	薄壁取土器	水压固定活塞	++	++	+	-	+	+	+	-	-	-
		自由活塞	+	++	++	-	+	+	+	-	-	-
		敞口	++	++	+	-	+	+	+	-	-	-
	回转取土器	单动三重管	-	+	++	++	+	++	++	-	-	-
		双动三重管	-	-	-	+	++	-	-	++	++	++
	厚壁敞口取土器		+	++	++	+	+	+	++	+	+	-
Ⅲ	厚壁敞口取土器		++	++	++	+	+	++	++	++	++	-
	标准贯入器		++	++	++	++	++	++	++	++	++	-
	螺纹钻头		++	++	++	+	-	-	-	-	-	-
	岩芯钻头		++	++	++	++	++	++	++	++	++	+
Ⅳ	标准贯入器		++	++	++	++	++	++	++	++	++	-
	螺纹钻头		++	++	++	+	+	-	-	-	-	-
	岩芯钻头		++	++	++	++	++	++	++	++	++	++

注:①"++"表示适用,"+"表示部分适用,"-"表示不适用;②采取砂土试样应有防止试样失落的补充措施;③有经验时,可采用束节式取土器代替薄壁取土器。

表 6-3 贯入式取土器的技术参数

取土器参数	厚壁取土器	薄壁取土器			束节式取土器	黄土取土器
		敞口自由活塞	水压固定活塞	固定活塞		
面积比 $\dfrac{D_w^2-D_e^2}{D_e^2}\times100\%$	13~20	≤10	10~13		管靴薄壁段同薄壁取土器,长度不小于内径的3倍	15
内间隙比 $\dfrac{D_s-D_e}{D_e}\times100\%$	0.5~1.5	0	0.5~1.0			1.5
外间隙比 $\dfrac{D_w-D_t}{D_t}\times100\%$	0~2.0	0				1.0
刃口角度 α (°)	<10	5~10				10
长度 L(mm)	400、550	对砂土:(5~10)D_e 对黏性土:(10~15)D_e				
外径 D_t(mm)	75~89、108	75、100			50、75、100	127
衬管	整圆或半合管,塑料、酚醛层压纸或镀锌铁皮制成	无衬管,束节式取土器衬管同左			塑料、酚醛层压纸或用环刀	塑料、酚醛层压纸

注:①取样管(图 6-1)及衬管内壁必须光滑圆整;②在特殊情况下取土器的直径可增大至 150~250mm;③表中符号为 D_e——取土器刃口内径,D_s——取样管内径(加衬管时为衬管内径),D_t——取样管外径,D_w——取土器管靴外径(对薄壁管 $D_w=D_t$)。

表 6-4 回转型取土器的技术参数

取土器类型		外径(mm)	土样直径(mm)	长度(mm)	内管超前	说明
双重管(加内衬管即为三重管)	单动	102	71	1 500	固定	直径规格可视材料规格稍作变动,单土样直径不得小于71mm
		140	104		可调	
	双动	102	71	1 500	固定	
		140	104		可调	

(1)固定活塞取土器。在敞口薄壁取土器内增加一个活塞以及一套与之相连接的活塞杆,活塞杆可通过取土器的头部并经由钻杆的中空延伸至地面(图 6-5)。下放取土器时,活塞处于取样管刃口端部,活塞杆与钻杆同步下放,到达取样位置后,固定活塞杆与活塞,通过钻杆压入取样管进行取样。固定活塞薄壁取土器是目前国际公认的高质量取土器,但因需要两套杆件,操作比较复杂。

(2)水压固定活塞取土器。其特点是去掉了活塞杆,将活塞连接在钻杆底端,取样管则与另一套在活塞缸内的可动活塞连接,取样时通过钻杆施加水压,驱动活塞缸内的可动活塞,将取样管压入土中。其取样效果与固定活塞式相同,操作较为简单,但结构仍较复杂(图 6-6)。

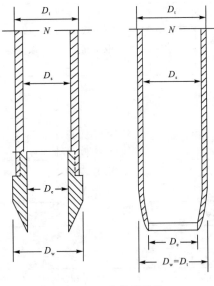
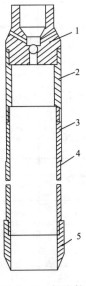
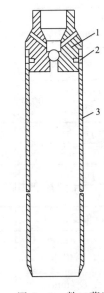

图 6-1　取样管规格

图 6-2　复壁敞口取土器

1-球阀；2-废土管；3-半合取样管；4-衬管；5-加厚管靴

图 6-3　敞口薄壁取土器

1-球阀；2-固定螺钉；3-薄壁取样管

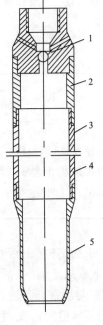
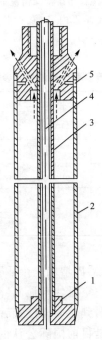
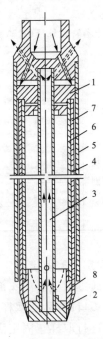

图 6-4　束节式取土器

1-球阀；2-废土管；3-半合取样管；4-衬管或环刀；5-束节取样管靴

图 6-5　固定活塞薄壁取土器

1-固定活塞；2-薄壁取样管；3-活塞杆；4-清除真空杆；5-固定螺钉

图 6-6　水压固定活塞取土器

1-可动活塞；2-固定活塞；3-活塞杆；4-压力缸；5-竖向导管；6-取样管；7-衬管（采用薄壁管时无衬管）；8-取样管刃靴（采用薄壁管时无单独刃靴）

(3) 自由活塞取土器。自由活塞取土器与固定活塞取土器的不同之处在于活塞杆不延伸至地面,而只穿过上接头,用弹簧锥卡予以控制,取样时依靠土试样将活塞顶起,操作较为简便。但土试样上顶活塞时易受扰动,取样质量不及前面两种取土器(图6-7)。

(三) 回转式取土器

贯入式取土器一般只适用于软土及部分可塑状土,对于坚硬、密实的土类则不适用。对于这些土类,必须改用回转式取土器。回转式取土器主要有两种类型。

1. 单动二重(三重)管取土器

类似于岩芯钻探中的双层岩芯管,如在内管内再加衬管,则成为三重管,其内管一般与外管齐平或稍超前于外管。取样时外管旋转,而内管保持不动,故称单动。内管容纳土样并保护土样不受循环液的冲蚀。回转式取土器取样时采用循环液冷却钻头并携带岩土碎屑。

2. 双动二重(三重)管取土器

所谓双动二重(三重)管取土器是指取样时内管、外管同时旋转,适用于硬黏土、密实的砂砾石土以及软岩。内管回转虽然会产生较大的扰动影响,但对于坚硬密实的土层,这种扰动影响不大(图6-8~图6-10)。

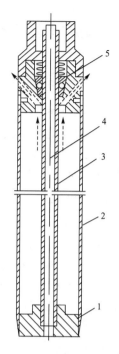

图 6-7 自由活塞取土器
1-活塞;2-薄壁取样管;3-活塞杆;4-消除真空杆;5-弹簧锥卡

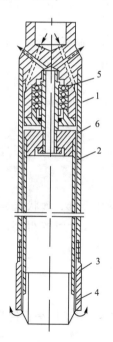

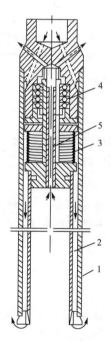

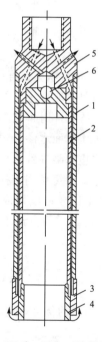

图 6-8 丹尼森取土器
1-外管;2-内管(取样管及衬管);3-外管钻头;4-内管管靴;5-轴承;6-内管头(内装逆止阀)

图 6-9 皮切尔取土器
1-外管;2-内管(取样管及衬管);3-调节弹簧(压缩状态);4-轴承;5-滑动阀

图 6-10 双动二重(三重)管取土器
1-外管;2-内管(取样管及衬管);3-外管钻头;4-内管钻头;5-取土器头部;6-逆止阀

三、原状土样的采取方法

(一)钻孔中采取原状试样的方法

1. 击入法

击入法是用人力或机械力操纵落锤,将取土器击入土中的取土方法。按锤击次数分为轻锤多击法和重锤少击法,按锤击位置又分为上击法和下击法。经过比较取样试验认为:就取样质量而言,重锤少击法优于轻锤多击法,下击法优于上击法。

2. 压入法

压入法可分为慢速压入和快速压入两种。

(1)慢速压入法。是用杠杆、千斤顶、钻机手把等加压,取土器进入土层的过程是不连续的。在取样过程中对土试样有一定程度的扰动。

(2)快速压入法。是将取土器快速、均匀地压入土中,采用这种方法对土试样的扰动程度最小。目前普遍使用以下两种:①活塞油压筒法,采用比取土器稍长的活塞压筒通过高压,强迫取土器以等速压入土中;②钢绳、滑车组法,借机械力量通过钢绳、滑车装置将取土器压入土中。

3. 回转法

此法系使用回转式取土器取样,取样时内管压入取样,外管回转削切的废土一般用机械钻机靠冲洗液带出孔口。这种方法可减少取样时对土试样的扰动,从而提高取样质量。

(二)探井、探槽中采取原状试样的方法

探井、探槽中采取原状试样可采用两种方式:一种是锤击敞口取土器取样;另一种是人工刻切块状土试样。后一种方法使用较多,因为块状土试样的质量高。

人工采用块状土试样一般应注意以下几点。

(1)避免对取样土层的人为扰动破坏,开挖至接近预计取样深度时,应留下 20～30cm 厚的保护层,待取样时再细心铲除。

(2)防止地面水渗入,井底水应及时抽走,以免浸泡。

(3)防止暴晒导致水分蒸发,坑底暴露时间不能太长,否则会风干。

(4)尽量缩短切削土样的时间,及早封装。

块状土试样可以切成圆柱状和方块状。也可以在探井、探槽中采取"盒状土样",这种方法是将装配式的方形土样容器放在预计取样位置,边修切、边压入,从而取得高质量的土试样。

四、钻孔取样操作要求

土样质量的优劣,不仅取决于取土器具,还取决于取样全过程的各项操作是否恰当。

(一)钻进要求

钻进时应力求不扰动或少扰动预计取样处的土层。为此应做到以下几点。

(1)使用合适的钻具与钻进方法。一般应采用较平稳的回转式钻进。当采用冲击、振动、水冲等方式钻进时,应在预计取样位置1m以上改用回转钻进。在地下水位以上一般应采用干钻方式。

(2)在软土、砂土中宜用泥浆护壁。若使用套管护壁,应注意旋入套管时管靴对土层的扰动,且套管底部应限制在预计取样深度以上大于3倍孔径的距离。

(3)应注意保持钻孔内的水头等于或稍高于地下水位,以避免产生孔底管涌,在饱和粉、细砂土中尤应注意。

(二)取样要求

《规范》规定:在钻孔中采取Ⅰ~Ⅱ级砂样时,可采用原状取砂器,并按相应的现行标准执行。在钻孔中采取Ⅰ~Ⅱ级土试样时,应满足下列要求。

(1)在软土、砂土中宜采用泥浆护壁。如使用套管,应保持管内水位等于或稍高于地下水位,取样位置应低于套管底3倍孔径的距离。

(2)采用冲洗、冲击、振动等方式钻进时,应在预计取样位置1m以上改用回转钻进。

(3)下放取土器前应仔细清孔,清除扰动土,孔底残留浮土厚度不应大于取土器废土段长度(活塞取土器除外)。

(4)采取土试样宜用快速静力连续压入法。

(5)具体操作方法应按现行标准《原状土取样技术标准》(JGJ/T 87—2012)执行。

(三)土试样封装、储存和运输

对于Ⅰ~Ⅲ级土试样的封装、储存和运输,应符合下列要求。

(1)取出土试样应及时妥善密封,以防止湿度变化,严防暴晒或冰冻。

(2)土样运输前应妥善装箱、填塞缓冲材料,运输过程中避免颠簸。对于易振动液化、灵敏度高的试样宜就近进行试验。

(3)土样从取样之日起至开始试验前的储存时间不应超过3周。

第二节 岩土样的鉴别

岩土样的鉴别即对岩土样进行合理的分类,是岩土工程勘察和设计的基础。从工程的角度来说,岩土分类就是系统地把自然界中不同的岩土分别根据工程地质性质的相似性划分到各个不同的岩土组合中去,以使人们有可能依据同类岩土一致的工程地质性质去评价其性质,或提供人们一个比较确切的描述岩土的方法。

一、分类的目的、原则和分类体系

土的分类体系就是根据土的工程性质差异将土划分成一定的类别,目的在于通过通用的鉴别标准,便于在不同土类间做有价值的比较、评价、积累以及开展学术与经验的交流。分类原则如下:①分类要简明,既要能综合反映土的主要工程性质,又要测定方法简单,使用方便;②土的分类体系所采用的指标要在一定程度上反映不同类工程用土的不同特性。

岩体的分类体系有以下两类。

(一)建筑工程系统分类体系

建筑工程系统分类体系侧重作为建筑地基和环境的岩土,例如:《建筑地基基础设计规范》(GB50007—2011)地基土分类方法、《岩土工程勘察规范》(GB50021—2001)岩土的分类。

(二)工程材料系统分类体系

工程材料系统分类体系侧重把土作为建筑材料,用于路堤、土坝和填土地基工程,研究对象为扰动土。例如:《土工程分类标准》(GB/T50145—2007)工程用土的分类和《公路土工试验规程》(JTG E40—2007)工程用土的分类。

二、分类方法

(一)岩石的分类和鉴定

在进行岩土工程勘察时,应鉴定岩石的地质名称和风化程度,并进行岩石坚硬程度、岩体结构、完整程度和岩体基本质量等级的划分。

(1)岩石按成因可划分为岩浆岩、沉积岩、变质岩等类型。

(2)岩石质量指标(RQD)是用直径为75mm 的金刚石钻头和双层岩芯管在岩石中钻进,连续取芯,回次钻进所取岩芯中,长度大于10cm 的岩芯段长度之和与该回次进尺的比值,以百分数表示(表6-5)。

表6-5 岩石质量指标的划分表

岩石质量指标	好	较好	比较差	差	极差
RQD	>90%	75%~90%	50%~75%	25%~50%	<25%

(3)岩石按风化程度可划分为6个级别,如表6-6所示。

表6-6 岩石按风化程度分类

风化程度	野外特征	风化程度参数指标	
		波速比 K_v	风化系数 K_f
未风化	岩质新鲜,偶见风化痕迹	0.9~1.0	0.9~1.0
微风化	结构基本未变,仅节理面有渲染,或略有变形,有少量风化痕迹	0.8~0.9	0.8~0.9
中等风化	结构部分变化,沿节理有次生矿物,风化裂隙发育,岩体被切割成岩块。用镐难挖,用岩芯钻进方可钻进	0.6~0.8	0.4~0.8
强风化	结构大部分被破坏,矿物部分显著变化,风化裂隙很发育,岩体破碎。可用镐挖,干钻不易钻进	0.4~0.6	<0.4

续表 6-6

风化程度	野外特征	风化程度参数指标	
		波速比 K_v	风化系数 K_f
全风化	结构基本破坏,但尚可确认,有残余结构强度,可用镐挖,干钻可钻进	0.2~0.4	—
残积土	组织结构全部破坏,已风化成土状,镐易挖掘,干钻易钻进,具有可塑性	<0.2	—

注:①波速比为风化岩石与新鲜岩石压缩波速度之比;②风化系数为风化岩石与新鲜岩石饱和单轴抗压强度之比;③岩石风化程度,除按表列特征和定量指标划分外,也可根据当地经验划分;④花岗岩类岩石,可采用标准贯入试验划分为强风化、全风化;⑤泥岩和半成岩,可不进行风化程度划分。

(4)岩体按结构可分为五大类(表 6-7)。

表 6-7 岩体按结构类型划分

岩体结构类型	岩体地质类型	结构面形状	结构面发育情况	岩体工程特征	可能发生的岩体工程问题
整体状结构	巨块状岩浆岩和变质岩、巨厚层沉积岩	巨块状	以层面和原生、构造节理为主,多呈闭合性,间距大于 1.5m,一般为 1~2 组,无危险结构面	岩体稳定,可视为均质弹性各向同性体	局部滑动或坍塌,深埋洞室的岩爆
块状结构	厚层状沉积岩、块状沉积岩和变质岩	块状柱状	有少量贯穿性节理裂隙,节理面间距 0.7~1.5m,一般有 2~3 组,有少量分离体	结构面相互牵制,岩体基本稳定,接近弹性各向同性体	
层状结构	多韵律薄层、中厚层状沉积岩,副变质岩	层状板状	有层理、片理、节理,常有层间错动带	变形和强度受层面控制,可视为各向异性弹塑性体,稳定性较差	可沿结构面滑塌,软岩可产生塑性变形
碎裂结构	构造影响严重的破碎岩层	碎块状	断层、节理、片理、层理发育,结构面间距 0.25~0.50m,一般有 3 组以上,有许多分离体	整体强度较低,并受软弱结构面控制,呈弹塑性体,稳定性差	易发生规模较大的岩体失稳,地下水加剧失稳
散体状结构	断层破碎带、强风化及全风化带	碎屑状	构造和风化裂隙密集,结构面错综复杂,多充填黏性土,形成无序小块和碎屑	完整性遭极大破坏,稳定性极差,接近松散介质	易发生规模较大的岩体失稳,地下水加剧失稳

(5)岩石坚硬程度、岩体完整程度和岩体基本质量等级的划分,应分别按表6-8～表6-12执行。

表6-8 岩石的坚硬程度等级定性划分

名称		定性鉴定	代表性岩石
硬质岩	坚硬岩	捶击声清脆,有回弹,震手,难击碎,基本无吸水反应	未风化—微风化的花岗岩、闪长岩、辉绿岩、玄武岩、安山岩、片麻岩、石英岩、石英砂岩、硅质砾岩、硅质石灰岩等
	较坚硬岩	捶击声较清脆,有轻微回弹,稍震手,较难击碎,有轻微吸水反应	弱风化的坚硬岩,未风化—微风化的凝灰岩、大理岩、板岩、白云岩、石灰岩、钙质胶结砂岩等
软质岩	较软岩	捶击声不清脆,无回弹,较易击碎,浸水后,指甲可刻出指痕	强风化坚硬岩,弱风化较坚硬岩;未风化—微风化的千枚岩、页岩等
	软岩	捶击声哑,无回弹,有凹痕,易击碎,浸水后,手可掰开	强风化坚硬岩,弱风化—强风化的较坚硬岩,弱风化较软岩,微风化的泥岩
	极软岩	捶击声哑,无回弹,有较深凹痕,手可捏碎,浸水后,手可捏成团	全风化的各种岩石,各种未成岩

表6-9 岩石坚硬程度的定量分类

坚硬程度类别	坚硬岩	较硬岩	较软岩	软岩	极软岩
饱和单轴抗压强度 f_{rk}(MPa)	$f_{rk}>60$	$30<f_{rk}\leq 60$	$15<f_{rk}\leq 30$	$5<f_{rk}\leq 15$	$f_{rk}\leq 5$

表6-10 岩体的完整性程度等级定性划分

名称	结构面发育程度		主要结构面的结合程度	主要结构面类型	相应结构面类型
	组数	平均间距(m)			
完整	1～2	>1.0	结合好或结合一般	裂隙、层面	整体状或厚层状结构
较完整	1～2	>1.0	结合差	裂隙、层面	块状或厚层状结构
	2～3	1.0～0.4	结合好或一般		块状结构
较破碎	2～3	1.0～0.4	结合差	裂隙、层面、小断层	镶嵌碎裂结构
	≥3	0.4～0.2	结合好		中、薄层状结构
			结合一般		裂隙块状结构
破碎	≥3	0.4～0.3	结合差	各种类型结构面	裂隙块状结构
		≤0.2	结合一般或结合差		碎裂状结构
极破碎	无序		结合很差		散体状结构

表 6-11 岩体的完整性程度等级定量划分

完整程度等级	完整	较完整	较破碎	破碎	极破碎
完整性系数	>0.75	0.75～0.55	0.55～0.35	0.35～0.15	<0.15

注：完整性系数为岩体压缩波速度与岩块压缩波速度之比的平方，选定岩体和岩块测定波速时应注意代表性。

表 6-12 岩体基本质量等级的划分

坚硬程度＼完整程度	完整	较完整	较破碎	破碎	极破碎
坚硬岩	Ⅰ	Ⅱ	Ⅲ	Ⅳ	Ⅴ
较坚硬岩	Ⅱ	Ⅲ	Ⅳ	Ⅳ	Ⅴ
较软岩	Ⅲ	Ⅳ	Ⅳ	Ⅴ	Ⅴ
软岩	Ⅳ	Ⅳ	Ⅴ	Ⅴ	Ⅴ
极软岩	Ⅴ	Ⅴ	Ⅴ	Ⅴ	Ⅴ

(二)地基土的分类和鉴定

地基土的分类可按沉积时代、地质成因、有机质含量及土粒大小、塑性指数划分为如下几类。

1. 按沉积时代划分

晚更新世 Qp_3 及其以前沉积的土，应定为老沉积土；第四纪全新世中近期沉积的土，应定为新近沉积土。

2. 根据地质成因

据地质成因可划分为残积土、坡积土、洪积土、冲积土、淤积土、冰积土和风积土等。

3. 根据有机质含量分类

根据有机质含量分类，应按表 6-13 执行。

4. 根据土粒大小、土的塑性指数分类

根据土粒大小、土的塑性指数可把地基土分为碎石土、砂土、粉土和黏性土四大类。

(1)碎石土的分类。粒径大于 2mm 的颗粒含量超过全重 50% 的土称为碎石土(表 6-14)。

(2)砂土的分类。粒径大于 2mm 的颗粒含量不超过全重 50% 的土，且粒径大于 0.075mm 的颗粒含量超过全重 50% 的土称为砂土(表 6-15)。

表 6-13 地基土根据有机质含量的分类

分类名称	有机质含量 W_u(%)	现场鉴定特征	说明
无机土	$W_u<5\%$		
有机质土	$5\%\leqslant W_u\leqslant 10\%$	深灰色,有光泽,味臭,除腐殖质外尚含有少量未完全分解的动植物体,浸水后水面出现气泡,干燥后体积收缩	①如现场能鉴定或有地区经验时,可不做有机质含量测定; ②当$W>W_L$,$1.0\leqslant e<1.5$时称为淤泥质土; ③当$W>W_L$,$e\geqslant 1.5$时称为淤泥
泥炭质土	$10\%<W_u\leqslant 60\%$	深灰色或黑色,有腥臭味,能看到未完全分解的植物结构,浸水体胀,易崩解,有植物残渣浮于水中,干缩现象明显	可根据地区特点和需要,按W_u细分为: 弱泥炭质土($10\%<W_u\leqslant 25\%$) 中泥炭质土($25\%<W_u\leqslant 40\%$) 强泥炭质土($40\%<W_u\leqslant 60\%$)
泥炭	$W_u>60\%$	除有泥炭质土特征之外,结构松散,土质很轻,暗无光泽,干缩现象极为明显	

表 6-14 碎石土的分类

土的名称	颗粒形状	颗粒级配
漂石	以圆形及亚圆形为主	粒径大于 200mm 的颗粒含量超过全重的 50%
块石	以棱角形为主	
卵石	以圆形及亚圆形为主	粒径大于 20mm 的颗粒含量超过全重的 50%
碎石	以棱角形为主	
圆砾	以圆形及亚圆形为主	粒径大于 2mm 的颗粒含量超过全重的 50%
角砾	以棱角形为主	

注:定名时应根据颗粒级配由大到小以最先符合者确定。

表 6-15 砂土的分类

土的名称	颗粒级配
砾砂	粒径大于 2mm 的颗粒含量占全重的 25%~50%
粗砂	粒径大于 0.5mm 的颗粒含量超过全重的 50%
中砂	粒径大于 0.25mm 的颗粒含量超过全重的 50%
细砂	粒径大于 0.075mm 的颗粒含量超过全重的 85%
粉砂	粒径大于 0.075mm 的颗粒含量超过全重的 50%

注:定名时应根据颗粒级配由大到小以最先符合者确定。

(3)粉土的分类。粒径大于 0.075mm 的颗粒含量超过全重的 50%，且塑性指数 $I_P \leqslant 10$ 的土称为粉土。

(4)黏性土的分类。粒径大于 0.075mm 的颗粒含量不超过全重的 50%，且塑性指数 $I_P > 10$ 的土称为黏性土。黏性土根据塑性指数细分(表 6-16)。

表 6-16 黏性土的分类

土的名称	塑性指数
黏土	$I_P > 17$
粉质黏土	$10 < I_P \leqslant 17$

注：塑性指数由相应于 76g 圆锥体沉入土样中深度为 10mm 测定的液限计算而得。

(5)特殊土的分类。对特殊成因和年代的土类应结合其成因和年代特征定名，特殊性土除应描述上述相应土类规定的内容外，尚应描述其特殊成分和特殊性质，如对淤泥尚需描述嗅味，对填土尚需描述物质成分、堆积年代、密实度和厚度的均匀程度等。

6. 土的密实度鉴定

(1)碎石土的密实度可根据圆锥动力触探锤击数按表 6-17 或表 6-18 确定，表中的 $N_{63.5}$ 和 N_{120} 应进行杆长修正。定性描述可按表 6-19 的规定执行。

表 6-17 碎石土密实度按 $N_{63.5}$ 分类

重型动力触探锤击数 $N_{63.5}$	密实度	重型动力触探锤击数 $N_{63.5}$	密实度
$N_{63.5} \leqslant 5$	松散	$10 < N_{63.5} \leqslant 20$	中密
$5 < N_{63.5} \leqslant 10$	稍密	$N_{63.5} > 20$	密实

注：本表适用于平均粒径小于或等于 50mm，且最大粒径小于 100mm 的碎石土，对于平均粒径大于 50mm，或最大粒径大于 100mm 的碎石土，可用超重型动力触探或野外观察鉴别。

表 6-18 碎石土密实度按 N_{120} 分类

重型动力触探锤击数 N_{120}	密实度	重型动力触探锤击数 N_{120}	密实度
$N_{120} \leqslant 3$	松散	$11 < N_{120} \leqslant 14$	密实
$3 < N_{120} \leqslant 6$	稍密	$N_{120} > 14$	很密
$63 < N_{120} \leqslant 11$	中密		

表 6-19　碎石土密实度野外鉴别

密实度	骨架颗粒含量和排列	可挖性	可钻性
松散	骨架颗粒含量小于总质量,排列混乱,大部分不接触	锹镐可以挖掘,井壁易坍塌,从井壁取出大颗粒后,立即崩落	钻进较易,钻杆稍有跳动,孔壁易坍塌
中密	骨架颗粒含量等于总质量,呈交错排列,大部分接触	锹镐可以挖掘,井壁有掉块现象,从井壁取出大颗粒处,能保持凹面形状	钻进较困难,钻杆、吊锤跳动不剧烈,孔壁有坍塌现象
密实	骨架颗粒含量大于总质量,呈交错排列,连续接触	锹镐挖掘困难,用撬棍方能松动,井壁较稳定	钻进困难,钻杆、吊锤跳动不剧烈,孔壁较稳定

注：密实度应按表列各项特征综合确定。

(2)砂土的密实度应根据标准贯入试验锤击数实测值 N 划分为密实、中密、稍密和松散,并应符合表 6-20 的规定。当用静力触探探头阻力划分砂土密实度时,可根据当地经验确定。

表 6-20　砂土密实度分类

标准贯入锤击数 N	密实度	标准贯入锤击数 N	密实度
$N \leqslant 10$	松散	$105 < N \leqslant 30$	中密
$10 < N \leqslant 15$	稍密	$N > 30$	密实

(3)粉土的密实度应根据孔隙比 e 划分为密实、中密和稍密。其湿度应根据含水量 $w(\%)$ 划分为稍湿、湿、很湿。密实度和湿度的划分应分别符合表 6-21 和表 6-22 的规定。

表 6-21　粉土密实度分类

孔隙比 e	密实度
$e < 0.75$	密实
$0.75 \leqslant e \leqslant 0.90$	中密
$e > 0.90$	稍密

表 6-22　粉土湿度分类

含水量 $w(\%)$	湿度
$w < 20$	稍湿
$20 \leqslant w \leqslant 30$	湿
$w > 30$	很湿

(4)黏性土的状态应根据液性指数 I_L 划分为坚硬、硬塑、可塑、软塑和流塑,并符合表 6-23 的规定。

表 6-23 黏性土的状态分类

液性指数	状态	液性指数	状态
$I_L \leqslant 0$	坚硬	$0.75 < I_L \leqslant 1$	软塑
$0 < I_L \leqslant 0.25$	硬塑	$I_L > 1$	流塑
$0.25 < I_L \leqslant 0.75$	可塑		

第三节 室内制样

一、概述

土样的制备是获得正确试验成果的前提。为保证试验成果的可靠性以及试验数据的可比性,应严格按照规程要求的程序进行制备。

土样制备可分为原状土和扰动土的制备。本试验主要讲扰动土的制备。扰动土的制备程序则主要包括取样、风干、碾散、过筛、制备等,这些程序步骤的正确与否,都会直接影响到试验成果的可靠性。土样的制备都融合在今后的每个试验项目中。

二、试样制备所需的主要设备仪器

(1)细筛。孔径 0.5mm、2mm。
(2)洗筛。孔径 0.075mm。
(3)台秤和天平。称量 10kg,最小分度值 5g;称量 5 000g,最小分度值 1g;称量 1 000g,最小分度值 0.5g;称量 500g,最小分度值 0.1g;称量 200g,最小分度值 0.01g。
(4)环刀。不锈钢材料制成,内径 61.8mm 和 79.8mm,高 20mm;内径 61.8mm,高 40mm。
(5)击样器(图 6-11)。
(6)压样器(图 6-12)。
(7)其他包括切土刀、钢丝锯、碎土工具、烘箱、保湿缸、喷水设备等。

三、原状土试样的制备

(1)将土样筒按标明的上、下方向放置,剥去蜡封和胶带,开启土样筒取出土样。检查土样结构,当确定土样已受扰动或取土质量不符合规定时,不应制备力学性质试验的试样。

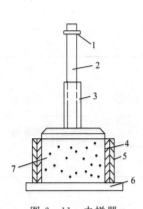
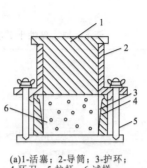
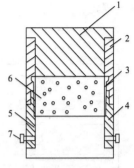

图 6-11 击样器
1-定位环；2-导杆；3-击锤；4-击样筒；5-环刀；6-底座；7-试样

(a)1-活塞；2-导筒；3-护环；4-环刀；5-拉杆；6-试样

(b)1-上活塞；2-上导筒；3-环刀；4-下导筒；5-下活塞；6-试样；7-销钉

图 6-12 压样器

（2）根据试验要求用环刀切取试样时，应在环刀内壁涂一薄层凡士林，刃口向下放在土样上，将环刀垂直下压，并用切土刀沿环刀外侧切削土样，边压边削至土样高出环刀。根据试样的软硬采用钢丝锯或切土刀整平环刀两端土样，擦净环刀外壁，称环刀和土的总质量。

（3）从余土中取代表性试样，供测定含水率、相对密度、颗粒分析、界限含水率等试验时使用。

（4）切削试样时，应对土样的层次、气味、颜色、夹杂物、裂缝和均匀性进行描述，对低塑性和高灵敏度的软土，制样时不得扰动。

四、扰动土试样的备样

（1）将土样从土样筒或包装袋中取出，对土样的颜色、气味、夹杂物和土类及均匀程度进行描述，并将土样切成碎块，拌和均匀，取代表性土样测定含水率。

（2）对均质和含有机质的土样，宜采用天然含水率状态下代表性土样，供颗粒分析、界限含水率试验。对非均质土应根据试验项目取足够数量的土样，置于通风处凉干至可碾散为止。对砂土和进行相对密度试验的土样宜在105～110℃温度下烘干，对有机质含量超过5%的土、含石膏和硫酸盐的土，应在65～70℃温度下烘干。

（3）将风干或烘干的土样放在橡皮板上用木碾碾散，对不含砂和砾的土样，可用碎土器碾散（碎土器不得将土粒破碎）。

（4）对分散后的粗粒土和细粒土，根据试验要求过筛：对于物理性试验土样，如液限、塑限、缩限等试验，过0.5mm筛；对于力学性试验土样，过2mm筛；对于击实试验土样，过5mm筛。对含细粒土的砾质土，应先用水浸泡并充分搅拌，使粗细颗粒分离后按不同试验项目的要求进行过筛。

五、扰动土试样的制样

（1）试样的数量视试验项目而定，应有备用试样1～2个。

(2)将碾散的风干土样通过孔径 2mm 或 5mm 的筛,取筛下足够试验用的土样,充分拌匀,测定风干含水率,装入保湿缸或塑料袋内备用。

(3)根据试验所需的土量与含水率,制备试样所需的加水量应按式(6-1)计算:

$$m_w = \frac{m_0}{1+0.01\omega_0} \times 0.01(\omega_1 - \omega_0) \tag{6-1}$$

式中:m_w 为制备试样所需的加水量(g);m_0 为湿土(或风干土)质量(g);ω_0 为湿土(或风干土)含水率(%);ω_1 为制备要求的含水率(%)。

(4)称取过筛的风干土样平铺于搪瓷盘内,将水均匀喷洒于土样上,充分拌匀后装入盛土容器内盖紧,润湿一昼夜,砂土的润湿时间可酌减。

(5)测定润湿土样不同位置处的含水率,不应少于两点,每组试样的含水率与要求含水率之差不得大于±1%。

(6)根据环刀容积及所需的干密度,制样所需的湿土量应按式(6-2)计算:

$$m_0 = (1+0.01\omega_0)\rho_d v \tag{6-2}$$

式中:ρ_d 为试样所要求的干密度(g/cm³);v 为试样体积(cm³)。

(7)扰动土制样可采用击样法和压样法。

击样法:将根据环刀容积和要求干密度所需质量的湿土倒入装有环刀的击样器内,击实到所需密度。

压样法:将根据环刀容积和要求干密度所需质量的湿土倒入装有环刀的压样器内,以静压力通过活塞将土样压紧到所需密度。

(8)取出带有试样的环刀,称环刀和试样的总质量,对不需要饱和且不立即进行试验的试样,应存放在保湿器内备用。

第四节 土工试验的方法

一、土的物理性质指标

土是岩石风化的产物,与一般建筑材料相比,具有 3 点特性:散体性、多样性和自然变异性。土的物质成分包括作为土骨架的固态矿物颗粒、土骨架孔隙中的液态水及其溶解物质以及土孔隙中的气体。因此,土是由颗粒(固相)、水(液相)和气体(气相)所组成的三相体系(图 6-13)。各种土的土粒大小(即粒度)和矿物成分都有很大差别,土的粒度成分或颗粒级配(即土中各个粒组的相对含量)反映土粒均匀程度对土的物理力学性质的影响。土中各个粒组的相对含量是粗粒土的分类依据。土粒及其周围的土中水又发生了复杂的物理化学作用,对土的性质影响很大。土中封闭气体对土的性质亦有较大影响。所以,要研究土的物理性质就必须先认识土的三相组成物质、相互作用及其在天然状态下的结构等特性。

从地质学观点来看,土是没有胶结或弱胶结的松散沉积物,或是三相组成的分散体;而从土质学观点来看,土是无黏性或有黏性的具有土骨架孔隙特性的三相体。土粒形成土体的骨架,土粒大小和形状、矿物成分及其组成状况是决定土的物理力学性质的重要因素。通常土粒的矿物成分与土粒大小有密切的关系,粗大土粒其矿物成分往往是保持母岩的原生矿物,而细

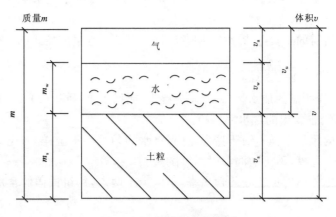

图 6-13 土的三相体系图

小土粒主要是被化学风化的次生矿物,以及土生成过程中混入的有机物质。土粒的形状和土粒大小有直接关系,粗大土粒的形状都是块状或柱状,而细小土粒主要呈片状。土的物理状态与土粒大小有很大关系,粗大土粒具有松密的状态特征,细小土粒则与土中水相互作用呈现软硬的状态特征。因此,土粒大小是影响土的性质最主要的因素,天然无机土就是大大小小土粒的混合体。土粒大小含量的相对数量关系是土的分类依据,当土中巨粒(土粒粒径大于60mm)和粗粒(0.075～60mm)的含量超过全重50%时,属无黏性土(non-cohesive soils),包括碎石类土(stoney soils)和砂类土(sandy soils);反之,不超过50%时,属粉性土(silty soils)和黏性土(cohesive soils)。粉性土兼有砂类土和黏性土的形状。土中水和黏粒(土粒粒径小于0.005mm)有着复杂的相互作用,产生细粒土的可塑性、结构性、触变性、胀缩性、湿陷性、冻胀性等物理特性。

土的三相组成物质的性质和三相比例指标的大小,必然在土的轻重、松密、湿干、软硬等一系列物理性质有不同的反映。土的物理性质又在一定程度上决定了它的力学性质,所以物理性质是土的最基本的工程特性。

在处理与土相关的工程问题和进行土力学计算时,不但要知道土的物理性质指标及其变化规律,从而认识各类土的特性,还必须掌握各指标的测定方法以及三相比例指标间的相互换算关系,并熟悉土的分类方法。

(一)土的三相比例指标

土的三相组成各部分的质量和体积之间的比例关系,随着各种条件的变化而改变。表示土的三相比例关系的指标称为土的三相比例指标,包括土粒相对密度(specific gravity of soil particles)、土的含水量(water content or moisture content)、密度(density)、孔隙比(void)、孔隙率(porosity)和饱和度(degree of saturation)等。

1. 土粒相对密度 G_s

土粒质量与同体积的 4℃ 时纯水的质量之比,无量纲,即:

$$G_s = \frac{m_s}{v_s \rho_{w1}} = \frac{\rho_s}{\rho_{w1}} \tag{6-3}$$

式中：m_s 为土粒质量（g）；v_s 为土粒体积（cm³）；ρ_s 为土粒密度，即土粒单位体积的质量（g/cm³）；ρ_{w1} 为纯水在4℃时的密度，等于1g/cm³ 或 1t/m³。

一般情况下，土粒相对密度在数值上就等于土粒密度，但两者的含义不同，前者是两种物质的质量密度之比，无量纲；而后者是一种物质（土粒）的质量密度，有单位。土粒相对密度决定于土的矿物成分，一般无机矿物颗粒的相对密度为2.6～2.8，有机质为2.4～2.5，泥炭为1.5～1.8。土粒（一般无机矿物颗粒）的相对密度变化幅度很小。土粒相对密度可在试验室内用比重瓶法测定。通常也可按经验数值选用，一般土粒相对密度参考值如表6-24所示。

表6-24 土粒相对密度参考值

土的名称	砂类土	粉性土	黏性土	
			粉质黏土	黏土
土粒相对密度	2.65～2.69	2.70～2.71	2.72～2.73	2.74～2.76

2. 土的含水量 w

土中水的质量与土粒质量之比，以百分数计，即：

$$w = \frac{m_w}{m_s} \times 100\% \tag{6-4}$$

含水量 w 是标志土含水程度（或湿度）的一个重要物理指标。天然土层的含水量变化范围很大，它与土的种类、埋藏条件及其所处的自然地理环境等有关。一般干的粗砂，其值接近零，而饱和砂土，可达40%；坚硬黏性土的含水量可小于30%，而饱和软黏土（如淤泥），可达60%或更大。一般说来，同一类土（尤其是细粒土），当其含水量增大时，其强度就降低。土的含水量一般用"烘干法"测定。先称小块原状土样的湿土质量，然后置于烘箱内维持105℃烘至恒重，再称干土质量，湿、干土质量之差与干土质量的比值，就是土的含水量。

3. 土的密度 ρ

土的密度即为土单位体积的质量（g/cm³），即：

$$\rho = \frac{m}{v} \tag{6-5}$$

天然状态下土的密度变化范围较大，一般黏性土 $\rho = 1.8 \sim 2.0 \text{g/cm}^3$，砂土 $\rho = 1.6 \sim 2.0 \text{g/cm}^3$，腐殖土 $\rho = 1.5 \sim 1.7 \text{g/cm}^3$。土的密度一般用环刀法测定，即用一个圆环刀（刀刃向下）放在削平的原状土样面上，徐徐削去环刀外围的土，边削边压，使保持天然状态的土样压满环刀内，称得环刀内土样质量，求得它与环刀容积之比即为密度值。

4. 特殊条件下土的密度

(1) 土的干密度（dry density）ρ_d：土单位体积中固体颗粒部分的质量（g/cm³），即：

$$\rho_d = \frac{m_s}{v} \tag{6-6}$$

在工程上常把干密度作为评定土体紧密程度的标准，尤以控制填土工程的施工质量为常见。

(2) 土的饱和密度（saturated density）ρ_{sat}：土孔隙中充满水时的单位体积质量（g/cm³），即：

$$\rho_{sat} = \frac{m_s + v_v \rho_w}{v} \quad (6-7)$$

式中：ρ_w 为水的密度，近似 $\rho_w = 1\text{g/cm}^3$。

(3) 土的浮密度（buoyant density）ρ'：在地下水位以下，土单位体积中土粒的质量与同体积水的质量之差（g/cm³），即：

$$\rho' = \frac{m_s - v_s \rho_w}{v} \quad (6-8)$$

与之相对，土单位体积的重力（即土的密度与重力加速度的乘积）称为土的重力密度（gravity density），简称重度，单位为 kN/m³。有关重度的指标也有 4 个，即土的（湿）重度 γ、干重度 γ_d、饱和重度 γ_{sat} 和浮重度 γ'。其定义不言自明均以重力替换质量，可分别按下列对应公式计算：$\gamma = \rho g$，$\gamma_d = \rho_d g$，$\gamma_{sat} = \rho_{sat} g$，$\gamma' = \rho' g$。式中 g 为重力加速度，$g = 9.80665\text{m/s}^2 \approx 9.81\text{m/s}^2$，实用时可近似取 10.0m/s^2。

5. 描述土的孔隙体积相对含量的指标

(1) 土的孔隙比 e：土中孔隙体积与土粒体积之比，即：

$$e = \frac{v_v}{v_s} \quad (6-9)$$

孔隙比用小数表示，它是一个重要的物理性指标，可以用来评价天然土层的密实程度。一般 $e < 0.6$ 的土是密实的低压缩性土，$e > 1.0$ 的土是疏松的高压缩性土。

(2) 土的孔隙率 n：土中孔隙所占体积与孔隙总体积之比，以百分数计，即：

$$n = \frac{v_v}{v} \times 100\% \quad (6-10)$$

(3) 土的饱和度 S_r：土中水体积与土中孔隙体积之比，以百分数计，即：

$$S_r = \frac{v_w}{v_v} \times 100\% \quad (6-11)$$

土的饱和度 S_r 与含水量 w 均为描述土中含水程度的三相比例指标。通常根据饱和度 S_r，砂土的湿度可分为 3 种状态：稍湿（$S_r \leqslant 50\%$）、很湿（$50\% \leqslant S_r \leqslant 80\%$）、饱和（$S_r > 80\%$）。

（二）黏性土的可塑性及界限含水量

同一种黏性土随其含水量的不同，而分别处于固态、半固态、可塑状态及流动状态，其界限含水量分别为缩限、塑限和液限。所谓可塑状态，就是当黏性土在其含水量范围内，可用外力塑成任何形状而不发生裂纹，并当外力移去后仍能保持既得的形状。土的这种性能叫作可塑性（plasticity）。黏性土由一种状态转为另一种状态的界限含水量，称为阿太堡界限（Atterberg limits）。它对黏性土的分类及工程性质的评价有重要意义。

土由可塑状态转到流动状态的界限含水量称为液限（LL - liquid limit），或称塑性上限或流限，用符号 w_L 表示；相反，土由可塑状态转为半固态的界限含水量，称为塑限（PL - plastic limit），用符号 w_P 表示；土由半固态不断蒸发水分，则体积继续逐渐缩小，直到体积不再收缩时，对应土的界限含水量叫缩限（SL - shrinkage limit），用符号 w_S 表示。界限含水量都以百分数表示(省去%符号)。

(三)黏性土的物理状态指标

1. 塑性指数

土的塑性指数(PI-plasticity index)是指液限和塑限的差值(省去%符号),即土处在可塑状态的含水量变化范围,用符号 I_P 表示,即:

$$I_P = w_L - w_P \tag{6-12}$$

显然,塑性指数愈大,土处于可塑状态的含水量范围也愈大。换句话说,塑性指数的大小与土中结合水的可能含量有关。从土的颗粒来说,土粒愈细,则其比表面(积)愈大,结合水含量愈高,因而 I_P 也随之增大。从矿物成分来说,黏土矿物(尤以蒙脱石类)含量愈多,水化作用剧烈,结合水含量愈高,因而 I_P 也随之增大。从土中水的离子成分和浓度来说,当水中高价阳离子的浓度增加时,土粒表面吸附的反离子层中阳离子数量减少,层厚变薄,结合水含量相应减少,I_P 也变小;反之随着反离子层中低价阳离子的增加,I_P 变大。在一定程度上,塑性指标综合反映了黏性土及其三相组成的基本特性。因此,在工程上常按塑性指数对黏性土进行分类。

2. 液性指数

土的液性指数(LI-liquidity index)是指黏性土的天然含水量和塑限的差值与塑性指数之比,用符号 I_L 表示,即:

$$I_L = \frac{w - w_P}{w_L - w_P} = \frac{w - w_P}{I_P} \tag{6-13}$$

从式中可见,当土的天然含水量 w 小于 w_P 时,I_L 小于0,天然土处于坚硬状态;当 w 大于 w_L 时,I_L 大于1,天然土处于流动状态;当 w 在 w_P 与 w_L 之间时,即 I_L 在0~1之间,则天然土处于可塑状态。因此,可以利用液性指数 I_L 作为黏性土状态的划分指标。I_L 值愈大,土质愈软;反之,土质愈硬。

黏性土界限含水量指标都是采用重塑土测定的,它们仅反映黏土颗粒与水的相互作用,并不能完全反映具有结构性的黏性土体与水的关系,以及作用后表现出的物理状态。因此,保持天然结构的原状土,在其含水量达到液限以后,并不处于流动状态,而成为流塑状态。

3. 天然稠度

土的天然稠度(natural consistency)是指原状土样测定的液限和天然含水量的差值与塑性指数之比,用符号 w_c 表示,即:

$$w_c = \frac{w_L - w}{w_L - w_P} \tag{6-14}$$

(四)黏性土的活动度、灵敏度和触变性

1. 黏性土的活动度

黏性土的活动度反映了黏性土中所含矿物的活动性。在实验室里,有两种土样的塑性指数可能很接近,但性质却有很大差异。为了把黏性土中所含矿物的活动性显示出来,可用塑性指数与黏粒(粒径小于0.002mm的颗粒)含量百分数之比值(即称为活动度),来衡量所含矿物的活动性,其计算式为:

$$A = \frac{I_P}{m} \tag{6-15}$$

式中：A 为黏性土的活动度；I_P 为黏性土的塑性指数；m 为粒径小于 0.002mm 的颗粒含量百分数。

2. 黏性土的灵敏度

天然状态下的黏性土通常都具有一定的结构性（structure character），它是天然土的结构受到扰动影响而改变的特性。当受到外来因素的扰动时，土粒间的胶结物质以及土粒、离子、水分子所组成的平衡体系受到破坏，土的强度降低和压缩性增大。土的结构性对强度的这种影响，一般用灵敏度（sensitivity）来衡量。土的灵敏度是以原状土的强度与该土经过重塑（土的结构性彻底破坏）后的强度之比来表示，重塑试样具有与原状试样相同的尺寸、密度和含水量。土的强度测定通常采用无侧限抗压强度试验。对于饱和黏性土的灵敏度可按式(6-16)计算：

$$S_t = \frac{q_u}{q'_u} \tag{6-16}$$

式中：S_t 为饱和黏性土的灵敏度；q_u 为原状试样的无侧限抗压强度(kPa)；q'_u 为重塑试样的无侧限抗压强度(kPa)。

3. 黏性土的触变性

饱和黏性土的结构受到扰动，导致强度降低，但当扰动停止后，土的强度又随时间而逐渐部分恢复。黏性土的这种抗剪强度随时间恢复的胶体化学性质成为土的触变性（thixotropy）。饱和软黏土易于触变的实质是这类土的微观结构为不稳定的片架结构，含有大量结合水。黏性土的强度主要来源于土粒间的联结特征，即粒间电分子力产生的原始黏聚力和粒间胶结物产生的固化黏聚力。当土体被扰动时，这两类黏聚力被破坏或部分被破坏，土体强度降低。但扰动破坏的外力停止后，被破坏的原始黏聚力可随时间部分恢复，因而强度有所恢复。然而，固化黏聚力的破坏是无法在短时间内恢复的。因此，易于触变的土体，被扰动而降低的强度仅能部分恢复。

（五）无黏性土的密实度

砂土的密实度（compactness）在一定程度上可根据天然孔隙比 e 的大小来评定。但对于级配相差较大的不同类土，则天然孔隙比 e 难以有效判定密实度的相对高低。例如某级配不良的砂土所确定的天然孔隙比，根据该孔隙比可评定为密实状态；而对于级配良好的土，同样具有这一孔隙比，可能判为中密或者稍密状态。因此，为了合理判定砂土的密实度状态，在工程上提出了相对密实度的概念，它的表达式如下：

$$D_r = \frac{e_{\max} - e}{e_{\max} - e_{\min}} \tag{6-17}$$

式中：$e_{\max}$ 为砂土在最松散状态时的孔隙比，即最大孔隙比；$e_{\min}$ 为砂土在最密实状态时的孔隙比，即最小孔隙比；e 为砂土在天然状态时的孔隙比。

土的胀缩性（expansibility and contractility）是指黏性土具有吸水膨胀和失水收缩的两种变形特性。黏粒成分主要是由亲水性矿物组成具有显著胀缩性的黏性土，习惯称为膨胀土（expansive soil）。膨胀土一般强度较高，压缩性低，易被误认为是建筑性能较好的地基土。当膨胀土成为建筑地基时,如果对它的胀缩性缺乏认识,或者在设计和施工中没有采取必要的措施,结果会给建筑物造成危害,尤其对低层轻型的房屋或构筑物以及土工建筑物带来的危害更大。

土的湿陷性(collapsibility)是指土在自重压力作用下或自重压力和附加压力综合作用下,受水浸湿后土的结构迅速被破坏而发生显著附加下陷的特征。湿陷性黄土(collapsed loess)在我国广泛分布,此外,在干旱或半干旱地区,特别是在山前洪坡积扇中常遇到湿陷性的碎石类土和砂类土,在一定压力作用下浸水后也常具有强烈的湿陷性。

土的冻胀性(frost heaving)是指土的冻胀和冻融给建筑物或土工建筑物带来危害的变形特性。在冰冻季节,因大气负温影响,使土中水分冻结成为冻土(frozen soil)。冻土根据其冻融情况分为:季节性冻土、隔年冻土和多年冻土。季节性冻土是指冬季冻结,夏季全部融化的冻土;冬季冻结,1~2年内不融化的土层称为隔年冻土;凡冻结状态维持在3年或3年以上的土层称为多年冻土。

二、砂类土的粒度

测定砂类土的粒度采用筛析法。筛析法适用于粒径小于、等于600mm,大于0.075mm的土。本试验所用的仪器设备应符合下列规定:

(1)分析筛:①粗筛,孔径为60mm、50mm、40mm、20mm、10mm、2mm;②细筛,孔径为2.0mm、1.0mm、0.5mm、0.25mm、0.075mm。

(2)天平:称量为5 000g,最小分度值为1g;称量为1 000g,最小分度值为0.1g;称量为200g,最小分度值为0.01g。

(3)振筛机:筛析过程中应能上下振动。

(4)其他:烘箱、研钵、瓷盘、毛刷等。

筛析法的取样数量,应符合表6-25的规定。

表 6-25　取样数量

颗粒尺寸(mm)	取样数量(g)
<2	100~300
<10	300~1 000
<20	1 000~2 000
<40	2 000~4 000
<60	4 000 以上

(一)筛析法的试验步骤

(1)从准备好的土样中取代表性试样,数量如下:①最大粒径小于2mm的,取100~300g;②最大粒径为2~10mm的,取300~1 000g;③最大粒径为10~20mm的,取1 000~2 000g;④最大粒径为20~40mm的,取2 000~4 000g;⑤最大粒径大于40mm的,取4 000g以上。

(2)将试样过2mm筛,称筛上和筛下的试样质量。当筛下的试样质量小于试样总质量的

10%时,不做细筛分析;筛上的试样质量小于试样总质量的10%时,不做粗筛分析。

(3)取筛上的试样倒入依次叠好的粗筛中,筛下的试样倒入依次叠好的细筛中,进行筛析。细筛宜置于振筛机上振筛,振筛时间宜为10～15min,再按由上而下的顺序将各筛取下,称各级筛上及底盘内试样的质量,应准确至0.1g。

(4)筛后各级筛上和筛底上试样质量的总和与筛前试样总质量的差值,不得大于试样总质量的1%。

(二)含有细粒土颗粒的砂土筛析法试验步骤

(1)按规定称取代表性试样,置于盛水容器中充分搅拌,使试样的粗细颗粒完全分离。

(2)将容器中的试样悬液通过2mm筛,取筛上的试样烘至恒量,称烘干试样质量,应准确到0.1g,并进行粗筛分析;取筛下的试样悬液,用带橡皮头的研杵研磨,再过0.075mm筛,并将筛上试样烘至恒量,称烘干试样质量,应准确至0.1g,然后进行细筛分析。

(3)当粒径小于0.075mm的试样质量大于试样总质量的10%时,应按密度计法或移液管法测定小于0.075mm的颗粒组成。

小于某粒径的试样质量占试样总质量的百分比应按式(6-18)计算:

$$X = \frac{m_A}{m_B} \cdot d_x \tag{6-18}$$

式中:X 为小于某粒径的试样质量占试样总质量的百分比(%);m_A 为小于某粒径的试样质量(g);m_B 为筛析时的试样总质量(g);d_x 为粒径小于2mm的试样质量占试样总质量的百分比(%)。

以小于某粒径的试样质量占试样总质量的百分比为纵坐标,颗粒粒径为横坐标,在单对数坐标上绘制颗粒大小分布曲线。

必要时计算级配指标、不均匀系数和曲率系数,计算式为:

$$C_U = d_{60}/d_{10} \tag{6-19}$$

式中:C_U 为不均匀系数;d_{60} 为限制粒径,即颗粒大小分布曲线上的某粒径,小于该粒径土含量占总质量的60%;d_{10} 为有效粒径,即颗粒大小分布曲线上的某粒径,小于该粒径的土含量占总质量的10%。

$$C_C = \frac{d_{30}^2}{d_{10} \cdot d_{60}} \tag{6-20}$$

式中:C_C 为曲率系数;d_{30} 为颗粒大小分布曲线上的某粒径,小于该粒径的土含量占总质量的30%。

三、细粒土的粒度

测定细粒土的粒度采用密度计法。本试验方法适用于粒径小于0.075mm的试样。

(一)试验设备规定

本试验所用的主要仪器设备,应符合下列规定。

(1)密度计:①甲种密度计,刻度为$-5°\sim 50°$,最小分度值为0.5°;②乙种密度计,刻度为0.995～1.02,最小分度值为0.0002。

(2)量筒:内径约60mm,容积1 000mL,高约420mm,刻度为0～1 000mL,准确至10mL。

(3)洗筛:孔径为0.075mm。

(4)洗筛漏斗：上口直径大于洗筛直径，下口直径略小于量筒内径。

(5)天平：称量为1 000g，最小分度值为0.1g；称量为200g，最小分度值为0.01g。

(6)搅拌器：轮径为50mm，孔径为3mm，杆长约450mm，带螺旋叶。

(7)煮沸设备：附冷凝管装置。

(8)温度计：刻度为0~50℃，最小分度值为0.5℃。

(9)其他：秒表、锥形瓶（容积500mL）、研钵、木杵、电导率仪等。

(二)试验试剂规定

本试验所用试剂，应符合下列规定：①4％六偏磷酸钠溶液，溶解4g六偏磷酸钠$(NaPO_3)_6$于100mL水中；②5％酸性硝酸银溶液，溶解5g硝酸银$(AgNO_3)$于100mL的10％硝酸(HNO_3)溶液中；③5％酸性氯化钡溶液，溶解5g氯化钡$(BaCl_2)$于100mL的盐酸(HCl)溶液中。

(三)密度计法试验步骤

(1)试验的试样，宜采用风干试样。当试样中易溶盐含量大于0.5％时，应洗盐。易溶盐含量的检验方法可用电导法或目测法。

电导法：按电导率仪使用说明书操作测定T℃时，试样溶液（土水比为1∶5）的电导率。可按下式计算20℃时的电导率为：

$$K_{20}=\frac{K_T}{1+0.02(T-20)} \quad (6-21)$$

式中：K_{20}为20℃时悬液的电导率($\mu s/cm$)；K_T为T℃时悬液的电导率($\mu s/cm$)；T为测定时悬液的温度(℃)。当K_{20}大于1 000时应洗盐。

目测法：取风干试样3g于烧杯中，加适量纯水调成糊状研散，再加纯水25mL，煮沸10min，冷却后移入试管中，放置过夜，观察试管，出现凝聚现象应洗盐。

洗盐方法：称取干土质量为30g的风干试样，准确至0.01g，倒入500mL的锥形瓶中，加纯水200mL，搅拌后用滤纸过滤或抽气过滤，并用纯水洗滤到滤液的电导率K_{20}小于1 000$\mu s/$cm（或兑5％酸性硝酸银溶液和5％酸性氯化钡溶液无白色沉淀反应）为止。

(2)称取具有代表性风干试样200~300g，过200mm筛，求出筛土试样占试样总质量的百分比。取筛下土测定试样风干含水率。

(3)试样干质量为30g的风干试样质量按式(6-22)、式(6-23)计算。

当易溶盐含量小于1％时：

$$m_0=30(1+0.01w_0) \quad (6-22)$$

当易溶盐含量大于或等于1％时：

$$m_0=\frac{30(1+0.01w_0)}{1-W} \quad (6-23)$$

式中：W为易溶盐含量(％)。

(4)将风干试样或洗盐后在滤纸上的试样，倒入500mL锥形瓶，注入纯水200mL，浸泡过夜，然后置于煮沸设备上煮沸，煮沸时间宜为40min。

(5)将冷却后的悬液移入烧杯中，静置1min，通过洗筛漏斗将上部悬液过0.075mm筛，遗留杯底沉淀物用带橡皮头研杵研散，再加适量水搅拌，静置1min；然后将上部悬液过

0.075mm筛,如此重复倾洗(每次倾洗,最后所得悬液不得超过1 000mL)直至杯底砂粒洗净,将筛上和杯中砂粒合并洗入蒸发皿中,倒去清水,烘干,称量并进行细筛分析,并计算各级颗粒占试样总质量的百分比。

(6)将过筛悬液倒入量筒,加入4%六偏磷酸钠10mL,再注入纯水至1 000mL。

(7)将搅拌器放入量筒中,沿悬液深度上下搅拌1min,取出搅拌器,立即开动秒表,将密度计放入悬液中,测记0.5min、1min、2min、5min、15min、30min、60min、120min和1 440min时的密度计读数。每次读数均应在预定时间前10~20天,将密度计放入悬液中,且接近读数的深度,保持密度计浮泡处在量筒中心,不得贴近量筒内壁。

(8)密度计读数均以弯月面上缘为准。甲种密度计读数应准确至0.5,乙种密度计读数应准确至0.000 2。每次读数后,应取出密度计放入盛有纯水的量筒中,并应测定相应的悬液温度,准确至0.5℃,放入或取出密度计时,应小心轻放,不得扰动悬液。

小于某粒径的试样质量占试样总质量的百分比应按式(6-24)、式(6-25)计算。

甲种密度计:

$$X = \frac{100}{m_d} C_G (R + m_T + n - C_D) \quad (6-24)$$

式中:X 为小于某粒径的试样质量百分比(%);m_d 为试样干质量(g);C_G 为土粒相对密度校正值;m_T 为悬液温度校正值;n 为弯月面校正值;C_D 为分散剂校正值;R 为甲种密度计读数。

乙种密度计:

$$X = \frac{100 V_X}{m_d} C'_G [(R'-1) + m'_T + n' + C'_D] \cdot \rho_{w20} \quad (6-25)$$

式中:X 为土粒相对密度校正值;m'_T 为悬液温度校正值;n' 为弯月面校正值;C'_D 为分散剂校正值;R' 为乙种密度计读数;V_X 为悬液体积(=1 000mL);ρ_{w20} 为20℃时纯水的密度(=0.998 232g/cm³)。

表6-26、表6-27分别为土粒相对密度校正值和温度校正值。

表6-26 土粒相对密度校正值表

土粒比重	相对密度校正值	
	甲种密度计(C_G)	乙种密度计(C_G)
2.50	1.038	1.666
2.52	1.032	1.658
2.54	1.027	1.649
2.56	1.022	1.641
2.58	1.017	1.632
2.60	1.012	1.625
2.62	1.007	1.617
2.64	1.002	1.609
2.66	0.998	1.603
2.68	0.993	1.595

续表 6-26

土粒比重	相对密度校正值	
	甲种密度计(C_G)	乙种密度计(C_G)
2.70	0.989	1.588
2.72	0.985	1.581
2.74	0.981	1.575
2.76	0.977	1.568
2.78	0.973	1.562
2.80	0.969	1.556
2.82	0.965	1.549
2.84	0.961	1.543
2.86	0.958	1.538
2.88	0.954	1.532

表 6-27 温度校正值表

悬液温度(℃)	甲种密度计温度校正值 T	乙种密度计温度校正值 T	悬液温度(℃)	甲种密度计温度校正值 T	乙种密度计温度校正值 T
10.0	−2.0	−0.001 2	20.5	+0.1	+0.000 1
10.5	−1.9	−0.001 2	21.0	+0.3	+0.000 2
11.0	−1.9	−0.001 2	21.5	+0.5	+0.000 3
11.5	−1.8	−0.001 1	22.0	+0.6	+0.000 4
12.0	−1.8	−0.001 1	22.5	+0.8	+0.000 5
12.5	−1.7	−0.001 0	23.0	+0.9	+0.000 6
13.0	−1.6	−0.001 0	23.5	+1.1	+0.000 7
13.5	−1.5	−0.000 9	24.0	+1.3	+0.000 8
14.0	−1.4	−0.000 9	24.5	+1.5	+0.000 9
14.5	−1.3	−0.000 8	25.0	+1.7	+0.001 0
15.0	−1.2	−0.000 8	25.5	+1.9	+0.001 1
15.5	−1.1	−0.000 7	26.0	+2.1	+0.001 3
16.0	−1.0	−0.000 6	26.5	+2.2	+0.001 4
16.5	−0.9	−0.000 6	27.0	+2.5	+0.001 5
17.0	−0.8	−0.000 5	27.5	+2.6	+0.001 6
17.5	−0.7	−0.000 4	28.0	+2.9	+0.001 8
18.0	−0.5	−0.000 3	28.5	+3.1	+0.001 9
18.5	−0.4	−0.000 3	29.0	+3.3	+0.002 1
19.0	−0.3	−0.000 2	29.5	+3.5	+0.002 2
19.5	−0.1	−0.000 1	30.0	+3.7	+0.002 3
20.0	0.0	0.000 0			

试样颗粒粒径应按式(6-26)计算为：

$$d=\sqrt{\frac{1\,800\times10^{4}\cdot\eta}{(G_{s}-G_{wt})\rho_{wT}g}\cdot\frac{L}{t}} \tag{6-26}$$

式中：d 为试样颗粒粒径(mm)；η 为水的动力黏滞系数($kPa \cdot s \times 10^{-6}$)；$G_{wt}$ 为 T℃时水的相对密度；ρ_{wT} 为 4℃时纯水的密度(g/cm^3)；L 为某时间内的土粒沉降距离(cm)；t 为沉降时间(s)；g 为重力加速度(cm/s^2)。

当密度计法和筛析法联合分析时，应将试样总质量折算后绘制颗粒大小分布曲线，并将两段曲线连成一条平滑的曲线。

四、土的颗粒密度

对小于、等于和大于 5mm 土颗粒组成的土，应分别采用比重瓶法、浮称法和虹吸管法测定相对密度。

土颗粒的平均相对密度应按式(6-27)计算：

$$G_{sm}=\frac{1}{\dfrac{P_{1}}{G_{s1}}+\dfrac{P_{2}}{G_{s2}}} \tag{6-27}$$

式中：G_{sm} 为土颗粒平均相对密度；G_{s1} 为粒径大于、等于 5mm 的土颗粒相对密度；G_{s2} 为粒径小于 5mm 的土颗粒相对密度；P_1 为粒径大于、等于 5mm 的土颗粒质量占试样总质量的百分比(%)；P_2 为粒径小于 5mm 的土颗粒质量占试样总质量的百分比(%)。

本试验必须进行两次平行测定，两次测定的差值不得大于 0.02，取两次测值的平均值。

(一)比重瓶法

本试验方法适用于粒径小于 5mm 的各类土。

1. 试验设备规定

本试验所用的主要仪器设备，应符合下列规定。

(1)比重瓶：容积 100mL 或 50mL，分长颈和短颈两种。

(2)恒温水槽：准确度应为 ±1℃。

(3)砂浴：应能调节温度。

(4)天平：称量为 200g，最小分度值为 0.001g。

(5)温度计：刻度为 0～50℃，最小分度值为 0.5℃。

2. 比重瓶的校准步骤

(1)将比重瓶洗净、烘干，置于干燥器内，冷却后称量，准确至 0.001g。

(2)将煮沸经冷却的纯水注入比重瓶。对长颈比重瓶注水至刻度处；对短颈比重瓶应注满纯水，塞紧瓶塞，多余水自瓶塞毛细管中溢出，将比重瓶放入恒温水槽直至瓶内水温稳定。取出比重瓶，擦干外壁，称瓶、水总质量，准确至 0.001g。测定恒温水槽内水温，准确至 0.5℃。

(3)调节数个恒温水槽内的温度，温度差宜为 5℃，测定不同温度下的瓶、水总质量。在每个温度时均应进行两次平行测定，两次测定的差值不得大于 0.002g，取两次测值的平均值。绘制温度与瓶、水总质量的关系曲线。

(二)比重瓶法试验步骤

(1)将比重瓶烘干。称烘干试样 15g(当用 50mL 的比重瓶时,称烘干试样 10g)装入比重瓶,称试样和瓶的总质量,准确至 0.001g。

(2)向比重瓶内注入半瓶纯水,摇动比重瓶,并放在砂浴上煮沸,煮沸时间自悬液沸腾起砂土不应少于 30min,黏土、粉土不得少于 1h,沸腾后应调节砂浴温度,比重瓶内悬液不得溢出。对砂土宜用真空抽气法,对含有可溶盐、有机质和亲水性胶体的土必须用中性液体(煤油)代替纯水。采用真空抽气法排气,真空表读数宜接近当地一个大气负压值,抽气时间不得少于 1h。

(3)将煮沸经冷却的纯水(或抽气后的中性液体)注入装有试样悬液的比重瓶。当用长颈比重瓶时注纯水至刻度处;当用短颈比重瓶时应将纯水注满,塞紧瓶塞,多余的水分自瓶塞毛细管中溢出。将比重瓶置于恒温水槽内至温度稳定,且瓶内上部悬液澄清。取出比重瓶,擦干瓶外壁,称比重瓶、水、试样总质量,准确至 0.001g,并应测定瓶内的水温,准确至 0.5℃。

(4)从温度与瓶、水总质量的关系曲线中查得各试验温度下的瓶、水总质量。

土粒的相对密度应按式(6-28)计算:

$$G_s = \frac{m_d}{m_{bw} + m_d - m_{bws}} \cdot G_{iT} \tag{6-28}$$

式中:m_{bw} 为比重瓶、水总质量(g);m_{bws} 为比重瓶、水、土总质量(g);G_{iT} 为 T℃时纯水或中性液体的相对密度。水的比重可查物理手册,中性液体的相对密度应实测,称重应精确至 0.001g。

(三)浮称法

本试验方法适用于粒径等于、大于 5mm 的各类土,且其中粒径大于 20mm 的土质量应小于总土质量的 10%。

1. 试验设备规定

本试验所用的主要仪器设备,应符合下列规定。

(1)铁丝筐:孔径小于 5mm,边长为 10~15cm,高度为 10~20cm。

(2)盛水容器:尺寸应大于铁丝筐。

(3)浮秤天平:称量为 200g,最小分度值为 0.5g (图 6-14)。

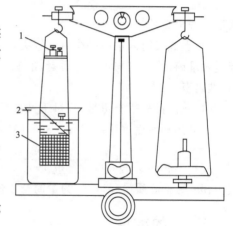

图 6-14 浮秤天平示意图
1-平衡砝码;2-盛水容器;3-盛粗粒土的铁丝筐

2. 浮称法试验步骤

(1)取代表性试样 500~1 000g,表面清洗洁净,浸入水中一昼夜后取出,放入铁丝筐,并缓慢地将铁丝筐浸没于水中,在水中摇动至试样中无气泡逸出。

(2)称铁丝筐和试样在水中的质量,取出试样烘干,并称烘干试样质量。

(3)称铁丝筐在水中的质量,并测定盛水容器内水温,准确至 0.5℃。

土粒相对密度应按式(6-29)计算:

$$G_s = \frac{m_d}{m_d - (m_{1s} - m'_1)} \cdot G_{wT0} \tag{6-29}$$

式中：m_{1s} 为铁丝框和试样在水中质量（g）；m'_1 为铁丝框在水中质量（g）；G_{wT0} 为不同温度时水的相对密度，可查相关物理手册。

（四）虹吸筒法

本试验方法适用于粒径等于、大于 5mm 的各类土，且其中粒径大于 20mm 的土质量等于、大于总土质量的 10%。

1. 试验设备规定

本试验所用的主要仪器设备，应符合下列规定。

(1)虹吸筒装置（图 6-15）：由虹吸筒和虹吸管组成。
(2)天平：称量为 1 000g，最小分度值为 0.3g。
(3)量筒：容积应大于 500mL。

2. 虹吸筒法试验步骤

(1)取代表性试样 700～1 000g，试样应清洗洁净，浸入水中一昼夜后取出晾干，对大颗粒试样宜用干布擦干表面，并称晾干试样质量。

(2)将清水注入虹吸筒至虹吸管口有水溢出时关管夹，试样缓缓放入虹吸筒中，边放边搅拌，至试样中无气泡逸出为止，搅动时水不得溅出筒外。

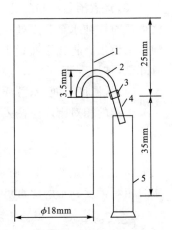

图 6-15 虹吸筒示意图
1-虹吸筒；2-虹吸管；3-橡皮管；4-管夹；5-量筒

(3)当虹吸筒内水面平稳时开管夹，让试样排开的水通过虹吸管流入量筒，称量筒与水的总质量，准确至 0.5g，并测定量筒内水温，准确至 0.5℃。

(4)取出试样烘至恒量，称烘干试样质量，准确至 0.1g，称量筒质量，准确至 0.5g。

土粒的相对密度应按式（6-30）计算：

$$G_s = \frac{m_d}{(m_{cw} - m_c) - (m_{ad} - m_d)} \cdot G_{wT} \tag{6-30}$$

式中：m_c 为量筒质量（g）；m_{cw} 为量筒与水的总质量（g）；m_{ad} 为晾干试样的质量（g）。

五、土的密度

（一）环刀法

本试验方法适用于细粒土。

1. 试验设备规定

本试验所用的主要仪器设备，应符合下列规定。

(1)环刀：内径为 61.8mm 和 79.8mm，高度为 20m。
(2)天平：称量为 500g，最小分度值为 0.1g；称量为 200g，最小分度值为 0.01g。

环刀法测定密度，应对原状土制样步骤进行试验、称重并求得试样的湿密度，计算式为：

$$\rho_0 = \frac{m_0}{V} \tag{6-31}$$

式中:ρ_0 为试验的湿密度(g/cm^3),准确到 $0.01g/cm^3$。

试样的干密度应按式(6-32)计算:

$$\rho_d = \frac{\rho_0}{1 + 0.01 w_0} \tag{6-32}$$

本试验应进行两次平行测定,两次测定的差值不得大于 $0.03g/cm^3$,取两次测值的平均值。

(二)蜡封法

本试验方法适用于易破裂土和形状不规则的坚硬土。

1. 试验设备规定

本试验所用的主要仪器设备,应符合下列规定。

(1)蜡封设备:应附熔蜡加热器。

(2)天平:应符合环刀法天平的规定。

2. 蜡封法试验步骤

(1)从原状土样中,切取体积不小于 $30cm^3$ 的代表性试样,清除表面浮土及尖锐棱角,系上细线,称试样质量,准确至 $0.01g$。

(2)持线将试样缓缓浸入刚过熔点的蜡液中,浸没后立即提出,检查试样周围的蜡膜,当有气泡时应用针刺破,再用蜡液补平,冷却后称蜡封试样质量。

(3)将蜡封试样挂在天平的一端,浸没于盛有纯水的烧杯中,称蜡封试样在纯水中的质量,并测定纯水的温度。

(4)取出试样,擦干蜡面上的水分,再称蜡封试样质量,当浸水后试样质量增加时,应另取试样重做试验。

试样的干密度应按式(6-33)计算:

$$\rho_0 = \frac{m_0}{\dfrac{m_n - m_{nw}}{\rho_{wT}} - \dfrac{m_n - m_0}{\rho_n}} \tag{6-33}$$

式中:m_n 为蜡封试样质量(g);m_{nw} 为蜡封试样在纯水中的质量(g);ρ_{wT} 为纯水在常温下的密度(g/cm^3);ρ_n 为蜡的密度(g/cm^3)。

本试验应进行两次平行测定,两次测定的差值不得大于 $0.03g/cm^3$,取两次测值的平均值。

六、土的含水率

本试验方法适用于粗粒土、细粒土、有机质土和冻土。

(一)试验设备规定

本试验所用的主要仪器设备,应符合下列规定。

(1)电热烘箱:应能控制温度为105～110℃。

(2)天平:称量为200g,最小分度值为0.01g;称量为1 000g,最小分度值为0.1g。

（二）含水率试验步骤

(1)取具有代表性试样10～30g或用环刀中的试样(有机质土、砂类土和整体状构造冻土为50g),放入称量盒内,盖上盒盖,称盒加湿土质量,准确至0.01g。

(2)打开盒盖,将盒置于烘箱内,在105～110℃的恒温下烘至恒量。烘干时间对黏土、粉土不得少于8h,对砂土不得少于6h,对含有机质超过干土质量5%的土,应将温度控制在65～70℃的恒温下烘至恒量。

(3)将称量盒从烘箱中取出,盖上盒盖,放入干燥容器内冷却至室温,称盒加干土质量,准确至0.01g。

试样的含水率 w_0 应按式(6-34)计算,准确至0.1%:

$$w_0 = \left(\frac{m_0}{m_d} - 1\right) \times 100 \tag{6-34}$$

式中: m_d 为干土质量(g); m_0 为湿土质量(g)。

（三）层状和网状构造的冻土含水率试验步骤

(1)用四分法切取200～500g试样(视冻土结构均匀程度而定,结构均匀少取,反之多取)放入搪瓷盘中,称盘和试样质量,准确至0.1g。

(2)待冻土试样融化后,调成均匀糊状(土太湿时,多余的水分让其自然蒸发或用吸球吸出,但不得将土粒带出;土太干时,可适当加水),称土糊和盘质量,准确至0.1g。

层状和网状冻土的含水率应按式(6-35)计算,准确至0.1%:

$$w = \left[\frac{m_1}{m_2}(1 + 0.01 w_h) - 1\right] \times 100 \tag{6-35}$$

式中: w 为含水量(%); m_1 为冻土试样质量(g); m_2 为糊状试样质量(g); w_h 为糊状试样的含水率(%)。

本试验必须对两个试样进行平行测定,测定的差值:当含水率小于40%时,为1%;当含水率等于或大于40%时,为2%;对层状和网状构造的冻土不大于3%,取两个测值的平均值,以百分数表示。

七、细粒土的液限

测定细粒土的液限采用碟式仪液限试验。本试验方法适用于粒径小于0.5mm的土。

（一）试验设备规定

本试验所用的主要仪器设备,应符合下列规定。

(1)碟式液限仪:由铜碟、支架及底座组成(图6-16),底座应为硬橡胶制成。

(2)开槽器:带量规,具有一定形状和尺寸(图6-16)。

（二）碟式仪的校准步骤

(1)松开调整板的定位螺钉,将开槽器上的量规垫在铜碟与底座之间,用调整螺钉将铜碟

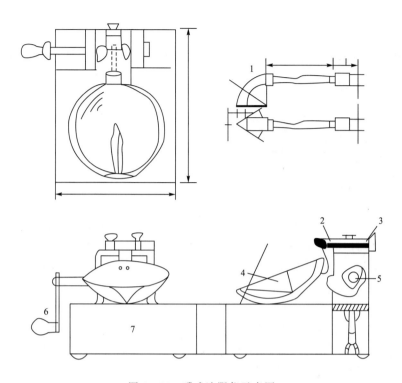

图 6-16 碟式液限仪示意图
1-开槽器；2-销子；3-支架；4-铜碟；5-蜗形轮；6-摇柄；7-底座；8-调整板

提升高度调整到 10mm。

(2)保持量规位置不变,迅速转动摇柄以检验调整是否正确。当蜗形轮碰击从动器时,铜碟不动,并能听到轻微的声音,表明调整正确。

(3)拧紧定位螺钉,固定调整板。

(三)碟式仪法试验步骤

(1)将制备好的试样充分调拌均匀,铺于铜碟前半部,用调土刀将铜碟前沿试样刮成水平,使试样中心厚度为 10mm。用开槽器经蜗形轮的中心沿铜碟直径将试样划开,形成"V"形槽。

(2)以每秒两转的速度转动摇柄,使铜碟反复起落,坠击于底座上,数记击数,直至槽底两边试样的合拢长度为 13mm 时,记录击数,并在槽的两边取试样不应少于 10g,放入称量盒内,测定含水率。

(3)将加不同水量的试样,重复本条(1)、(2)的步骤测定槽底两边试样合拢长度为 13mm 所需要的击数及相应的含水率,试样宜为 4~5 个,槽底试样合拢所需要的击数宜控制在 15~35 击。

以击次为横坐标,含水率为纵坐标,在单对数坐标纸上绘制击次与含水率关系曲线,取曲线上击次为 25 所对应的整数含水率为试样的液限。

八、细粒土的塑限

测定细粒土的塑限采用滚搓法塑限试验。本试验方法适用于粒径小于 0.5mm 的土。

（一）试验设备规定

本试验所用的主要仪器设备，应符合下列规定。
(1)毛玻璃板：尺寸宜为 200mm×300mm。
(2)卡尺：分度值为 0.02mm。

（二）滚搓法试验步骤

(1)取 0.5mm 筛下的代表性试样 100g，放在盛土皿中加纯水拌匀，湿润过夜。
(2)将制备好的试样在手中揉捏至不粘手，捏扁，当出现裂缝时，表示其含水率接近塑限。
(3)取接近塑限含水率的试样 8～10g，用手搓成椭圆形，放在毛玻璃板上用手掌滚搓，滚搓时手掌的压力要均匀地施加在土条上，不得使土条在毛玻璃板上无力滚动，土条不得有空心现象，土条长度不宜大于手掌宽度。
(4)当土条直径搓成 3mm 时产生裂缝，并开始断裂，表示试样的含水率达到塑限含水率。当土条直径搓成 3mm 时不产生裂缝或土条直径大于 3mm 时开始断裂，表示试样的含水率高于塑限或低于塑限，都应重新取样进行试验。
(5)取直径 3mm 有裂缝的土条 3～5g，测定土条的含水率。
本试验应进行两次平行测定，两次测定的差值符合要求时，取两次测值的平均值。

九、土的压缩性

测定土的压缩性采用标准固结试验。本试验方法适用于饱和的黏土。当只进行压缩时，允许用于非饱和土。

（一）试验设备规定

本试验所用的主要仪器设备，应符合下列规定。
(1)固结容器：由环刀、护环、透水板、水槽、加压上盖组成(图 6-17)。
(2)环刀：内径为 61.8mm 和 79.8mm，高度为 20mm。环刀应具有一定的刚度，内壁应保持较高的光洁度，宜涂一薄层硅脂或聚四氟乙烯。
(3)透水板：由氧化铝或不受腐蚀的金属材料制成，其渗透系数应大于试样的渗透系数。用固定式容器时，顶部透水板直径应小于环刀内径 0.2～0.5mm；用浮环式容器时上、下端透水板直径相等，均应小于环刀内径。
(4)加压设备：应能垂直地在瞬间施加各级规定的压力，且没有冲击力，压力准确度应符合现行国家标准《岩土工程仪器基本参数及通用技术条件》(GB/T 15406—2007)的规定。
(5)变形量测设备：量程为 10mm，最小分度值为 0.01mm 的百分表或准确度为全量程 0.2% 的位移传感器。

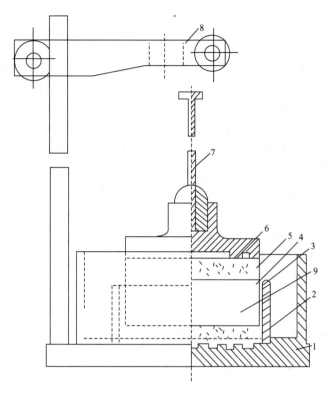

图 6-17 固结仪示意图
1-水槽;2-护环;3-环刀;4-导环;5-透水板;6-加压上盖;7-位移计导杆;
8-位移计架;9-试样

(二)固结试验步骤

固结仪及加压设备应定期校准,并应作仪器变形校正曲线。测定试样的含水率和密度,取切下的余土测定土粒相对密度。试样需要饱和时,应进行抽气饱和。

固结试验应按下列步骤进行。

(1)在固结容器内放置护环、透水板和薄型滤纸,将带有试样的环刀装入护环内,放上导环,试样上依次放上薄型滤纸、透水板和加压上盖,并将固结容器置于加压框架正中,使加压上盖与加压框架中心对准,安装百分表或位移传感器。

(2)施加 1kPa 的预压力使试样与仪器上、下各部件之间接触,将百分表或传感器调整到零位或测读初读数。

(3)确定需要施加的各级压力,压力等级宜为 12.5kPa、25kPa、50kPa、100kPa、200kPa、400kPa、800kPa、1 600kPa、3 200kPa。第一级压力的大小应视土的软硬程度而定,宜用 12.5kPa、25kPa 或 50kPa。最后一级压力应大于土的自重压力与附加压力之和。只需测定压缩系数时,最大压力不小于 400kPa。

(4)需要确定原状土的先期固结压力时,初始段的荷重率应小于1,可采用 0.5 或 0.25。施加的压力应使测得 e-$\log p$ 的曲线下段出现直线段。对超固结土,应进行卸压、再加压来评价其再压缩特性。

(5)对于饱和试样,施加第一级压力后应立即向水槽中注水浸没试样。非饱和试样进行压缩试验时,需用湿棉纱围住加压板周围。

(6)需要测定沉降速率、固结系数时,施加每一级压力后宜按下列时间顺序测记试样的高度变化。时间为 6s、15s、1min、2′15″、4min、6′15″、9min、12′15″、16min、20′15″、25min、30′15″、36min、42′15″、49min、64min、100min、200min、400min、23h、24h 至稳定为止。不需要测定沉降速率时,则施加每级压力后 24h 测定试样高度变化作为稳定标准。只需测定压缩系数的试样,施加每级压力后,每小时变形达 0.01mm 时,测定试样高度变化作为稳定标准。按此步骤逐级加压至试验结束。

(7)需要进行回弹试验时,可在某级压力下固结稳定后退压,直至退到要求的压力,每次退压至 24h 后测定试样的回弹量。

(8)试验结束后吸去容器中的水,迅速拆除仪器各部件,取出整块试样,测定含水率。

试样的初始孔隙比应按式(6-36)计算:

$$e_0 = \frac{(1+w_0)G_s\rho_w}{\rho_0} - 1 \tag{6-36}$$

式中:e_0 为试样的初始孔隙比。

各级压力下试样固结稳定后的单位沉降量应按式(6-37)计算:

$$S_i = \frac{\sum \Delta h_i}{h_0} \times 10^3 \tag{6-37}$$

式中:S_i 为某级压力下的单位沉降量(mm/m);h_0 为试样初始高度(mm);$\sum \Delta h_i$ 为某级压力下试样固结稳定后的总变形量(mm)(等于该级压力下固结稳定读数减去仪器变形量);$\times 10^3$ 为单位换算系数。

各级压力下试样固结稳定后的孔隙比应按式(6-38)计算:

$$e_i = e_0 - (1+e_0)\frac{\Delta h_i}{h_0} \tag{6-38}$$

式中:e_i 为各级压力下试样固结稳定后的孔隙比。

某压力范围内的压缩系数应按式(6-39)计算:

$$a_v = \frac{e_i - e_{i+1}}{p_{i+1} - p_i} \tag{6-39}$$

式中:a_v 为压缩系数(MPa^{-1});p_i 为某级压力值(MPa)。

某一压力范围内的压缩模量应按式(6-40)计算:

$$E_s = \frac{1+e_0}{a} \tag{6-40}$$

式中:E_s 为某压力范围内的压缩模量(MPa)。

某一压力范围内的体积压缩系数应按式(6-41)计算:

$$m_v = \frac{1}{E_s} = \frac{a_v}{1+e_0} \tag{6-41}$$

式中:m_v 为某压力范围内的体积压缩系数(MPa^{-1})。

压缩指数和回弹指数应按式(6-42)计算:

$$C_c \text{ 或 } C_s = \frac{e_i - e_{i+1}}{\lg p_{i+1} - \lg p_i} \tag{6-42}$$

式中：C_c 为压缩指数；C_s 为回弹指数。

以孔隙比为纵坐标，压力为横坐标绘制孔隙比与压力的关系曲线。以孔隙比为纵坐标，以压力的对数为横坐标，绘制孔隙比与压力的对数关系曲线。

原状土试样的先期固结压力，应按下列方法确定。在 $e-\lg p$ 曲线上找出最小曲率半径 $R_{\min}$ 的点 O，过 O 点作水平线 OA，切线 OB 及 $\angle AOB$ 的平分线 OD，OD 与曲线下段直线段的延长线交于 E 点，则对应于 E 点的压力值即为该原状土试样的先期固结压力。

（三）固结系数确定方法

（1）时间平方根法。对某一级压力，以试样的变形为纵坐标，时间平方根为横坐标，绘制变形与时间平方根关系曲线。延长曲线开始段的直线，交纵坐标于 d 为理论零点，过 d 作另一直线，令其横坐标为前一直线横坐标的 1.15 倍，则后一直线与 $d-\sqrt{t}$ 曲线交点所对应的时间平方即为试样固结度达 90% 所需的时间 t_{90}，该级压力下的固结系数应按式(6-43)计算：

$$C_v = \frac{0.848\bar{h}^2}{t_{90}} \tag{6-43}$$

式中：C_v 为固结系数(cm^2/s)；$\bar{h}$ 为最大排水距离，等于某级压力下试样的初始和终了高度的平均值一半(cm)。

（2）时间对数法。对某一级压力，以试样的变形为纵坐标，时间的对数为横坐标，绘制变形与时间对数关系曲线。在关系曲线的开始段，选任一时间 t_1，查得相对应的变形值 d_1，再取时间 $t_2 = t_1/4$，查得相对应的变形值 d_2，则 $2d_2 - d_1$ 即为 d_{01}；另取一时间依同法求得 d_{02}、d_{03}、d_{04} 等，取其平均值为理论零点 d，延长曲线中部的直线段和通过曲线尾部数点切线的交点即为理论终点 d_{100}，则 $d_{50} = (d_2 + d_{100})/2$，对应于 d_{50} 的时间即为试样固结度达 50% 所需的时间 t_{50}，某一级压力下的固结系数应按式(6-44)计算：

$$C_v = \frac{0.197\bar{h}^2}{t_{50}} \tag{6-44}$$

十、土的剪切强度

（一）三轴压缩试验

测定土的剪切强度采用三轴压缩试验。本试验方法适用于细粒土和粒径小于 20mm 的粗粒土。本试验应根据工程要求分别采用不固结不排水剪(UU)试验、固结不排水剪(CU)测孔隙水压力($\overline{CU}$)试验和固结排水剪(CD)试验。本试验必须制备 3 个以上性质相同的试样，在不同的周围压力下进行试验，周围压力宜根据工程实际荷重确定。对于填土，最大一级周围压力应与最大的实际荷重大致相等。

1. 试验设备规定

本试验所用的主要仪器设备，应符合下列规定。

（1）应变控制式三轴仪(图 6-18)：由压力室、轴向加压设备、周围压力系统、反压力系统、孔隙水压力量测系统、轴向变形和体积变化量测系统组成。

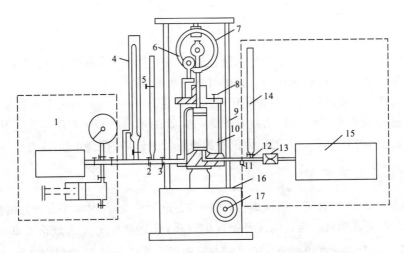

图6-18 应变控制式三轴仪图

1-周围压力系统；2-周围压力阀；3-排水阀；4-体变管；5-排水管；6-轴向位移表；7-测力计；
8-排气孔；9-轴向加压设备；10-压力室；11-孔压阀；12-量管阀；13-孔压传感器；14-量管；
15-孔压量测系统；16-离合器；17-手轮

(2)附属设备包括击样器、饱和器、切土器、原状土分样器、切土盘、承膜筒和对开圆膜，应符合图6-18～图6-23的要求：①击样器(图6-19)、饱和器(图6-20)；②切土盘、切土器和原状土分样器(图6-21)；③承膜筒及对开圆模(图6-22及图6-23)。

(3)天平：称量为200g，最小分度值为0.01g；称量为1 000g，最小分度值为0.1g。

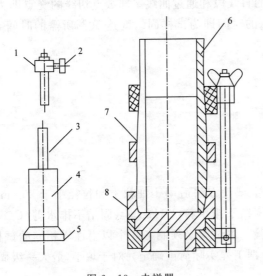

图6-19 击样器

1-套环；2-定位螺丝；3-导杆；4-击锤；5-底板；
6-套筒；7-击样筒；8-底座

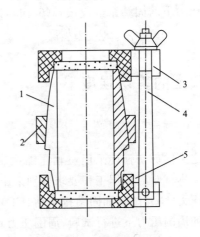

图6-20 饱和器

1-圆模(3片)；2-紧箍；3-夹板；4-拉杆；
5-透水板

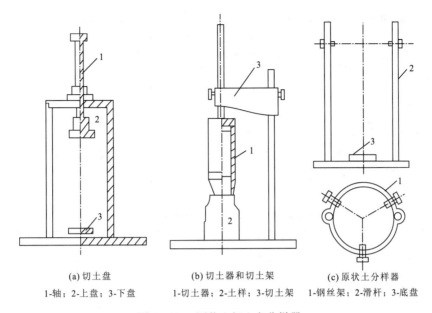

(a) 切土盘　　　　　　　(b) 切土器和切土架　　　　　(c) 原状土分样器

1-轴；2-上盘；3-下盘　　1-切土器；2-土样；3-切土架　　1-钢丝架；2-滑杆；3-底盘

图 6-21　原状土切土盘分样器

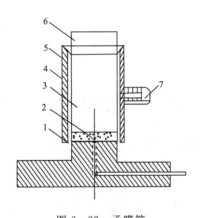
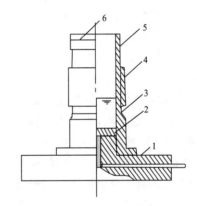

图 6-22　承膜筒　　　　　　　　　　图 6-23　对开圆模

1-压力室底座；2-透水板；3-试样；4-承膜筒；5-橡皮　　1-压力室底座；2-透水板；3-制样圆模（两片合成）；
膜；6-上帽；7-吸气孔　　　　　　　　　　　　　　4-紧箍；5-橡皮膜；6-橡皮圈

(4) 橡皮膜：应具有弹性的乳胶膜，对直径 39.1 和 61.8mm 的试样，厚度以 0.1~0.2mm 为宜；对直径 101mm 的试样，厚度以 0.2~0.3mm 为宜。

(5) 透水板：直径与试样直径相等，其渗透系数宜大于试样的渗透系数，使用前在水中煮沸并泡于水中。

2. 试验仪器规定

试验时的仪器应符合下列规定。

(1) 周围压力的测量准确度应为全量程的 1%，根据试样的强度大小，选择不同量程的测力计，应使最大轴向压力的准确度不低于 1%。

(2) 孔隙水压力量测系统内的气泡应完全排除。系统内的气泡可用纯水冲出或施加压力使气泡溶解于水,并从试样底座溢出。整个系统的体积变化因数应小于 $1.5\times10^{-5}\,\mathrm{cm}^3/\mathrm{kPa}$。

(3)管路应畅通,各连接处应无漏水,压力室活塞杆在轴套内应能滑动。

(4)橡皮膜在使用前应作仔细检查,其方法是扎紧两端,向膜内充气,在水中检查,应无气泡溢出,方可使用。

3. 试样制备方法

本试验采用的试样最小直径为 $\Phi 35\mathrm{mm}$,最大直径为 $\Phi 101\mathrm{mm}$,试样高度宜为试样直径的 2~2.5 倍,试样的允许最大粒径应符合表 6-28 的规定。对于有裂缝、软弱面和构造面的试样,试样直径宜大于 60mm。

表 6-28 试样的土粒最大粒径(mm)

试样直径	允许最大粒径
<100	试样直径的 1/10
>100	试样直径的 1/5

(1)对于较软的土样,先用钢丝锯或切土刀切取一稍大于规定尺寸的土柱,放在切土盘上、下圆盘之间,用钢丝锯或切土刀紧靠侧板,由上往下细心切削,边切削边转动圆盘,直至土样被削成规定的直径为止。试样切削时应避免扰动,当试样表面遇有砾石或凹坑时,允许用削下的余土填补。

(2)对较硬的土样,先用切土刀切取一稍大于规定尺寸的土柱,放在切土架上,用切土器切削土样,边削边压切土器,直至切削到超出试样高度约 2cm 为止。

(3)取出试样,按规定的高度将两端削平,称量,并取余土测定试样的含水率。

(4)对于直径大于 10cm 的土样,可用分样器切成 3 个土柱,按上述方法切取 $\Phi 39.1\mathrm{mm}$ 的试样。

扰动土试样制备应根据预定的干密度和含水率,在击样器内分层击实,粉土宜为 3~5 层,黏土宜为 5~8 层,各层土料数量应相等,各层接触面应刨毛。击完最后一层,将击样器内的试样两端整平,取出试样称量,对制备好的试样,应量测其直径和高度。试样的平均直径应按式(6-45)计算:

$$D_0 = \frac{D_1 + 2D_2 + D_3}{4} \qquad (6-45)$$

式中:D_1、D_2、D_3 分别为试样上、中、下部位的直径(mm)。

砂类土的试样制备应先在压力室底座上依次放上不透水板、橡皮膜和对开圆模。根据砂样的干密度及试样体积,称取所需的砂样质量,分三等份,将每份砂样填入橡皮膜内,填至该层要求的高度,依次按第二层、第三层顺序填入,直至膜内填满为止。当制备饱和试样时,在压力室底座上依次放透水板、橡皮膜和对开圆模,在模内注入纯水至试样高度的 1/3,将砂样分三等份在水中煮沸,待冷却后分 3 层,按预定的干密度填入橡皮膜内,直至膜内填满为止。当要求的干密度较大时,填砂过程中,轻轻敲打对开圆模,使所称的砂样填满规定的体积,整平砂面,放上不透水板或透水板及试样帽,扎紧橡皮膜。对试样内部施加 5kPa 负压力使试样能站立,拆除对开圆模。

4. 试样饱和宜选方法

(1) 抽气饱和:将试样装入饱和器内。

(2) 水头饱和:将试样安装于压力室内。试样周围不贴滤纸条。施加 20kPa 周围压力。提高试样底部量管水位,降低试样顶部量管水位,使两管水位差在 1m 左右,打开孔隙水压力阀、量管阀和排水管阀,使纯水从底部进入试样,从试样顶部溢出,直至流入水量和溢出水量相等为止。当需要提高试样的饱和度时,宜在水头饱和前,从底部将二氧化碳气体(二氧化碳的压力以 5~10kPa 为宜)通入试样,置换孔隙中的空气,再进行水头饱和。

(3) 反压力饱和:试样要求完全饱和时,应对试样施加反压力。反压力系统和周围压力系统相同(对不固结不排水剪试验可用同一套设备施加),但应用双层体变管代替排水量管。试样装好后,调节孔隙水压力等于大气压力,关闭孔隙水压力阀、反压力阀、体变管阀,测记体变管读数。开周围压力阀,先对试样施加 20kPa 的周围压力,再开孔隙水压力阀,待孔隙水压力变化稳定,测记读数,关孔隙水压力阀。反压力应分级施加,同时分级施加周围压力,以尽量减少对试样的扰动。周围压力和反压力的每级增量宜为 30kPa,开体变管阀和反压力阀,同时施加周围压力和反压力,缓慢打开孔隙水压力阀,检查孔隙水压力增量,待孔隙水压力稳定后,测记孔隙水压力和体变管读数,再施加下一级周围压力和孔隙水压力,计算每级周围压力引起的孔隙水压力增量,当孔隙水压力增量与周围压力增量之比 $\Delta\mu/\Delta\sigma > 0.98$ 时,认为试样饱和。

(二) 剪试验

1. 不固结不排水剪试验

(1) 试样的安装应按下列步骤进行。①在压力室的底座上,依次放上不透水板、试样及不透水试样帽,将橡皮膜用承膜筒套在试样外,并用橡皮圈将橡皮膜两端与底座及试样帽分别扎紧。②将压力室罩顶部活塞提高,放下压力室罩,将活塞对准试样中心,并均匀地拧紧底座连接螺母。向压力室内注满纯水,待压力室顶部排气孔有水溢出时,拧紧排气孔,并将活塞对准测力计和试样顶部。③将离合器调至粗位,转动粗调手轮,当试样帽与活塞及测力计接近时,将离合器调至细位,改用细调手轮,使试样帽与活塞及测力计接触。装上变形指示计,将测力计和变形指示计调至零位。④关排水阀,开周围压力阀,施加周围压力。

(2) 剪切试样应按下列步骤进行。①剪切应变速率宜为每分钟应变 0.5%~1.0%。②启动电动机,合上离合器,开始剪切。试样每产生 0.3%~0.4% 的轴向应变(或 0.2mm 变形值),测记一次测力计读数和轴向变形值。当轴向应变大于 3% 时,试样每产生 0.7%~0.8% 的轴向应变(或 0.5mm 变形值),测记一次。③当测力计读数出现峰值时,剪切应继续进行到轴向应变为 15%~20%。④试验结束,关电动机,关周围压力阀,脱开离合器,将离合器调至粗位,转动粗调手轮,将压力室降下,打开排气孔,排除压力室内的水,拆卸压力室罩,拆除试样,描述试样破坏形状,称试样质量,并测定含水率。

轴向应变应按式(6-46)计算:

$$\varepsilon_1 = \frac{\Delta h_1}{h_0} \times 100 \tag{6-46}$$

式中:ε_1 为轴向应变(%);h_1 为剪切过程中试样的高度变化(mm);h_0 为试样初始高度(mm)。

试样面积的校正应按式(6-47)计算:

$$A_a = \frac{A_0}{1-\varepsilon_1} \tag{6-47}$$

式中：A_a 为试样的校正断面积（cm^2）；A_0 为试样的初始断面积（cm^2）。

主应力差应按式(6-48)计算：

$$\sigma_1 - \sigma_3 = \frac{C \cdot R}{A_a} \times 10 \tag{6-48}$$

式中：$\sigma_1 - \sigma_3$ 为主应力差（kPa）；σ_1 为大总主应力（kPa）；σ_3 为小总应力（kPa）；C 为测力计率定系数（N/0.01mm 或 N/mV）；R 为测力计读数（0.01mm）；10 为单位换算系数。

以主应力差为纵坐标，轴向应变为横坐标，绘制主应力差与轴向应变关系曲线。取曲线上主应力差的峰值作为破坏点，无峰值时，取 15% 轴向应变时的主应力差值作为破坏点。

以剪应力为纵坐标，法向应力为横坐标，在横坐标轴以破坏时的 $\frac{\sigma_{1f}+\sigma_{3f}}{2}$ 为圆心，以 $\frac{\sigma_{1f}-\sigma_{3f}}{2}$ 为半径，在 $\tau-\sigma$ 应力平面上绘制破损应力圆，并绘制不同周围压力下破损应力圆的包线，求出不排水强度参数。

2. 固结不排水剪试验

(1) 试样的安装应按下列步骤进行。①开孔隙水压力阀和量管阀，对孔隙水压力系统及压力室底座充水排气后，关孔隙水压力阀和量管阀，压力室底座上依次放上透水板、湿滤纸、试样，试样周围贴浸水的滤纸条 7~9 条。②将橡皮膜用承膜筒套在试样外，并用橡皮圈将橡皮膜下端与底座扎紧。③打开孔隙水压力阀和量管阀，使水缓慢地从试样底部流入，排除试样与橡皮膜之间的气泡，关闭孔隙水压力阀和量管阀，打开排水阀，使试样帽中充水并将其放在透水板上，用橡皮圈将橡皮膜上端与试样帽扎紧，降低排水管，使管内水面位于试样中心以下 20~40mm，吸除试样与橡皮膜之间的余水，关排水阀。④需要测定土的应力应变关系时，应在试样与透水板之间放置中间夹有硅脂的两层圆形橡皮膜，膜中间应留有直径为 1cm 的圆孔排水。

(2) 试样排水固结应按下列步骤进行。①调节排水管使管内水面与试样高度的中心齐平，测记排水管水面读数。②开孔隙水压力阀，使孔隙水压力等于大气压力，关孔隙水压力阀，记下初始读数。③将孔隙水压力调至接近周围压力值，施加周围压力后，再打开孔隙水压力阀，待孔隙水压力稳定测定孔隙水压力。④打开排水阀，当需要测定排水过程时，应测记排水管水面及孔隙水压力读数，直至孔隙水压力消散 95% 以上。固结完成后，关排水阀，测记孔隙水压力和排水管水面读数。⑤微调压力机升降台，使活塞与试样接触，此时轴向变形指示计的变化值为试样固结时的高度变化。

(3) 剪切试样应按下列步骤进行。①剪切应变速率，黏土宜为每分钟应变 0.05%~0.1%，粉土为每分钟应变 0.1%~0.5%。②将测力计、轴向变形指示计及孔隙水压力读数均调整至零。③启动电动机，合上离合器，开始剪切。测力计、轴向变形、孔隙水压力应进行测记。④试验结束，关电动机，关各阀门，脱开离合器，将离合器调至粗位，转动粗调手轮，将压力室降下，打开排气孔，排除压力室内的水，拆卸压力室罩，拆除试样，描述试样破坏形状，称试样质量，并测定试样含水率。

试样固结后的高度应按式(6-49)计算：

$$h_c = h_0 \left(1 - \frac{\Delta V}{V_0}\right)^{1/3} \tag{6-49}$$

式中：h_c 为试样固结后的高度(cm)；ΔV 为试样固结后与固结前的体积变化(cm^3)。

试样固结后的面积应按式(6-50)计算：

$$A_c = A_0 \left(1 - \frac{\Delta V}{V_0}\right)^{2/3} \tag{6-50}$$

式中：A_c 为试样固结后的断面积(cm^2)。

试样面积的校正应按式(6-51)计算：

$$A_a = \frac{A_0}{1 - \varepsilon_1} \tag{6-51}$$

$$\varepsilon_1 = \frac{\Delta h}{h_0} \tag{6-52}$$

有效主应力比计算式如下所示。

有效大主应力：

$$\sigma_1' = \sigma_1 - u \tag{6-53}$$

式中：σ_1' 为有效大主应力(kPa)；u 为孔隙水压力(kPa)。

有效小主应力：

$$\sigma_3' = \sigma_3 - u \tag{6-54}$$

式中：σ_3' 为有效小主应力(kPa)。

有效主应力比：

$$\frac{\sigma_1'}{\sigma_3'} = 1 + \frac{\sigma_1' - \sigma_3'}{\sigma_3'} \tag{6-55}$$

孔隙水压力系数计算公式如下所示。

初始孔隙水压力系数：

$$B = \frac{u_0}{\sigma_3} \tag{6-56}$$

式中：B 为初始孔隙水压力系数；u_0 为施加周围压力产生的孔隙水压力(kPa)。

破坏时孔隙水压力系数：

$$A_f = \frac{u_f}{B(\sigma_1 - \sigma_3)} \tag{6-57}$$

式中：A_f 为破坏时的孔隙水压力系数；u_f 为试样破坏时，主应力差产生的孔隙水压力(kPa)。

主应力差与轴向应变关系曲线，应按规定绘制。可以有效应力比为纵坐标，轴向应变为横坐标，绘制有效应力比与轴向应变关系曲线。也可以孔隙水压力为纵坐标，轴向应变为横坐标，绘制孔隙水压力与轴向应变关系曲线。

以 $\dfrac{\sigma_1' - \sigma_3'}{2}$ 为纵坐标，$\dfrac{\sigma_1' + \sigma_3'}{2}$ 为横坐标，绘制有效应力路径曲线，并计算有效内摩擦角和有效黏聚力。

有效内摩擦角：

$$\varphi' = \sin^{-1} \tan\alpha \tag{6-58}$$

式中：φ' 为有效内摩擦角(°)；α 为应力路径图上破坏点连线的倾角(°)。

有效黏聚力：

$$C' = \frac{d}{\cos\varphi'} \tag{6-59}$$

式中：C' 为有效黏聚力(kPa)；d 为应力路径图上破坏点连线在纵轴上的截距(kPa)。

有峰值时以主应力差或有效主应力比的峰值作为破坏点，无峰值时以有效应力路径的密集点或轴向应变 15% 时的主应力差值作为破坏点，按规定绘制破损应力圆及不同周围压力下的破损应力圆包线，并求出总应力强度参数。有效内摩擦角和有效黏聚力，应以 $\dfrac{\sigma'_1+\sigma'_3}{2}$ 为圆心，$\dfrac{\sigma'_1-\sigma'_3}{2}$ 为半径绘制有效破损应力圆确定（图 6-24）。

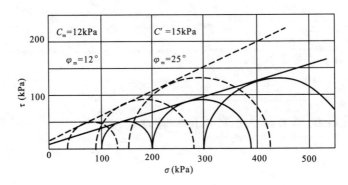

图 6-24　固结不排水剪强度包线

3. 固结排水剪试验

固结排水剪试验是指进行试样的安装、固结、剪切，但在剪切过程中应打开排水阀。剪切速率采用每分钟应变 0.003%～0.012%。

剪切时试样面积的校正应按式(6-60)计算：

$$A_a = \frac{V_c - \Delta V_i}{h_c - \Delta h_i} \tag{6-60}$$

式中：ΔV_i 为剪切过程中试样的体积变化(cm³)；Δh_i 为剪切过程中试样的高度变化(cm)。

以体积应变为纵坐标，轴向应变为横坐标，绘制体积应变与轴向应变关系曲线（图 6-25）。

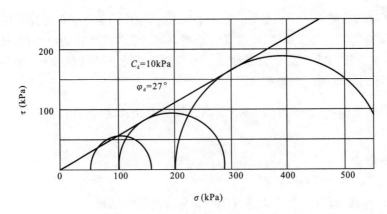

图 6-25　固结排水剪强度包线

十一、岩石的静力变形参数

岩石的静力变形参数通常用弹性模量、变形模量和泊松比等指标表示。

(一)弹性模量

对于部分岩石来说,应力-应变曲线具有近似直线的形式,如图 6-26(a)所示。直线的斜率,也即应力(σ)与应变(ε)的比例被称为岩石的弹性模量,记为 E。其应力-应变关系为下列直线方程:$\sigma = E\varepsilon$。

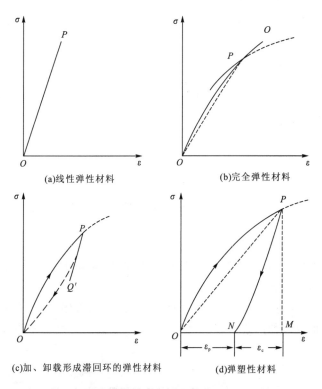

图 6-26 岩石的应力-应变曲线

如果岩石的应力-应变关系不是直线,而是曲线,但应力与应变之间有着位移的关系,即 $\sigma = f(\varepsilon)$,则这种材料称为完全弹性材料[图 6-26(b)]。当荷载逐渐施加到任何点 P,得加载曲线 OP。如果在点 P 将荷载卸去,则仍沿 OP 曲线的路线退到原点 O。由于应力-应变是一曲线关系,所以这里没有唯一的模量。但对于曲线上任一点的 σ 值,都有一个切线模量和割线模量。譬如对应于点 P 的 σ 值,切线模量就是 P 点在曲线上的切线 PQ 的斜率 E_t,而割线模量就是割线 OP 的斜率 E_s。

$$E_t = \frac{d\sigma}{d\varepsilon} \tag{6-61}$$

$$E_s = \frac{\sigma}{\varepsilon} \tag{6-62}$$

如果卸载曲线不走加载曲线 OP 的路线[图 6-26(c)中的虚线所示],这时产生了所谓滞回效应,则这种材料称为弹性材料。卸载曲线 P 点的切线 PQ' 的斜率就是相应于该应力的卸载切线模量,它与加载切线模量不同,而与加、卸载的割线模量相同。

如果不仅卸载曲线不走加载曲线的路线,而且应变也不回复到零(原点)[图 6-26(d)的 N 点],则这种材料称为弹塑性材料。能够恢复的变形叫弹性变形,以 ε_e 表示(MN 段);而不可恢复的变形,称为塑性变形或残余变形或永久变形,以 ε_p 表示。加载曲线与卸载曲线所组成的环,叫作塑性滞回环。弹性模量 E 就是加载曲线直线段的斜率,而加载曲线直线段大致与卸载曲线的割线相平行。这样,一般可将卸载曲线的割线斜率作为弹性模量,即:

$$E = \frac{PM}{NM} = \frac{\sigma}{\varepsilon_e} \tag{6-63}$$

而岩石的变形模量 E_o 为正应力 σ 与总应变($\varepsilon_e + \varepsilon_p$)之比,即:

$$E_o = \frac{\sigma}{\varepsilon} = \frac{\sigma}{\varepsilon_e + \varepsilon_p} \tag{6-64}$$

在图 6-26(d)上,它相应于割线 OP 的斜率。

在线弹性材料中,变形模量等于弹性模量。在弹塑性材料中,当材料屈服后,其变形模量不是常数,它与荷载的大小和范围有关。在应力-应变曲线上的任何点与坐标原点相连的割线斜率,表示对应于该点应力的变形模量。

(二)泊松比 υ

岩石的横向应变 ε_x 与纵向应变 ε_y 的比值称为泊松比,即:

$$\upsilon = \frac{\varepsilon_x}{\varepsilon_y} \tag{6-65}$$

在岩石的弹性工作范围内,泊松比一般为常数,但超越弹性范围后,泊松比将随应力的增大而增大,直到 $\upsilon = 0.5$ 为止。

岩石的变形模量和泊松比受岩石矿物组成、结构构造、风化程度、孔隙比、含水率、微结构面及荷载方向的关系等多种因素的影响,变化较大。表 6-29 列出了常见岩石的变形模量和泊松比的经验值。

表 6-29 常见岩石的变形模量和泊松比值

岩石名称	变形模量(GPa)		泊松比	岩石名称	变形模量(GPa)		泊松比
	初始	弹性			初始	弹性	
花岗岩	20~60	50~100	0.2~0.3	片麻岩	10~80	10~100	0.22~0.35
流纹岩	20~80	50~100	0.1~0.25	千枚岩、片岩	2~50	10~80	0.2~0.4
闪长岩	70~100	70~150	0.1~0.3	板岩	20~50	20~80	0.2~0.3
安山岩	50~100	50~120	0.2~0.3	页岩	10~35	20~80	0.2~0.4
辉长岩	70~110	70~150	0.12~0.2	砂岩	5~80	10~100	0.2~0.35
辉绿岩	80~110	80~150	0.1~0.3	砾岩	5~80	20~80	0.2~0.35
玄武岩	60~100	60~120	0.1~0.35	石灰岩	10~80	50~190	0.2~0.35
石英岩	60~200	60~200	0.1~0.25	白云岩	40~80	40~80	0.2~0.35
大理岩	10~90	10~90	0.2~0.35				

除变形模量和泊松比两个最基本的参数外,还有一些从不同角度反映岩石变形性质的参数。如剪切模量G、拉梅常数λ及体积模量K_v等。这些参数与变形模量E及泊松比v之间有如下关系：

$$G = \frac{E}{2(1+v)} \tag{6-66}$$

$$\lambda = \frac{Ev}{(1+v)(1-2v)} \tag{6-67}$$

$$K_v = \frac{E}{3(1-2v)} \tag{6-68}$$

十二、岩石的单轴抗压强度

单轴抗压强度试验适用于能制成规则试件的各类岩石。

试件可用岩芯或岩块加工制成。试件在采取、运输和制备过程中,应避免产生裂缝。

(一)试件尺寸要求

(1)圆柱体直径宜为48~54mm。
(2)含水颗粒的岩石,试件的直径应大于岩石最大颗粒尺寸的10倍。
(3)试件高度与直径之比宜为2.0~2.5。

(二)试件精度要求

(1)试件两端面不平整度误差不得大于0.05mm。
(2)沿试件高度,直径的误差不得大于0.3mm。
(3)端面应垂直于试件轴线,最大偏差不得大于0.25°。

(三)试件描述内容

(1)岩石名称、颜色、矿物成分、结构、风化程度、胶结物性质等。
(2)加荷方向与岩石试件内层理、节理、裂隙的关系及试件加工中出现的问题。
(3)含水状态及所使用的方法。试件含水状态可根据需要选择天然含水状态、烘干状态、饱和状态或其他含水状态。同一含水状态下,每组试验试件的数量不应少于3个。

(四)主要仪器和设备

(1)钻石机、锯石机、磨石机、车床等。
(2)测量平台。
(3)材料试验机。

(五)试验步骤

(1)将试件置于试验机承压板中心,调整球形座,使试件两端面接触均匀。
(2)以每秒0.5~1.0MPa的速度加荷直至破坏。记录破坏荷载及加载过程中出现的现象。
(3)试验结束后,应描述试件的破坏形态。

(六)试验成果整理要求

(1)按式(6-69)计算岩石单轴抗压强度为：

$$R = \frac{p}{A} \tag{6-69}$$

式中：R 为岩石单轴抗压强度(MPa)；p 为试件破坏荷载(N)；A 为试件截面积(mm^2)。

(2)计算值取3位有效数字。

(3)单轴抗压强度试验记录应包括工程名称、取样位置、试件编号、试件描述、试件尺寸和破坏荷载。

十三、岩石的抗拉强度

抗拉强度试验采用劈裂法，适用于能制成规则试件的各类岩石。

(一)试件要求

圆柱体试件的直径宜为48～54mm，试件的厚度宜为直径的0.5～1.0倍，并应大于岩石最大颗粒的10倍。

(二)试验步骤

(1)通过试件直径的两端，沿轴线方向画两条相互平行的加载基线。将两根垫条沿加载基线，固定在试件两端。

(2)将试件置于试验机承压板中心，调整球形座，使试件均匀受荷，并使垫条与试件在同一加荷轴线上。

(3)以每秒0.3～0.5MPa的速度加荷直至破坏。

(4)记录破坏荷载及加荷过程中出现的现象，并对破坏后的试件进行描述。

(三)试验成果整理要求

(1)按式(6-70)计算岩石抗拉强度为：

$$\sigma_t = \frac{2p}{\pi D h} \tag{6-70}$$

式中：σ_t 为岩石抗拉强度(MPa)；p 为试件破坏荷载(N)；D 为试件直径(mm)；h 为试件厚度(mm)。

(2)计算值取3位有效数字。

(3)抗拉强度试验的记录应包括工程名称、取样位置、试件编号、试件描述、试件尺寸、破坏荷载。

十四、岩石的剪切强度

直剪试验适用于岩块、岩石结构面以及混凝土与岩石胶结面。应在现场采取试件，在采取、运输和制备过程中，应防止产生裂缝和扰动。

(一)试件尺寸要求

(1)岩块直剪试验试件的直径或边长不得小于5cm，试件高度应与直径或边长相等。

(2)岩石结构面直剪试验试件的直径或边长不得小于5cm,试件高度与直径或边长相等。结构面应位于试件中部。

(3)混凝土与岩石胶结面直剪试验试件应为方块体,其边长不宜小于15cm。胶结面应位于试件中部,岩石起伏差应为边长的1%~2%。混凝土骨料的最大粒径不得大于边长的1/6。

(4)含水状态可根据需要采用天然含水状态、饱和状态或其他含水状态。

(5)每组试验试件的数量不应少于5个。

(二)试件描述内容

(1)岩石名称、颜色、矿物成分、结构、风化程度、胶结物性质等。

(2)层理、片理、节理裂隙的发育程度及其与剪切方向的关系。

(3)结构面的充填物性质、充填程度以及试件在采取和制备过程中受扰动的情况。

(4)对混凝土与岩石胶结面的试件,应测定岩石表面的起伏差,并绘制其沿剪切方向的高度变化曲线。混凝土的配合比、胶结质量及实测标号。

(三)主要仪器和设备

(1)试件制备设备。

(2)试件饱和设备。

(3)直剪试验仪。

(四)试件安装规定

(1)将试件置于金属剪切盒内,试件与剪切盒内壁之间的间隙应填料填实,使试件与剪切盒成为一个整体。预定剪切面应位于剪切缝中部。

(2)安装试件时,法向荷载和剪切荷载应通过预定剪切面的几何中心。法向位移测表和水平位移测表应对称布置,各测表数量不宜少于2只。

(五)法向荷载的施加方法规定

(1)在每个试件上,分别施加不同的法向应力,所施加的最大法向应力,不宜小于预定的法向应力。

(2)对于岩石结构面中具有充填物的试件,最大法向应力应以不挤出充填物为宜。

(3)对于不需要固结的试件,法向荷载一次施加完毕,即测读法向位移,5min后再测读一次,即可施加剪切荷载。

(4)对于需固结的试件,在法向荷载施加完毕后的第一个小时内,每隔15min读数1次,然后每半小时读数1次,当每小时法向位移不超过0.05mm时,即认为固结稳定,可施加剪切荷载。

(5)在剪切过程中应使法向荷载始终保持为常数。

(六)剪切荷载的施加方法规定

(1)按预估最大剪切荷载分8~12级施加。每级荷载施加后,即测读剪切位移和法向位移,5min后再测读一次即施加下一级剪切荷载直至破坏。当剪切位移量变大时,可适当加密剪切荷载分级。

(2)将剪切荷载退至零。根据需要,待试件充分回弹后,调整测表,按上述步骤,进行摩擦试验。

(七)试验结束后对试件剪切面的描述

(1)准确量测剪切面面积。
(2)详细描述剪切面的破坏情况,擦痕的分布、方向和长度。
(3)测定剪切面的起伏差,绘制沿剪切方向断面高度的变化曲线。
(4)当结构面内有充填物时,应准确判断剪切面的位置,并记录其组成成分、性质、厚度、构造。根据需要测定充填物的物理性质。

(八)试验成果整理要求

(1)按式(6-71)、式(6-72)计算各法向荷载下的法向应力和剪应力分别为:

$$\sigma = \frac{P}{A} \tag{6-71}$$

$$\tau = \frac{Q}{A} \tag{6-72}$$

式中:σ 为作用于剪切面上的法向应力(MPa);τ 为作用于剪切面上的剪应力(MPa);P 为作用于剪切面上的总法向荷载(N);Q 为作用于剪切面上的总剪切荷载(N);A 为剪切面积(mm^2)。

(2)绘制各法向应力下的剪应力与剪切位移及法向位移关系曲线,根据曲线确定各剪切阶段特征点的剪应力。
(3)根据各剪切阶段特征点的剪应力和法向应力绘制关系曲线,按库伦表达式确定相应的岩石抗剪强度参数。
(4)直剪试验记录应包括工程名称、取样位置、试件编号、试件描述、剪切面积、各法向荷载下各级剪切荷载时的法向位移及剪切位移。

思考题

1. 土试样质量可分为几个等级?每个等级的土样对取样方法和工具有何要求?
2. 何谓原状土?土样受扰动的原因有哪些?如何才能避免扰动?
3. 根据含水率试验测定的土粒相对密度、土的密度、含水率,试推导干密度、孔隙比、饱和度计算式。
4. 什么情况下用环刀法测定土的密度?什么情况下用蜡封法?
5. 在环刀法中影响试验准确性的因素有哪些?
6. 粒径小于5mm的土为什么必须用比重瓶来测定其颗粒密度?
7. 土中空气如不排除,所得土粒密度偏大还是偏小,为什么?
8. 土的液限、塑限物理意义是什么?
9. 液限、塑限联合测定仪法有哪些优缺点?
10. 快速压缩法是根据什么原理求得变形量的?
11. 土的压缩系数和压缩指数有什么不同?在压力较低的情况下能否求得压缩指数?

第七章　水文地质勘察

水文地质试验是在野外条件下测定岩石渗透性和含水层水文地质参数的基本方法。它包括抽水、渗水和注水试验等。正确地组织水文地质试验工作,是取准、取全各项水文地质计算所需要的实际资料的重要手段,是认识一个地区水文地质条件、评价地下水资源的重要环节。

第一节　地下水流向流速测定

一、地下水流向的测定

地下水流向可利用三点法测定,并根据等水位线图或等压水位线图来判断。三点法是利用钻孔或井组成一个三角形(图 7-1)。

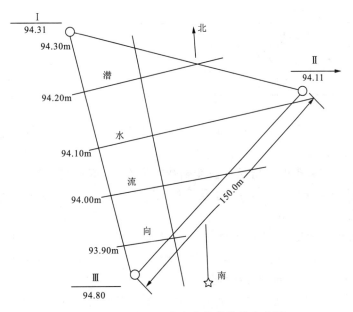

图 7-1　测定地下水流向的钻孔分布略图

孔距根据地形的陡缓确定,一般为 50～100m。测量 3 个钻孔的水位标高,绘制等水位线图。等水位线的间距取决于地下水面的坡度。坡度大,间距也大;坡度小,间距也小。由标高大的等水位线向标高小的等水位线所作的垂线即为地下水的流向。根据三点法所测出的地下水流向具有较小地区性,它不能代表较大区域的地下水流向。因此,如果要确定大范围内的地下水流向时,就应布置钻孔网,编制出等水位线图或等压水位线图,才能正确地确定地下水总流向或主要流向。如图7-2表示出同一地区的地下水流向在两个小区域的流向为 AK 和 DL,而在大区域地下水的总流向为 NS。

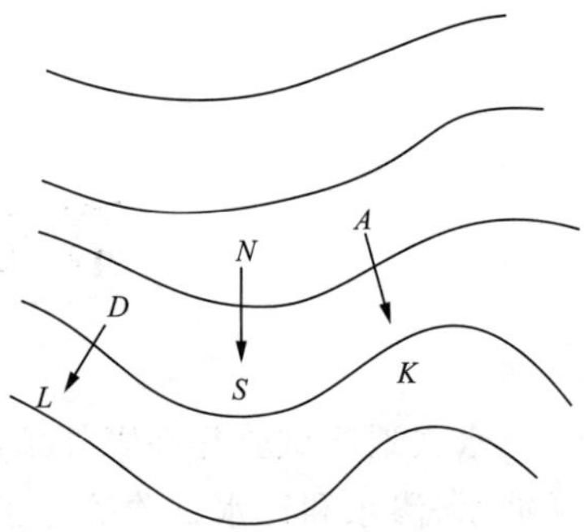

二、地下水实际流速测定

图7-2 地下水流动方向图
NS-总流向;DL、AK-局部地区流向

(一)测定的方法和要求

(1)在已知的地下水流向上布置两个钻孔,上游的为试验孔,下游的为观测孔。孔距决定于岩石的透水性,在细砂中为2～5m,含砾粗砂中为5～15m,裂隙岩层中为10～15m,岩溶岩层可大于50m。如表7-1所示。

表7-1 指示剂投放孔与观测孔间距表

含水层条件	距离(m)
粉土	1～2
细粒砂	2～5
含砾粗砂	5～15
裂隙发育的岩石	10～15
岩溶发育的石灰岩	>50

(2)记录投入试验孔中指示剂的时间,每隔一定时间从观测孔中取水样进行分析,记录每次所分析的指示剂浓度。

(3)为防止投入试验孔中的指示剂没能到达观测孔中,可在观测孔旁布置两个辅助观测孔。辅助观测孔与主观测孔的距离:当土层颗粒细时,为0.5～0.75m;如为裂隙岩石或土层颗粒粗时,其距离为1.0～1.5m。

(4)指示剂可用各种盐类、着色染料、有气味物质等,但所采用的指示剂应符合下列要求:①指示剂易溶解、不沉淀;②指示剂不易被岩土吸收;③指示剂在水中易被发现;④指示剂在水中的运动速度和水的流速相同;⑤指示剂无毒。

指示剂的数量决定于地层的透水性,以及试验孔与观测孔之间的距离。

(5)根据指示剂的种类可分为食盐法和染色法。①食盐法适用于地下水中 Cl^- 含量小于500～600mg/L和含水层底部较平的条件。测定步骤:首先测定水中 Cl^- 的含量,然后向试验孔中投入食盐10～200kg或其溶液,记录投入的时间,最后在观测孔中每隔一定时间取水样测定 Cl^- 的含量,观测并记录 Cl^- 在观测孔中出现增多或减少的次数以及相应的时间。②染色法是用有机颜料测定地下水的流速。染色颜料对于碱性水采用荧光红指示剂,即在荧光红溶液中加入少量的氢氧化钠或氢氧化氨；对于酸性水应采用亚甲基蓝、阿尼林青等颜料。在试验孔中投入染色颜料后,在观测孔中取水,用比色法观测颜料出现的时间。取水时间间隔以及记录与食盐法相同。

（二）实际流速计算

流速计算公式：

$$u = \frac{L}{\Delta t} \tag{7-1}$$

式中：u 为地下水实际流速(m/h)；L 为试验孔到观测孔的距离(m)；Δt 为指示剂从试验孔到观测孔所需的时间(h)。

不论什么指示剂在观测孔中出现,其浓度均由小逐渐增大再逐渐减小以至消失。可绘制浓度与时间的关系曲线,从曲线图上找出指示剂在观测孔中刚出现时和浓度最大时所对应的时间 T。当时间 T 采用指示剂在观测孔中开始出现的时间进行计算时,所得出的流速为最大流速；当时间 T 采用指示剂出现最大浓度的时间进行计算时,所得流速为平均流速。

实测的流速 u 为地下水的实际流速,渗透流速 V 按式(7-2)计算为：

$$V = nu \tag{7-2}$$

式中：V 为渗透流速(m/h)；n 为地下水流经的地层孔隙度；u 为流速(m/h)。

第二节　抽水试验

一、抽水试验的目的与分类

（一）抽水试验的目的

(1)测定含水层的水文地质参数,如渗透系数、导水系数、导压系数、给水度、储水系数及影响半径等,为评价地下水资源提供依据。

(2)测定钻孔涌水量和单位涌水量,并判断最大可能涌水量,了解涌水量与水位下降的关系。

(3)利用多孔(孔组)试验,绘制出下降漏斗断面,求得影响半径。

(4)判断地下水运动性质,了解地下水与地表水以及不同含水层之间的水力联系。

一般来说,钻孔、竖井、大口井、大锅锥井、管井、钻井,以及某些流量较大的上升泉、深潭式的地下暗河、截潜流工程、方塘等,都可以进行抽水试验。根据不同的水文地质勘察阶段、目的任务、精度要求和水文地质条件,可采用不同的试验方法。

普查阶段：只做单井抽水试验,获得含水层(组)渗透系数、钻孔涌水量与水位下降的关系。

详查阶段：以单孔抽水试验为主,结合多孔抽水试验,获得较准确的渗透系数、影响半径、补给带宽度、合理井距和干扰系数。

开采阶段：结合农田灌溉进行井群开采抽水试验,获得区域水位下降与开采水量的关系、总水量、干扰系数、总的平均水位削减值,以提供合理的布井方案、取水设备、灌溉定额、灌溉效益等。

(二)抽水试验的类型

抽水试验可以分为试验抽水与正式抽水、单孔抽水和多孔抽水、完整井抽水与非完整井抽水、分层抽水与混合抽水、稳定流抽水与非稳定流抽水等不同的类型。根据水文地质勘察工作的目的和水文地质条件的差异,抽水试验的类型也不相同。

1. 单孔抽水

(1)圈定富水地段:进行一次水位降低延续短时间(8h左右)的试验抽水,可以求得水井或钻孔的单位涌水量,根据大量的水井和钻孔试验抽水的结果,可以圈定出不同含水层的富水地段。

(2)确定水井和天然水点的出水量:进行2~3次水位下降,每次降低延续较长时间(1~3个昼夜)的正式抽水,可以了解水位下降与灌水量的变化关系,通过数学分析,可以计算出水井或天然水点的涌水量。这是评价水井或天然水点最大出水量的主要成果,也是确定水泵型号、规格的重要依据。

(3)检查止水效果:利用分层抽水时所采水样进行分析,可以了解含水层是否与有害水源串通,进一步提供补救措施。

2. 多孔抽水

多孔抽水是由主孔与观测孔组成的抽水孔组,确定水文地质参数,进行1~3次水位降低,每次降低延续1~5个昼夜,可以确定含水层不同方向的渗透系数、影响半径、含水层的给水度和地下水实际流速等水文地质参数。这些参数是评价地下水资源的重要依据。

3. 干扰抽水

干扰抽水是由两个以上的主孔组成的抽水孔组同时抽水,确定合理的井距,在距离比较近的两个管井(一般相距5~30m)中,分别进行2~3次水位降低的抽水试验,每次降低延续1~2个昼夜,可以求出不同的井距和不同降深的干扰系数。干扰系数是确定合理井距、计算干扰出水量的重要数据。这种抽水要求各主孔结构相同,水位下降一致。

4. 分层抽水

在山间盆地、冲积平原、滨海平原地区,利用不同深度钻孔,进行分层(组)抽水,可以取得不同埋深的含水层水位、水量和水质等资料,为开采淡水或改造咸水提供分层水文地质资料。

5. 混合抽水

在钻孔深度大、含水层数较多、各含水层间的水力特征基本一致的地区,可以进行混合抽水,概略地确定某一含水岩组(或含水段)的水文地质参数及水化学特征。

6. 大型开采抽水

为研究生产井的生产能力和评价地下水资源,利用现有工农业供水生产井,结合生产进行2~3次水位降低,每次降低延续10~100个昼夜的生产性抽水试验,可以比较精确地确定生产井的生产能力和评价地下水资源。

7. 完整井抽水与非完整井抽水

完整井抽水是指钻井深度在相对的隔水层中终孔。井底不进水,这样进行抽水试验,计算含水层的水文地质参数较为方便,所以在一般情况下尽可能地施工完整井;相反,钻井深度在含水层中终孔,井底进水,在这种情况下抽水即为非完整井抽水。

8. 正向抽水与反向抽水

正向抽水是在弱透水性细粒岩层中,由较小降深值逐次加大降深值的抽水试验;反向抽水即由最大降深至最小降深逐次进行,多在强透水性岩层或基岩中采用。

9. 疏干抽水

疏干抽水是指在沼泽、盐渍地区及矿区,为规划排水方案和确定排水设备而进行的抽水试验。

上述各种类型抽水试验均属于稳定流抽水,即在一定的抽水时间内,水位下降和涌水量的波动值不超过最大允许误差范围,在含水层导水性能较好、补给来源充足地区,并且在确定水文地质参数时,抽水历经的时间不参与计算过程。相反,在抽水过程中,水位降深或涌水量,其中有一项趋于相对稳定,例如经常控制涌水量保持常量,而水位不断下降,则称为非稳定流抽水试验,并且在确定水文地质参数时,时间参与计算过程。

二、抽水试验地段的选择

抽水试验布置与工作量的多少,均应按国家水文地质规范和水文地质勘察设计进行。试验地段的选择原则如下。

(1)根据区域水文地质条件,选择具有代表性、控制性和估计地下水动态日变幅较小的地段。

(2)要考虑地下水资源评价和计算方法的需要,在一个水文地质单元上,特别是边界地段应设置抽水试验孔,并考虑试验孔排列方向尽可能地与地下水流向平行或垂直。

(3)选择含水层渗透性比较均匀、地下水水力坡度较小或池面较平坦的地段。

(4)选择含水层层位清楚的地段,抽水试验钻孔尽可能地施工完整井。

(5)选择地面无其他阻碍物,抽水时排水条件较好,并且尽量结合农田灌溉的需要。

(6)在已开采地下水的井灌区试验,应尽可能地选择现有生产井进行抽水试验。

具体布置抽水试验,应根据不同水文地质勘探类型(洪积扇,河谷地区等),因地制宜地进行。

三、抽水试验钻孔布置原则

(一)单孔抽水试验的原则

单孔抽水试验的原则:主要在面上控制,要照顾到不同地貌单元和不同含水层;在详查阶段,主要是布置相互垂直的两条勘探线,在各不同水文地质单元上的钻孔数量与距离应符合水文地质勘察设计要求。

(二)多孔抽水试验的原则

多孔抽水试验的原则是在基本查明含水层(组)分布及富水性的基础上,在不同水文地质单元选择有供水意义的主要含水层(组)的典型地段上进行,并尽可能地布置在计算地下水资源的断面上,一般垂直于地下水流向,主孔的一侧布置两个以上的观测孔。

观测孔的布置,应根据试验的目的和计算公式所需要具备的条件确定。在一般情况下应符合下列要求。

(1)以抽水孔为中心,布置1~2排观测线。一般在均质等厚含水层中,可垂直地下水流向布置一排观测线;在非均质不等厚的含水层中,应平行和垂直(在下游)地下水的流向,或在主孔的两侧或沿岩层变化的最大方向,布置2~3排观测线。每排观测线上的观测孔,一般为2~3个。

(2)观测孔离抽水孔的距离及各观测孔之间的孔距,取决于含水层的透水性和地下水的类型。由于下降漏斗距抽水孔愈近,愈陡,愈远,则愈平缓,所以每一排上观测孔之间的距离应是靠近主孔处较密,远离主孔则较稀,以控制下降漏斗的变化和范围。强透水岩层中观测孔较密,弱透水岩层中观测孔较稀。观测孔与抽水孔的距离,可以采取几何级数设置,如5、10、20、40、80等。在水位下降值小,有越流补给的情况下,观测孔与抽水孔之间的距离可以近些,各观测孔间的距离可以小些,反之亦然。

针对不同的水文地质边界类型,多孔抽水的布置方法也不一样(图7-3)。图7-3中①~③为不同水文地质边界类型的观测孔的布置,④~⑧为均质无限(无边界)含水层观测孔的布置。

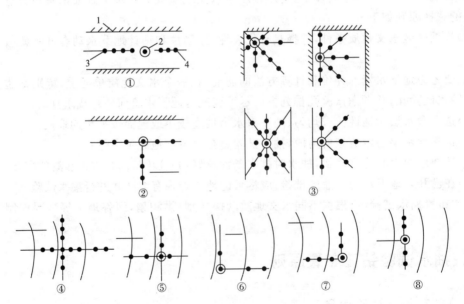

图7-3 多孔抽水方法示意图
①构造断裂富水带,两侧为弱水层或可溶岩的阻水边界,其间距不大于300m;②可溶岩与非可溶岩接触带的富水地带;③特殊形状阻水边界的大型多孔抽水观测孔的布置;④四排观测孔的布置;⑤三排观测孔的布置;⑥两排观测孔的布置(为供水用的);⑦两排观测孔的布置(为排水用的);⑧单排观测孔的布置;1-阻水边界;2-抽水孔;3-观测孔排;4-地下水流向

观测孔的深度,一般要求深入试验段5~10m;若为非均质含水层,观测孔的深度应与抽水孔一致。各观测孔的滤水管应尽量安置在同一含水层和同一深度上,各观测孔滤水管的长度尽量相等。至于观测孔的具体间距,则主要决定于含水层透水性的好坏,并与地下水的类型有

关,相关参数可参考行业规范。

（三）干扰抽水试验

井群干扰抽水试验是在大面积水文地质单元上,选择有代表性的典型地段或准备推荐作为水源地的富水地段,按水文地质勘察设计提出的开采方案,布置干扰抽水试验工作。这种抽水试验,有时也是为了排水目的(如人工降低地下水位)而进行的,以便求出合理井距。两个干扰孔应垂直地下水流向布置,间距以能使水位削减值达到主孔抽降的20%～25%为准,抽降次数可以适当减少,但抽降要大。稳定延续时间至少为单孔抽水试验的两倍。在勘探过程中最好用同样的钻孔结构、同样的抽水设备进行分层干扰抽水试验。

（四）开采井群抽水试验

在大量开发地下水进行灌溉的井灌区,其布置应结合农灌生产井进行,同时也可参照供水水源地开采井群布局来布置井群试验。

供水水源地开采井群系由若干管井,以及连接各管井的集水管、集水池、输水管、抽水设备及其附属建筑物等所组成。井群的形式,如按管井的分布形状,可分为直线井群和梅花井群两种。直线井群适于地下水流坡度较大的地区,梅花井群适于地下水流坡度平缓的地区,其中以直线井群应用较广。直线井群又可分为单侧式和对称式两种。对称式如图7-4所示,即使各组管井以单独的管线与集水池相连。

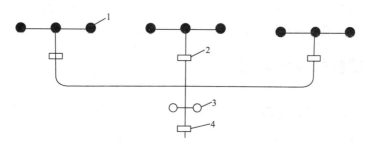

图7-4　对称式井群示意图
1—管井;2—抽水站;3—集水井;4—总抽水站

井群常布置成一条线。在无压水中管井的排列线,应尽可能地与地下水流向垂直,但在承压水中却不一定如此要求。如井群布置成一排受到限制时,可布置成两排。排间具体的距离应根据地层的富水性、抽水设备能力、基建投资及生产经营费用等因素,经过详细的经济比较计算后才能确定。

（五）分段抽水试验

在大厚度、强富水的含水层地区,采用"分段开采,集中布井"的方式开采地下水,既可增大总的取水量,又可减少地表输水布线,节省投资,便于管理。

（六）分层抽水试验

为了观测各含水层的水文地质参数、水化学特征及各含水层之间的水力联系,以及构造破碎带的导水性等问题，应在主要含水层（组）进行抽水的同时，观测附近地表水体及其他含水层中观测孔内的水位变化。这类抽水试验的布置原则取决于任务的本身和具体的水文地质条件。图7-5是为查明断层导水性及不同含水层之间水力联系的抽水孔和观测孔的一般布置方案。

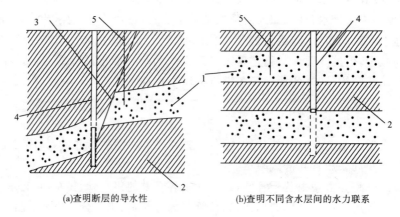

图7-5 某些专门性抽水试验孔的一般布置方案
1-含水层；2-隔水层；3-断层；4-抽水孔；5-观测孔

在水文地质勘察工作中，正确地规定抽水试验的任务和确定抽水试验的种类，并据此合理布置各个抽水试验孔，是取得评价区域水文地质条件所需资料的重要条件。为此，必须详尽地搜集和研究区域的地质资料和水文地质资料。

三、抽水试验的技术要求

（一）抽水试验段的划分原则

抽水试验段的划分，应根据含水岩组厚度、隔水层分布及水文地质勘察精度而定，在下列情况下应分段（层）进行抽水。

(1) 钻孔揭露多层含水层。

(2) 潜水和承压水。

(3) 第四纪松散沉积物和基岩的含水层。

(4) 淡水与咸水的上部为高氟水，下部为淡水或水质类型差别较大的含水层。

(5) 大厚度单一含水层，应根据浅、中、深3种井型及抽水设备能力划分抽水试验段，试验段长度一般以20～30m为宜，以便决定分段（层）进行地下水开采。

(6) 岩溶地区按区域分布的稳定厚层泥灰岩隔水层划分抽水试验段；在泄水区或水平循环带内，根据岩溶发育深度，按富水性强弱进行分段抽水。

针对下列情况，一般可进行分组混合抽水。

(1) 对含水层的性质及相互关系已基本查清，抽水的目的是为了解生产井出水量。

(2) 对勘探精度要求不高，而且各含水层间静水位相差不大（一般不超过1m），富水性基本一致。

(3) 含水性岩性基本相同，隔水条件差或被断裂、老井灌区生产井串通，水位、水质基本一致。

(二)抽水试验段的落程

目前对正式抽水试验多进行3个落程。一般情况下可以做1~2次最大水位降低。
(1)水量不大[$q<0.01L/(s·m)$的含水层]。
(2)精度要求不高,或含水层供水价值不大。
(3)掌握一定水文地质资料的地区或普查阶段的辅助勘探孔抽水的情况。
(4)含水层补给条件充沛,涌水量大,最大降深值小于1m。

进行稳定流抽水试验时,不同落程数值应保持相对稳定,其数值近似为:

第一次落程时:$S_1=\frac{1}{6}H$(H为由潜水含水层地面算起的水柱高度);

第二次落程时:$S_2=\frac{1}{4}H$;

第三次落成时:$S_3=\frac{1}{3}H$;

如果受抽水设备能力限制或地下水补给充沛,难以达到上述要求时,也可以使用S_3为最大降深值求S_2和S_1,即$S_1=\frac{1}{3}S_3$;$S_2=\frac{2}{3}S_3$。或依据抽水设备最大抽降能力,以$S_3=S_{max}$;$S_2=\frac{2}{3}S_{max}$;$S_1=\frac{1}{3}S_{max}$的次序进行抽水。

抽水试验一般要求水位降低值愈大愈好,尽可能是动水位降低到设计降深位的1/3以上。各次落程水位降低之差值应不小于1m。

(三)抽水试验稳定的延续时间

抽水试验稳定的延续时间直接关系到抽水试验质量和资料的利用。稳定时间的长短,应根据水文地质勘察的目的、要求和水文地质条件复杂程度来确定。按稳定流公式计算参数时,抽水降深S和流量Q需保持相对稳定数小时至数日,且最远观测孔水值稳定不少于2~4h。一般要求卵石、砾石和粗砂含水层稳定8h,中砂、细砂、粉砂含水层稳定16h,基岩含水层(组)稳定24h。按非稳定流公式计算参数时,非稳定状态延续至$S-\lg t$或$\Delta h^2-\lg t$曲线,如有拐点则延续时间至拐点后的线段趋于水平为止;如无拐点则应根据试验目的决定。原则上不少于两个对数周期。在实际工作中,确定抽水稳定延续时间时,需考虑下列因素。

(1)单纯为求得岩层渗透系数时,稳定延续时间可短些;需确定水井的开采能力,含水岩组间的水力联系,或进行孔群互阻干扰抽水试验时,稳定时间则应延长。
(2)补给条件较差或补给情况不明的地区,稳定时间要长些。
(3)水位降低值小时,稳定时间应长些;水量较小的抽水井,稳定时间可适当缩短。
(4)泥浆钻进且洗井不彻底时,稳定延续时间可以长些。
(5)在雨季或旱季进行抽水试验时,由于地下水处于连续升降阶段,稳定延续时间应适当延长。
(6)岩溶地区在抽水过程中,往往出现地面塌陷和溶洞沟通,产生新的补给来源,若抽水过程涌水量出现忽大忽小现象则应适当延长抽水时间。
(7)滨海地区因抽水造成海水倒灌,在水化学成分尚未测定之前,需适当延长抽水时间。

(8)在漂浮淡水体中进行抽水试验时,若抽水初期氯离子含量不断增加,且很快超过供水标准时,即可结束抽水;若抽水初期氯离子含量虽有增高,随后趋于稳定,又未超过供水标准时,则延续24h以上。抽水过程中氯离子含量无变化,其稳定时间按一般规定确定。

(9)在微咸水层中抽水时,如氯离子含量逐渐降低,则应适当延续抽水时间,以便确定微咸水有无变成淡水的可能。

(四)抽水试验的稳定标准

(1)抽水过程中,水位和涌水量历时曲线不能有逐渐增大与减少的趋势。

(2)在稳定段内,主孔水位波动差衡量标准如下。①利用离心泵抽水时,水位波动差在稳定延续时间内,不应超过2～5cm;用探井泵抽水时,不应超过5～7cm;用空压机抽水时,不应超过7～10cm。②水位变幅值不得超过水位降低值,观测孔水位波动不应超过2～3cm。

(3)涌水量在稳定时间内,变幅值不超过正常流量的3%～5%,当涌水量很小时可适当的放宽至10%。

(4)当主孔和观测孔的水位与区域地下水位变化趋势及变幅基本一致时,可以视为稳定。

(5)滨海地区受潮汐影响的抽水孔,孔内动水位与潮汐变化相同时,也可视为稳定。

(6)多孔抽水时,以最远观测孔的水位达到稳定为标准。

(五)抽水试验的水位、水量、水温观测

1. 静水位(天然水位)的观测

(1)一般地区:每小时测定1次,3次所测数字相同或4h内水位相差不超过2cm者,即为静水位。

(2)受潮汐影响地区:需测出两个潮汐日周期(不少于25h)的最高、最低和平均水位资料。如高低水位变幅小于0.5m时,取最高水位平均值为静水位;变幅大于0.5m时,取最低水位平均值为静水位。

2. 动水位及水量观测

动水位、水量与观测孔水位的测量工作须同时进行。较远观测孔在开泵后可延迟一段时间观测,观测孔较多时可分组进行。观测时间一般在抽水开始后,每隔5min、10min、15min、20min、25min、30min观测1次,然后每30min观测1次。

3. 水温、气温观测

一般每2～4h观测1次,并同时记录地下水的其他物理性质有无变化。

4. 恢复水位观测

(1)一般地区:每一个落程完毕或中途因故停泵时,进行恢复水位观测,观测时间间距应按水位恢复速度确定,一般停泵后1min、3min、5min、10min、15min、30min各观测1次,以后每30min观测1次。

(2)受潮汐影响的地区:恢复水位观测时间不少于一个潮汐变化周期(不少于12h),观测间距应根据潮汐变化规律而定。

5. 抽水试验过程中的排水问题

排水系统的设置,应根据地形坡度、含水层埋深、地下水流向和地表土层渗透性能等因素,确定排水方向和排水距离。

抽水试验是岩土工程勘察中查明建筑场地的地层渗透性,测定有关水文地质参数常用的方法之一。抽水试验方法可按表7-2的规定选用。

表7-2 抽水试验方法和应用范围

试验方法	应用范围
钻孔或探井简易抽水	粗略地估算弱透水层的渗透系数
不带观测孔抽水	初步测定含水层的渗透系数
带观测孔抽水	较准确地测定含水层的各种参数

第三节 压水试验

在坚硬及半坚硬岩土层中,当地下水距地表很深时,常用压水试验测定岩层的透水性,多用于水库、水坝工程。压水试验孔位,应根据工程地质测绘和钻探资料,结合工程类型、特点确定。并按照岩层的不同特性划分试验段,试验段的长度宜为5~10m。

压入水量是在某一个确定压力作用下,压入水量呈稳定状态的流量。当控制某一设计压力值呈现稳定后,每隔10mm测读压入水量,连续4次读数,其最大差值小于最终值5%时为本级压力的最终压入水量。根据压水试验成果可计算渗透系数K。

当试验段底板距离隔水层顶板之厚度大于试验段长度时,按式(7-3)计算:

$$K = 0.527 \frac{Q}{L \times P} \lg \frac{0.66L}{r} \tag{7-3}$$

式中:K为渗透系数(m/d);Q为钻孔压水的稳定流量(L/min);L为试验段长度(m);P为该试验段压水时所加的总压力(N/cm^2);r为钻孔半径(m)。

当试验段底板距离隔水层顶板之厚度小于试验段长度时,按式(7-4)计算:

$$K = 0.527 \frac{Q}{L \times P} \lg \frac{1.32L}{r} \tag{7-4}$$

第四节 注水试验

注水试验不同于人工回灌试验,它的目的是测定岩土的透水性和裂隙性及其随深度的变化情况。注水试验不用机械动水压力,仅在钻孔内利用抬高水头的压力进行试验。即向钻孔中注水,使进入钻孔的水具有一定的压力。这样,具有不同裂隙性和渗透性的岩土,就会表现出不同的吸水性。吸水性用单位吸水量来表示:即在1m高水柱的压力下,在钻孔中1m长的试验段内,岩土每分钟吸收水的体积。

在岩溶地区中的水位埋深大、抽水困难地区可用注水试验估算K值。注水试验一般适用于地下水位较深,甚至钻孔中未见地下水的干孔。通过注水试验可求得地下水位以上或某一深度井段岩土的渗透性。

注水试验可按下述计算方法求出单位吸水量。当计算渗透系数 K 或其他有关指标时,可用抽水试验的有关公式,但需将式中抽水的水位降低值换为注水的水位升高值。

当地下水位埋藏在孔底以下较深时,可采用式(7-5)计算渗透系数为:

$$K = 0.423 \frac{Q}{h^2} \lg \frac{4h}{d} \tag{7-5}$$

式中:h 为注水造成的水头高(m);d 为钻孔或过滤器直径(m);Q 为吸水量(t/d);K 为渗透系数(m/d)。

式(7-5)应用范围为:$6.25 < h/d < 25, h \leq 1$。

第五节 渗水试验

渗水试验是在野外条件下,测定松散岩石包气带渗透系数的方法。应用该方法时,潜水的埋藏深度最好大于5m。

(一)试验方法

渗水试验的方法是在试坑中进行。试坑的底应达到试验的土层。试坑的最小截面积一般为 1.0m×1.5m。在试坑的底部做一聚水坑,其底应为水平,边长为 30~40cm,坑深为 10cm,一般截面为正方形。在聚水坑的底部应铺盖 2cm 厚的砾石层以防试验土层受到冲刷。试验步骤:从安装在地面上的给水装置中放水入聚水坑,并用斜口玻璃管控制,使坑底始终保持 3~4cm 的水层厚度,给水应尽可能地保持均衡和连续,当供给聚水坑的水量达到稳定后,即可测定该试验层的岩石渗透系数。渗水试验的具体装置,如图 7-6 所示。

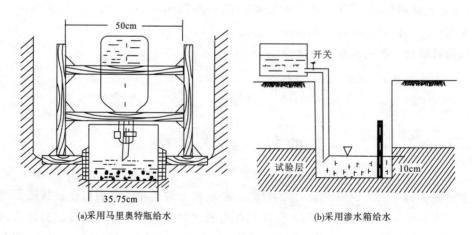

(a)采用马里奥特瓶给水　　　　(b)采用渗水箱给水

图 7-6 渗水试验装置

当给水量达到稳定后,表明由坑中渗透到试验土层中的水流达到稳定,该时的平均渗透速度为:

$$v=\frac{Q}{W} \tag{7-6}$$

式中:Q 为渗透水量(达到稳定的给水量);W 为聚水坑的截面积。

当渗透的过程延长到一定程度后,渗水的水头梯度 I 接近于1,即:

$$I=\frac{Z+h}{h} \tag{7-7}$$

式中:Z 为聚水坑中的水层厚度;h 为渗水坑所经过的长度或达到的深度。

因此,渗透系数 K 在数值上就等于该时的平均渗透速度 v,即:

$$K=v=\frac{Q}{W} \tag{7-8}$$

这样,就可以根据测得的稳定后注入聚水坑中的水量(渗透水流流量)和聚水坑的截面积(过水断面),计算出试验土层的渗透系数。

上面的试验方法对于砂质类岩石来说基本是正确的,但对于黏土质岩石来说,则必须考虑毛细力的作用。在黏土质岩石中产生的毛细力,大约相当于该类岩石毛细力最大上升高度(H_K)的50%。此时,渗透水流的水头梯度值为:

$$I=\frac{Z+h+0.5H_K}{h} \tag{7-9}$$

式中:H_K 为毛细力最大上升高度。

这样,试验土层的渗透系数即为:

$$K=\frac{Q^h}{W(Z+h+0.5H_K)} \tag{7-10}$$

式中符号意义同前。

应该指出,在渗水试验中,因毛细力的作用,在黏土质岩石中渗透作用不单是指垂直定向下进行的,而且是在各个不同方向进行的。因此,土的湿润部分就形成了一个球体,这使得过水断面的形状大为复杂化。为了解决这一问题,在试坑的底部可以安装一个面积一定的钢质双圆环,试验时,在圆环的内外同时注水,并使两者保持同一的水层厚度(或水位高度)。此时,圆环外部的水不仅向下渗透,同时也向两侧渗透,而圆环内的水则主要是向下渗透。故在测定试验层的渗透系数时,可以将圆环的截面积作为过水断面,这样就提高了渗水试验的精度。通常钢质圆环的厚度为 1.5~2cm,直径为 35~40cm,高 40cm,其下端应具锋刃以便插入土中。

第六节 土、水腐蚀性测试

一、取样与测试

在岩土工程勘察时,除按含水层埋藏条件划分地下水类型、测定初见水位和稳定水位、评价地下水的动力作用和物理化学作用之外,地下水中所含的侵蚀性 CO_2、SO_4^{2-}、Cl^-、H^+ 等介质对混凝土结构物和钢结构及设备的腐蚀破坏也是比较明显的,故在工程上要对地下水和土的腐蚀性进行评价。

(一)取样要求

地下水和土的取样及测试方法对水和土的检测结果影响很大,对工程项目的地下部分来说,更是必要的评价内容。取样必须依照规范严格把关,防止取样过程的污染。

根据《岩土工程勘察规范》(GB50021—2001)要求,水和土试样的采取及试验应符合下列规定。

当有足够经验或充分资料,认定工程场地的土或水(地下水或地表水)对建筑材料不具腐蚀性时,可不取样进行腐蚀性评价。否则,应取水试样或土试样进行试验,并按下列要求评定其对建筑材料的腐蚀性:①混凝土或钢结构处于地下水位以下时,应采取地下水试样和地下水位以上的土试样,并分别做腐蚀性试验;②混凝土或钢结构处于地下水位以上时,应采取土试样做土的腐蚀性试验;③混凝土或钢结构处于地表水中时,应采取地表水试样做水的腐蚀性试验;④水和土的取样数量每个场地不应少于各2件,对建筑群不宜少于各3件。

(二)腐蚀性测试

地下水腐蚀性测试项目应按表7-3的规定执行。

表7-3 腐蚀性试验项目

序号	测试项目	测试方法
1	pH值	电位法或锥形电极法
2	Ca^{2+}	EDTA容量法
3	Mg^{2+}	EDTA容量法
4	Cl^-	摩尔法
5	SO_4^{2-}	EDTA容量法
6	HCO_3^-	酸滴定法
7	CO_3^{2-}	酸滴定法
8	侵蚀性CO_2	盖耶尔法
9	游离CO_2	纳氏试剂比色法
10	NH_4^+	水杨酸比色法
11	OH^-	酸滴定法
12	总矿化度	质量法
13	氧化还原电位	铂电极法
14	极化曲线	两电极恒电流法
15	电阻率	四极法
16	质量损失	管罐法

注:①序号1~7为判定土腐蚀性需试验的项目,序号1~9为判定水腐蚀性需试验的项目。
②序号10~12为水质受严重污染时需试验的项目,序号13~16为土对钢结构腐蚀性试验项目。
③序号1对水试样为电极法,对土试样为锥形电极法(原位测试);序号2~12为室内试验项目;序号13~15为原位测试项目;序号16为室内扰动土的试验项目。
④土的易溶盐分析土水比为1:5。

二、腐蚀性评价

(1)受环境类型影响,水和土对混凝土结构的腐蚀性应符合表7-4的规定。表中环境类型的划分按表7-5执行。

表7-4 按环境影响水和土对混凝土结构的腐蚀性评价

腐蚀等级	腐蚀介质	环境类别 I	环境类别 II	环境类别 III
弱	硫酸盐含量 SO_4^{2-} (mg/L)	250～500	500～1 500	1 500～3 000
中		500～1 500	1 500～3 000	3 000～6 000
强		≥1 500	≥3 000	≥6 000
弱	镁盐含量 Mg^{2+} (mg/L)	1 000～2 000	2 000～3 000	3 000～4 000
中		2 000～3 000	3 000～4 000	4 000～5 000
强		≥3 000	≥4 000	≥5 000
弱	铵盐含量 NH_4^+ (mg/L)	100～500	500～800	800～1 000
中		500～800	800～1 000	1 000～1 500
强		≥800	≥1 000	≥1 500
弱	苛性碱含量 OH^- (mg/L)	35 000～43 000	43 000～57 000	57 000～70 000
中		43 000～57 000	57 000～70 000	70 000～100 000
强		≥57 000	≥70 000	≥100 000
弱	总矿化度 (mg/L)	10 000～20 000	20 000～50 000	50 000～60 000
中		20 000～50 000	50 000～60 000	60 000～70 000
强		≥50 000	≥60 000	≥70 000

注:①表中数据适用于有干湿交替作用的情况,无干湿交替作用时,表中数值应乘以1.3的系数。
②表中的数据适用于不冻区(段)的情况,对冰冻区(段),表中数值应乘以0.8的系数;对微冰冻区(段),表中数值应乘以0.9的系数。
③表中数值适用于水的腐蚀性评价,对土的腐蚀性评价,表中数值应乘以1.5的系数;单位以 mg/kg 表示。
④表中苛性碱(OH^-)含量(mg/L)应为 NaOH 和 KOH 中的 OH^- 含量。

表7-5 环境类型分类

环境类别	场地环境地质条件
I	高寒区、干旱区直接临水;高寒区、干旱区含水量 $w≥10\%$ 的强透水土层或含水量 $w≥20\%$ 的弱透水土层
II	湿润区直接临水;湿润区含水量 $w≥20\%$ 的强透水土层或含水量 $w≥30\%$ 的弱透水土层
III	高寒区、干旱区含水量 $w<20\%$ 的弱透水土层或含水量 $w<10\%$ 的强透水土层;湿润区含水量 $w≤30\%$ 的弱透水土层或含水量 $w<20\%$ 的强透水土层

注:①高寒区是指海拔大于或等于3 000m 的地区,干旱区是指海拔小于 3 000m、干燥系数 $K≥1.5$ 的地区,湿润区是指干燥系数 $K<1.5$ 的地区。
②强透水层是指碎石土、砾砂、粗砂、中砂、细砂,弱透水层是指粉砂、粉土和黏性土。
③含水量 $w<3\%$ 的土层,可视为干燥土层,不具有腐蚀环境条件。
④当有地区经验时,环境类型可根据地区经验划分,但同一场地出现两种环境类型时,应根据具体情况选定。

(2) 受地层渗透性影响,水和土对混凝土结构的腐蚀性评价应符合表 7-6 的规定。

表 7-6 按地层渗透性水和土对混凝土结构的腐蚀性评价

腐蚀等级	pH 值		侵蚀性 CO_2 (mg/L)		HCO_3^- (mol/L)	
	A	B	A	B	A	B
弱	5.0～6.5	4.0～5.0	15～30	30～60	1.0～0.5	—
中	4.0～5.0	3.5～4.0	30～60	60～100	<0.5	—
强	<4.0	<3.5	>60	—	—	—

注:① 表中 A 是指直接临水或强透水土层的地下水,B 是指弱透水土层中的地下水。
② HCO_3^- 含量是指水的矿化度低于 0.1g/L 的软水时,该类水质 HCO_3^- 离子的腐蚀性。
③ 土的腐蚀性评价只考虑 pH 值指标,评价其腐蚀性时,A 是指含水量 $w \geqslant 20\%$ 的强透水性土层,B 是指含水量 $w \geqslant 30\%$ 的弱透水土层。

当表 7-4 和表 7-6 评价的腐蚀等级不同时,应按下列规定综合评定:① 腐蚀等级中,只出现弱腐蚀,无中等腐蚀或强腐蚀时,应综合评价为弱腐蚀;② 腐蚀等级中,无强腐蚀,最高为中等腐蚀时,应综合评价为中等腐蚀;③ 腐蚀等级中,有一个或一个以上为强腐蚀,应综合评价为强腐蚀。

(3) 水和土对钢筋混凝土结构中钢筋的腐蚀性评价应符合表 7-7 的规定。

表 7-7 对钢筋混凝土结构中钢筋的腐蚀性评价

腐蚀等级	水中的 Cl^- 含量(mg/L)		土中的 Cl^- 含量(mg/kg)	
	长期浸水	干湿交替	$w<20\%$ 的土层	$w \geqslant 20\%$ 的土层
弱	>5 000	100～500	400～750	250～500
中	—	500～5 000	750～7 500	500～5 000
强	—	>5 000	>7 500	>5 000

注:当水或土中同时存在氯化物和硫酸盐时,表中的 Cl^- 含量是指氯化物中的 Cl^- 与碳酸盐折算成的 Cl^- 之和,即 Cl^- 的含量 $= Cl^- + SO_4^{2-} \times 0.25$。

(4) 水和土对钢结构的腐蚀性评价应当分别符合表 7-8 和表 7-9 的规定。

表 7-8 水对钢结构的腐蚀性评价

腐蚀等级	pH 值	$(Cl^- + SO_4^{2-})$ 含量(mg/L)
弱	3～11	$(Cl^- + SO_4^{2-}) < 500$
中	3～11	$(Cl^- + SO_4^{2-}) > 500$
强	<3	$(Cl^- + SO_4^{2-})$ 为任何浓度

注:① 表中系指氧能自由溶入的水以及地下水。
② 本表亦适合于钢管道。
③ 如水的沉淀物中有褐色絮状沉淀(铁),悬浮物中有褐色生物膜、绿色丛块,或有硫化氢的恶臭味,则应当作铁细菌、硫酸盐还原细菌的检查,查明有无细菌腐蚀。

表 7-9 水对钢结构的腐蚀性评价

腐蚀等级	pH	氧化还原电位（mV）	电阻率（Ω·m）	极化电流密度（mA/cm²）	质量损失（g）
弱	5.5～4.5	>200	>100	<0.05	<1
中	4.5～3.5	200～100	100～50	0.05～0.20	1～2
强	3.5	<100	<50	>0.20	>2

(5)水、土对建筑材料腐蚀的防护,应符合现行国家标准《工业建筑防腐蚀设计规范》(GB50046—2008)的规定。

思考题与习题

1. 地下水对岩土工程的影响作用有哪些？是如何影响的？
2. 地下水的勘察内容及水文地质勘察要求有哪些？
3. 水文地质参数测定的方法与适用条件有哪些？
4. 地下水作用的评价内容有哪些？
5. 水和土对建筑物的腐蚀性评价内容及要求有哪些？
6. 某场地属湿润区,钻孔取水进行分析,其结果如表 7-10 所示,基础埋深为 1.5m,地下水位为 2.0m,地下水位年变动幅度为 1.0m,试评价该场地地下水对建筑物混凝土的腐蚀性。

表 7-10 水质分析成果

离子	Cl^-	SO_4^{2-}	pH 值	游离 CO_2	侵蚀性 CO_2	Mg^{2+}	NH_4^+
含量(mg/L)	80	116.89	7.6	18.7	0.00	0	30

主要参考文献

陈仲候,王兴,泰杜世汉.工程与环境物探教程[M].北京:地质出版社,2005.
工程地质手册编写组.工程地质手册[M].北京:中国建筑工业出版社,1981:122,239
管志宁.地磁场与磁力勘探[M].北京:地质出版社,2005.
郭超英.岩土工程勘察[M].北京:地质出版社,2007.
雷宛.工程与环境物探教程[M].北京:地质出版社,2006.
李金铭.地电场与电法勘探[M].北京:地质出版社,2005.
刘天佑.地球物理勘探概论[M].北京:地质出版社,2007.
史长春.水文地质勘察[M].北京:水利水电出版社,1983.
王俊梅.弹性波层析成像方法研究及工程应用[D].郑州:华北水利水电学院,2004.
王生,辛国良,廖国平,等.钻探设备[M].北京:地质出版社,2008.
王文德,赵炯,胡继武.弹性波CT技术及应用[J].煤田地质与勘探,1996,24(5):57-60.
尉中良,邹长春.地球物理测井[M].北京:地质出版社,2005.
鄢泰宁,孙友宏,彭振斌,等.岩石钻掘工程学[M].武汉:中国地质大学出版社,2001.
张克恭,刘松玉.土力学[M].3版.北京:中国建筑工业出版社,2010.
张力群.深层平板载荷试验的实践[J].西部探矿工程,2005(111):1 004-5 716.
张旻舳,师学明.电磁波层析成像技术进展[J].工程地球物理学报,2009,6(4):418-425.
张倬元.工程地质勘察[M].北京:地质出版社,1981.
中国有色金属工业西安勘察设计研究院.YS 5206-2000 工程地质测绘规程(附条文说明)[S].北京:中国计划出版社,2001.
中华人民共和国国家质量监督检验检疫总局,中国国家标准化管理委员会.GB/T 15406-2007 岩土工程仪器基本参数及通用技术条件[S].北京:中国标准出版社,2007.
中华人民共和国建设部,国家技术监督局.GB/T50269-97 地基动力特性测试规范[S].北京:中国计划出版社,2014.
中华人民共和国建设部,国家质量技术监督局,GB/T50123-1999 土工试验方法标准[S].北京:中国计划出版社,1999.
中华人民共和国建设部,中华人民共和国国家质量监督检验检疫总局.GB/T50266-2013 工程岩体试验方法标准[S].北京:中国计划出版社,2013.
中华人民共和国建设部,中华人民共和国国家质量监督检验检疫总局.GB50021-2001 岩土工程勘察规范[S].北京:中国建筑工业出版社,2009.
中华人民共和国建设部.GB 50040-96 动力机器基础设计规范[S].北京:中国计划出版社,1997.
中华人民共和国建设部.GB50046-2008 工业建筑防腐蚀设计规范[S].北京:中国计划

出版社,2008.

中华人民共和国建设部. JGJ/T 87－2012 原状土取样技术标准[S]. 北京:中国建筑工业出版社,2012.

中华人民共和国交通部. JTG E40－2007 公路土工试验规程[S]. 北京:人民交通出版社,2010.

中华人民共和国水利部. GB/T50145－2007 土工程分类标准[S]. 北京:中国计划出版社,2008.

中华人民共和国住房和城乡建设部. JGJ79－2012 建筑地基处理技术规范[S]. 北京:中国建筑工业出版社,2012.

Davidson J L, Boghrat A. Displacements and Strains Around Probes in Sand[C]//. Wright S G. Proceedings of The Conference on Geotechnical Practice in Offshore Engineering. Austin:[s. n.],1983:181－202.

Gibbs H J, Holtz W G. Research on Determining the Density of Sands by Spoon Penetration Testing[C]//. Proc. 4th Int. Conf. Soil Mech Fdn Engng. London:[s. n.],1957:35－39.

Nagaraj T S, Srinivasa B R, Murthy A. Vatsala. Analysis and Predication of Soil Behavior[M]. New Delhi: New Age Internationgnal(P) Limited Publishers,2003.

Ralph B. Peck, Walter E. Hanson, Thomas H. Thornburn. Foundation Engineerin[M]. 2th ed. New York:John Wiley and Sons,1974.

Schultze E, Menzenbach H. Standard Penetration Test and Compressibility of Soils[C]//. Proc. 5th Int. Conf. Soil Mech. Paris:[s. n.],1961:527.

Terzaghi Peck. Soil Mechanics in Engineering Practice[M]. New York:John Wiley and Sons,1956.